ANLEITUNG ZUR KULTUR DER MIKROORGANISMEN

FÜR DEN GEBRAUCH IN
ZOOLOGISCHEN, BOTANISCHEN, MEDIZINISCHEN
UND LANDWIRTSCHAFTLICHEN LABORATORIEN

VON

Dr. ERNST KÜSTER

PROFESSOR DER BOTANIK IN GIESSEN

DRITTE VERMEHRTE UND
VERBESSERTE AUFLAGE

MIT 28 ABBILDUNGEN IM TEXT

SPRINGER FACHMEDIEN WIESBADEN GMBH 1921

ISBN 978-3-663-15661-1   ISBN 978-3-663-16237-7 (eBook)
DOI 10.1007/978-3-663-16237-7

IN ERINNERUNG AN

GEORG KLEBS

Vorwort zur ersten Auflage.

Während meiner langjährigen Assistentendienstzeit im Botanischen Institut zu Halle a. S. gehörte es zu meinen Obliegenheiten, Anfänger und vorgeschrittene Studierende zur künstlichen Züchtung verschiedenartiger Mikroorganismen anzuleiten. Durch die Bedürfnisse des Unterrichts wurde ich bald dazu geführt, eine Sammlung von Rezepten anzulegen, die ich mit dem vorliegenden Buch in erweiterter Form der Öffentlichkeit zu übergeben mir erlaube. Da bisher die biologische Literatur kein Werk besaß, das für alle Gruppen der Mikroorganismen die wichtigsten Kulturmethoden angibt, schien es mir nicht überflüssig, meine Notizen zu veröffentlichen.

Das vorliegende Werkchen ist in erster Linie für Anfänger bestimmt und immer für die Bedürfnisse derer berechnet, welche vor allem zum Zweck wissenschaftlicher Forschungen die Methoden zur Züchtung der Mikroorganismen erlernen möchten. Daher habe ich mich auch bemüht, durch kurze Darlegungen physiologischen Inhalts das wissenschaftliche Verständnis für die Kulturmethoden und für den Wert der Mikrobenzüchtung überhaupt vorzubereiten. Hier und da wird wohl auch der Vorgeschrittene noch Auskunft über diese oder jene Frage finden.

Da ich nur einen Leitfaden und kein Handbuch geben wollte, habe ich namentlich im Speziellen Teil nur eine beschränkte Zahl von Beispielen erläutern können; ganz besonders kurz habe ich die technisch wichtigen und pathogenen Mikroben behandelt, für die wir schon eine ausgedehnte Lehrbuchliteratur besitzen. Um den einem Leitfaden zukommenden Umfang nicht allzu sehr zu überschreiten, habe ich mich auch bei Aufzählung der wichtigsten Literatur sehr beschränken müssen; diejenigen, welche tiefer in die Materie eindringen wollen, werden im allgemeinen in den von mir zitierten Arbeiten weitere Literaturnachweise finden.

Da vielleicht diejenigen Leser, welche mit der Verteilung des Stoffes im vorliegenden Buch noch nicht vertraut sind, im Speziellen Teil Auskunft über irgendwelche Fragen suchen, die schon im Allgemeinen Teil behandelt worden sind — oder umgekehrt —, habe ich das Sachregister recht ausführlich ausgearbeitet und hoffe, alle in dem Buch vereinigten Angaben dadurch leicht zugänglich gemacht zu haben.

Halle a. S., Botanisches Institut, Mai 1907.

Küster.

Vorwort zur dritten Auflage.

Die dritte Auflage unterscheidet sich von der zweiten in ähnlicher Weise wie diese von der ersten: die Anordnung des Stoffes ist im wesentlichen unverändert geblieben, der Text aber überall einer durchgreifenden Bearbeitung unterworfen worden. Zahlreiche Einzelheiten mußten nachgetragen, Fortschritte von prinzipieller Bedeutung eingehend dargelegt, viele früher gegebenen Mitteilungen verbessert und — um Raum für die neuen zu gewinnen — oft stark gekürzt werden.

Bei der Auswahl des Stoffes habe ich mich von denselben Gesichtspunkten leiten lassen wie früher. Das Interesse an der Physiologie der Mikroorganismen steht im Vordergrund: die Mitteilungen des Buches sollen über physiologische Fragen berichten, die Bedeutung der Kulturmethoden für die physiologische Erforschung der Kleinlebewesen dartun und zu neuen Forschungen gleicher und ähnlicher Art anregen. Bei Behandlung der klinisch wichtigen Mikroben habe ich mich hier und da noch kürzer als früher fassen zu sollen geglaubt.

Die Verarbeitung der neuen mikrobiologischen Literatur hat — trotz allen Bemühungen um kurzgefaßte Darstellung — die Seitenzahl von 218 auf 233 steigen lassen; die Zahl der Textfiguren ist um fünf vermehrt worden. Die durch den Krieg geschaffenen Umstände haben es mir leider unmöglich gemacht, die ausländische Literatur in dem erforderlichen Umfang zu berücksichtigen.

Vielen Freunden und Kollegen habe ich für Hinweise und Belehrungen zu danken, die mir bei der Verbesserung des alten Textes wertvoll waren; auch einige in der Fachliteratur erschienene kritische Besprechungen der zweiten Auflage habe ich bei der Neubearbeitung dankbar verwertet.

Gießen, Botanisches Institut
    Januar 1921.

                                      Küster.

Inhaltsverzeichnis.

Einleitung.

So wie sich Organismen von makroskopischen Größenverhältnissen von ihren natürlichen Standorten trennen und zum Zwecke wissenschaftlicher Beobachtung künstlich kultivieren lassen, können auch Mikroorganismen jeder Art im Laboratorium fortgezüchtet werden unter Bedingungen, die der Forscher den natürlichen Standorten der Lebewesen anpaßt und für die Zwecke seiner Forschungen willkürlich variiert. In zoologischen, botanischen und bakteriologischen Laboratorien, in landwirtschaftlichen, hygienischen und gärungsphysiologischen Instituten beschäftigt man sich mit der „Kultur" der Mikroorganismen, und viele Forscher haben sich in ihnen an dem Problem versucht, die Technik der Züchtung, welche mikroskopisch kleinen Organismen gegenüber besondere Schwierigkeiten macht und mit völlig eigenartigen Methoden zu arbeiten gezwungen ist, immer mehr zu vervollkommnen. Die Lehre von der künstlichen Kultur der Mikroorganismen ist fast schon zu einer eigenen Hilfswissenschaft der Biologie herangewachsen.

Wozu werden in den Laboratorien Kulturen angelegt, und zu welchen Zwecken bedient sich ihrer der Forscher? Es gibt keine Disziplin unter den biologischen Wissenschaften, welche nicht schon aus der künstlichen Kultur der Mikroorganismen Nutzen gezogen hätte, und für viele Forschungsrichtungen ist die Verwendung von Kulturen längst unentbehrlich geworden. Vor allem ist oft genug nur auf dem Wege der künstlichen Züchtung eine gründliche Kenntnis von dem betreffenden Organismus zu gewinnen. In erster Linie müssen wir die formalen Eigentümlichkeiten eines uns interessierenden Lebewesens kennenlernen, und wir machen uns mit seiner Morphologie und Entwicklungsgeschichte bekannt, indem wir uns eine ausreichende Anzahl von Individuen vorrätig halten, sie in regelmäßigen Zeitabständen auf den Fortgang ihrer Entwicklung prüfen oder gar unter dem Mikroskop in ununterbrochener Beobachtung ihre Veränderungen studieren. Die Kultur soll uns dabei aber nicht bloß als bequem zugänglicher Standort der Organismen dienen, sondern uns namentlich vor der Verwechslung und Vermengung von Formen bewahren, die verschiedenen Spezies angehören. Diese Erwägung führt uns zu der Forderung, die Kulturen der Mikroorganismen als Reinkulturen anzulegen, d. h. als solche, welche eben nur den uns interessierenden Organismus und keinen anderen neben ihm enthalten. Die Kleinheit des Lebewesens und nicht selten auch die äußere Ähnlichkeit verschiedener Arten erschweren gerade diese Aufgabe oft sehr empfindlich. Wird uns die Beobachtung des in Kultur gehaltenen Organismus mit manchen

Phasen bekannt machen, die ohne seine künstliche Züchtung leicht übersehen oder in ihrer Bedeutung für den Entwicklungsgang des Lebewesens vielleicht verkannt worden wären, so macht es anderseits die Reinkultur unmöglich, allzu viele Gestalten im Entwicklungsgang eines Organismus unterzubringen und ihm eine Vielgestaltigkeit zuzuschreiben, die ihm gar nicht zukommt. Für viele Mikroorganismen und ganze Gruppen von ihnen hat man sich erst in jüngster Zeit durch gewissenhaft angelegte Reinkulturen über ihren vermeintlichen Pleomorphismus aufklären lassen, und die Systematik der niederen Organismen verdankt der künstlichen Züchtung ihrer Studienobjekte manche wertvolle Berichtigung. Kulturen, welche mehr als eine Form enthalten, können gerade bei entwicklungsgeschichtlichen Studien leicht zu groben Täuschungen führen und sind daher zu meiden.

Es genügt aber zur wissenschaftlichen Erkenntnis der Organismen nicht, ihre Formen kennenzulernen und zu beschreiben, wir müssen die Gestaltungsprozesse, die wir an ihnen sich abspielen sehen, auch kausal zu ergründen suchen: für die Probleme der Entwicklungsmechanik werden die Mikroorganismen dadurch, daß man sie in künstlichen Kulturen, d. h. unter dem Einfluß leicht kontrollierbarer und konstanter Bedingungen halten kann, zu einem hervorragend günstigen Versuchsmaterial. Wie steht es mit den verschiedenen Entwicklungsphasen der Protisten, der vielzelligen Algen und Pilze usw.? Folgen sie einander aus „innerer" Notwendigkeit, wie etwa der Zeiger der Uhr unbedingt der I sich nähert, sobald er die XII verläßt, oder bestimmen äußere Faktoren die Reihenfolge der Gestaltungsprozesse? und welcher Art sind etwa die Faktoren, welche bestimmte Entwicklungsphasen herbeiführen? Es ist bedeutungsvoll genug, daß wir diese wichtigen Fragen und viele andere im allgemeinen nur für diejenigen Organismen mit endgültiger Gewißheit beantworten können, die sich „kultivieren" lassen. Für viele Algen und Pilze hat sich namentlich hinsichtlich ihrer Fortpflanzung die unbedingte Abhängigkeit bestimmter Phasen und bestimmter Organbildungsvorgänge von äußeren Bedingungen nachweisen lassen. Es gelingt in künstlichen Kulturen durch bestimmte Variation der Lebensbedingungen, die in letzter Instanz immer auf Ernährungsfragen hinauslaufen, an dem Organismus nach Belieben bald diese, bald jene Gestaltungsprozesse hervorzurufen, und es wird uns klar, warum in der Natur so oft nur zu verschiedenen Jahreszeiten bestimmte Stadien der betreffenden Algen usw. zugänglich werden; hat man gelernt, die Kulturbedingungen geschickt zu variieren, so kann man an seinen Untersuchungsobjekten unabhängig von Saison und Witterung alle Entwicklungsphasen hervorrufen, — denn abgesehen vom weißen Tageslicht lassen sich wohl alle wirksamen Faktoren künstlich schaffen und beliebig variieren und kombinieren.

Derselbe gesetzmäßige Zusammenhang wie zwischen den als normal anerkannten Formen und bestimmten äußeren Bedingungen besteht selbstverständlich auch zwischen diesen und den abnormen Gestaltungsvorgängen:

für die Fragen der allgemeinen Pathologie der Zelle werden sich zweifellos durch gründliches Studium der kultivierbaren Mikroorganismen noch manche wertvolle Aufschlüsse erzielen lassen; vieles ist auch auf diesem Gebiete schon jetzt aufgeklärt.

Was leistet ferner die künstliche Kultur der Organismen für die Kenntnis von ihrer Physiologie? Die physiologischen Erfahrungen, die an Bakterien, Pilzen u. a. bei ihrer künstlichen Züchtung gesammelt worden sind, gehören zu den glänzendsten Resultaten der Kulturtechnik und gleichzeitig zu den hervorragendsten Ergebnissen der modernen Physiologie überhaupt. Die Lehre von den anaëroben Organismen, von der Assimilation des elementaren Stickstoffs, von der Verarbeitung der Kohlensäure ohne Chlorophyll, der Nitrifikation und Denitrifikation, den verschiedenartigen Gärungen, die Beobachtungen über Elektion der Nährstoffe, über Adaption an Gifte, Narkotika, osmotisch wirksame Lösungen usw., viele Aufschlüsse über Atmung, Chlorophyllbildung über Assimilation, über Chemotaxis und andere taktische Erscheinungen, über die Notwendigkeit mineralischer Bestandteile für organisches Wachstum, ferner Aufklärung über die Wirkung der sog. pathogenen Mikroorganismen auf andere Lebewesen, über Vorkommen und Verbreitung der Bakterien, vieler Pilze usw., die Widerlegung der Lehre von der Urzeugung und vieles andere verdanken wir direkt oder indirekt der Möglichkeit, Mikroorganismen künstlich zu kultivieren. Ja, es läßt sich hoffen, daß die Methoden der Kultur auch über diejenigen Organismen uns aufzuklären imstande sein werden, die so klein sind, daß nicht einmal das Mikroskop sie uns zu zeigen vermag, die „ultravisiblen‟ Mikroben. Ich kann hier nicht näher auf alle angeführten Punkte eingehen, deren Bedeutung ja aus den allgemeinen Lehrbüchern der Physiologie und der Botanik ersichtlich ist; weiter unten wird von der Ernährungs- und Atmungsphysiologie der Mikroorganismen die Rede sein. Die Mannigfaltigkeit ihrer Ernährungsansprüche und ihrer Stoffwechselprodukte und manche andere Ergebnisse der physiologischen Forschung haben ihrerseits die Systematik der niederen Organismen gefördert, da in Ermangelung leicht wahrnehmbarer morphologischer Merkmale oft physiologische Kennzeichen für die Artbeschreibung herangezogen werden mußten. Es ist selbstverständlich, daß unsere Kulturen uns nur dann ein Urteil über das chemische Verhalten irgendwelcher Lebewesen gestatten, wenn Reinkulturen vorliegen.

Zweifellos werden auch für die Abstammungslehre, für die Lehre von der Variabilität der Organismen, Rassenbildung, Modifikation, Mutation, Klonumbildung und deren Ursachen die künstlichen Kulturen vieles zu leisten vermögen. Schon jetzt läßt sich mit Bestimmtheit sagen, daß für manche Fragen der experimentellen Vererbungslehre gerade die Mikroorganismen, welche in wenigen Tagen viele Generationen erzeugen, ein außerordentlich günstiges Forschungsmaterial abgeben. Die Kultur der Bakterien, Algen und Pilze hat es außer Zweifel gestellt, daß durch Züchtung unter bestimm-

ten Bedingungen die in einer Kultur vereinigten Organismen langsam fort-
schreitend sich verändern, neue Eigenschaften annehmen, alte verlieren
können, und daß ferner in künstlichen Kulturen neben typischen Exemplaren
— unvermittelt oder in langsamem Übergang — Varianten und Rassen auftreten können — ähnlich wie wir es für höhere Pflanzen kennen.

Haben wir einen Mikroorganismus mit Hilfe der Reinkulturen nach allen
Richtungen hin gut erforscht, so zieht die angewandte Biologie die Nutz-
anwendungen: wir benutzen die Einsicht in die Lebensbedingungen der Bakterien, Hefen, Pilze usw. dazu, um die dem Menschen schädlichen Formen
zu bekämpfen und die ihm nützlichen auszubreiten und zu vermehren:
jedermann weiß, was die Kenntnis der pathogenen Bakterien für die moderne
Hygiene, für die Kunst der Diagnose und die Regeln der Therapie bedeutet,
und welchen Aufschwung z. B. die Gärungsindustrien durch die Erforschung
der verschiedenen Gärungserreger erfahren haben. —

Und was bleibt nach so vielseitigen wissenschaftlichen Eroberungen noch
für die Zukunft zu tun übrig? Soviel auch schon getan ist, so ist doch erst
ein kleiner Teil der Arbeit geleistet. Erst für eine verhältnismäßig geringe Zahl
von Arten ist die Erforschung der morphologischen, entwicklungsgeschichtlichen und physiologischen Eigentümlichkeiten der Organismen bisher
endgültig durchgeführt. Für große Gruppen von Protisten liegen erst ver-
einzelte, womöglich noch unsichere Angaben vor, und über viele Familien
läßt sich vorläufig nur das sagen, daß es bisher überhaupt noch nicht gelungen ist, ihre Vertreter auf künstlichem Nährboden rein zu züchten. Die
Physiologie insbesondere stellt mit jedem Tage neue Aufgaben. Abgesehen
davon, daß viele der oben angeführten Punkte nur unvollkommen aufgeklärt
sind und weitere Forschung notwendig machen, werden wir uns noch auf
vielen neuen Gebieten Erfolge versprechen dürfen: die Bearbeitung der Frage
nach der Sexualität niederer tierischer und pflanzlicher Organismen ist durch
die Forschungen der letzten Jahre auf aussichtsreiche Bahnen gewiesen
worden. Die Aufgabe, experimentell die allgemeinen Fragen der Kern- und
Zytoplasmaphysiologie zu behandeln, hat bisher erst wenig Bearbeiter gefunden; weiterhin steht die Ermittlung neuer biologischer Gruppen und ihres
Stoffwechsels, die Mikrobiologie des Meeres, des Bodens, des Moores, des
Waldes, das Studium vieler Infektionskrankheiten, deren Erreger noch unbekannt oder unvollkommen erforscht sind, und vieles andere auf dem Pro-
gramm; namentlich aber legen die Errungenschaften der physikalischen
Chemie eine Fülle von Fragen nahe, deren Beantwortung mit Hilfe der Or-
ganismenkulturen möglich werden dürfte. Für diese und viele andere Fragen
werden die bisher geübten Methoden der Kultur gewiß noch vielfach ausreichen. Dabei dürfen wir aber nicht stehenbleiben: mit neuen Methoden er-
öffnen wir uns neue Arbeitsgebiete und ermöglichen uns neue Erfolge. Wir
werden versuchen müssen, die Kulturbedingungen der Mikroorganismen den
Lebensbedingungen, unter deren Einfluß sie an ihren natürlichen Standorten

sich entwickeln, immer ähnlicher zu machen, — auch insofern, als in der freien Natur fast niemals „Reinkulturen" eines Organismus vorliegen, sondern immer mehrere, ja sogar viele verschiedene Arten nebeneinander leben und sich gegenseitig in bestimmter Weise, die aufzuklären ein weiteres Ziel der Forschung sein wird, beeinflussen. Haben die Reinkulturen über eine bestimmte Spezies uns alles Erforderliche erkennen lassen, so werden wir mit Hilfe planmäßig angelegter Mischkulturen unsere Kenntnis von den Mikroben zu vertiefen haben.

Ein schönes Ziel bleibt es ferner für künftige Untersuchungen, die Methoden, die bei der Erforschung der Protisten uns gefördert haben, auf die Elementarteile der Metazoën und Metaphyten anzuwenden. Jede Zelle eines hoch komplizierten Tier- oder Pflanzengebildes ist in ihrer Ernährung abhängig von den Wirkungen ihrer lebendigen Nachbarn: wenn es erst einmal gelingen wird, isolierte Zellen pflanzlicher Vegetationspunkte oder Embryonen, Leukozyten, isolierte Bindegewebszellen, Karzinomzellen usw. künstlich zu kultivieren, werden wir zweifellos auf viele Fragen der Zellenlehre und Physiologie und für viele Probleme, die hinter Wachstumserscheinungen, Regeneration, Sexualität und physiologischem Tod sich uns verbergen, Antworten finden. Selbst für Fragen der Mikrokristallographie möchte ich die Anwendung mikrobiologischer Methoden für aussichtsreich halten.

Jede wissenschaftliche Aufgabe, die mit Hilfe der Kultur von Mikroorganismen gelöst werden soll, bedarf bestimmter Methoden, für deren Auswahl und deren Ausführung im einzelnen keine schematischen Regeln aufgestellt werden können. Das vorliegende Buch gibt zwar einige Rezepte und führt einige Literatur an, will aber durch beides nur dem Anfänger die Wege weisen, die zur Lösung seiner Aufgabe führen. Hierbei möchte aber der Verfasser namentlich zum wissenschaftlichen Verständnis der Kulturmethoden anleiten und für die mit ihnen erreichbaren Resultate interessieren, damit später der Vorgeschrittene über die jeweils erforderlichen Kulturmaßnahmen selbständig nachzudenken imstande sei.

A. Allgemeiner Teil.

Im allgemeinen Teil wird vor allem festzustellen sein, was für Substrate als Nährmedien sich für die Mikroorganismen bewährt haben; es wird eine Auswahl dieser „Nährböden", ihre Herstellung und ihre Wirkung auf die Organismen zu schildern sein. Weiterhin: in welchen Behältern bringen wir die Nährböden am besten unter? wie bringen wir die Organismen in sie hinein? wie sind die in der Einleitung als wichtig genannten Reinkulturen herzustellen? Wenn wir über diese und einige andere Fragen uns Rechenschaft gegeben haben werden, mag im speziellen Teil das unterschiedliche Verhalten der kultivierbaren Mikroorganismengruppen seine Würdigung finden.

I. Wasser und Glas.

Wir beginnen unsere Erörterungen füglich mit dem Wasser, der Voraussetzung aller organischen Entwicklung. Bei der Kultur der Mikroorganismen bedienen wir uns unausgesetzt des Wassers, indem wir entweder reines Wasser unmittelbar auf die Organismen wirken lassen oder es als Lösungsmedium für Stoffe der verschiedensten Art verwenden. Von den Lösungen wird später zu sprechen sein; an dieser Stelle soll zunächst nur von dem „reinen Wasser" die Rede sein, dessen Betrachtung sich von der des Glases nicht trennen läßt; denn Glasgefäße als unentbehrliche Behälter von Wasser und wässerigen Lösungen beeinflussen letztere unausgesetzt durch die allmähliche Lösung der im Glas enthaltenen Substanzen.

Für den Bedarf der Laboratorien steht Wasser in den verschiedensten Abstufungen der Reinheit zur Verfügung: zwischen dem Leitungs- und Quellwasser einerseits und dem reinsten Leitfähigkeitswasser anderseits vermittelt das „destillierte Wasser" gewöhnlicher Art. Welche von diesen Formen zu bevorzugen oder als ausreichend anzuerkennen ist, hängt von den wechselnden Aufgaben und Gesichtspunkten des Forschers ab.

Daß Leitungs- und Quellwasser und überhaupt alle natürlichen, aus Bächen, Sümpfen, Flüssen, Seen und Meeren stammenden Wässer mehr oder minder konzentrierte Lösungen von verschiedenen Salzen usw. darstellen, ist eine allbekannte Tatsache.

Es ist klar, daß die Stoffe, welche auch in „gutem", d. h. nicht allzu kalk- oder eisenreichem oder gar manganhaltigem Leitungswasser vorhanden sind, dieses für viele subtile physiologische — insbesondere ernährungsphysiologische — Untersuchungen oder für solche, welche Fragen der physikalischen Chemie nachgehen, von vornherein ausschließen. Anderseits werden die im

Leitungswasser gelösten, z. B. die seine Alkaleszenz bedingenden Stoffe[1]), sehr wohl auf manche vom Kultivator angestrebten Wachstumserscheinungen oder dergleichen anregend wirken und die Anwendung von Leitungswasser daher empfehlenswert machen können.

Das destillierte Wasser, wie es in den Laboratorien üblicherweise zur Verfügung steht, wird selbst dann, wenn es vom Chemiker in vielen Fällen anstandslos als Ausgangsmaterial und Lösungsmedium benutzt werden kann, vom Physiologen erst nach sorgfältiger Prüfung verwendet werden dürfen.

Die wichtigsten Prüfungen, denen man das destillierte Wasser zu unterwerfen hat, gelten den Chloriden, dem Ammoniak, der salpetrigen und der Salpetersäure. Chloride werden mit Silbernitratlösung (weißer Niederschlag von Chlorsilber), Ammoniak mit Neßlerschem Reagens (Kaliumquecksilberjodid, gelber oder rötlicher Niederschlag), salpetrige Säure nach Ansäuerung (H_2SO_4) des Wassers mit Jodzinkstärkelösung (im Laufe von 5 Min. Blaufärbung nach Entbindung des Jods), Salpetersäure mit Diphenylamin + H_2SO_4 (Blaufärbung) oder Bruzinlösung + H_2SO_4 (Rotfärbung) nachgewiesen. Beim Verdampfen darf gutes destilliertes Wasser selbstverständlich keinen Trockenrückstand hinterlassen. Bei Beurteilung und der Herkunft der Stoffe, die einen solchen oft entstehen lassen, ist zweierlei zu bedenken: zunächst kehren im destillierten Wasser leicht manche der Stoffe, die im gewöhnlichen Leitungswasser vorliegen, wieder — wenn auch in außerordentlich viel schwächerer Konzentration[2]); die Anspruchslosigkeit mancher Organismen geht aber so weit, daß selbst der geringe Gehalt des destillierten Wassers an Mineralsalzen ihnen eine langsame Entwicklung möglich macht. Das beweist z. B. der grüne Algenanflug, der sich in Gefäßen mit destilliertem Wasser leicht bildet. Zweitens aber — und dieser Punkt ist besonders wichtig — kommen gerade beim Destillationsprozeß leicht fremde Stoffe ins Wasser hinein; die Berührung mit kupfernen Kesseln oder Röhren genügt, um das Wasser giftig und für viele Versuche untauglich zu machen.[3]) Berührung des Wassers mit Metallen ist überhaupt für den Physiologen mißlich, und auch gegen Leitungswasser, das langsam durch metallene Röhren geflossen oder in solchen gestanden hat, wird er oft mißtrauisch sein müssen; namentlich vor dem Kupfer ist zu warnen, aber selbst Platin ist nicht unverdächtig.[4])

---

1) STICKDORN, Die keimtötende Wirkung des Wassers in wässerigen Lösungen auf Rotlaufbazillen (Zbl. f. Bakt. I. Orig. 1918, **81**, 549).

2) Vgl. STAS, J. S., Unters. üb. d. Gesetze d. chem. Proportionen usw., Übers. v. ARONSTEIN, Leipzig 1867, 110; MOLISCH, Üb. d. Pfl. in ihren Bezieh. z. Eisen. Jena (G. Fischer) 1892, 81 u. 106. Über den Bakteriengehalt „des in Apotheken käuflichen destill. Wassers" vgl. P. T. A. MÜLLER (M. Med. W. 1911, 2739).

3) Vgl. z. B. HERBST, C., Üb. zwei Fehlerquellen b. Nachw. d. Unentbehrlichkeit v. Phosphor u. Eisen f. d. Entwickl. d. Seeigellarven (Arch. f. Entwicklungsmechanik 1898, **7**, 486).

4) MOLISCH, Ernährung der Algen, Süßwasseralgen (1. Abhandlung; Sitzungsber. d. Akad. Wiss. Wien, math.-naturwiss. Kl., 1895, **104**, I, 783, 789).

Zwar läßt sich metallhaltiges Wasser entgiften; NÄGELI gibt an, daß z. B. Zusatz von Stärke, Ruß und anderen physiologisch harmlosen Stoffen die Wirkung geringer Kupfermengen aufhebe[1]), und HERBST (a. a. O.) konnte Kupferspuren durch Magnesiumkarbonat, Kalziumphosphat usw. fällen. Es wird aber meist vorzuziehen und in vielen Fällen notwendig sein, Wasser herzustellen, das von vornherein metallfrei oder mindestens Cu-frei ist. Das ist aber nur zu erreichen, wenn man beim Destillationsvorgang alle metallenen, insbesondere alle kupfernen Gerätschaften vermeidet. Natürlich wäre alsdann in erster Linie an Glasgefäße und Glasröhren zu denken.

Noch einer weiteren Schwierigkeit ist zu gedenken. Nicht nur beim Kochen, sondern auch schon bei dauernder Berührung gewöhnlichen Glases mit kaltem Wasser werden, wie schon LAVOISIER wußte, aus dem Glase mancherlei Stoffe herausgelöst, die bei ernährungsphysiologischen Versuchen das Resultat unklar machen können. Kalium, Natrium und Magnesium kommen dabei neben Silizium in erster Linie in Betracht. Wir verdanken MOLISCH[2]) eine einfache Methode, sich von dem störenden Einfluß des Glases unabhängig zu machen: man legt die Glasgefäße mit einer dünnen Schicht Paraffin aus — MOLISCH nimmt solches von hohem Schmelzpunkt (74^0—78^0). Verzichtet man auf sehr gleichmäßige Paraffinauskleidung, so kann man sich in der kürzesten Zeit eine große Anzahl von Kolben oder Dosen mit Paraffin ausgießen. Die Glasgefäße müssen bei der Paraffinierung völlig trocken sein, da sich sonst die Paraffinhaut blasenartig abhebt. Daß das Wasser des Kulturmediums nicht durch den Paraffinbelag das Glas angreifen kann, geht z. B. daraus hervor, „daß kleine Chlorkalium- oder Zuckerkristalle, die der Glaswand anlagern und vor der Paraffinhaut eingeführt waren, durch die Nährlösung selbst nach mehreren Monaten nicht im mindesten angegriffen wurden[3])" (MOLISCH a. a. O. 790).

Diese Methode führt aber natürlich nicht zum Ziele, wenn das Wasser oder die Lösungen auf hohen Temperaturen oder gar beim Kochen frei von den im Glase enthaltenen löslichen Substanzen bleiben sollen. Hier stehen uns nur zwei Wege offen: entweder wir nehmen Glasgefäße aus Bergkristall, dem für unsere Zwecke vollkommensten Material (KOHLRAUSCH, MYLIUS s. u.),

---

1) Üb. oligodynam. Erschein. in leb. Zellen (Denkschrift der Schweizer Naturf. Ges. 1893).

2) MOLISCH a. a. O., 788, und O. RICHTER, siehe weiter unten.

3) MOLISCH verwandte die Methode bei Algenkulturen. Bei Kultur von Pilzen z. B. wird darauf zu achten sein, daß ihre Hyphen das Paraffin durchdringen können. Über paraffinzerstörende Organismen vgl. RAHN (Zbl. f. Bakt., II, 1906, **16**, 382). Vielleicht können unter Umständen bei Kultur von Mikroorganismen in paraffinierten Gefäßen Verunreinigungen des Paraffins störenden Einfluß gewinnen (vgl. DUGGAR, Bot. Gaz., 1901, **31**, 38; näheres im speziellen Teil: „Pilze"). Man reinigt Paraffin, indem man durch Kochen mit Alkohol und KOH Fette und Fettsäuren entfernt und aus Äther umkristallisiert. Über die Durchlässigkeit von Paraffinöl (*Paraffinum liquidum*) und Vaseline für Wasser vgl. z. B. ČELAKOVSKY „Beiträge zur Fortpflanzungsphysiologie der Pilze", Prag (Fr. Rivnáč, 1906).

oder wir suchen uns aus den verschiedenen Arten Glas die für unsere Zwecke tauglichsten aus. Bergkristallgefäße liefern W. C. Heraeus in Hanau und Dr. Siebert & Kühn in Kassel; Flaschen und Kölbchen sind aber naturgemäß sehr teuer, so daß sie als ständiger Ersatz für Glas nicht in Betracht kommen.[1])

Bei gewöhnlichen Glasfabrikaten wird man sich vor allem auf relativ hohen Gehalt an Basen gefaßt machen müssen, die in die Nährlösung übergehen können. Man prüfe das Glas, indem man die Gefäße mit Eosin- oder Erythrosin-(Jodeosin-)lösung füllt (1 g Farbstoff auf 100 cm wassergesättigten Äther) und die Farblösung 24 Stunden in ihnen stehen läßt; hiernach gießt man diese aus und spült mit Äther nach: bei schlechtem Glas bleibt ein roter Belag an der Gefäßwand haften.[2]) Namentlich bei Verwendung noch ungebrauchter Glassachen können diese beträchtliche Mengen Alkali an die Nährlösung abgeben; man koche sie daher mit schwach HCl-haltigem Wasser aus oder — wenn auch Verunreinigungen anderer Art zu fürchten sind — mit Chromschwefelsäure (gleiche Teile von gesättigter $K_2Cr_2O_7$-Lösung + H_2SO_4 Konz).

Glas stellt bekanntlich ein Gemisch von verschiedenen Silikaten — Verbindungen des Si mit irgendwelchen Metalloxyden — dar, unter welchen die mit Na, K, Mg, Ca, Zn und Fe gebildeten für unsere Zwecke besonders in Betracht kommen. Die Mischung der Silikate ist bei den verschiedenen Glassorten verschieden, so daß wir auch bei Anwendung verschiedener Fabrikate ungleiche Verunreinigungen unseres Wassers und unserer Lösungen zu gewärtigen haben. Man unterschätze diese unbeabsichtigten Beimengungen nicht; es liegt zwar nahe, die Menge der lösbaren Substanz, die das Glas liefert, zu gering und das Mineralstoffbedürfnis der Organismen zu hoch einzuschätzen; in Wirklichkeit genügen aber die bei Anwendung bestimmter Glassorten aus dem Glas stammenden K- oder Mg-Mengen vollkommen, um das Bedürfnis Tausender von Zellengenerationen nach K oder Mg zu befriedigen.

Die aus dem Glas herauslösbaren Metalle gehören fast durchweg zu denjenigen Mineralstoffen, die für das Leben der Organismen unentbehrlich sind, kommen also im Gegensatz zu den aus kupfernen Rohren usw. mitgeführten Teilchen nicht als schädigende Substanzen in Betracht. Die Frage nach den Veränderungen, die Wasser durch die Gefäße erfährt, ist daher für viele Untersuchungen ganz belanglos und gewinnt erst bei exakten physiologischen Arbeiten, welche über die Notwendigkeit bestimmter Elemente für die Organis-

---

1) Gefäße aus „Vitreosil", reinem geschmolzenen Quarz, liefern die Deutschen Ton- und Steinzeug-Werke (A.-G.), Charlottenburg. Die Quarzschmelze Dr. Voelker u. Co. (Beuel-Bonn) liefert Reagenzgläser aus transparentem Quarzglas (10 : 100 mm), Kölbchen usw.

2) Methoden zur Prüfung der verschiedenen Glasarten z. B. bei MYLIUS, F. u. GROSCHUFF, E., Mikrochem. Proben z. Erkennung v. Glasarten (D. Mech.-Ztg. 1910, 41).

men Auskunft geben sollen, oder bei der Bearbeitung physikalisch-chemischer Aufgaben große Bedeutung. Wir müssen bei solchen über die chemischen Eigentümlichkeiten verschiedener Glasarten unterrichtet sein.[1])

Sehr auffallend sind nach dem soeben Gesagten die Ergebnisse MORTENSENS, welcher beobachtete, daß Pulver der gewöhnlichen Glassorten auf Pilze giftig wirkt. Fortsetzung der von ihm begonnenen Untersuchungen wäre erwünscht.[2])

Je mehr lösliche Bestandteile das Wasser dem Glas entzieht, um so besser wird die elektrische Leitfähigkeit des Wassers. Man kann sich daher über den Gehalt des Wassers an gelösten Elektrolyten auf physikalischem Wege bequem orientieren[3]); die maßanalytische Untersuchung des Wassers kann freilich durch jene Methode nicht überflüssig gemacht werden.

Von denjenigen Glassorten, welche arm an löslichen Bestandteilen sind, kommen namentlich in Betracht: das Jenaer Glas von SCHOTT und Genossen, das Resistenzglas von EHRHARDT und METZGER in Darmstadt, das Wiener Normalglas und das Rheinische Normalglas. Jenaer Geräteglas[4]) enthält

---

1) Wichtigste Literatur: MYLIUS und FÖRSTER, Üb. d. Beurt. d. Glasgefäße zu chem. Gebrauch (Ztschr. f. Instrumentenkunde 1891, **11**, 311), FÖRSTER, Vgl. Prüf. einiger Glasarten usw. (Ztschr. f. anal. Chemie, 1894, **33**, 381), HERAEUS, N., Ber. d. 5. internat. Kongr. f. angew. Chemie, 1904, **1**, 708), MYLIUS, Üb. d. Klassifiz. d. Gläser z. chem. Gebrauche (ibid. 678) und besonders HOVESTADT, H., Jenaer Glas u. seine Verwend. in Wiss. und Technik, Jena 1900; daselbst die einschlägige Literatur zusammengestellt. — Aus der biologischen Literatur nenne ich HERBST, Üb. d. z. Entw. d. Seeigellarven notw. Stoffe usw. II (Arch. f. Entwicklungsmech. 1901, **11**, 617), BENECKE, D. Bedeut. d. Kaliums u. d. Magnesiums f. Entwickl. u. Wachst. d. *Aspergillus niger* v. Th. usw. (Botan. Zeitg. 1896, **54**, 97), Unters. üb. d. Bedarf d. Bakt. an Mineralst. (ibid. 1907, **65**, 1), FICKER, M., Üb. Lebensdauer u. Absterben pathogener Keime (Ztschr. f. Hyg. 1898, **29**, 1); HESSE, G., Beitr. z. Herstell. v. Nährb. u. z. Bakterienzücht. (Ztschr. f. Hyg. 1904, **46**, 1); KOHN, E., Z. Biol. d. Wasserbakt. (Zbl. f. Bakt. II, 1906, **15**, 690); KASERER, H. J., Kenntn. d. Mineralstoffbedarfs von *Azotobacter* (Ber. d. d. Bot. Ges. 1910, **28**, 208).

2) MORTENSEN, L., Vers. üb. d. Giftwirkung v. Kobaltsalzen auf *Aspergillus niger* bei Kultur auf festen u. flüss. Medien (Zbl. f. Bakt. II, 1909, **24**, 521).

3) E. SMITH (Bacteria in relation to plant diseases 1 Washington 1905, 129) gibt einige Zahlen an. Gläser, die 10—11 Tage mit Wasser gefüllt geblieben waren, beeinflußten dieses in folgendem Grade:

Resistenzglas (Greiner & Friedrichs) nach 10 Tagen 220,000 Ohm.

    ”   ”   ” 11 ,,   219,000 ,.

Gewöhnliches Glas . . . . ,, 10 , .,   41,000 ,,

    ”   ” . . . . ,, 11 ,,   34,000 ,,

Vgl. auch MYLIUS a. a. O., 1904.

4) Die Kolben, Flaschen usw. tragen einen kennzeichnenden Stempel, in die Glasröhren ist ein farbiger Glasfaden eingelegt. HOVESTADT a. a. O., 397, gibt für Jenaer Geräteglas an:

$$SiO_2 \quad 65 \;—68 \text{ Teile}$$
$$Al_2O_3 \quad 3{,}3— 3{,}7 \text{ ,,}$$
$$ZnO \quad 3{,}7 \;- \;4{,}6 \text{ ,,}$$
$$BaO \quad 12 \text{ ,,}$$
$$B_2O_3 \quad 13 \;—15 \text{ ,,}$$

nach BENECKE (1907) ca. 5% MgO. Wichtig für den Biologen ist, daß K in ihm gänzlich fehlt; wohl aber können Mg und Zn aus ihm herausgelöst werden. HERBST fand nach doppelter Destillation aus Jenaer Glas in 3 Litern Wasser 0,00015 g Mg und 0,0004 g Zn.[1] MORTENSEN (s. o.) beobachtete, daß Pulver von Jenaer Normalglas keine Giftwirkungen auf *Aspergillus* ausübt.

Das Resistenzglas von EHRHARDT und METZGER[2] enthält:

$$
\begin{array}{ll}
K_2O & 0,6\ \% \\
Na_2O & 14,3\ \% \\
CaO & 11,2\ \% \\
MnO & 0,4\ \% \\
\left.\begin{array}{l} Al_2O_3 \\ Fe_2O_3 \end{array}\right\} & 2,9\ \% \\
SiO_2 & 70\ \%,
\end{array}
$$

ist mithin sehr arm an Kali, enthält übrigens auch Mg. Wiener Normalglas enthält reichlich K, scheint aber Mg-frei zu sein (BENECKE 1907).

Daß Glasgefäße verschiedener Zusammensetzung die nämliche Pilzspezies in ganz verschiedenem Habitus wachsen lassen können, hat LAPPALAINEN[3] für *Aspergillus* gezeigt. Für das Zn-haltige Jenaer N-Glas ließ sich zeigen, daß das aus ihm gelöste Zn das Wachstum stark fördern kann. Die Wirkung der Glasgefäße auf die in ihnen wachsenden Organismen ändert sich mit dem Gebrauch, dem jene unterworfen sind: wiederholtes Kochen der Nährlösungen macht die wachstumfördernden Bestandteile des Glases dem Pilz immer leichter zugänglich; sind die zugänglichen Stoffe verbraucht, so kann man durch Kochen mit NaOH oder andern Alkalien wieder neue Glasschichten erschließen. Gebrauchte und ungebrauchte Gläser haben hiernach unter Umständen verschiedene Wirkung auf die Organismen.

Will man sich beim Destillieren des Wassers alle Erfahrungen zunutze machen, so akzeptiere man O. RICHTERS Verfahren.[4] Dieser benutzte „Jenaer Glaskolben, die mittels eingeriebener Glasstöpsel mit einem Platinkühler in Verbindung standen, von dem das kondensierte Wasser in einen 400 ccm-Kolben, der mit Paraffin bis zum oberen Rand ausgekleidet war, abtropfte. War dann das Kölbchen bis etwa 300—350 ccm gefüllt, so schüttete ich das destillierte Wasser in einen mit Paraffin völlig ausgekleideten Zweiliter-Erlenmeyerkolben. Ein Wattepfropf aus reinster Watte besorgte dessen Verschluß. War im „Siedekolben" noch etwas zur Destillation bestimmtes Wasser übriggeblieben, so wurde es ausgeschüttet und der Kolben bis zu 350—400 ccm neu gefüllt. Um einen Siedeverzug zu vermeiden, befand sich ein Stück Platindraht im Kochkolben.

---

1) Über das Gas, welches von Jenaer Glas bei hohen Temperaturen abgegeben wird, vgl. GUICHARD (C. R. Acad. Sc. Paris 1911, **152**, 876).

2) Kenntlich an dem Stempel „R".

3) LAPPALAINEN, H., Biogr. Stud. an *Asp. niger* (Öfvers. af fivska Vetensk. soc. Förhandl. 1919, **62**, Afd. A. No. 1).

4) Z. Phys. d. Diatomeen. (Sitzungsber. Akad. Wiss. Wien, Math.-Naturwiss. Kl. 1906, **115**, I, 27, 37.)

Hervorgehoben sei noch, daß alle für die Destillation verwendeten Geräte, also Destillationskolben, Platinkühler, Vorstoßkolben, Stöpselverschluß, der große Zweiliter-Vorratskolben mit Kalilauge und darauf mit konzentrierter Salzsäure gereinigt und mit viel gewöhnlichem destillierten Wasser abgespült worden waren. Jene Kolben und Objekte, die mit Paraffin ausgekleidet werden sollten, waren nachher im heißen Trockenkasten auf 110—140⁰ erhitzt und so vollkommen wasserfrei gemacht worden; dann hatte ich sie mit reinstem Paraffin des Siedepunktes 78⁰ von MERCK versehen und neuerlich über 100⁰, oft bis 140⁰ erhitzt.'' RICHTER gewann mit seiner Methode reinstes Wasser, das nicht einmal SiO_2 gelöst enthielt.[1]

II. Nährboden.

Sät man Mikroorganismen auf reinem Wasser aus, so kann man zwar oft genug Wachstumserscheinungen und andere Veränderungen an ihnen beobachten; alle diese Vorgänge, an welchen die den Zellen ermöglichte Wasseraufnahme hervorragenden Anteil hat, spielen sich aber auf Kosten der im Aussaatmaterial vorhandenen Stoffe ab, — die allerdings nicht selten dazu ausreichen, um von der Keimung der Sporen bis zur neuen Bildung solcher auszureichen (Gemmen bei Mukorazeen, Konidien bei Penizillium usw.). Wasser kann somit wohl als Kulturmedium für manche Fälle und Zwecke genügen, als Nährboden darf es naturgemäß niemals angesprochen werden; denn unter einem Nährboden verstehen wir irgendeine Flüssigkeit oder feste Substanz, in welcher den Mikroorganismen irgendwelche, zum Aufbau ihrer Substanz verwendbare Stoffe geboten werden, derart, daß beim Aufenthalt auf einem Nährboden das Trockengewicht des Organismenmaterials zunimmt, während es auf einem nicht nährenden Kultursubstrat, z. B. auf reinem Wasser, unverändert bleibt oder sogar abnimmt.

Daß die Kenntnis von den Nährböden und ihrer zweckmäßigen Herstellung für das Studium der Mikroorganismen von allergrößter Bedeutung ist, leuchtet ohne weiteres ein. Wir werden im folgenden die wichtigsten Gesichtspunkte für diese Aufgabe kurz zu erörtern haben.

Die Fragen, die bei der Erforschung eines Organismus und insbesondere seiner Ernährungsphysiologie gestellt werden müssen, sind außerordentlich mannigfaltig. Die Wahl eines Nährbodens darf nicht beliebig geschehen, sondern muß planmäßig den Aufgaben des Forschers Rechnung tragen. Allerhand Umstände erschweren dabei — zumal dem Anfänger — das Auffinden eines zweckmäßigen Kulturverfahrens. Vor allem ist der Nährwert verschiedener Stoffe — C-Verbindungen, N-Verbindungen u. dgl. — ein sehr ungleicher, und selbst Vertreter einer Gruppe chemischer Verbindungen können auf ein und denselben Organismus ganz verschieden wirken. Dazu sind die Ansprüche verschiedener Arten von Mikroorganismen in puncto der Ernährung außerordentlich verschieden: Stoffe, die für manche Gruppen der Mikro-

---

1) Üb. d. Leitfähigkeit d. Wassers u. d. Herst. v. Leitfähigkeitswasser vgl. z. B. KOHLRAUSCH u. HOLBORN, Leitvermögen d. Elektrolyte, KOHLRAUSCH, Lehrb. d. prakt. Physik, 9. Aufl., 1901, 408ff.

organismen ein ideales Nährmittel darstellen, sind für andere nur mäßig gut nährend oder schlechterdings unverwertbar. Ferner: es kommt nicht nur darauf an, daß den Organismen die „richtigen" Stoffe ausgewählt werden, sie müssen auch in der richtigen Form und unter zuträglichen Begleitumständen geboten werden: die Konzentration vor allem ist in Rechnung zu ziehen, die Wahl zwischen festen und flüssigen Nährböden, ferner die Reaktion, d. h. der Grad der Alkaleszenz und Azidität richtig zu treffen; es ist weiterhin zu berücksichtigen, daß manche Stoffe nur ausgenützt werden können, wenn gleichzeitig bestimmte andere Stoffe vorhanden sind, daß die über dem Nährboden liegende Atmosphäre in ihrer chemischen Zusammensetzung eine wichtige Rolle spielen kann u. a. m. — Drittens: selbst wenn eine Kombination der Bedingungen gefunden ist, bei welcher die Organismen vortrefflich wachsen, so genügt oft genug dieses Resultat noch keineswegs für die Erforschung der Ernährungsansprüche eines Organismus, und es hat sich zeigen lassen, daß viele Lebewesen bei verschiedener Ernährung ganz verschiedene Formen liefern, und daß für jede ihrer verschiedenen Gestaltungen eine bestimmte Kombination der Ernährungsbedingungen optimal ist.

Was für Stoffe müssen nun einem wasserhaltigen Kulturmedium zugesetzt werden, damit es zu einem Nährboden wird und die Entwicklung der Mikroorganismen gestattet? Zunächst sind Aschenbestandteile unerläßlich. Es gibt überhaupt keine Organismen, die ohne solche sich entwickeln könnten; wohl aber gibt es viele, deren beispiellose Anspruchslosigkeit ungezählte Zellengenerationen mit den Mineralstoffen auskommen läßt, die im gewöhnlichen destillierten Wasser vorhanden sind oder aus Glas geringer Qualität herausgelöst werden können. Sollen daher genaue Untersuchungen über die Notwendigkeit und die Rolle des einen oder anderen der Aschenbestandteile angestellt werden, so muß man nach den oben gegebenen Vorschriften alle Verunreinigungen des Nährmediums durch das Glas nach Möglichkeit fernhalten. Fast alle Organismen stellen die gleichen Ansprüche an Aschenstoffe und haben S, P, K, Ca, Mg und Fe nötig.

Ferner muß dem Sauerstoffbedürfnis der Organismen Rechnung getragen werden: den Sauerstoff liefert die Atmosphäre; wohl zu beachten ist aber, daß viele Bakterien nur bei Luftabschluß sich entwickeln können.

Am schwierigsten zu beantworten ist von Fall zu Fall die Frage nach den organischen Verbindungen, die der Organismus benötigt.

Als Kohlenstoffquelle kommt nur für die grünen Lebewesen und einige Bakteriengruppen die Kohlensäure der Luft in Betracht. In allen anderen Fällen müssen organische Verbindungen als C-Quelle dem Nährsubstrat zugesetzt werden. Dazu sind im allgemeinen die Zuckerarten und die mehrwertigen Alkohole besonders geeignet. Empirisch muß den verschiedenartigen Organismen gegenüber ausprobiert werden, ob auch einwertige Alkohole, aliphatische und aromatische Säuren und deren Salze oder andere

C-haltige Verbindungen tauglich sind, und wie hoch ihr Nährwert zu veranschlagen ist.

Als Stickstoffquelle kann der elementare N der Luft nur wenigen Pilzen und Bakterien dienen; im allgemeinen müssen N-Verbindungen dem Nährmedium beigemischt werden. Die Auswahl ist groß: manche Organismen bevorzugen anorganisch gebundenen N (Ammoniumsalze, Nitrite, Nitrate), andere beanspruchen Amidoverbindungen oder gar Albumosen. Die Frage, bei welcher N-Quelle optimales Wachstum erreicht wird, muß für jede Organismengruppe oder sogar für einzelne Spezies durch besondere Experimente gelöst werden.

Je mehr assimilierbare Stoffe einem Organismus zur Verfügung stehen, um so mehr organische Substanz wird er produzieren, um so reichlicher wird die „Ernte" ausfallen. Dieser Satz erfährt freilich Einschränkungen dadurch, daß ein Übermaß von assimilierbaren Stoffen — namentlich durch deren osmotische Wirkungen — die Entwicklung eines Organismus hemmen kann, und durch das „Gesetz des Minimums": was einem Nährsubstrat an C abgeht, kann nicht durch reichlichere Verabfolgung von Ca oder N wettgemacht werden; maßgebend für das Ernteergebnis bleibt derjenige Stoff, der im relativen Minimum vorhanden ist.

Von größter Wichtigkeit ist schließlich die Reaktion des Nährbodens. Manche Organismen gedeihen nur auf saurem, andere nur auf alkalischem Medium, noch andere kommen mit beidem aus.

Schließlich muß auch noch der Aggregatzustand des Nährsubstrats berücksichtigt werden: flüssige Nährmedien wirken oft ganz anders als feste.

1. Flüssige Nährmedien.

Flüssige Nährmedien, d. h. wässerige Lösungen von Nährstoffen enthalten entweder ausschließlich anorganische Nährmittel (anorganische Nährlösungen) oder organische Verbindungen — kombiniert mit anorganischen oder ohne solche (organische Nährlösungen). Bei den letzteren sind diejenigen, deren Zusammensetzung rezeptmäßig bekannt ist und genau innegehalten werden kann, zu unterscheiden von anderen, deren Zusammensetzung nur unvollkommen bekannt und wechselnd ist. Das Material für die Herstellung der ersten Gruppe liefern die aus dem chemischen Laboratorium stammenden Stoffe; die anderen entstammen irgendwelchen animalischen oder vegetabilischen Materialien.

a) Anorganische Nährlösungen.

Eine anorganische Nährlösung, deren biologische, tier- und pflanzengeographische Bedeutung einzig dasteht, ist das Meerwasser.

Abgesehen von den Teilen des Meeres, die durch wasserreiche Ströme eine allmähliche Aussüßung erfahren, wie die Ostsee, ist die Zusammensetzung des Meerwassers überall ungefähr dieselbe. FORCHHAMMERS Analyse des zwischen Neapel und Sardinien geschöpften Meerwassers gibt folgende Zusammensetzung an:[1]

NaCl	30,192 ‰
KCl	0,779
$MgCl_2$	3,240
$MgSO_4$	2,638
$CaSO_4$	1,605
Kieselsäure, phosphorsaures Ca u. „Rückstand" (darunter $CaCO_3$ u. Fe_2O_3)	0,080

In diesen und ähnlichen Analysen vermißt man stickstoffhaltige Verbindungen ganz und gar; in der Tat sind Nitrite und besonders Nitrate ungemein spärlich im Meerwasser vorhanden; die Ammoniumverbindungen sind etwas reichlicher und bereits quantitativ bestimmbar — im allgemeinen wenig mehr als 0,1 mg pro Liter.[2]

Durch Abwässer der Schiffe und die Verunreinigungen, die vom Lande her dem Meere zugeführt werden, kann das Meerwasser an organischen Bestandteilen sehr reich werden — ein Umstand, der auf die Zusammensetzung der natürlichen Makro- und Mikrofauna und -flora des Meeres großen Einfluß hat. Methoden zum Nachweis organischer Substanz z. B. bei NIKOLAI.[3]

Will man bei Benutzung des Meerwassers als Kulturmedium von zufälligen Verunreinigungen des Wassers unabhängig bleiben oder den Einfluß planmäßig variierter Zusammensetzung auf die Organismen studieren, so muß man sich Meerwasser künstlich herstellen. Am eingehendsten hat sich HERBST[4] mit der Frage beschäftigt. Dieser Autor legt der Anfertigung künstlichen Meerwassers von „normaler" Zusammensetzung folgendes Rezept zugrunde:

auf Wasser 100 Teile

NaCl	3	g
KCl	0,07	„
$MgSO_4$	0,26	„
$MgCl_2$	0,5	„ (nur scheinbar reichlich, das Salz war sehr wasserreich)
$CaSO_4$	0,1	„
	3,93	g

Für die meisten Fälle wird ein sehr viel roheres Verfahren ausreichen. Ich gebe hier das Rezept, nach welchem das Wasser der großen Austern-

---

1) Vgl. HERBST, C., Üb. d. z. Entwickl. d. Seeigellarven notwend. anorg. Stoffe, ihre Rolle u. ihre Vertretbarkeit I (Arch. f. Entwicklungsmech. 1897, **5**, 649.) Von geologischer Literatur nenne ich ROTH, Chem. Geologie 1879, **1**, 524 ff. und KRÜMMEL, O.. Handb. d. Ozeanographie, **1**, Stuttgart 1907.

2) Literatur (NATTERER, THOULET u. a.) bei BRANDT: Üb. d. Stoffwechsel im Meere. I u. II (Wissensch. Meeresunters. Abt. Kiel 1899, N. F. **4** u. 1902, **6**); Üb. d. Bedeut. d. Stickstoffverbindungen f. d. Produkt. im Meere (Beih. z. Bot. Zbl. 1904, **16**, 383).

3) Z. Bestimm. d. organ. Subst. im Meerwasser (A. f. Hyg. 1907, **86**, 338). Über den Bakteriengehalt unreinen Meerwassers vgl. z. B. CAFASSO, Unters. üb. d. Grad d. bakteriellen Verunreinigung d. Meerwassers im Bereiche verankerter Kriegsschiffe (ibid. 1919, **88**, 20).

4) HERBST a. a. O., auch 653 ff.

becken auf der Pariser Weltausstellung angefertigt war, und das sich gut bewährte:[1)]

NaCl	78 g
$MgCl_2$	11 „
KCl	3 „
$MgSO_4$	5 „
$CaSO_4$	3 „

100 g auf 3 l Wasser.

Karbonatfreies Meerwasser stellt sich MAAS[2)] dadurch her, daß er gewöhnliches Meerwasser eindampft und den Rückstand in destilliertem Wasser wieder löst. Die löslichen Bikarbonate werden beim Eindampfen in die so gut wie unlöslichen Karbonate umgewandelt.

Wie man meerwasserähnliche, relativ salzreiche Lösungen zur Kultur mariner Algen benutzen kann, wird im speziellen Teil mitzuteilen sein.

Das Meerwasser, dessen Zusammensetzung uns von der Natur gegeben ist, enthält vor allem in dem Chlornatrium einen Stoff, dessen Notwendigkeit für die Mikroorganismen keineswegs allgemein erwiesen ist, und der für die vom Meerwasser umspülten Lebewesen hauptsächlich durch seine osmotische Wirkung bedeutsam wird.[3)] Nur für die marinen Organismen kommt Meerwasser als Nährlösung in Betracht; alle anderen werden in Flüssigkeiten von weit geringerem osmotischen Druck kultiviert werden müssen.

Die Nährlösungen, die im Laboratorium künstlich hergestellt werden, und deren Zusammensetzung nur von der Willkür des Forschers abhängt, werden im allgemeinen möglichst einfach sein und nur die wirklich notwendigen Stoffe enthalten. Anorganische Nährlösungen, welche nicht nur keine organische Stickstoffverbindung, sondern auch keine Kohlenstoffquelle enthalten, kommen nur für die autotrophen Mikroorganismen in Betracht: für die Algen, die grünen Flagellaten und gewisse Bakterien. Für die ersteren können wir an die Erfahrungen anknüpfen, die seit SACHS und KNOP an höheren Pflanzen gesammelt worden sind.

KNOP[4)] empfiehlt auf 1000 g Wasser

0,25 g Magnesiumsulfat,
1,00 „ Kalziumnitrat,
0,25 „ saures phosphorsaures Kalium,
0,12 „ Chlorkalium,
Spur Eisenchlorid;

---

1) PERRIER, E., De l'emploi de l'eau de mer artificielle pour la conservation des animaux marins et en particulier des huîtres dans les grands Aquarium (C. R. Acad. Sc. Paris 1890, **110**, 1076). — Über filtriertes Meerwasser vgl. FABRE-DOMERGUE, Epuration bactérienne des huîtres par la stabulation en eau de mer artif. filtrée (ibid. 1912, **154**, 393).

2) Üb. d. Wirk. d. Kalkentzieh. auf d. Entwickl. d. Kalkschwämme (Sitzungsber. Ges. Morph. u. Phys., München 1904, **20**, 4).

3) Ob es vielleicht für die höheren Lebewesen damit anders steht, ist noch nicht genügend geklärt; vgl. HERBST a. a. O., sowie die späteren Teile der gleichen Abhandlung.

4) Die Literatur über anorganische Nährlösung ist in den bekannten Hand- und Lehrbüchern für Pflanzenphysiologie (PFEFFER, JOST u. a.) zu finden.

und SACHS gibt auf 1000 g Wasser

> 1,0 g salpetersaures Kalium,
> 0,5 „ Chlornatrium,
> 0,5 „ Kalziumsulfat,
> 0,5 „ Magnesiumsulfat,
> 0,5 „ phosphorsauren Kalk,
> Spur Eisenchlorid.

TOLLENS nimmt von drei Lösungen

> A. 100 g Kalziumnitrat, B. 25 g saur. phosphors. Kali,
> 25 „ Kaliumnitrat,   1 l Wasser
> 15 „ Chlornatrium, C. 50 g Magnesiumsulfat,
> 1 l Wasser   1 l Wasser

je 100 ccm auf 10 l Wasser.[1])

Eine weitere von KNOP empfohlene Lösung enthält in 7 l

> 4 g Kalziumnitrat,
> je 1 „ Kaliumnitrat, Magnesiumsulfat und einbasisches Ka-
> liumphosphat,
> 0,5 „ Chlorkali (ist entbehrlich),
> Spur Eisenchlorid.

MOLISCH schließlich benutzte folgende Nährlösung:

> 250 g Wasser,
> 0,2 „ $(NH_4)_2HPO_4$,
> 0,1 „ H_2KPO_4,
> 0,1 „ $MgSO_4$,
> 0,1 „ $CaSO_4$,
> Spur Eisenvitriol (2 Tropfen einer 1 % Lösung).

Auf die Reaktion der meisten genannten Lösungen ist die Wahl der Kalium-Phosphorverbindung von Einfluß: Monokaliumphosphat reagiert sauer, Dikaliumphosphat alkalisch, Trikaliumphosphat neutral — Reinheit der Chemikalien vorausgesetzt.

Das oft auf verdünnten Nährlösungen schwimmende Häutchen besteht wohl größtenteils aus Kalziumkarbonat.

Bei der Anfertigung der Lösungen löse man die einzelnen Salze gesondert auf und gieße die Lösungen zueinander; andernfalls entstehen lästige Niederschläge von Magnesiumphosphat. Vor dem Gebrauch sind die Lösungen je nach Bedarf zu verdünnen: 0,1—0,5 % sind z. B. für Algen im allgemeinen ausreichend und empfehlenswert, doch werden auch höhere Konzentrationen vertragen. TOLLENS gibt an, wie man höhere Konzentrationen der Lösung vorrätig halten kann (s. o.).

---

1) Üb. einige Erleicht. bei d. Kultur d. Pfl. in wäss. Lös. (Journ. f. Landwirtsch. 1882, **30**, 537; vgl. Bot. Jahresber. 1882, **10**, a. 36).

Die von V. D. CRONE[1]) vorgeschlagene Nährlösung, welche folgende Stoffe enthält:

KNO_3 1,0
$MgSO_4$ 0,5
$CaSO_4$ 0,5
Trikalziumphosphat 0,25
Ferrophosphat 0,25

ist meines Wissens noch nicht für Mikroorganismen ausprobiert worden.

Bei der Zusammenstellung von Salzgemischen zum Zweck der Organismenkultur ist zu bedenken, daß von den Kationen bestimmter Salze Giftwirkungen ausgehen, die bei gleichzeitiger Gegenwart anderer Salze herabgesetzt werden können. OSTERHOUT wies nach, daß sämtliche Salze des Meerwassers, einzeln angewandt, auf die Zellen der Algen giftig wirken; Salzgemische, welche die einzelnen Komponenten in solchem Verhältnis enthalten, daß sie den Zellen nicht schädlich sind, nennt OSTERHOUT[2]) „physiologically balanced solutions" (ausgeglichene Lösungen): Meerwasser stellt eine solche dar. Im Laboratorium bedient man sich der „physiologischen" Kochsalzlösung dann, wenn man lebende Gewebe mit einer ihren Säften isotonischen Lösung behandeln will. Eine physiologisch ausbalanzierte Lösung, welche jene zu ersetzen und in ihren Wirkungen auf die Zellen zu übertreffen vermag, ist die RINGER-LOCKEsche Lösung, die in 1 l ungefähr

$NaCl$ . . . . 6,5—9,5 g
KCl 0,2
$CaCl_2$ 0,2
und evtl. noch $NaHCO_3$ 0,1

enthält.

Ebenso wie in der THYRODEschen Lösung[3]), welche pro l

$NaCl$ 8
KCl 0,2
$CaCl_2$ 0,2
$MgCl_2$ 0,2
NaH_2PO_4 0,1
$NaHCO_3$ 0,05

(neben 1 g Glukose) enthält, ist in ihr das Verhältnis der Ionenkonzentrationen dem des Meerwassers ungefähr gleich.

Die Wirkung ausbalanzierter Lösungen auf das lebende Protoplasma macht sie zu Beobachtungsmedien für Meerestiere und Meerespflanzen und auch nichtmarine Organismen tauglich: LIPMAN hat dargetan, daß Salzlösun-

---

1) Ergebn. d. Unters. üb. d. Wirk. d. Phosphorsäure auf höh. Pfl. (Sitzungsber. niederrhein. Ges. f. Naturwiss. u. Heilk. 1902). APPEL, Üb. d. Wert der v. d. CRONEschen Nährlös. (Ztschr. f. Bot. 1918, **10**, 145).

2) Vgl. z. B. OSTERHOUT, W. J. V., On the import. of phys. balanc. sol. on plants 1 (Bot. Gaz. 1906, **42**, 127).

3) Vgl. z. B. HÖBER, Physikal. Chemie d. Zelle u. Gewebe 1914. 4. Aufl., 521 ff.

gen auf die Ammonentbindung (aus Pepton) durch *Bac. subtilis* dann am
wenigsten hemmend wirken, wenn die Salze in demselben Verhältnis dargeboten werden, wie sie im Seewasser vorliegen.[1]

b) Organische Lösungen bekannter Zusammensetzung.

Diese enthalten neben anorganischen Verbindungen entweder nur eine
organische Kohlenstoffquelle oder außer dieser auch noch eine organische
Stickstoffverbindung oder lediglich eine solche. Die anorganischen Verbindungen — denn als solche wird man die Aschenbestandteile vorzugsweise
verabfolgen wollen — können einzeln zugesetzt oder als RINGERsche Lösung
(s. o.) verabfolgt werden. In vielen Fällen dürfen sie quantitativ sehr zu-
rücktreten; ja, es werden oft die Beimengungen von Aschenbestandteilen,
welche ohne besondere Fürsorge mit dem Wasser und den nicht völlig reinen
Chemikalien und durch Auslaugung aus den Glasgefäßen in die Lösung ge-
raten, den Bedarf der Organismen bereits decken.

Organische Bestandteile sind deswegen nötig, weil die Organismen,
für welche die organischen Lösungen bestimmt sind, nicht selbst aus anorganischen Verbindungen organische Stoffe herzustellen vermögen. Während die „assimilierenden“, die mit Chlorophyll ausgestatteten und einige
wenige andere Organismen aus Kohlensäure und Wasser selbst komplizierte
Kohlenstoffverbindungen herstellen, müssen den nicht assimilierenden Lebewesen geeignete C-Verbindungen verabfolgt werden. Während die höheren
Pflanzen als Autotrophe ihren N-Bedarf im allgemeinen mit Nitraten optimal
decken, verhalten sich die heterotrophen Mikroorganismengruppen hinsichtlich ihrer N-Ansprüche sehr verschieden. Zwar erfolgt die Eiweißsynthese
wohl bei allen auf dem Weg über die Aminosäuren, doch bedürfen manche
von ihnen zur optimalen Ernährung aller im Eiweißmolekül gebundenen
Aminosäuren, andere nur eine: noch andere sind imstande, aus anorganischen N-Verbindungen, ja sogar aus elementarem N die erforderlichen Amidoverbindungen sich herzustellen. Eine Universalnährlösung, die für alle Arten
der Mikroben tauglich wäre oder gar ihnen allen optimales Wachstum ge-
stattete, gibt es also nicht. Auf die Frage, welche Stoffe bei Anfertigung einer
Nährlösung zweckmäßigerweise zu kombinieren sind, läßt sich daher nicht
kürzer, als durch Vorführung verschiedener Mikrobengruppen und die Schilderung ihrer Ernährungsansprüche Antwort geben.

Kohlenstoff. Sehen wir von den chlorophyllhaltigen Lebewesen, welche
die Kohlensäure der Luft als C-Quelle verarbeiten, und von denjenigen Bakterien ab, welche amorphe Kohle[2], atmosphärische Kohlensäure[3], Karbo-

---

1) LIPMAN, C. B., On physiologically balanc. sol. f. bact. (Bot. Gaz. 1910, **49**, 207).

2) POTTER, Bakt. als Agentien b. d. Oxyd. amorpher Kohle (Zbl. f. Bakt. II, 1908.
21, 647; vgl. BENECKE, Bau u. Leben d. Bakt. 1912, 348).

3) BEYERINCK u. v. DELDEN, Üb. eine farbl. Bakt., deren Kohlenstoffnahr. aus d.
atmosph. Luft stammt (Zbl. f. Bakt. II, 1903, **10**, 33).

nate oder Methan als C-Quelle verwerten können[1]), so muß allen übrigen der Kohlenstoff im Nährsubstrat als mehr oder minder wasserlöslicher organischer Körper geboten werden. Als wichtigste C-Quelle kommt für Organismen jeder Art die Gruppe der Zucker (Kohlehydrate) in Betracht: Traubenzucker zumal und Rohrzucker sind vorzügliche Nährstoffe. Sie wirken oft schon in großer Verdünnung — weniger als 1‰ — und werden von manchen Organismen selbst in 100%iger Lösung noch ertragen. Auch Maltose, Milchzucker, besonders Raffinose u. a. sind geeignete C-Verbindungen. Zucker gibt bei längerem Kochen den Nährlösungen (durch Karamelisierung) eine braune Farbe. — Von den Polysacchariden sind Inulin, Glykogen, Stärke usw. besonders wichtige Nährmittel; ferner kommen die mehrwertigen Alkohole, wie Glyzerin, Mannit, Sorbit, Dulzit u. a. in Betracht. Solange für einen Organismus nicht abweichendes Verhalten bekannt ist, wird man ihn mit Verbindungen der genannten Art zu ernähren suchen. Es folgen die organischen Säuren der aliphatischen Reihe, wie Essig-, Apfel-, Wein-, Zitronenoder Bernsteinsäure und besonders ihre Salze; die organischen Ammoniumsalze sind nicht nur vortreffliche Kohlenstoffquellen, sondern liefern auch gleichzeitig Stickstoff (s. u.). Von geringerer Bedeutung und vielfach nur für bestimmte Gruppen von Organismen brauchbar sind die einwertigen Alkohole, die Glykoside und der Harnstoff, der gleichzeitig als N-Quelle dienen kann; sehr ungleichwertig als C-Quellen sind die aromatischen Säuren.[2]) In geringem Maße können manche Organismen, namentlich eine Reihe von Pilzen, ihren C-Bedarf von fetten Ölen decken, einige Bakterien und Pilze verwerten Zellulose, neuerdings wurden sogar Paraffin verarbeitende Organismen bekannt.[3]) Huminsäure scheint nach Nikitinsky[4]) so gut wie gar nicht als C-Quelle in Betracht zu kommen. Von einigen dieser Fälle wird im speziellen Teil noch zu sprechen sein.

Kohlenstoffverbindungen allein reichen zur Ernährung eines Organismus nicht aus; es muß ihm auch irgendeine Stickstoffquelle geboten werden. In ihren Ansprüchen an elementaren, anorganisch oder organisch gebundenen Stickstoff gehen nun die verschiedenen Mikroorganismen stark auseinander. Wenn bei der folgenden Schilderung ihrer N-Ernährung nichts besonderes über die C-Ernährung gesagt ist, so gilt stillschweigend irgendein Zucker als Kohlenstoffquelle.

Stickstoff. Zunächst sind höchst einfache Nährlösungen zu nennen, die überhaupt keine N-Quelle, wohl aber Kohlehydrate enthalten; Wino-

---

1) Z. B. Söhngen, Üb. Bakt., welche Methan als Kohlenstoffnahrung u. Energiequelle gebrauchen (ibid. II, 1906, **15**, 513).

2) Vgl. Literaturangaben bei Czapek, Biochem. d. Pfl., Jena 1905, **1**, 296.

3) Rahn, O., Ein Par. zersetz. Schimmelpilz (Zbl. f. Bakt. II, 1906, **16**, 382).

4) Reinitzer, F., Üb. d. Eignung d. Huminsubst. z. Ernähr. v. Pilzen (Bot. Ztg. 1900, **58**, 59); Nikitinsky, Üb. d. Zersetz. d. Huminsäure usw. (Jahrb. für wiss. Bot. 1902, **37**, 365). Daselbst weitere Literaturangaben.

GRADSKY[1]) entdeckte, daß gewisse anaërobe Bodenbakterien in völlig N-freier Zuckerlösung gedeihen und diese in wenigen Tagen stickstofffrei machen, indem sie den **Stickstoff der Luft** verarbeiten.

Nach BEYERINCKS und v. DELDENS Ansicht[2]) sind freilich die von WINOGRADSKY studierten Formen in völlig N-freien Medien nicht kultivierbar; sie gehören vielmehr zu den „oligonitrophilen". Organismen, welche „sich in Nährmedien entwickeln, ohne absichtlich zugefügte Stickstoffverbindungen, aber auch ohne daß Fürsorge getroffen wird, um die letzten Spuren dieser Verbindungen zu entfernen".[3])

Fast alle anderen Organismen sind auf beträchtliche Mengen gebundenen Stickstoffs in ihrer Nährlösung angewiesen.

Nährlösungen, welche neben Kohlenstoffverbindungen u. a. Nitrate ($NaNO_3$ oder KNO_3) enthalten, kommen für die Kultur der verschiedensten Organismen — Bakterien, Pilze und Algen — in Betracht. Organismen, welche bei Nitraternährung sich besser entwickeln, als mit jeder andern Stickstoffnahrung, kann man als Nitratorganismen bezeichnen.

Nitrite gelten als giftig. TREBOUX[4]) hat aber darauf aufmerksam gemacht, daß salpetrigsaure Salze eine gute N-Quelle abgeben können, solange die Nährlösung alkalisch reagiert. In saurer Lösung wird salpetrige Säure frei, und diese wirkt stark giftig. Nach TREBOUX kommen die Nitrite als Stickstoffquelle für die verschiedensten — grünen und farblosen — Organismen in Betracht. Als Nitritorganismen sind die in anorganischen Lösungen wachsenden Nitratbildner (Nitrifikationsmikroben) zu nennen. Über Nitritverbrauch durch Mikroorganismen anderer Art machten bereits LAURENT[5]), BEYERINCK[6]), WINOGRADSKY[7]) u. a. einige Angaben.

Ammoniaksalze spielen in der Natur als Stickstoffquelle der verschiedensten Organismen die allergrößte Rolle. In künstlichen Kulturen sieht man auch diejenigen Pilze und Bakterien, welche als Nitratorganismen anzusprechen sind, vielfach auf Ammoniaksalzen noch gedeihen; anderseits gibt es eine Reihe von Lebewesen, welche Nitrate ablehnen und Ammonium beanspruchen („Ammoniakorganismen"). Wählt man die Ammoniaksalze organischer Säuren (Essigsäure, Apfelsäure, Milchsäure, Weinsäure oder

---

1) S. l'assim. de l'azote gazeux. de l'atmosph. p. l. microbes (C. R. Acad. Sc. Paris 1893, **116**, 1385); Rech. sur l'assim. de l'azote libre de l'atmosph. p. l. micr. (Arch. Sc. biol., St. Petersbourg 1895, **3**); *Clostridium Pastorianum*, seine Morph. u. seine Eigenschaften als Buttersäureferment (Zbl. f. Bakt. II, 1902, **9**, 43) u. a.

2) Üb. d. Assim. d. freien Stickstoffs d. Bakt. (ibid. 1902, **9**, 3).

3) BEYERINCK, Üb. oligonitrophile Mikroben (ibid. II, 1901, **7**, 561).

4) Z. Stickstoffernährung d. grünen Pfl. (Ber. d. D. Bot. Ges. 1904, **22**, 570).

5) Rech. s. valeur comparée des nitrates et des sels ammoniacaux comme aliment de la levure de bière et de quelqu. autres plantes (Ann. Inst. Pasteur 1889, **3**, 362).

6) Üb. Atmungsfiguren bewegl. Bakt. (Zbl. f. Bakt. 1893, **14**, 833).

7) W. und OMELIANSKI, Über d. Einfl. organ. Nährstoffe auf d. Arbeit der nitrifiz. Mikroben (ibid. II, 1899, **5**, 329/342). — Betrifft STUTZERS „Salpeterpilz".

anderer), so können die Mikroben außer N auch C von ihnen beziehen, so daß die Beigabe von Kohlehydraten als besonderer C-Quelle überflüssig wird.

Die Ernährung durch organische Ammoniumsalze empfiehlt sich besonders dann, wenn bei subtilen ernährungsphysiologischen Versuchen die bei Anwendung von Zucker unvermeidlichen Verunreinigungen ausgeschlossen bleiben sollen; MOLISCH[1]) nimmt daher für Pilzkulturen 2 % essigsaures Ammoniak.

Die wichtigsten von den organischen Stickstoffquellen sind die Amidokörper, die Albumosen und Pepton.

Die Amidosäuren und ihre Amide werden von Bakterien und Pilzen leicht verarbeitet; manche von ihnen dürfen als „Amidoorganismen" bezeichnet werden, da sie ihr optimales Wachstum bei Ernährung mit Amidokörpern erreichen. Wenigstens für Pilze ist festgestellt worden, daß dabei mit steigendem C-Gehalt der Nährwert der Amidosäuren zunimmt: Amidoessigsäure (Glykokoll) wirkt nur schwach; die Wirkung nimmt zu bei Alanin, Asparaginsäure, Glutaminsäure; Leuzin wirkt fast so stark wie Eiweißstoffe. Ähnliches dürfte auch für andere Mikroorganismen gelten. Tyrosin ist fast unlöslich in Wasser, so daß auch eine konzentrierte Lösung nur wenig Substanz enthält. Am beliebtesten sind Asparagin (ca. 2 % in Wasser löslich) und Asparaginsäure. Für Bakterien wurde Asparagin zuerst von USCHINSKY[2]) angewandt.

Für *Saprolegnia* nahm KLEES (a. a. O.) bis 2 % Glykokoll oder Alanin, 0,05—2 % Asparagin, 0,005—0,4 % Glutamin und 0,005—2 % Leuzin. Bei Kultur von Organismen, welche gegen Säuren empfindlich sind, muß nach Zusatz der freien zweibasischen Amidosäuren (Asparagin- und Glutaminsäure) neutralisiert werden. Von den Säureamiden kommt höchstens als gute N-Quelle Azetamid in Betracht.

Die Körper der Harnstoff- und Harnsäuregruppe sind im allgemeinen ungenügende N-Quellen; doch gibt es unter Pilzen und Bakterien eine Reihe von Formen, die jene N-Verbindungen akzeptieren.[3]) Die wichtigsten Harnstoffverzehrer, die „Urobakterien", kommen mit Harnstoff als einziger Stickstoffquelle aus, beanspruchen aber gleichzeitig gute Kohlenstoffernährung (BEYERINCK).[4])

Pepton, Albumosen und Albumine schließen die Reihe. Pepton vor allem ist ein in der bakteriologischen Technik unentbehrliches Hilfsmittel. Die im Handel erhältlichen Peptone unterscheiden sich zwar als ungleichartige Gemische verschiedenartiger Eiweißkörper mehr oder weniger voneinander; doch ist der Umstand für die Praxis der Organismenzüchtung wohl

---

1) Die mineralische Nahrung d. nied. Pilze (I. Abhandlung, Sitzungsber. d. Akad. Wiss. Wien, Math.-Naturw. Kl. I, 1894, **103**, 554).

2) Üb. eiweißfreie Nährlösung f. pathog. Bakt. (Zbl. f. Bakt. 1893, **14**, 316).

3) CZAPEK a. a. O. **2**, 104.

4) Anhäufungsversuche m. Ureumbakt. usw. (Zbl. f. Bakt. II, 1901, **7**, 33, 37).

meist ohne Belang.[1]) Am beliebtesten ist das „Pepton WITTE".[2]) Das bei Bakteriologen beliebte Peptonwasser stellt eine 1 %ige Lösung von Pepton dar. Als „Peptonorganismen", welche ihr optimales Wachstum bei Peptonernährung erreichen, lassen sich verschiedene Bakterien (Milchsäurebakterien u. a.) sowie die aus Flechten isolierten Algen bezeichnen.

Zahlreiche Versuche mit sog. unlöslichen Eiweißstoffen stellte KLEBS[3]) an (Fibrin, Syntonin, Pflanzenglobulin, Globulin, Vitellin, Kaseïn u. a.). In kochendem Wasser gehen hinreichende Quanten von ihnen in Lösung, so daß die Organismen deutlich von ihnen beeinflußt werden. Mit Glutin oder Gelatine, welche nach KLEBS[4]) selbst in der Verdünnung von 0,001 noch als Nährlösung in Betracht kommt und auf Pilze sehr günstig einwirkt, mit Elastin, Chitin u. dgl., die nur in untergeordnetem Grade als Nährstoffe wirken können, mit den Albuminlösungen, welche viele pathogene Organismen beanspruchen, finden wir bereits den Anschluß an die flüssigen Nährböden von unbekannter Zusammensetzung.

Die von HEYDEN (Radebeul) gelieferte Albumose (Heydennährstoff) ist seit NIEDNER und HESSE[5]) (z. B. in 0,75 %iger Konzentration) oft mit Erfolg benutzt worden. Somatose und Nutrose wurden von GLAESSNER vom bakteriologischen Standpunkt aus geprüft.[6]) Auch Tropon ist verwertbar. Protogen erhält man aus Hühnereiweiß durch Formalinzusatz.[7]) Über Alkalialbuminate und ihre Verwendung hat besonders DEYCKE[8]) ausführliche Mitteilungen veröffentlicht.

Kombination der Nährstoffe. Es gibt, wie wir bereits anführten, eine Reihe von organischen N-Verbindungen, welche den Organismen C und N gleichzeitig bieten, so daß eine Kombination von mehreren organischen Nährstoffen nicht erforderlich ist; die organischen Ammoniumsalze, Asparagin und andere Amidokörper, auch Harnstoff, ferner Pepton u. dgl. gehören hierher. Doch ist bei der Verabfolgung solcher Stoffe zu prüfen, ob die zur

---

1) Analysen bei BUTKEWITSCH, Umwandl. d. Eiweißstoffe durch d. nied. Pilze usw. (Jahrb. f. wiss. Bot. 1903, **38**, 147) und WHERRY in Journ. inf. dis. 1905, **2**, 436.

2) Von FRIEDRICH WITTE (Rostock i. M.). Französische Autoren bevorzugen oft „Pepton CHAPOTEAU". Über Methoden, selbst Pepton herzustellen, vgl. MARTIN (Ann. Inst. Pasteur 1897, **12**, 28). Vergleichende Untersuchungen über verschiedene Peptone (MARTIN, DEFRESNE, vegetabilisches Pepton) bei DUNSCHMANN (C. R. Acad. Sc. Paris 1908, **146**, 999).

3) Z. Physiol. d. Fortpflanzung einiger Pilze II (Jahrb. f. wiss. Bot. 1899, **33**, S.-A. 79).

4) a. a. O., 78; vgl. auch RACIBORSKI, Über d. Einfl. äußerer Beding. auf d. Wachstumsweise v. *Basidiobolus* (Flora 1896, **82**, 109).

5) Vgl. z. B. HESSE u. NIEDNER, Methodik der bakteriol. Wasseruntersuch. (Ztschr. f. Hyg. 1898, **29**, 454); MÜLLER, P., Üb. d. Verwend. d. v. HESSE u. NIEDNER empfohl. Nährbodens bei d. bakteriol. Wasseruntersuch. (Arch. f. Hyg. 1900, **38**, 350) u. a.

6) Üb. d. Verwertb. einiger neuer Eiweißpräp. z. Kulturzw. (Zbl. f. Bakt. 1900, **27**, 724).

7) Vgl. LOBOSCHIN, E., Stud. üb. d. Verwendb. eines neuen Eiweißkörpers f. bakteriol. Kulturzw. (Dissertation, Freiburg i. Br.; vgl. Ref. im Zbl. f. Bakt. I, 1897, **25**, 391).

8) Benutz. v. Alkalialb. z. Herstell. v. Nährb. (Zbl. f. Bakt. 1895, **17**, 241); D. u. VOIGTLÄNDER, Stud. üb. kulturelle Nährb. (ibid. I, 1901, **19**, 617). Alkalialbuminate nach DEYCKES Rezept liefert als leichtlösliches Pulver E. Merck (Darmstadt).

Untersuchung vorliegenden Organismen vielleicht besser gedeihen, wenn C und N in besonderen Verbindungen ihnen geboten werden.[1]) Im allgemeinen wird man bei der Herrichtung einer Nährlösung ein Kohlehydrat oder dergleichen und gleichzeitig N-haltige Verbindung verabfolgen. Dabei ist zu beachten, daß der Nähreffekt, den eine Substanz erzielt, ebensosehr wie von ihrem chemischen Charakter auch von der Reaktionsfähigkeit des kultivierten Organismus ihr gegenüber abhängt, und daß diese von den verschiedensten Faktoren, namentlich auch mit den übrigen dargebotenen Stoffen, wechselt: die besten Stickstoffquellen bringen ihre Nährwirkung erst zur Geltung, wenn gleichzeitig eine geeignete C-Quelle geboten wird; es kann ferner das Stickstoffbedürfnis der Organismen durch die Art der C-Ernährung verändert werden[2]): der Nährwert einer Substanz kann durch andere Stoffe gehoben oder gedrückt werden. Merkwürdig ist, daß minimale Nährstoffspuren, die zunächst keine Reaktion seitens des Organismus mehr auslösen, es doch noch tun, wenn der Lösung sehr geringe Dosen von „Giften" zugefügt werden. Dazu kommt, daß das Verhalten eines Organismus gegenüber den Kohlenstoffquellen nicht artcharakteristisch ist, sondern mit andern äußeren Umständen, z. B. mit der Temperatur, wechselt.[3]) Besondere Komplikationen geben sich weiterhin in den Beziehungen zwischen Nährstoffmischung und formativen Effekten kund.[4]) Über alle diese Punkte, die für die Erforschung der Organismen und für Fragen der allgemeinen Physiologie, ebensosehr aber für die Praxis der Mikrobenzüchtung von größter Bedeutung sind, lassen sich vorläufig noch keine allgemeinen Regeln aufstellen und nur von Fall zu Fall durch gewissenhaftes Ausprobieren Aufschlüsse gewinnen.

Das letztere gilt auch für die Veränderungen, die eine Nährlösung während der Entwicklung erfährt: es ändert sich nicht nur ihre quantitative Zusammensetzung, sondern auch ihre qualitative. Wegen des ersten Punktes sei auf die zuerst von Pfeffer[5]) studierte Erscheinung des elektiven Stoffwechsels verwiesen: aus einem Nährmedium, welches z. B. mit Traubenzucker und Glyzerin zwei vortreffliche C-Quellen enthält, entnehmen manche Pilze fast nur den ersteren, das Glyzerin wird durch die Glukose „geschützt". Die verschiedensten Organismen verfahren mit derselben Elektion auch stereoisomeren Verbindungen (z. B. d = Weinsäure und l = Weinsäure) gegenüber. Qualitative Änderungen in der Zusammensetzung der Nährlösung werden z. B. bedingt durch die mannigfaltigen, in die Nährlösung diffundierenden Stoffwechselprodukte der Organismen (s. u.).

---

1) Vgl. z. B. Beyerinck, Z. Ernährungsphysiol. d. Kahmpilzes (Zbl. f. Bakt. 1892, **11**, 68).

2) Vgl. z. B. Beyerinck, Üb. d. Arten d. Essigbakt. (ibid. II, 1898, **4**, 209).

3) Thiele, Temperaturgrenzen d. Schimmelpilze. Dissertation, Leipzig 1896.

4) Vgl. z. B. Klebs, Zur Physiol. der Fortpfl. einiger Pilze. I.: *Sporodinia grandis* (Jahrb. f. wiss. Bot. 1898, **32**, S.-A. 36).

5) Üb. Elektion organ. Nährstoffe (Jahrb. f. wiss. Bot. 1895, **28**, 215).

c) Organische Lösungen von unbekannter Zusammensetzung.

Flüssigkeiten, welche wie Milch oder Harn unmittelbar von der Natur geliefert werden, oder die als Dekokte irgendwelcher tierischen oder pflanzlichen Stoffe gewonnen werden, stellen fast immer höchst komplizierte Lösungen vieler anorganischer und namentlich organischer Verbindungen dar, und viele der letzteren lassen sich chemisch überhaupt noch nicht näher präzisieren. Derartige Lösungen sind oft zu den besten Nährmedien für Pilze, Bakterien usw. zu rechnen.

Bei der Wahl der Naturobjekte, die als Nährlösungen verwendet oder zu solchen verarbeitet werden sollen, steht dem Forscher natürlich ein unbegrenzt weites Feld offen; wir nennen im folgenden nur einige von denjenigen, die sich vielseitig bewährt haben und besonders leicht zu erhalten sind:

Fleischwasser (Bouillon). — Man verrührt 500 g fettfreies gemahlenes Rindfleisch[1]) in 1 l destill. Wasser und läßt die Mischung 12—24 Stunden kühl stehen. Dann läßt man die Flüssigkeit durch ein Leinentuch ablaufen. Fleischwasser reagiert sauer. Ausführliches über die Technik der Fleischwasserbereitung und die Aufschließung des Fleischeiweiß durch Pankreatin bei HOTTINGER.[2]) Eine Methode, mit schwach alkalischen Lösungen (NaOH) die Albumine des Fleisches aufzuschließen, hat BERTHELOT beschrieben.[3]) — Bei Verwendung von LIEBIGS Fleischextrakt löst man etwa 1 g in 100 g Wasser; die braune Lösung reagiert sauer und kann ohne weiteren Zusatz oder nach Zusatz von Pepton, Zucker oder anderem als Nährlösung verwendet werden. Über die Zusammensetzung der verschiedenen Fleischextraktpräparate (CIBIL, LIEBIG, AMOUR u. a.) vgl. KÖNIGS Handbuch.[4]) Empfehlenswert für Kulturen sind die peptonreichen Präparate („Pepton-Fleischextrakte") von Dr. KOCH, KEMMERICH u. a. Auch MAGGIS „gekörnte Bouillon", die Bouillonwürfel verschiedener Firmen u. ä. tun gleiche Dienste. —

Die Knappheit an Fleisch hat die Bakteriologen in den letzten Jahren in nicht geringe Verlegenheiten gebracht. Statt Rindfleisch wird, wenn möglich, Pferdefleisch verwertet; das Plazentamaterial (3 Plazenten auf 1 l) wird verarbeitet; auch die Brühe, die beim Kochen minderwertigen finnigen

---

1) Das Fleisch bereits gehackt oder gemahlen zu kaufen, ist wegen der Konservierungsmittel, die dem Fleisch gelegentlich zugesetzt werden, nicht zu empfehlen. Natriumsulfit erkennt man evtl. nach Zusatz von 25% Schwefelsäure an der Bildung von schwefliger Säure; Fleisch, in dem man Borsäure vermutet, kocht man mit verdünnter Salzsäure, das Fleischwasser gibt evtl. auf Kurkumapapier Rotfärbung, die auch nach dem Trocknen bestehen bleibt.

2) HOTTINGER, Nachprüfung u. Kritik d. übl. Bouillonbereitung usw. (Zbl. f. Bakt. I, Orig., 1913, **67**, 178).

3) BERTHELOT, A., Prépar. d. milieux de cult. par l'hydrolyse alcaline menagée des subst. albuminoides nat. (C. R. Soc. Biol. 1912, **68**, 757).

4) Die menschl. Nahrungs- u. Genußmittel, 3. Aufl., 1903, **2**, 169 ff.

Fleisches entsteht, ist für das bakteriologische Laboratorium empfohlen worden.[1]) Über Hefe s. u. —

Milch. — Für Kuhmilch wird folgende Zusammensetzung angegeben:

Wasser	88 %
Kaseïn	3 %
Albumin	0,3 %
Butter	3,5 %
Milchzucker	4,5 %
Kalziumphosphat u. a.	0,7 %[2])

Durch anhaltendes Erhitzen bis zur Siedetemperatur werden nicht nur die in der Milch enthaltenen oxydierenden Fermente zerstört, sondern sie wird auch sonst in ihrem chemischen Charakter geändert: das Albumin gerinnt, der Kaseïn scheidet sich zum Teil als unlöslich aus. — Die Reaktion der Kuhmilch ist wechselnd (schwach sauer oder alkalisch oder amphoter).

Peptonisierung der Milch bzw. ihres Albumingehaltes erreicht O. Jensen[3]) durch 24—48stündige Behandlung mit 1—2$^0/_{00}$ Pepsin (*Pepsin. german. pur. granul.*) und 3,3$^0/_{00}$ HCl. Peptonisierte Milch ist im allgemeinen klar; etwaige leichte Trübungen schwinden nach dem Neutralisieren oder können durch Abziehen mit einem Eiweiß und durch Filtrieren beseitigt werden. Entfettung der Milch erreicht man durch Schütteln von 500 cc Milch (+ 1 cc Ammoniak) mit 150 cc Äther. Nach 24 Std. wird der Äther abgehoben, die Milch mit 400 cc Wasser verdünnt und auf dem Wasserbad zurEntfernung des NH_3 undÄthers auf ihr ursprüngliches Volumen gebracht.[4])

Eier. — Der Inhalt der Eier, aus Eiweiß und Dotter bestehend, enthält in ersterem außer Salzen (Chlornatrium, Chlorkalium) vor allem Ovalbumin und Globuline, im Dotter vor allem Vitelline und Lecithalbumine. Das Eiweiß, welches von keratinösen Häutchen durchsetzt ist, muß man durch ein Tuch pressen, wenn man diese beseitigen will. Für die Praxis kommt in erster Linie das Hühnerei in Betracht. Vorschriften, seinen flüssigen Inhalt

---

1) Über Ersatznährsubstrate, den „Pflanzenfleischextrakt" Ochsena usw. vgl. z. B. Gaehtgens, Üb. d. Verwend. v. Kartoffelwasser usw. (Zbl. f. Bakt. I, Orig., 1916, **78**, 45) und Gassner (ibid. 1917, **79**, 308).

2) Die Analyse gibt keine Vorstellung von der Kompliziertheit dieser Nährlösung. Söldner (Die Salze d. Milch, Landwirtschaftl. Versuchsstat. **35**, 354) findet in 1000 Teilen Milch

Chlornatrium	0,962 g	Magnesiumzitrat	0,367 g
Chlorkalium	0,830 „	Dikalziumphosphat	0,671 „
Monokaliumphosphat	1,156 „	Trikalziumphosphat	0,806 „
Dikaliumphosphat	0,835 „	Kalziumzitrat	2,133 „
Kaliumzitrat	0,495 „	Kalziumoxydan Kaseïn	0,465 „
Dimagnesiumphosphat	0,336 „		

3) Der beste Nährb. f. d. Milchsäurefermente (Zbl. f. Bakt. II, 1898, **4**, 196); Kayser, Etudes s. la fermentation lactique (Ann. Inst. Pasteur 1894, **9**, 737).

4) Hollander et Gaté. Lait éthérifié comme milieu de culture etc. (C. R. Soc. Biol. 1915. **78**, 726). — Über Magermilch vgl. Pfeiler (Zbl. f. Bakt. I, 1919, **83**, 289).

noch in seiner natürlichen Eischalenumhüllung als Nährboden zu verwenden, und Angaben über aseptisches Öffnen usw. bei HÜPPE und GÜNTHER.[1]

Harn.[2] — Normaler Harn des Menschen reagiert sauer. Er enthält von anorganischen Verbindungen hauptsächlich Chlornatrium, Chlorkalium, verschiedene Phosphate (K, Na, Ca, Mg) und Sulfate, an organischen vor allem Harnstoff (bis 3,2 %), hiernach Harnsäure, Hippursäure, Allantoin, verschiedene Farbstoffe u. v. a. Hippursäure, die im menschlichen Harn nur in geringen Mengen vorliegt, ist im Herbivorenharn reichlicher. Harn als Nährlösung wird sich wohl in vielen Fällen auch durch eine wässerige Lösung von ca. 3 % Harnstoff ersetzen lassen. —

Von vegetabilischen Objekten liefert die Hefe ein Material, das durch seinen Reichtum an Glykogen, Eiweißverbindungen u. a. den tierischen Substraten nahesteht und auch als Ersatz für solche im mikroskopischen Laboratorium Verwendung findet. Man verwendet Extrakt von frischer und getrockneter Hefe oder STOCKS Hefekraftextrakt (Bernstadt, Schlesien).[3]

Bierwürze. — Bierwürze ist vor allem reich an Kohlehydraten (Maltose); sie wird von Brauereien bezogen. Hefen u. a. wachsen in gehopfter Bierwürze vortrefflich; manche Bakterien und Pilze werden aber durch das Hopfenharz in ihrer Entwicklung aufgehalten; für sie empfiehlt sich ungehopfte Würze.

Malzextrakt liefern verschiedene Firmen; ich bediente mich wiederholt mit gutem Erfolg des von Gebr. PATERMANN (Steglitz) gelieferten „Biomalzes" (1 Teil mit ca. 30 Teilen Wasser verdünnt). Das Präparat enthält:

Wasser	40,72 %
Zucker (auf Maltose berechnet)	48,26 %
Dextrin	7,23 %
Stickstoffsubstanz	2,75 %
Mineralstofte	1,04 %
darunter Phosphorsäure	0,575 %
Kalk	0,360 %
Eisen	0,025 %

Auch versuche man Porter und ähnliche substanzreiche Biere, die man nötigenfalls durch Kochen entgeistet. — Auch abgestandenes (also alkoholfreies) Bier ist als Nährboden tauglich.[4]

---

1) Einführ. in das Stud. der Bakteriol. 6. Aufl. Leipzig 1906, 211.

2) HELLER, Der Harn als bakteriol. Nährb. (Berl. klin. Wochenschr. 1890, **39**, 839); BROSTON, L. N., Cultiv. of the *Aspergillus* in urine (Philadelphia med. journ. 1901, 446) u. a.

3) BEYERINCK, Verfahren z. Nachw. d. Säureabsonderung bei Mikroben (Zbl. f. Bakt. II, 1890, **9**, 781). LINDNER, Mikrosk. Betriebskontrolle in d. Gärungsgew. 5. Aufl. 1909. 206, 216, 545. FISCHER, BITTER u. WAGNER, Vereinfachung und Verbilligung d. Herstell. v. Choleraimpfstoff (M. Med. Wochenschr. 1915, 770). GUGGENHEIMER, Hefewasserpeptonagar usw. (Zbl. f. Bakt. II, 1916, 77, 363). GASSNER, Hefewassernährböden u. ihre Bewertung (ibid. I, 1917, **79**, 308). KREISLER, Hefeextraktnährböden (ibid. I, 1918, **80**, 380) u. a.

4) SOHEL, in D. med. Wochenschr. 1915, 1573.

Pflaumensaft. — Unter den Lösungen pflanzlichen Ursprungs ist der Pflaumensaft besonders beliebt. Man läßt $^1/_4$—$^1/_2$ kg in einem Liter Wasser 24—48 Stunden wässern, die entstandene Flüssigkeit wird filtriert und nach Bedürfnis eingedickt. So erhält man völlig klaren Saft. Legt man auf besondere Klarheit keinen Wert, so zerkocht man die Pflaumen und filtriert den Brei ein- oder zweimal durch Watte, hiernach durch Filtrierpapier. — Ähnlich verfährt man mit Dattelsaft und ähnlichen Extrakten.

Most ist für viele Hefen, Schimmelpilze und andere Mikroorganismen ein vorzüglicher Nährboden. Wortmann[1]) benutzte eingedickten Most italienischer Trauben, der sich in einer konzentrierten Form auch ohne Sterilisation beliebig lange hält und vor dem Gebrauch nur mit dem drei- bis fünffachen Volumen Wasser verdünnt zu werden braucht. Gute Resultate erzielte ich wiederholt mit alkoholfreien Weinen, z. B. sterilisiertem Most von der Wormser Firma „Nektar".[2])

Sirup, Himbeersaft und Honig — hinreichend mit Wasser verdünnt — geben für Pilze gute Nährböden ab.

Vorzüglich brauchbare organische Nährlösungen von unbekannter Zusammensetzung gewinnt man ferner durch kaltes Extrahieren oder durch Auskochen der verschiedensten, meist vegetabilischen Stoffe. Infuse von Heu sind gute Nährböden für Protozoen und Bakterien, Dekokte von Kartoffeln, Leguminosen, Mohrrüben, Maiskörnern, Getreidekörnern, Stroh usw. dienen vornehmlich zur Kultur von Bakterien und Pilzen, weiterhin arbeitet man je nach Bedürfnis mit Dekokten von Gartenerde, Lehm, Torf, Mist, Fischen, altem zersetzten Holz, Rosinen, allen möglichen süßen und sauren Früchten, Lösungen von Kindermehlen[3]) usw. usw.

Das Filtrieren trüber Nährlösungen geschieht auf dem allgemeinen üblichen Wege mit Hilfe eines benetzten Papierfilters. Beim Arbeiten mit Flüssigkeiten, die schwer durch das Filter laufen, bediene man sich eines Dochtes, den man zwischen Papier und Trichterwand legen kann, damit jener nicht von der Flüssigkeit an das Glas angepreßt werde.[4])

2. Feste Nährböden.

Es versteht sich bei den Ansprüchen der Lebewesen an Wasser von selbst, daß auch die Nährböden, die herkömmlich als „fest" bezeichnet werden,

---

1) Mitt. üb. d. Verwend. v. konzentr. Most f. Pilzkult. (Botan. Ztg. II, 1893, **51**, 177). Wortmann empfiehlt den von Favara e Figli (in Mazzaro del Vallo) bezogenen eingedickten sizilischen Most, mit welchem auch Bachmann (Einfl. d. äuß. Beding. auf d. Sporenbild. v. *Thamnidium elegans* Link. Bot. Ztg. I, 1895, **53**, 107, 120) mit gutem Erfolg arbeitete.

2) Ges. z. Herstellung alkoholfreier Weine, Meilen am Zürichsee (Filiale Nektar-Worms a. Rh.) liefert Trauben- und Obstsaft. Ähnliche Produkte bei zahlreichen andern Firmen.

3) Diese enthalten neben Gramineen- oder Leguminosenstärke eingedampfte Milch.

4) Gröer, v. u. Srnka, Plazentabouillon usw. (Zbl. f. Bakt. I, Orig., 1918, **82**, 333).

mehr oder minder reichlich Wasser enthalten. Wenn von festen Nährböden im Gegensatz zu den flüssigen die Rede ist, denkt man in erster Linie an wasserreiche, gallertartige Substanzen, an Hydrogele — zumeist organischen Ursprungs. Die Rolle, welche sie in der mikrobiologischen Technik spielen, darf einzig in ihrer Art genannt werden; wir müssen daher insbesondere dieser Gruppe von Nährböden nachher eine ausführliche Schilderung widmen.

Worin beruht die Bedeutung der festen Nährböden für die Technik der Mikrobenkultur? Vor allem darin, daß die ausgesäten Mikroorganismen nicht die Möglichkeit haben, sich in dem Nährmedium zu verbreiten, wie bei Anwendung einer Nährlösung, sondern an die Stelle gebannt bleiben, an welcher sie zur Aussaat kamen. Tritt lebhafte Vermehrung ein, so entstehen Häufchen, Platten, Tröpfchen oder „Kolonien" von anderer Gestalt, die am Rande fortwachsend immer mehr sich vergrößern und schließlich mit benachbarten Kolonien zusammentreffen und sich vereinigen können. Solche Kolonien stellen oft ungeheure Ansammlungen von Organismen auf engem Raum dar, und die gedrängte Nähe, in der sich die Organismen befinden, bringt manche Übelstände für diese mit sich, die caeteris paribus bei Anwendung flüssiger Nährböden sich nicht geltend machen. Es wird daher notwendig sein, bei der Erforschung eines Organismus flüssige und feste Nährböden anzuwenden und zu prüfen, auf welchen sich optimales Wachstum erzielen läßt, und ob wir bei den einen oder den anderen gewisse Eigentümlichkeiten der Organismen leichter erkennen können. Bei der Prüfung fester und flüssiger Nährböden wird sich herausstellen, daß die Wachstumserscheinungen auf diesen und jenen sich nicht nur graduell unterscheiden, sondern oft auch Qualitätsunterschiede erkennen lassen. Wodurch diese eigentlich bedingt und wodurch der feste Nährboden im einzelnen Falle besonders wirksam wird, ist meist schwer zu sagen; zunächst wird an den Einfluß der Gas- und Hydrodiffusion zu denken sein, die im festen Nährboden selbstverständlich langsamer und unvollkommener sich abspielen als im flüssigen; ferner wird der mechanische Widerstand, den der feste Boden den Organismen entgegensetzt, in Rechnung zu ziehen sein.

Es dürfte sich empfehlen, die verschiedenen festen Nährböden in drei Gruppen unterzubringen: das für die Organismenkultur unentbehrliche Wasser liegt bei den Medien der ersten Gruppe zwischen festen, in Wasser unlöslichen, meist mineralischen Teilchen, — bei der zweiten handelt es sich um gallertartige Nährböden, die mit Wasser oder irgendeiner Nährlösung hergestellt werden, — bei den letzten um irgendwelche Substanzen tierischen oder pflanzlichen Ursprungs, die entweder frisch, d. h. mit ihrem natürlichen Wassergehalt schon fertige Nährböden darstellen oder noch der Benetzung mit Wasser oder mit irgendeiner Nährlösung bedürfen. Wir unterscheiden demnach starre, gallertige und organisierte Nährböden.

a) Starre Nährböden.

Bei den Nährböden, die wir als starre bezeichnen wollen, handelt es sich um feste, meist mineralische, in Wasser unlösliche, aber von Wasser umflossene Partikel: benetzter Sand ist ein starrer Nährboden.

Nährsubstrate dieser Art haben den Vorzug, daß das Mittel, das dem Nährboden seine Festigkeit gibt, nur physikalisch wirkt und als chemisches Agens gar nicht — oder so gut wie gar nicht — in Betracht kommt. Die Flüssigkeit, die wir zwischen die Partikel bringen, wählen wir je nach Bedürfnis aus der Reihe der anorganischen und organischen Nährlösungen; chemisch wird der betreffende Organismus nur von ihr beeinflußt.

Sand ist das einfachste Material, aus dem man sich „starre Nährböden" herstellen kann. Man wäscht Sand mit viel Wasser gründlich aus, bis er auch beim Umrühren keine Trübung mehr gibt, glüht ihn aus und füllt ihn in geeignete Kulturgefäße, in welchen er mit Nährlösung benetzt wird. Die umständlichen Reinigungsprozeduren erspart man sich bei Benutzung von gereinigtem Quarzsand oder Seesand, wie ihn MERCK-Darmstadt liefert.

Auf Sand wachsen namentlich viele Algen sehr gut; in feuchten Sand eingebettet bringt man Sklerotien (*Peziza, Coprinus*) zur Fruchtbildung u. dgl. m.

Gipsplatten oder -scheiben, die man durch Anrühren von etwa gleichen Teilen Gipspulver und Wasser und Ausgießen der Teigmasse über eine Glasplatte oder in eine Schale von geeigneter Form sich herstellt, können nicht mehr als chemisch indifferent gelten, da sich Kalziumsulfat mit ca. 0,1 % in Wasser löst. Gips enthält überdies neben anderen Verunreinigungen auch etwas Mg und Fe. Sie haben den Vorteil, daß bei ihnen eine glatte Oberfläche zum Aussäen und Beobachten der Organismen zur Verfügung steht. Man tut am besten, ihre Größe ein gut Teil kleiner als die des betreffenden Kulturgefäßes einzurichten; man schüttet dann das Wasser, die anorganische oder organische Nährlösung, mit der je nach Bedürfnis der Gips durchtränkt werden soll, so hoch ein, daß die Gipsscheibe oder der Gipsblock etwa mit der Hälfte ihrer Höhe in der Flüssigkeit stehen.

Auf Gips sind Hefen und Bakterien erfolgreich kultiviert worden; auch eignet er sich für Kultur von Algen. Will man Kolonien hellfarbiger Organismen auf Gipsplatten gut sichtbar machen, so reibt man ihn ein wenig mit Graphit ein.

Die Fähigkeit des Gipses, ansehnliche Wassermengen aufzunehmen, macht Gipsplatten für diejenigen Arbeiten wertvoll, bei welchen die in Wasser spärlich verstreuten Keime untersucht werden sollen und zusammen mit dem Wasser auf die Kulturplatte aufzutragen sind.[1])

---

1) MÜLLER, A., Neues Verf. z. Nachw. spezif. Bakt. in größeren Wassermengen (Arb. Gesundheitsamt, 1914, **47**, 513). SPITTA, Prüfung tragbarer Wasserfilter usw. (ibid. 1915, **50**, 263).

Tonplatten, z. B. Scherben von Blumentöpfen, geben hinreichend benetzt gute Nährböden für Algen u. a. ab. Gelegentlich sind auch bereits eigens geformte Tonwürfel, Ziegelsteine, Schamotteplatten, Bruchstücke von solchen und ähnliche Körper, die ihrer ebenen Oberfläche wegen sich empfehlen, zur Anwendung gekommen. Auch Trümmer von Chamberlandschen oder ähnlichen Porzellanfiltern (s. u.) lassen sich verwenden.

Poröse Gesteine, wie Kalkstein, Bimsstein u. dgl., dürften für bestimmte Zwecke brauchbar sein. Auch benetztes Kieselgur und Gesteinspulver sind bereits verwendet worden.

Schwämme sind leicht mit Nährlösungen zu durchtränken und gleichzeitig einer kräftigen ständigen Durchlüftung zugänglich.

b) Gallertige Nährböden.

Daß zwischen flüssigen und sog. festen Nährböden keine scharfe Grenze besteht, macht am besten die Betrachtung der kolloidalen Nährmedien klar. Lösungen von Gummi, Gelatine, pflanzlichen Schleimen u. a. sind vielfach als Nährsubstrate für tierische und pflanzliche Organismen benutzt worden und stellen ihrer Viskosität wegen eine besondere Gruppe der Nährlösungen dar. Es ist nun eine bemerkenswerte Eigentümlichkeit der kolloidalen Lösungen, daß sie bei hinreichend hoher Konzentration spontan oder nach Zusatz bestimmter Stoffe erstarren: aus der wässerigen Lösung oder dem Hydrosol entsteht eine wasserhaltige Gallerte oder ein Hydrogel.

Die „festen Nährböden" par excellence sind Hydrogele. Zu den Vorzügen, die den festen Nährböden im allgemeinen eigen sind, kommt für diese noch der Umstand in Betracht, daß sie klar oder durchscheinend sind und sich nach Belieben in alle beliebigen Formen der Kulturgefäße gießen lassen. Ferner sind die Hydrogele chemisch und physikalisch homogen herzustellen, d. h. wir können dafür sorgen, daß die gallertigen Nährböden in allen ihren Teilen gleichmäßig durchmischt den Organismen dieselben Nährstoffe darbieten, und daß in demselben Sinne auch die Konsistenz überall dieselbe ist, während bei den organisierten festen Nährböden es sich um Massen handelt, die den Organismen sozusagen auf Schritt und Tritt wechselnde Lebensbedingungen bieten. Diese bedeutsamen Vorzüge sichern den Hydrogelen eine besondere Bedeutung in der Mikrobiologie, und damit, daß Koch[1]) 1881 zeigte, wie man auf künstlich leicht herstellbaren festen, durchsichtigen Medien Mikroorganismen züchten könnte, hat er insbesondere der wissenschaftlichen Bakteriologie einen Dienst von unvergleichlicher Tragweite geleistet. Die durchsichtigen Gallerten, die seit Koch überall im Gebrauch sind, werden dem Forscher viel weniger durch ihren chemischen Einfluß auf die Organismen wertvoll oder durch die oben erwähnten physikalischen Agentien, welche das Wachstum der Organismen auf festem Boden anders aus-

---

1) Z. Unters. v. pathog. Organismen (Mitteil. Kais. Ges.-Amt 1881, 1, 1).

fallen lassen als auf flüssigem, — als vielmehr dadurch, daß die Technik der Organismenuntersuchung und namentlich der Reinkultur durch ihre Anwendung außerordentlich erleichtert und in vielen Punkten erst möglich gemacht wird.

Es gibt anorganische wie organische Hydrogele — beide kommen für unsere Zwecke in Betracht.

1. Anorganische Hydrogele.

Die Kieselsäuregallerte ist dasjenige anorganische Hydrogel, das als Kultursubstrat Verwendung gefunden hat. Ihre Vorzüge sind folgende: sie enthält an sich ebensowenig wie etwa Seesand u. dgl. Substanzen, die als Nährmaterial anzusprechen wären; alle nährende Substanz muß erst in Form beliebig variierbarer Lösungen zugesetzt werden; die chemische Zusammensetzung der Gallerte selbst ist konstant, so daß diese bei Anwendung einer anorganischen oder organischen Nährlösung von bekanntem Substanzgehalt Böden von leicht kontrollierbarer Zusammensetzung liefert. — Zu den nachteiligen Eigenschaften der Kieselsäuregallerte gehört es, daß sie nicht ganz mühelos herzustellen ist.

Methoden zur Herstellung der Kieselsäuregallerte finden sich in chemischen Handbüchern angegeben sowie in den Publikationen verschiedener Bakteriologen, nachdem dieser anorganische „feste" Nährboden seit der Entdeckung der Nitrifikationsbakterien durch WINOGRADSKY besondere Bedeutung gewonnen hat. Ich gebe zunächst die Methode an, welche in WINOGRADSKYS Laboratorium sich bewährt hat.[1]

Eine Mischung aus gleichen Teilen Wasserglas (spez. Gewicht 1,05 bis 1,06) und Salzsäure (spez. Gewicht 1,10) — letztere wird nach und nach zur Wasserglaslösung geträufelt — wird in Pergamentschläuchen dialysiert bis zum Verschwinden der Chlorreaktion. Kali- und Natronwasserglas sind gleich gut verwendbar, müssen aber rein und vollkommen klar sein; geht man von unreinem Material aus, so gerinnt später die Masse schon im Dialysator, oder man erhält zwar eine Lösung, aber diese hält Kochen und Sterilisieren nicht aus, ohne zu erstarren. Opaleszierende Lösungen sollen nicht verwendet werden. Man versäume nicht, die Pergamentschläuche sorgfältig auf ihre Intaktheit zu prüfen. Die Dialyse beansprucht zwei Tage: den ersten dialysiert man gegen schnell fließendes Leitungswasser, den zweiten in destilliertem Wasser, das 3—4mal gewechselt werden soll. Von Zeit zu Zeit entnimmt man mit der Pipette eine Probe und prüft auf Chlor: wenn Silbernitrat gar keine oder nur eine leichte Trübung hervorruft, darf die Dialyse beendet werden. Die erhaltene Flüssigkeit wird in gut gereinigten, mit eingeschliffenen

---

1) OMELIANSKI, V., Üb. d. Isolier. d. Nitrifikationsmikroben aus d. Erdboden (Zbl. f. Bakt. II, 1899, 5, 537, 541). Weitere Mitteilungen über die Herstellung der Kieselsäuregallerte bei KÜHNE, Kiesels. als Nährb. f. Organismen (Ztschr. f. Biol. 1890, 27, N. F. 9, 171); SLESKIN, Die Kieselsäuregallerte als Nährb. (Zbl. f. Bakt. 1891, 10, 209) u. a.

Stöpseln versehenen Flaschen aufbewahrt; große Vorräte herzustellen hat keinen Zweck, da bei längerem Stehen die Lösung zu opaleszieren beginnt und ihre guten Eigenschaften verliert. Hundert Teile eines solchen Präparates enthalten 2 Teile SiO_2, das spezifische Gewicht beträgt 1,0121 (16° C). Es verträgt zunächst sehr wohl Erhitzung bis zu 115—120° C (Autoklav); erst bei längerem Stehen geht diese Eigenschaft verloren. Zum Nährsubstrat wird diese Masse erst nach Zusatz irgendwelcher Salze. WINOGRADSKYS Kieselhydrosol gerinnt nach dem Salzzusatz in ungefähr einer Stunde, ohne daß vorher eingedickt würde. Wenn andere Autoren dünne, erst nach dem Eindicken erstarrende Sole erhielten, so erklärt sich nach OMELIANSKI der Übelstand daraus, daß jene durch Anwendung schadhafter Pergamentschläuche zuviel Kieselsäure beim Dialysieren verloren haben. — Die Gallerte ist keineswegs elastisch und reißt leicht. Sie scheidet zuweilen Wasser ab.

STAHELS[1]) fertigt Kieselsäuregallerte folgendermaßen an. Ein Teil Natriumwasserglaslösung (spez. Gew. 1,09—1,10) und ein Teil HCl (spez. Gew. 1,10) werden gemischt, indem man die Wasserglaslösung in die Säure gießt. Mit der Mischung werden zuverlässig dichte Pergamentschläuche (DESAGA-Heidelberg) von 50 mm Breite und 35 cm Länge bis zu einem Drittel ihres Fassungsvermögens gefüllt. Man schließe sie mit einer Schraubenklemme derart, so daß möglichst alle Luft aus ihnen entfernt wird. Dialysiert wird in einer Kuvette, in der die Schläuche horizontal auf einem Gestell von Holzstäben liegen (12 Stunden gegen schnellfließendes Brunnenwasser [etwa 4 l pro Minute], das von unten herkommt und oben abfließt; Temperatur 15°, nötigenfalls vorhergehendes Anwärmen des Wassers; dann 12 Stunden gegen 2—3 mal erneuertes destill. Wasser; die Holzgestelle sind zu entfernen). Sind die Schläuche mit 100 cc der Mischung gefüllt, so enthält das Hydrosol schließlich etwa 0,01 % Kochsalz — dieser Gehalt beeinträchtigt die Haltbarkeit der Lösung nicht und entspricht gerade dem Kochsalzgehalt der WINOGRADSKYSCHEN Lösung. Enthielten die Schläuche 200 cc, so resultiert ein Gehalt von 0,05 % NaCl. Bei der Dialyse permeïert Wasser in die Schläuche, so daß die anfänglich 100 cc enthaltenden nach der Dialyse 142 cc Sol, die mit 200 cc beschickten schließlich 280 cc enthalten. Das Hydrosol hat ein spez. Gew. von 1,012 (auf 100 Teile Lösung 1,6 Teile Kieselsäure). Die Lösung ist schwach sauer und kann bis zu einem Jahre aufbewahrt werden, ohne zu koagulieren oder ihre gallertbildenden Eigenschaften zu verlieren. 18 cc des Hydrosols werden mit 2 cc einer zehnfach normalen Nährlösung (ohne NaCl) gemischt und in Platten gegossen. Koagulation tritt selbst nach vielen Tagen nicht ein; bei Sterilisation im Autoklaven (135°) (s. u.!) nimmt sie zähflüssige Konsistenz an.

Um feste Gallerte zu erhalten, brachte STAHEL wechselnde Mengen einer 4%igen Aufschlämmung von Magnesiumkarbonat zu je 20 cc Nährlösung + Kieselsäure. Am passendsten erwies sich ein Zusatz von je $^1/_4$ cc der Aufschlämmung; die anfängliche Trübung der Mischung verschwindet wieder, und die Platten werden vollkommen klar. Sie müssen bei 90—95° C pasteurisiert werden (s. u.!).

1) STAHEL, G., Stickstoffbind. durch Pilze bei gleichzeit. Ernähr. m. gebund. Stickst. (Jahrb. f. wiss. Bot. 1911, **49**, 579). Vgl. auch STEVENS, F. C. a. TEMPLE. J. C., A convenient mode of preparing silicate jelly (Zbl. f. Bakt. II, 1908, **21**, 84) und PRINGSHEIM, Kulturvers. m. clorophyllführ. Mikroorganismen III (Beitr. z. Biol. d. Pfl. 1913, **12**, 57).

2. Organische Hydrogele.

Die in diese Reihe gehörigen Nährböden übertreffen alle anderen an vielseitiger Verwendbarkeit und Beliebtheit. Ihre Zahl ist nicht groß, und von Bedeutung sind überdies nur zwei von ihnen: die Gelatine und der Agar-Agar. Material zur Herstellung beider Arten von Nährböden fehlt in keinem Laboratorium, in welchem die Mikrobiologie ihren Platz hat. Beide Nährböden haben ihre besonderen Vorzüge und Nachteile; sie können sich bei vielen, keineswegs bei allen Fragen gegenseitig ersetzen und müssen bei vielen Arbeiten in ihrer Wirkung auf die Organismen miteinander verglichen werden. Die organischen Hydrogele gleichen den organischen Lösungen unbekannter Zusammensetzung darin, daß sie eine schwer kontrollierbare Kombination komplizierter organischer Verbindungen in wechselnder Zusammensetzung enthalten; sie geben daher an sich bereits kein indifferentes Kultursubstrat ab, sondern enthalten Stoffe, die als Nährstoffe wenigstens in Betracht kommen können.

Gelatine. — Die wohlbekannte Speisegelatine ist ein aus Knochen gewonnenes Material und stellt einen durch reduzierende Mittel gebleichten Leim dar. Chemisch genommen ist sie als Glutin zu den eiweißartigen Verbindungen zu stellen. Für uns wird das Glutin dadurch wichtig, daß seine heiß hergestellten Lösungen beim Erkalten — hinreichend hohe Konzentration vorausgesetzt — zu einer durchsichtigen, elastischen Gallerte erstarren. Zur Kultur von Mikroorganismen wurde diese zuerst von Koch (a. a. O.) benutzt.

Gelatine enthält Stoffe, die bereits zur Ernährung von Organismen genügen, so daß auch auf reiner, nur mit destilliertem Wasser hergestellter Gelatine anspruchslose Pilze, Bakterien u. a. ihr Gedeihen finden. Im allgemeinen muß man aber der Gelatine irgendeine Nährlösung zusetzen. Man verfährt bei Herstellung einer Nährgelatine folgendermaßen:

Einige Blätter guter Gelatine[1]) werden in irgendeiner Nährlösung — Lösung anorganischer Salze oder organischer Verbindungen — heiß gelöst. Die Temperatur, bei welcher Gelatine erstarrt, steigt mit der Konzentration; man wähle diese in Rücksicht auf die Jahreszeit und auf den Aufenthaltsort der Kulturen: schwachprozentige (etwa 5 %) Gelatinelösung ist bei Zimmertemperatur (15° C) noch fest; will man die Kulturen bei hoher Temperatur (etwa 27—28° C) halten, so muß man die Gelatine 25 %ig herstellen; ihr Erstarrungspunkt liegt dann bei etwa 30°; im allgemeinen bevorzugt man 8—10 %ige Gelatine. Hochprozentige Gelatine wird durch Wasserverlust leicht unbrauchbar; man bedient sich ihrer, wenn die Gelatinekulturen bei besonders hohen Temperaturen sich entwickeln sollen[2]), oder

---

1) Feinste Gelatine liefern z. B. HESTERBERG-Berlin, Deutsche Gelat.-Fabr.-HÖCHST a. M., E. MERCK-Darmstadt u. a.

2) ELSNER, Unters. z. Plattendiagnose d. Choleravibrio (Arch. f. Hyg. 1894, **21**, 140).

dann, wenn bei der Aussaat reichliche Wassermengen auf jene gelangen und die Gelatine hierbei verdünnen.[1]

In kochendem oder heißem Wasser löst sich Gelatine schnell: man setzt den Kolben mit Gelatine-Nährlösung ins Wasserbad über die Gasflamme oder in einen Dampftopf, in dem der Kolben von heißem Dampf umspült wird. Wenn Gelatine der Siedetemperatur des Wassers ausgesetzt wird, hat man stets sich daran zu erinnern, daß durch Kochen das Erstarrungsvermögen der Gelatine zurückgeht. Hat man Interesse daran, den Schmelzpunkt der Gelatine hoch zu erhalten, so vermeide man nach Möglichkeit alles unnötige Erhitzen (FORSTER[2]). Eingehende Untersuchungen über die Wirkung anhaltenden Kochens auf das Erstarrungsvermögen der Gelatine stellte v. DER HEIDE[3] an: eine Erwärmung auf 100° C pro Stunde führt durchschnittlich eine Erniedrigung des Erstarrungspunktes um 2° C herbei. Für Gelatine, die nach einmaligem Erstarren einige Zeit aufbewahrt wird, beträgt die Erniedrigung pro Stunde $^{1}/_{4}$° weniger, für solche, die unmittelbar nach Aufschmelzung und Wiedererstarrung gebraucht wird, $^{1}/_{4}$° C mehr. Bei längerem Stehen gewinnt gekochte Gelatine ihre ursprünglichen Qualitäten zurück, d. h. ihr Verflüssigungspunkt steigt wieder, und zwar um so höher, je mehr er vorher durch Kochen erniedrigt worden war. 10%ige Gelatine hat somit nach zweistündiger Erwärmung auf 100° denselben Erstarrungspunkt wie 2%ige, die noch gar nicht erwärmt worden ist. Bei Erhitzung über 100 ° C sinkt der Erstarrungspunkt der Gelatine rapid; das ist zu bedenken, wenn man Gelatine im Autoklav erhitzen will. — Weiterhin verliert die Gelatine ihr Erstarrungsvermögen nach Zusatz starker Alkalien oder Säuren. Dieser Umstand ist wohl zu beachten, wenn man die Gelatine z. B. mit stark sauer reagierenden Nährlösungen herstellt. Versuche, durch Beimengung von Formaldehyd eine hochschmelzende Gelatine zu erhalten, haben zu keinen befriedigenden Resultaten geführt.[4]

Die durch heiße Lösung gewonnene Gelatinemasse ist durchsichtig und zeigt nur eine schwache Trübung. Will man diese beseitigen, so kann man sich eines Klärungsverfahrens bedienen: der Gelatine wird das Weiße eines Hühnereies zu „Schnee" geschlagen zugesetzt. Beim Kochen koaguliert das Eiweiß und nimmt dabei zahlreiche der in der Flüssigkeit suspendierten Teilchen an sich. Man filtriert die Gelatine heiß durch Filtrierpapier, am besten mit Hilfe eines Heißwassertrichters (s. u. Fig. 1).

1) BÜRGER, B., Verwend. v. Nährb. mit hohem Gel.-Gehalt: ein neues Plattenverfahren z. zahlenmäß. Nachw. vereinzelter spezif. Keime usw. (Zbl. f. Bakt. I, Orig., 1917, **79**, 462).

2) Nährgelatine m. hohem Schmelzpunkt (Zbl. f. Bakt. I, 1897, **22**, 341); vgl. auch die folgende Anmerkung.

3) Gelatinöse Lösungen u. Verflüssigungspunkt d. Nährgel. (Arch. f. Hyg. 1897, **31**, 82); daselbst weitere Literaturangaben. Ferner GAEHTGENS, Einfl. hoher Temperaturen auf d. Schmelzpunkt d. Nährgel. (ibid. 1905, **52**, 239).

4) Vgl. WESENBERG, G., Üb. d. Erhöhung des Schmelzp. d. Gel. durch Formalinzusatz (Hygien. Rundschau 1902, 899).

3*

Billiger ist die Klärung durch adsorbierende Medien wie Tierkohle oder Bolus (5 g Bolus oder 10 g Tierkohle auf 1 l Nährlösung bzw. flüssige Gelatine, gut umrühren, 3 Minuten kochen, filtrieren[1])). Noll[2]) empfiehlt Klärung mit Magnesiumkarbonat (5 g pro l, ½ Std. Dampftopf, hiernach filtrieren und H_2SO_4-Zusatz, soviel die alkalische Masse es erfordert).

Gelatine reagiert sauer, — der Grad der Azidität zeigt allerdings bei den verschiedenen Sorten des Handels nicht unbeträchtliche Schwankungen. Will man auf der Gelatine Organismen züchten, die einen alkalischen Nährboden fordern, so muß man den Nährboden neutralisieren oder alkalisch machen. Dazu nimmt man konzentrierte Sodalösung oder ca. 5 %ige Natronlauge und probiert mit Lackmuspapier. Durch Kochen kann die alkalische Reaktion wieder schwinden und die saure wieder zur Geltung kommen.[3])

Bei manchen Versuchen dürfte es notwendig sein, die Verunreinigung gewisser Gelatinen mit Kalziumnitrat zu berücksichtigen. Man beseitigt diese nach Petri[4]), indem man Gelatine in destilliertem Wasser drei Tage im Eisschrank stehen läßt. Die Gelatine quillt dabei stark auf, die Nitrate gehen in Lösung. Petri konnte 0,13 % Salpetersäure nachweisen.

Schließlich ist noch zu erwähnen, daß Gelatine von Organismen verschiedenster Art durch Ausscheidung tryptischer Fermente verflüssigt wird. Bei Besprechung der für die Mikroorganismen charakteristischen Stoffwechselprodukte wird hierauf näher einzugehen sein.

Agar-Agar. — Im Gegensatz zur Gelatine ist dieser[5]) ein pflanzliches Produkt; er leitet sich von verschiedenen Rotalgen der ostasiatischen und malaiischen Küsten her, besonders von *Gelidium corneum*, außerdem *G. cartilagineum*, *Eucheuma spinosum*, *Gracilaria lichenoides* u. a., deren Membransubstanz in kochendem Wasser zu einer Gallerte wird. Agar kommt in Form von nahezu farblosen häutigen Streifen oder zu Pulver gemahlen in den Handel.

Der Agar hat Kohlehydratnatur; er stellt vorzugsweise ein Gemisch von verschiedenen Polysacchariden dar, die durch Kochen mit verdünnter Schwefelsäure sich verzuckern lassen.[6])

Zur Herstellung einer geeigneten Gallerte genügen bei ihm geringere

---

1) Vgl. Dietel, Tierkohle als Ersatz f. Eiereiweiß usw. (Zbl. f. Bakt. 1, Orig., 1917, **79**, 183). Hopffe, Münch. med. Wochenschr. 1917, Nr. 5.

2) Noll, Üb. Klärung d. Fleischextraktgelatine (Zbl. f. Bakt. I, Orig., 1917, **79**, 143).

3) Hierüber bei Hesse, G., Beitr. z. Herstell. v. Nährböden u. z. Bakterienzücht. (Ztschr. f. Hyg. 1904, **46**, 1).

4) Üb. d. Gehalt d. Nährgelatine an Salpeters. (Zbl. f. Bakt. 1889, **5**, 457) und Nachtrag dazu (ibid. 679). Über den Nachweis von Chloridspuren in Gelatine vgl. Lüppo-Cramer in Ztschr. f. Chemie u. Ind. d. Koll. 1909, **5**, 249.

5) Über die ersten Benutzer der Agargallerte vgl. Hüppe, Meth. d. Bakterienforschung, 5. Aufl., 250, und Koch, Ätiol. d. Tuberk. (Mitteil. a. d. Kais. Ges.-Amt. 1884, **2**, 57).

6) Näheres und Literaturangaben bei Wiesner, Rohstoffe des Pflanzenreichs, 2. Aufl., Leipzig 1900, **1**, 646.

Mengen als bei Gelatine; $^3/_4$%iger Agar gibt nach Lösung in siedendem Wasser bereits eine Gallerte, meist nimmt man 1—1,5 %, selten mehr als 2 %. Die Gallerte, die 1,5 % Agarmasse enthält, ist bereits sehr derb. Geht man von Agarpulver aus[1]), so läßt sich im Wasserbad sehr schnell eine Lösung herstellen; nimmt man Agarstreifen, so schneidet man diese zunächst in kleine Stücke und läßt sie in Wasser oder Nährlösung erst einen Tag quellen. Geht das nicht an, so bringt man sie in der Nährlösung in den Dampftopf oder wenn möglich in den Autoklav (s. u.): bei einer Erhitzung auf 120° C gehen die Agarstückchen binnen 20 Minuten in Lösung.

Agar schmilzt erst bei ungefähr 100° C. Der Erstarrungspunkt liegt für 1%ige Agarlösung bei ungefähr 38—40° C; Kochen vermag ihr Erstarrungsvermögen nicht zu beeinflussen. Wohl aber wird Agar durch Zusatz allzu kräftiger Säuren oder Alkalien seines Erstarrungsvermögens beraubt. Namentlich nach Kochen bei mehr als einer Atmosphäre büßt stark saurer oder stark alkalischer Agar sein Erstarrungsvermögen völlig ein.[2]) Wie N. K. Schultz[3]) betont, stellt nachträgliches Neutralisieren die ursprünglichen Eigenschaften des Agars nicht wieder her. Daran ist zu denken, wenn man mit stark sauren Nährlösungen Agar herzustellen hat. Geringere Säuredosen zerstören das Erstarrungsvermögen nicht, sie machen den Agar aber dünnflüssiger und sind daher zur Vorbehandlung des Agars empfohlen worden, damit er besser durchs Filter läuft.[4])

Die Reaktion der Agarlösung ist meist schwach alkalisch.

Der hohe Erstarrungspunkt erschwert das Filtrieren der trüben Agarflüssigkeit. Wenn möglich, wird man sich damit begnügen, die Masse im Dampftopf (s. u. Fig. 3) möglichst lange flüssig zu erhalten und das Absetzen der suspendierten Teilchen abzuwarten. Wird Filtrieren unerläßlich, so arbeitet man mit Glaswolle, Watte, Flanell u. dgl. schneller, freilich nicht so gründlich, wie mit Filtrierpapier. Damit aber nicht die Masse erstarrt, bevor noch ein nennenswerter Teil von ihr durchs Filter gegangen ist, bediene man sich eines „Heißwassertrichters" (Fig. 1a): der das Filter haltende Trichter wird bei dieser Vorrichtung von einem Mantel heißen Wassers umgeben — oder man benutze Unnas „Dampftrichter"[5]) (vgl. Fig. 1b), der sogar die Anwendung von Temperaturen über 100° gestattet. Anwendung klärender Adsorbentia wie oben.

Den Mikroorganismen, welche Gelatine durch tryptische Fermente verflüssigen, widersteht Agar. Nur für einige wenige Organismen ist bisher festgestellt worden, daß sie Agar verflüssigen.

<hr>

1) Gemahlenen Agar liefert z. B. E. Merck (Darmstadt).

2) Genaue Angaben bei Reidemeister, W., Üb. d. Einfl. v. Säure usw. Zusatz auf die Festigkeit des Agars (Ztschr. f. wiss. Mikr. 1908, **25**, 42).

3) Z. Frage v. d. Bereitung einiger Nährsubstr. (Zbl. f. Bakt. 1891, **10**, 58).

4) Vgl. z. B. Schottelius, Einige Neuerungen an bakt. Apparaten (ibid. 1887, **2**, 97).

5) Der Dampftrichter (Zbl. f. Bakt. 1891, **9**, 749). Das Instrument liefern z. B. Bauer & Häselbarth (Eimsbüttel bei Hamburg).

　　　Wie Gelatine, vermag auch Agargallerte schon ohne Zusatz einer Nährlösung bescheidene Organismen zu ernähren. In der Tat enthält Agar geringe Beimengungen N-haltiger Verbindungen. Will man Organismen bei sicherem Ausschluß dieser unkontrollierbaren Verunreinigungen des Agars kultivieren, oder handelt es sich um Lebewesen, welche wasserlösliche organische Verbindungen nicht ertragen, so muß der Agar zunächst gereinigt werden. Häufig wird es genügen, die aufgequollenen Fäden in einen Gazesack einzubinden und unter der Wasserleitung berieseln zu lassen. In anderen Fällen muß man gründlicher vorgehen. Man gießt den Agar in flache Schalen, schneidet die erstarrte Schicht in schmale Bänder und bringt diese in großen Stöpselflaschen in destilliertes Wasser. Dieses zeigt durch starke Bakterienentwicklung an, daß aus dem Agar Stoffe herausdiffundieren; es muß wiederholt erneuert werden, bis die Auslaugung beendet ist, und neu aufgeschüttetes Wasser keine Bakterienentwicklung mehr zeigt. Dann werden die Agarstreifchen von neuem geschmolzen und in der üblichen Weise weiterverarbeitet. Oder man gießt den heißen, noch ungereinigten Agar unmittelbar in die Dosen usw., in welchen die Kultur vorgenommen werden soll, und stellt jene nach Erstarren des Agars für mehrere Tage unter fließendes Leitungswasser. Die nötigen Nährsalze läßt man dann durch Diffusion in den Agar kommen, indem man eine geeignete Lösung über ihn ausschüttet und sie von Zeit zu Zeit erneuert. Legt man Wert auf eine „trokkene“ Agaroberfläche, so kann man durch Erwärmen das anhaftende Wasser zur Verdunstung bringen.[1]

　　　Ein von WIESNER (a. a. O. nach MUSPRATT) angegebenes Verfahren der Agarreinigung wurde von KEDING[2]) folgendermaßen angewandt. Der Agar wird zunächst mit Salzsäure behandelt, in fließendem

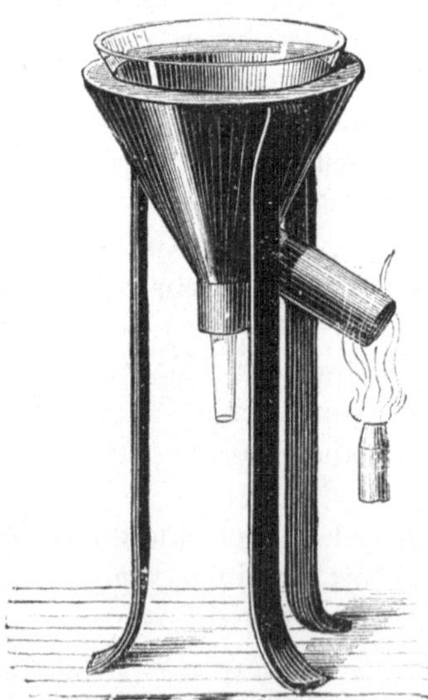

Fig. 1b. Dampftrichter.　　　　Fig. 1a. Heißwassertrichter.

　　　1) Vgl. z. B. BEYERINCK, Üb. Regeneration d. Sporenbildung b. Alkoholhefen usw. (Zbl. f. Bakt. II. 1898, **4**, 663); Über oligonitrophile Mikroben (ibid. II, 1901, **7**, 561).
　　　2) Weitere Unters. üb. stickstoffbind. Bakt. (Wissensch. Meeresuntersuch., Abteil. Kiel, N. F. 1906, **9**).

Wasser ausgewaschen, bis keine Cl-Reaktion mehr eintritt, und dann mit 1 %iger Kalilauge bedeckt. Das Auswaschen der Lauge geht sehr langsam vor sich und beansprucht mehrere Tage. Wenn die alkalische Reaktion geschwunden ist, wird noch 24 Stunden in fließendem Wasser gewaschen, mit destilliertem Wasser nachgespült, dann wird abgepreßt und getrocknet. Die bräunliche Masse ist so spröde, daß man sie im Mörser zu einem feinen Pulver verreiben kann. Ein Teil dieses gereinigten Agars, der fast nur noch Kohlehydrate enthält („Gelose"), gibt mit 100 Teilen Wasser eine feste Gallerte. — KEDING fand in gewöhnlichem Agar 3,9307 % Aschenbestandteile, in Gelose 1,8350 %, — in Agar 0,3009 % N, in Gelose 0,1056 %.

Eine Eigentümlichkeit des Agars besteht darin, daß er beim Erstarren etwas Wasser („Kondenswasser") ausscheidet, welches die Oberfläche des Nährbodens in oft willkommener Weise feucht erhält, anderseits durch Verbreitung der ausgesäten Keime über die ganze verfügbare Fläche lästig werden kann. Bei dieser Wasserabgabe handelt es sich um eine auch andern Hydrogelen zukommende Erscheinung (GRAHAMS Synaeresis); bei Gelatine bleibt sie aus, weil die üblicherweise hohe Konzentration des Gels sie verhindert. Wünscht man Agarschalen mit trockener Oberfläche zu verwenden, so stelle man sie unbedeckt (mit nach unten gewandter Öffnung) in den Brutschrank oder bringe den Feuchtigkeitsgehalt durch Glyzerin, das auf Filtrierpapier geträufelt und auf diesem in das Kulturgefäß gebracht wird, zum Schwinden. Die beste Methode, Agarflächen schnell trocken zu erhalten, dürfte in der Verwendung poröser Tondeckel gegeben sein.

Agar hat weiterhin die Eigentümlichkeit, nicht am Glas der Kulturgefäße zu haften — im Gegensatz zu Gelatine. Wenn dieser Umstand bei Benutzung des Agars stören sollte, hilft man sich durch Zusatz von Gummiarabicum oder Benutzung einer Agar-Gelatinemischung.

Die Verunreinigung des Agars mit Diatomeen wird beim Durchmustern der Agarkulturen unter dem Mikroskop wohl nur Anfänger irreführen. Man findet in Agar *Licmophora*, *Rhabdonema*, *Grammatophora*, *Stauroneis* u. a.; MARPMANN[1]) hat ein Verfahren beschrieben, nach welchem man sich schnell über den Diatomeenreichtum einer Agargallerte informieren kann. — Auch die Kristalle, die sich in trocknendem Agar bilden, können gelegentlich den Ungeübten irreführen.

Gebrauchten Agar zu „regenerieren", d. h. wieder zur Anlegung neuer Kulturen brauchbar zu machen, ist namentlich dann zu empfehlen, wenn mit Material gespart werden soll. Man ersetzt das in Form von Kondenswasser oder durch Verdunstung verlorengegangene Wasser. Der verflüssigte Agar wird mit Tierkohle (ca. 40 g pro l) gekocht; die verbrauchten Nährstoffe werden durch Zusatz von Fleischbrühe, Liebig usw. ergänzt; nötigenfalls Alkalizusatz. Beim Arbeiten mit regeneriertem Agar wird man

---

1) Über Agar-Agar u. dessen Verwend. u. Nachweis (Ztschr. f. wiss. Mikr. 1896, **2**, 257).

nicht vergessen dürfen, daß es die unkontrollierbaren Stoffwechselprodukte der auf ihm gewachsenen Mikroben enthält.[1])

Gelatine und Agar ohne weiteren Zusatz gestatten zwar, wie bereits erwähnt, vielen Lebewesen kümmerliches Wachstum. Zur Kultur der Organismen benutzt man aber beide Nährböden nur nach Zusatz irgendwelcher — anorganischer oder organischer — Nährstoffe. Alle Lösungen, die im vorangehenden Abschnitt aufgezählt worden sind, können durch Zusatz von Gelatine oder Agar zu „festen" Nährböden umgewandelt werden.

Fertige Nährböden — Nähragar, Nährgelatine und neben diesen zahlreiche Nährsubstrate komplizierter Zusammensetzung —liefert (nachDOERR) die Firma BRAM-Leipzig in Pulver- oder Tablettenform; die Präparate werden mit heißem Wasser schnell in Gelform gebracht; sie empfehlen sich in erster Linie für alle diejenigen Fälle, in welchen immer nur geringe Mengen von Nährsubstraten frisch hergestellt und beimpft werden sollen.[2])

Agar - Gelatine - Kombinationen. Die Mischung von Agar und Gelatine hat hier und da Anwendung gefunden; vor allem gelingt es, durch Zusatz von Agar zur Gelatine eine Art Tropengelatine herzustellen, deren Schmelzpunkt höher liegt als der der reinen Gelatine. PRALL[3]) z. B. mischt 5 % Gelatine und 0,75 % Agar.

Andere gallertige Nährböden. — Außer Gelatine und Agar sind noch einige andere gallertige Nährböden zu nennen, von welchen die Blutserumgallerte seit KOCH zu einem wichtigen Hilfsmittel der bakteriologischen Arbeit geworden ist, während andere nur gelegentlich Verwendung gefunden haben. Einige sind durch ihren Eiweißcharakter der Gelatine, andere als Kohlehydrate dem Agar-Agar vergleichbar.

Blutserum: Iäßt man frisch aufgefangenes Blut vom Kalb, Hammel oder Pferd ruhig stehen, so setzen sich die geformten Bestandteile des Blutes mehr oder minder schnell ab und vereinigen sich durch das gerinnende Fibrin zum sog. „Blutkuchen". Die darüberstehende klare Flüssigkeit, das Serum, dessen chemische Zusammensetzung zurzeit noch unübersehbar kompliziert ist, enthält außer vielen Salzen Eiweißstoffe, Kohlehydrate, Harnstoff, Farbstoffe u. a. m.; der Gehalt an Na_2CO_3 bedingt die alkalische Reaktion des Serums. Seine Verwendbarkeit für die Zwecke des Biologen erkannte KOCH.[4]) Beim Erhitzen auf 100°, ja schon bei 65—68° C erstarrt das Serum zu einer gallertigen Masse, die wegen ihres Gehalts an anorganischen Verbin-

---

1) Literatur z. B. bei V. ANGERER, Üb. d. Regen. v. Drigalski-Agar (A. f. Hyg. 1918, **87**, 316).

2) Vgl. BEINTKER, Trockennährböden nach Prof. DOERR (Zbl. f. Bakt. I, Orig., 1914, **74**, 499; s. auch ibid. 653).

3) PRALL, FR., Beitr. z. Kenntnis der Nährb. f. d. Bestimmung d. Keimzahl im Wasser (Arb. a. d. Kaiserl. Gesundh.-Amt., 1902, **18**, 436); PLAUT, Üb. eine neue Meth. z. Konserv. u. Weiterzüchtung v. Gelatinekult. (Fortschr. d. Med. 1886, **4**, 419); WILFARTH, Üb. eine Modif. d. bakt. Plattenkulturen (D. med. Wochenschr. 1887, 618) u. a. m.

4) Die Ätiologie der Tuberkulose (Mitteil. a. d. Kaiserl. Gesundheitsamt 1884, **2**, 1).

dungen, Eiweißstoffen usw. ohne weiteres für die verschiedensten Organismen — und auch für solche, welche auf anderen Böden kümmerlich oder gar nicht gedeihen wollen — einen vorzüglichen festen Nährboden abgibt. Legt man Wert auf die Durchsichtigkeit der Gallerte, so darf man nur auf ca. 68° C erhitzen (Koch) oder muß Alkalien zusetzen[1]); andernfalls wird die Gallerte bei Erhitzen auf höhere Temperaturen undurchsichtig. Steriles Blutserum wird von verschiedenen Firmen geliefert (z. B. R. Altmann, Berlin NW); feste Serumsubstanz stellen Merck-Darmstadt (Ragit-Serum) und Bram-Leipzig her (s. u.).

Einige weitere Gallertnährböden spielen nur eine untergeordnete Rolle.

Seidenleim erhält man dadurch, daß man rohe Seide einige Stunden lang in Wasser kocht. Der in Lösung gehende Teil ist das Serizin (Seidenleim), der unlösliche das Fibroin der Seide. Cramer[2]) gibt für Seidenleim 44,32 % C, 6,18 % H und 18,30 % N an. Eine 10 %ige Lösung der Substanz gibt beim Erkalten eine Gallerte, die Marpmann[3]) als Nährboden für Bakterien und Pilze verwandt hat.

Als Ersatz für Gelatine kann nach Marpmann das Chondrin verwendet werden, welches man durch Auskochen der Rippenknorpel und Ohrmuscheln im Papinschen Topf gewinnt. „Vor Gelatine haben diese Chondrinlösungen eine größere Festigkeit und ein langsameres Zerfließen durch peptonisierende Spaltpilze, sowie Festbleiben bis über + 30° C voraus."

Stärkegallerte. — Verkleistert man ca. 30 % Stärke durch Kochen im Wasser, so entsteht eine derbe Gallerte, die schon von verschiedenen Autoren als Nährboden verwandt worden ist. E. Smith[4]) gibt auf 3 g reiner Kartoffel-, Reis- oder anderer Stärke 10 ccm einer Nährlösung und setzt die Masse an 5—6 aufeinanderfolgenden Tagen je 2—3 Stunden einer Temperatur von 75—85° aus. Die Stärke verquillt, und es entsteht eine „Stärkegallerte", die zur Kultur von Pilzen und Bakterien brauchbar ist. Auch Lävulan (Anhydrit der Lävulose) und Lichenin sind gelegentlich verwendet worden.

Über eine Methode, sich aus Rotalgen selbst eine Agarmasse herzustellen, berichtet Marpmann.[5]) Die Thalli von *Sphaerococcus confervoides* werden in schwacher Salzsäure mazeriert und hiernach solange gewaschen, bis keine Rotfärbung von Lackmus mehr eintritt.

c) Organisierte Nährböden.

Allerlei feste Materialien tierischen oder pflanzlichen Ursprungs können ohne weiteres als Nährböden verwendet werden; als organisierte Nährböden dürfen wir sie auch im Sinne Nägelis bezeichnen, da es sich bei ihnen fast immer um begrenzt quellbare Massen handelt.

1) Cobbett, Alkalinis. Rinder- u. Pferdeserum als Hilfsm. b. d. Diphtheriediagn. (Zbl. f. Bakt. 1898, **23**, 395).

2) Über die Bestandteile der Seide (Journ. f. prakt. Chemie 1865, **93**, 76); spätere Literatur zitiert bei v. Fürth, Vergl. chemische Physiol. d. nied. Tiere, Jena 1903.

3) Bakteriolog. Mitteil. (Zbl. f. Bakt., I, 1897, **22**, 122).

4) Kartoffel als Kulturboden m. einig. Bemerk. üb. ein zus. gesetztes Ersatzmittel (ibid. II, 1899, **5**, 102, nach Proceed. Americ. Assoc. Advance of Sci. 1898, **47**).

5) Mitteil. aus d. Praxis (Zbl. f. Bakt. 1891, **10**, 123); Marpmanns Rezeptangaben sind ungenügend.

Die Zahl der hierher gehörigen Nährsubstrate ist außerordentlich groß; irgendwann und irgendwozu hat man fast alles Erreichbare einmal als Nährboden benutzt. Allen diesen Substraten gemeinsam ist nur, daß ihre chemische Zusammensetzung äußerst kompliziert, so gut wie unbekannt und überdies außerordentlich wechselnd ist. Die wichtigsten und beliebtesten sind etwa folgende:

Eier. — „Rohe" Eier, deren Inhalt noch nicht erstarrt ist, geben eine gute Nährlösung, gekochte Eier feste Nährböden ab, auf welchen Pilze im allgemeinen schlecht, Bakterien gut gedeihen. In erster Linie kommen selbstverständlich Hühnereier in Betracht.[1]

Rosenthal und Schulz[2] haben folgende Methode zur Herstellung von Alkalialbuminat-Nährböden ausgearbeitet. Das aus Hühnereiern gewonnene Eiweiß wird durch ein Tuch gepreßt. Man mischt:

> 5   ccm Eiweiß,
> 2,4 „ 1 % NaOH- oder KOH-Lösung und
> 2,6 „ Wasser.

In den Reagenzgläsern, Schalen usw. wird die Masse auf 95—98° erhitzt. Zusatz von anorganischen Salzen, wie $NaCl$, KCl, Na_2SO_4, Na_2HPO_4 u. a., machen die Gallerte noch heller, freilich auch weicher; dieselbe Wirkung wird durch Zusatz von Fleischinfus — durch seinen natürlichen Kochsalzgehalt — erzielt. In dünnen Schichten ist der Nährboden völlig klar. — Er ist bisher nur für Bakterien verwandt worden, gibt aber vielleicht auch bei Kultur anderer Arten von Mikroorganismen brauchbare Resultate.[3]

Mist. — Ist in rohem Zustande eine vortreffliche Fundgrube für viele Mikroorganismen und nach Sterilisation ein vorzüglicher Nährboden. Für den Laboratoriumsbedarf stellt sich Pferdemist am leichtesten zur Verfügung; auch der im Walde oder in zoologischen Gärten gesammelte Kaninchen- und Wildmist ist für viele Zwecke empfehlenswert. Pferdemist sammle man unmittelbar nach der Entleerung ein und lasse ihm seine festgeballte Form. Der Ernährungszustand des mistliefernden Pferdes ist für den Ausfall der Kulturen nicht gleichgültig; jedenfalls gibt Mist von schlecht ernährten Pferden, wie sich während der Kriegsjahre deutlich gezeigt hat, oft kümmerliche Kulturen. Nach Brefeld[4] soll es für Pilzkulturen notwendig sein, den Mist von Pferden zu nehmen, die fast ausschließlich mit Hafer er-

---

1) Über Eier anderer Herkunft vgl. Tarchanoff Die Verschiedenheiten des Eiereiweißes bei befiedert geborenen (Nestflüchtern) und bei nackt geborenen (Nesthockern) Vögeln (Pflügers Archiv 1883, **31**, 368). Weitere Mitteil. ibid. 1886, **39**, 476, 485; Neumeister, R., Lehrb. d. physiol. Chemie, Jena 1895, **2**, 121. Ferner Dal Pozzo, Das Eiweiß der Kiebitzeier als Nährboden für Mikroorganismen (Medizin. Jahrb. 1887, 523).

2) Üb. Alkalialbuminat als Nährboden b. bakt. Unters. (Biol. Zbl. 1888, **8**, 307).

3) Vgl. über Karlinskis Methode Günther, Einführ. in d. Bakteriol., 6. Aufl., 213.

4) Üb. Alkoholgärung (Landw. Jahrb. 1874, **3**, 65).

nährt werden. Verrotteter, zerfallener Mist gibt nur noch kümmerliche Kulturen. — Analysen von Mist bei HOLDEFLEISS u. a.[1])

Torf. — Torf wird in der Praxis als desinfizierendes Mittel verwandt; autotrophe Organismen verschiedener Art lassen sich auf ihm kultivieren, ohne daß Bakterien störend dazwischen kommen. Läßt man den Torf erst Siedetemperatur durchmachen, so wird seine desinfizierende Kraft abgeschwächt, und es gedeihen auch Pilze u. a. als Verunreinigung der Kultur auf ihm. — Man schneidet durchnäßten Torf vor der Aussaat in handliche Scheiben.

Sehr beliebte organisierte feste Nährböden sind verschiedene Pflanzenorgane. Es läßt sich erwarten, daß die Reserveorgane der Pflanzen — stoffspeichernde Wurzeln, Knollen, die Samen usw. — besonders nährkräftige Kultursubstrate abgeben werden. Ungezählte Kulturen sind bereits auf Kartoffeln, Möhren, gelben Rüben, Zwiebeln, Kohlstrünken, auf Pflaumen, Äpfeln, Birnen, Apfelsinen, Zitronen, Vogelbeeren, auf .Nüssen, Senf- und Leinsamen, Getreidekörnern, Malz, geschältem Reis, Kastanien, Galläpfeln, auf Laub, Stengeln von krautartigen Pflanzen (*Vicia* u. dgl.), Holz, Baumrinden, Lohe usw. angelegt worden. Näher auf diese Nährböden einzugehen, erübrigt sich, da sich ihre Behandlung von selbst ergibt. Nur auf die Herstellung von Kartoffelnährböden, die namentlich dem Bakteriologen gute Dienste leisten, will ich kurz eingehen.

Kartoffeln. — Man benutzt feste Kartoffeln, die beim Kochen nicht mehlig zerfallen (sog. Salatkartoffeln), und reinigt sie gründlich. Nach dem Schälen und nach Beseitigung der schadhaften Stellen werden sie in schwacher Sublimatlösung gewaschen und dann in Stücke geschnitten, die in ihrer Form den für Kartoffelkulturen besonders praktischen Reagenzgläsern angepaßt sind.[2]) Kartoffeln reagieren schwach sauer und müssen nötigenfalls ein wenig alkalisiert werden. — Da bei späterem Kochen sich Kondensationswasser bildet, vor dessen Berührung man das Kartoffelstückchen besser bewahrt, so gibt man den über der Gasflamme erweichten Röhren vorher oberhalb des Grundes eine kleine Einziehung oder Verengung, auf welcher die Kartoffel aufliegt, während sich das Wasser unter ihr sammelt, — oder setzt ein kurzes Glasröhrchen in das Reagenzglas hinein und läßt auf ihm die Kartoffel aufliegen. —

Von den durch irgendwelche Techniken bereits veränderten Stoffen sind die Mahl- und Bäckereiprodukte die wichtigsten.

Brot (Weißbrot) ist ein ausgezeichnetes Nährmittel für viele Pilze, Hefen, Bakterien. Man feuchte Brotscheiben mit Wasser oder einer Nährlösung (Milch, Pflaumensaft u. dgl.) an. Die Brotscheiben werden in Gläsern

---

1) Unters. üb. d. Stallmist, 2. Aufl., Breslau 1889; MAYER, A., Die Düngerlehre, 5. Aufl., Heidelberg 1902 u. a.

2) Ausführliches über Herstellung der Kartoffelkeile oder -zylinder z. B. bei GÜNTHER a. a. O., 207.

(Bechergläsern u. dgl.) oder unter Glasglocken gehalten. Will man hellfarbige Kolonien auf Brot sichtbar machen, so färbe man es zuvor (Fuchsin u. dgl.). — Auch Brotbrei ist ein beliebtes Kulturmedium (Bakterien, Pilze). — Will man Brot mit einer Nährlösung durchtränken, deren Konzentration unverändert bleiben soll, so trockne man es zunächst einige Stunden bei 100 bis 120° C.

Auch Makkaroni sind als Nährböden empfohlen worden. Für manche Zwecke geeignet sind Kakes, Oblaten u. a. m.

Filtrierpapier ist ebensosehr als wasserunlösliches Substrat für Kulturzwecke brauchbar wie als vorzügliches Nährmittel für zelluloselösende Organismen (Bakterien, Pilze).

Sägespäne geben nach Durchtränkung mit Nährlösung oder bereits ohne solche einen guten Nährboden ab.

III. Kulturen.

Durch Vereinigung der Nährböden mit Mikroorganismen entstehen „Kulturen“. Wie sind solche vorzubereiten und anzulegen und für wissenschaftliche Fragen zu verwerten?

Bei der Herstellung einer Kultur ist der Gang der Dinge folgender: Zunächst muß der Nährboden sterilisiert werden. Abgesehen von besonderen Fällen, in welchen uns die Natur einen keimfreien Nährboden liefert, und in welchen es uns gelingt, ihn steril zu gewinnen und steril zu erhalten, sind in allen festen und flüssigen Nährböden allerlei Keime ohne unser Zutun bereits vorhanden; diese müssen abgetötet, die Böden müssen sterilisiert werden, bevor wir zur Aussaat schreiten.

Den sterilen Nährboden bringen wir in irgendwelchen geeigneten Behältern unter, welche die Beobachtung der Organismen gestatten; die Wahl der richtigen Form der Gefäße, in die wir unsere Kultur bringen wollen, gehört zu den wichtigsten Vorbereitungen.

Neue Schwierigkeiten bringt die Aussaat, besonders dann, wenn wir nur „Rohkulturen“ vor uns haben, in welchen, wie zumeist in der freien Natur, die verschiedenartigsten Organismen nebeneinander ihr Dasein führen. Wollen wir einen Organismus wissenschaftlich erforschen, so bedarf es einer „Reinkultur“, und der Aussaat muß die Isolierung des uns interessierenden Lebewesens vorausgehen.

Ist die Aussaat erfolgt, und ist der Nährboden in seiner Zusammensetzung für den betreffenden Organismus geeignet, so wird sich dieser auf dem Substrat vermehren, vorausgesetzt, daß wir ihm günstige Lebensbedingungen geben. Die Ansprüche der Mikroorganismen an ihre Umgebung sind nun allerdings sehr ungleichartige: die über der Kultur liegende Atmosphäre wird zu berücksichtigen, die richtige Temperatur zu wählen sein, die Ansprüche an Licht verlangen Berücksichtigung u. dgl. m.

Auf diese und einige andere Fragen wird im folgenden einzugehen sein.

1. Sterilisation.

Trifft man keine besonderen Vorsichtsmaßregeln, so entstehen auch ohne Aussaat auf den Nährböden üppige Vegetationen der verschiedensten Organismen: alle festen und flüssigen Stoffe, mit welchen wir die Nährsubstrate herrichten, die Gefäße, in die wir sie einfüllen, die Luft, die sie berührt, und besonders die staubreiche Laboratoriumsluft, sind voll von Keimen; Bakterien, Pilze, Hefen, Algen, Protozoën verunreinigen unsere Kultur, wenn nicht Maßregeln zur Beseitigung der ungeladenen Gäste getroffen werden: wir müssen die Nährböden vor der Aussaat sterilisieren.

An Mitteln, welche Mikroorganismen abtöten, ist kein Mangel. Es gibt chemische und physikalische Methoden, aber nicht alle sind gleich wirksam und manche von ihnen von bedenklichen Folgen begleitet, die sie für den Biologen völlig unbrauchbar machen.

Das Universalmittel, das allen Ansprüchen Rechnung trägt, ist Sterilisation durch Hitze. Es sind keine Algen, Hefen, Pilze oder Protozoën bekannt, welche eine Temperatur von 100° C aushielten; wohl aber bleiben die Sporen mancher Bakterienarten selbst bei dieser Temperatur noch lebend. Wollen wir daher bei unserer Sterilisationsarbeit sicher gehen, so werden wir unsere Apparate, Gläser, Lösungen, unsere festen Nährböden usw. auf eine so hohe Temperatur erhitzen müssen, daß auch die mit ihnen eingeschleppten Bakteriensporen den Tod finden. Das wird je nach dem vorliegenden Material auf verschiedene Weise anzustreben sein. Scheren, Messer und Platindraht, Objektträger, Deckgläschen usw. kann man unmittelbar in die Gasflamme einführen und dort sehr hohe Temperaturen durchmachen lassen, so daß alle ihnen anhaftenden Keime zugrunde gehen. Stählerne Instrumente sollen hierbei nicht wie Platindraht bis zur Glut erhitzt werden, da sie dabei unansehnlich und schadhaft werden; Platiniridiuminstrumente sind widerstandsfähiger. Gewöhnliche Glasgefäße vertragen eine solche Behandlung nicht, sie müssen in einen Trockenschrank oder Heißluftsterilisator (Fig. 2) gestellt werden, d. h. in einen aus kräftigem Stahl- oder Kupferblech angefertigten, einfach- oder doppelwandigen Kasten, der unten durch eine Gasflamme geheizt wird. Die Temperatur im Innern des Kastens steigt schnell auf 100° und 150°, bei doppelwandigen und mit Asbest ausgekleideten Kästen sogar auf 200° und 300°. Nach ca. einstündiger Einwirkung einer Temperatur von 150° bis 180° C kann man annehmen, daß alle Mikroben getötet sind; Watte und Filtrierpapier sollen nur bis 180° erhitzt werden, da sie bei höheren Graden braun werden und zu flockigem Zerfall neigen. Nach Wiederabkühlung sind die Gegenstände „steril" und gebrauchsfertig.

Fig. 2.
Heißluftsterilisator.

Heiße trockene Luft hat insofern geringe sterilisierende Kraft, als sehr hohe Temperaturen und sehr lange Einwirkungsdauer zur Abtötung der Bakteriensporen erforderlich sind; nach den Untersuchungen von KOCH und WOLFFHÜGEL[1]) läßt sich z. B. erst nach dreistündiger Einwirkung einer Temperatur von 140° auf völlige Sterilisation rechnen; ganz anders wirkt strömender Dampf (KOCH, GAFFKY und LOEFFLER[2])). Gläschen, Reagenzröhrchen oder kleine Kolben, welche eine Nährlösung enthalten, werden einfach dadurch sterilisiert, daß man ihren Inhalt unmittelbar über der Gasflamme oder im Wasserbad sieden läßt. Gefüllte Gefäße, die ihrer Form wegen oder aus anderen Gründen diese Behandlung nicht zulassen, leere Gläser oder gläserne Apparate sterilisiert man im strömenden Dampf, indem man sie in einen sog. Dampftopf stellt und diesen mit einer Gasflamme kräftig anheizt. Die einfachste Form eines solchen Dampfsterilisationsapparates zeigt Fig. 3. Der mit Filz oder Asbest ausgekleidete Zylinder steht auf einem hohen Fuß, der das Unterschieben der Gasflamme gestattet. Unten bei *W* wird Wasser eingefüllt, das Einsatzgefäß *eg*, dessen durchlöcherte Wände es mit Wasserdampf anfüllen lassen, enthält die mit Nährböden usw. gefüllten Kulturgefäße. Man läßt eine Viertel- oder eine halbe Stunde den Dampf durch den Apparat strömen.[3]) Der Inhalt großer Gefäße erreicht die erforderlichen hohen Temperaturen natürlich langsamer als der in kleine Behälter gefüllte.

Bakteriensporen, welche auch im siedenden Wasser lebend bleiben und der Einwirkung strömenden Dampfes widerstehen, finden sich z. B. auf Mohrrüben, die daher auch bei Erhitzung auf 100° nicht immer steril werden und sich einige Tage nach dem Kochen mit kräftigen Bakterienkolonien bedecken. Um auch diese widerstandsfähigen Keime zu beseitigen, muß man wiederholte Sterilisation anwenden: etwa 24 Stunden nach der ersten Behandlung werden die Sporen vieler Arten gekeimt sein, und die vegetativen Zellenformen werden dann bei einer zweiten Erhitzung auf 100° unfehlbar zugrunde gehen. Um auch diejenigen Keime

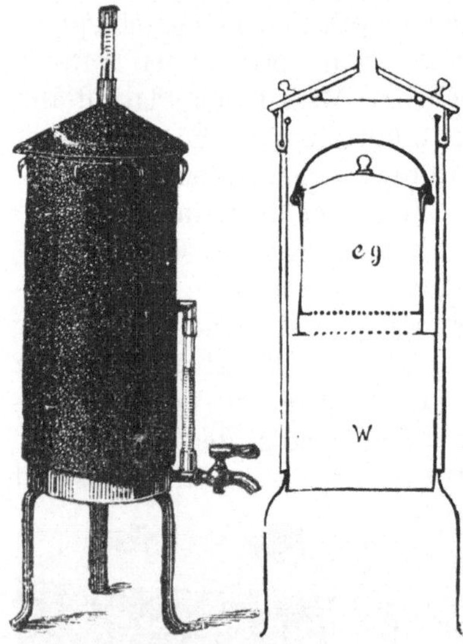

Fig. 3. Dampftopf.

1) Unters. üb. d. Desinfektion m. heißer Luft (Arb. aus d. kaiserl. Gesundheitsamt 1881, **1**, 301).

2) Versuche über **die** Verwertbarkeit heißer Wasserdämpfe zu Desinfektionszwecken (ibid. 322).

3) Über die verschiedenen Modifikationen des Dampfsterilisators unterrichtet man sich am besten mit Hilfe der illustrierten Kataloge der Werkstätten von P. ALTMANN-Berlin, E. MÜNCKE-Berlin, ROHRBECK-Berlin u. a.

zu treffen, die vielleicht am ersten Tage noch nicht gekeimt waren, wiederholt man die Prozedur ein zweites und drittes Mal und noch öfter.[1]) In der Zwischenzeit überläßt man die Nährmedien bei Zimmertemperatur oder im Brutofen (bis 37°) sich selbst. Die Methode der diskontinuierlichen Sterilisation geht auf Tyndall zurück.

Will man diese Umstände vermeiden, so bleibt nichts anderes übrig, als mit hochgespanntem Dampf zu arbeiten. Dazu bedarf es eines Autoklaven (Digestors, Hochdrucksterilisators), dessen hermetisch verschließbarer Kessel einen Druck von mehr als einer Atmosphäre (1½ bis 10 Atm.) aushält (Fig. 4). Da die Autoklaven teuer sind, werden sie nicht jedem, der mit Mikroorganismen zu arbeiten hat, zur Verfügung stehen. Ihre Benutzung freilich erspart viel Zeit und Arbeit: Nachdem man in den Kessel des Autoklaven eine mehrere Zentimeter hohe Schicht Wasser geschüttet hat, stellt man mit Hilfe geeigneter Einsatzgefäße (s. o.) oder ähnlicher Vorrichtungen alle zur Sterilisation bestimmten Glassachen, Nährböden usw. ein und heizt mit einer kräftigen Flamme. Der Deckel des Kessels wird aufgelegt, der halbkreisförmige Stahlbügel B aufgerichtet und festgeschraubt. Da das starke Sterilisationsvermögen nur dem heißen Wasserdampf, aber nicht der heißen Luft zukommt, läßt man erst diese und noch einige Minuten hindurch Wasserdampf kräftig entweichen und schließt erst dann das Loch bei N mit der Schraube K. Bei fortgesetzter Heizung steigt der Zeiger des Manometers; dabei entsprechen

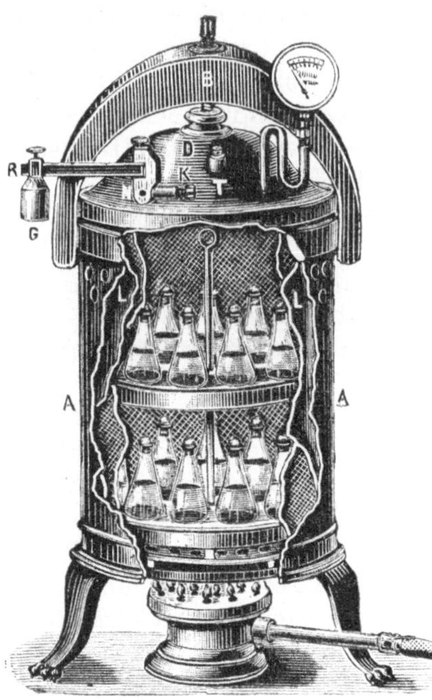

Fig. 4. Autoklav.

111,7°	einem Druck	von	1,5	Atmosphären.[2])
120,6°	,,	,,	2	,,
127,8°	,,	,,	2,5	,,
133,9°	,,	,,	3	,,
139,2°	,,	,,	3,5	,,
144,0°	,,	,,	4	,,
148,3°	,,	,,	4,5	,,
152,2°	,,	,,	5	,,

Das Schiebergewicht G ist auf dem Hebel R so zu plazieren, daß das Notventil sich nicht öffnet, bevor der gewünschte Druck erreicht ist. Bei 140° C gehen auch die widerstandsfähigsten Keime zugrunde; man unterbricht die Hei-

---

1) Eckelmann (Üb. Bakt., welche die Fraktionsterilisation lebend überdauern. Zbl. f. Bakt. II, 1918, 48, 140) fordert siebenmaliges Kochen.

2) Bei T befindet sich eine Vorrichtung zum Einsetzen eines Thermometers. Stimmen die von Thermometer und Manometer abgelesenen Zahlen nicht mit den Tabellen überein, so ist damit angezeigt, daß noch Luft im Kessel enthalten ist.

zung und läßt den Apparat langsam abkühlen, die Schraube K wird geöffnet und nach dem Erkalten der Deckel gelöst. — Ein Autoklav tut nicht nur beim Sterilisieren, sondern auch beim Anfertigen von Agarlösung gute Dienste (s. o.). Auf die Grenzen seiner Verwendbarkeit wird sogleich zurückzukommen sein. —

Wir haben bisher die Frage vernachlässigt, ob alle Nährböden gleichermaßen eine hohe Erhitzung ertragen. Das ist keineswegs der Fall. So wird Gelatine in ihrem Erstarrungsvermögen durch anhaltendes Erwärmen auf 100° C und noch mehr durch Erhitzen auf noch höhere Temperaturen (s. o. S. 47) sehr geschädigt. Autoklavbehandlung ist daher besser zu vermeiden. Milch muß vor der Verwendung als Kulturmedium gründliche Sterilisationsbehandlung durchmachen; da sie sich aber durch langwährende Erhitzung auf Siedetemperatur in ihrer chemischen Zusammensetzung verändert, ist man auf die fraktionierte Sterilisation angewiesen: GÜNTHER[1]) rät, sie an drei aufeinander folgenden Tagen je eine Stunde lang im Dampftopf zu halten und in der Zwischenzeit bei 21° C stehen zu lassen.[2]) Beim sog. Pasteurisieren von Milch, Wein, Bier usw. handelt es sich um eine fraktionierte Sterilisation, bei der die Flüssigkeiten gewöhnlich mehrmals auf nur 60—80° erhitzt werden. Höhere Temperaturen würden unliebsame Zersetzungen in ihnen hervorrufen. Es wird in diesen und ähnlichen Fällen oft genügen müssen, statt aller in der Flüssigkeit vorhandenen Keime wenigstens diejenigen zu vernichten, welche sich auf dem betreffenden Substrat weiterentwickeln könnten. Der „holder process" oder die „Dauerpasteurisierung" der Milch begnügt sich mit einmaliger 20—30 Minuten währender Erhitzung auf 60—64°; das „Biorisieren", das zunächst den Zwecken der Milchsterilisation dienen soll, tötet sehr viele Keime durch eine nur wenige Sekunden währende Zerstäubung der Flüssigkeit, deren Fermente hierbei unverändert wirksam bleiben.[3]) — Noch mehr muß man dem Blutserum gegenüber mit der Temperatur heruntergehen; dieses liefert schon nach Erhitzung auf 70° kein klares Nährsubstrat mehr, sondern trübt sich. Legt man auf Durchsichtigkeit Wert, so muß man eine Sterilisation durch wiederholte Erhitzung auf ca. 56° C anstreben. Viele Keime sterben dabei ab, widerstandsfähige freilich bleiben am Leben, so daß schließlich oft nur eine Auswahl der Kulturgläschen als keimfrei weitere Verwendung finden kann. Bei Verwendung dieses empfindlichen Mediums empfiehlt es sich, aseptisch zu arbeiten, d. h. von vornherein das von der Natur gelieferte keimfreie Material steril aufzufangen und vor Verunreinigung sorgfältig zu schützen.

---

1) GÜNTHER a. a. O. S. 213.

2) Über die „sterilisierte" Milch des Handels und ihre Mikrobenflora vgl. z. B. WEBER (Arb. kais. Gesundheitsamt 1900, **17**, 108).

3) Vgl. z. B. SCHMITZ, Üb. d. Leistungsfähigkeit des LOBECKschen Milchsterilisierverfahrens (Ztschr. f. Hyg. 1915, **80**, 233), PATZSCHKE, Üb. d. Widerstandsfähigkeit v. Bakt. gegenüb. hohen Temp. (ibid. 1916, **81**, 227).

Dazu bedarf es steriler Gefäße, von welchen wir schon oben sprachen. Bei ihrer Sterilisation spielt neben der physikalischen Methode auch die chemische Desinfektion ihre Rolle. Man reinigt Gefäße, indem man sie mit warmer Sodalösung (1—2 %) wäscht, dann mit Wasser, schwacher Sublimatlösung (1 oder 2 : 1000), wiederum mit Wasser und schließlich mit Alkohol ausspült.

Wer aseptisch arbeiten will, wäscht bei dieser und ähnlichen Gelegenheiten die Hände in Sublimat- (1 : 1000) oder Kresolseifenlösung (1 : 100).

Sterilisation durch Licht, vornehmlich durch ultraviolette Strahlen, deren bakterizide Kraft bei den Methoden der Lichttherapie (Quarz-Quecksilberdampflampen) verwertet wird und auch zur Gewinnung keimfreien Trinkwassers herangezogen worden ist, kann in besonderen Fällen wohl auch im mikrobiologischen Laboratorium bei Vorbereitung bestimmter Nährböden wertvoll werden. Untersuchungen hierüber sind noch nicht angestellt worden.

Über die Wirkung der Röntgenstrahlen s. den vorletzten Abschnitt des Buches (Bakterien).

Auf die Lehre von der chemischen Desinfektion kann hier nicht näher eingegangen werden. Nur auf die wichtigsten Mittel sei kurz hingewiesen. — Sublimat nimmt man gewöhnlich in einer Lösung von 1 oder 2 : 1000, hierzu können noch 5—10 Teile HCl zugesetzt werden („Säuresublimatlösung") oder ebensoviel NaCl. Eiweißhaltigen Flüssigkeiten gegenüber kann Sublimat seine desinfizierende Wirkung insofern verleugnen, als es bei Berührung mit diesen wasserunlösliche Niederschlagshäute bildet. Da sich diese in Weinsäure, Zyankali, Jodkali usw. lösen, begegnet man dem Übelstand durch Zusatz solcher Verbindungen zum Sublimat.[1] Wie sehr die desinfizierende Wirkung des Sublimats von dem Gehalt der Lösungen an Quecksilberionen abhängig ist, zeigten PAUL und KRÖNIG[2]: werden gleichzeitig mit Sublimat andere Chlorverbindungen gelöst und dabei dissoziiert (Chlornatrium u. dgl.), so sinkt demnach die desinfizierende Kraft des Sublimats (wichtig bei Benutzung der beliebten Chlornatrium-Sublimatpastillen). In Sublimatlösungen, welche lange stehen, tritt allmählich eine Zersetzung ein[3]; um den Gehalt einer Lösung an Sublimat zu prüfen, verfährt man mit KOCH[4] folgendermaßen: man taucht ein Streifchen blank geputztes Kupferblech in die Sublimatlösung; wenn nach einer halben Stunde eine deutliche Amalgamschicht sich bildet, kann man sicher sein, daß mindestens 1 : 5000 Sublimat sich in Lösung befindet.

„Formalin" (40 %ige wässerige Lösung von Formaldehyd) wird mit Wasser versetzt (z. B. 1 Teil F. und 4 Teile H_2O) und erhitzt; die entweichenden Dämpfe desinfizieren kräftig. Sehr verdünnte Formalinlösungen eignen sich zum Abwaschen lebender Naturkörper, die, ohne selbst Schaden zu nehmen, von anhaftenden Bakterien befreit werden sollen.

---

1) Vgl. z. B. LAPLACE, E., Saure Sublimatlösungen als desinfiz. Mittel (D. Med. Wochenschr. 1887, 866); BEHRING, Üb. Quecksilbersublimat in eiweißhalt. Lös. (Zbl. f. Bakt. 1888, **3**, 27, 64; daselbst weitere Literaturangaben).

2) Vgl. unten „Giftwirkungen".

3) Gegen die Wirkung von Licht und Luft macht Zusatz von Säure oder NaCl widerstandsfähig; vgl. BEHRING a. a. O., VIGNON in C. R. Acad. Sc. Paris 1893, **117**, 793 u. a.

4) Üb. Desinfektion (Arb. a. d. kaiserl. Gesundheitsamt 1881, **1**, 234, 278).

Wasserstoffsuperoxyd ist zur Sterilisierung der Milch, Kaliumpermanganat-Salzsäure (1 %ige Lösung + 1 %) als kräftiges Agens von Paul und Krönig[1]) empfohlen worden. Ob insbesondere Ozon für die Zwecke der Organismenkultur sich als Desinfiziens dienstbar machen ließe, muß noch dahingestellt bleiben. Über „fungizide" Mittel siehe später (Kapitel Pilze).

Will man aus irgendeinem Grunde jegliche Erwärmung vermeiden und überhaupt die in Frage kommenden Keime nicht töten, sondern entfernen, so muß man zur mechanischen Reinigung der Flüssigkeit seine Zuflucht nehmen und die Nährlösung durch ein Filter laufen lassen, das alle Keime zurückhält. Diesen Ansprüchen genügen Filtrierpapiere nur ausnahmsweise, wenn es gelingt, vor dem Filtrieren die in der Flüssigkeit vorhandenen Mikroben durch adsorbierende Mittel (Bolus, Tierkohle u. ähnl.) zu binden; grampositive Arten (namentlich *Sarcina lutea*) werden leicht, gramnegative (Cholera, Typhus, Paratyphus u. a.) schwach adsorbiert.[2]) In anderen Fällen hat man Filter mit kleineren Interstitien zu wählen, vor allem die „Filtrierkerzen" aus unglasiertem Porzellan (Chamberland), Ton (Pukall, sog. Ballonfilter) oder Infusorienerde („Berkefeld"-System) oder Filter aus feinverteiltem Asbest. Die Anwendung der beliebten Filterkerzen veranschaulicht der in Fig. 5 dargestellte Apparat nach Maassen[3]): in einen Kolben wird die einer dickwandigen Röhre ähnliche, mit breitem, krempenartigem Rand versehene Kerze luftdicht eingesetzt; das rechts angesetzte Rohr wird mit der

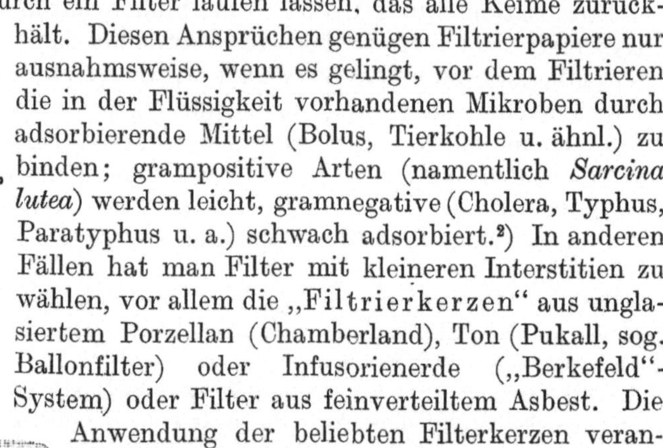

Fig. 5. Kerzenfiltrierapparat.

Wasserstrahlluftpumpe in Verbindung gebracht, der Heber links dient zur sterilen Entnahme des Filtrats. Die Filterkerzen werden mit verschiedener Porenweite geliefert; es gelingt solche, welche noch als allzu durchlässig sich erweisen, durch Einsaugen einer sterilen, wässerigen Kieselguraufschwemmung (0,1 : 100) zu verbessern.[4])

Bei der Benutzung von Filtern ist zu beachten, daß, günstige Bedingungen vorausgesetzt, manche Bakterien schon binnen 24 Stunden die Filter durchwachsen und diesen damit ihre Bakteriendichtigkeit nehmen können. Die verschiedenen Filtersorten, ja sogar verschiedene Exemplare einer Art

---

1) Krönig u. Paul, Die chem. Grundlagen d. Lehre v. d. Giftwirk. u. Desinf. (Ztschr. f. Hyg. 1897, **25**, 1, 77 ff.).

2) Eisenberg, Ph., Über spezifische Adsorption v. Bakterien (D. Med. Wochenschr. 1918, Nr. 23; dort weitere Literatur).

3) Üb. die Wirkung verschiedener Filter vgl. Referat üb. Woodhead u. Cartwright in Baumgartens Jahresbericht 1895, **11**.

4) Hesse, Weitere Studien üb. d. Bakteriennachweis m. d. Berkefeldfilter (Ztschr. f. Hyg. 1912, **70**, 311).

verhalten sich hierbei ungleich, so daß sich keine allgemein gültigen Angaben machen lassen.[1]) Über die Durchlässigkeit der Filter für größere Organismen (*Bodo ovatus*!) vgl. SPIEGEL.[2])

Bei Besprechung der in den gebrauchten Nährlösungen sich anhäufenden Stoffwechselprodukte wird noch einmal auf die Verwendung und Behandlung der Filtrierkerzen zurückzukommen sein.

Organismen, welche Filter erwähnter Art zu passieren vermögen, heißen filtrierbar. Man spricht bei manchen Infektionskrankheiten von einem pathogenen „filtrierbaren Virus", weil in den durch das Filter gelaufenen Körpersäften erkrankter Tiere noch ein infektionsfähiges Agens vorhanden, aber mikroskopisch keine Bakterien mehr nachweisbar sind (siehe Ultravisible Mikroben S. 180). —

Ist eine Lösung oder ein Nährboden anderer Art auf die eine oder andere Weise keimfrei gemacht worden, so bleibt seine chemische Zusammensetzung im wesentlichen unverändert. Geringer „autolytischer" Veränderungen wird man freilich stets gewärtig bleiben müssen.[3])

2. Form der Kulturen.

Bei der Wahl der Form, die wir unserer Kultur geben wollen, und der Gefäße, in welchen sie untergebracht werden soll, müssen wir zweierlei bedenken: einmal sollen die in der Kultur untergebrachten Organismen der Beobachtung zugänglich sein, und außerdem müssen die Kulturgefäße sich so verschließen lassen, daß der Nährboden vor dem Zutritt fremder Organismen und die Kultur vor Verunreinigung und „Infektion" mit solchen bewahrt bleibt. Um der zweiten Forderung zu genügen, nimmt man Röhren, Flaschen, Kolben oder dgl., die sich mit Watte verschließen lassen, — oder man bedient sich gläserner Dosen, Schalen oder dgl. mit übergreifendem Deckel. In welcher Größe man die jeweils bevorzugte Gefäßform wählt, wird davon abhängen, ob man die Organismen lange Zeit hindurch beobachten und ihnen viel Spielraum zur Entwicklung geben will oder nicht, ob man auf die Gewinnung ansehnlicher Organismenmassen (z. B. zum Zweck chemischer Analyse) Wert legt oder nicht[4]) u. a. m. Alle möglichen Variationen in der Form der

---

1) ESMARCH, Über kleinste Bakt. u. d. Durchwachsen v. Filtern (Zbl. f. Bakt., I, 1902, **32**, 561); HOFSTÄDTER, E., Üb. d. Eindringen v. Bakt. in feinste Kapillaren (Arch. f. Hyg. 1905, **53**, 205); HESSE, Z. Techn. d. Methode d. Nachweises v. Keimen usw. (Zbl. f. Bakt. I, Orig., 1913, **70**, 331); SPITTA, Prüfung tragbarer Wasserfilter usw. (Arb. Gesundheitsamt 1915, **50**, 262); dort zahlr. Literaturangaben.

2) Üb. d. Vernichtung v. Bakt. im Wasser durch Protozoen usw. (A. f. Hyg. 1913, **80**, 283).

3) Über Alkoholbildung in steriler Würze vgl. KLÖCKER, Üb. d. Nachweis kl. Alk.-mengen in gärenden Flüssigk. (Zbl. f. Bakt. II, 1911, **31**, 108).

4) Ob besondere Größe der angewandten Kulturgefäße auch für die qualitative Entwicklung der Organismen bedeutungsvoll werden kann, bedarf noch näherer Analyse. WEHMER (Klein. mykol. Mitteil., Zbl. f. Bakt. II, 1897, **3**, 149) führt die reichliche Aus-

Kulturgefäße sind bereits ausprobiert worden; es wird genügen, wenn wir auf diejenigen hinweisen, die' wegen ihrer Billigkeit und Handlichkeit allgemeine Anerkennung und Beliebtheit für sich in Anspruch nehmen können.

1. Reagenzgläser — z. B. solche von 13 cm Länge und 13 mm Weite — gestatten, auf bescheidenem Raum eine große Anzahl Kulturen unterzubringen. Für Organismen jeder Art, für feste und flüssige Nährböden sind sie tauglich. Man füllt etwa $^1/_5$ bis $^1/_3$ des Röhrchens mit dem Nährsubstrat an, — handelt es sich um gallertartige Nährböden, so kann man diese nach der letzten Sterilisation je nach Bedürfnis entweder bei vertikaler Stellung des Reagenzglases oder schräg liegend erstarren lassen; im ersten Fall hat die Gallerte nur wenig freie Oberfläche, im andern relativ viel. Ist der Nährboden „schräg" erstarrt, so bildet er unten eine dicke, weiter oben eine dünne Schicht; dieser Unterschied läßt für die Mikroorganismen in den verschiedenen Teilen der Kultur verschiedene Lebensbedingungen zustande kommen, die unter Umständen für die Entwicklung der Kultur bedeutungsvoll werden können.

Sorgfalt erfordert der Watteverschluß, der nicht zu locker aufsitzen und nicht zu fest eingepreßt sein darf. Der Watteverschluß läßt beim Sterilisieren Luft und Wasserdampf durchtreten und beim Abkühlen des erhitzten Gläschens Luft von außen eintreten; die Watte hält dabei als Bakterienfilter alle fremden Keime fern. Die Durchlässigkeit des Watteverschlusses erklärt es ohne weiteres, daß bei wochen- und monatelang aufbewahrten Kulturen die Nährlösungen sich vermindern und die Gallerten schrumpfen; gelegentlich finden auch einmal ein fremdes Bakterium oder ein Schimmelpilz den Weg ins Innere. Um beides nach Möglichkeit zu verhindern, bindet man den Wattekopf der Kultur mit Pergamentpapier zu oder setzt die von Weinflaschen her bekannten Bleikapseln auf oder eigens zu diesem Zweck konstruierte Glashütchen.[1]) Auch ist empfohlen worden, durch Eintauchen in Wasserglas oder durch Paraffinieren die Watte mit einer undurchlässigen Schicht zu versehen.[2])

In Reagenzgläsern kann man auch Kartoffel- und Mohrrübenstückchen und andere feste Nährböden unterbringen. Reagenzgläser mit einer „Einziehung" (nach Roux), auf welcher das Kartoffelstückchen liegen soll (s. o.), sind in den Werkstätten für hygienisch-bakteriologische Utensilien zu haben; sie sind übrigens auch für den Anfänger leicht herstellbar. Bei Verwendung

---

bildung der Sklerotien von *Aspergillus niger* und ihre stattliche Größe, die er manchmal beobachten konnte, auf die Größe der vom Pilz ausgekleideten Oberfläche zurück u. a. m. Es wäre nicht ausgeschlossen, daß das Verhältnis zwischen der Masse der Organismen und der disponiblen Nährlösung indirekt Einfluß auf die Entwicklung der Kultur bekommen könnte.

1) Vgl. z. B. Burri, Verwend. eines luft- u. bakteriendichten neuen Verschlusses bei bakt. Arb. (Zbl. f. Bakt. II, 1895, **1**, 627).

2) Bartoschewitsch, S., Die feuerfesten Wattepfropfen f. d. bakt. Probiergläser (Zbl. f. Bakt. 1888, **4**, 212).

von Reis und andern Nährböden, die in größerer Masse zur Verwendung kommen sollen, sind Kochkölbchen oder Erlenmeyer empfehlenswert.

Handelt es sich darum, Kulturen mit möglichst viel Oberfläche anzulegen, so kann man sich der ESMARCHschen Rollkulturen (Rollplatten) bedienen.[1]) Die mit Gelatine und mit Organismen beschickten Reagenzgläschen werden unter strömendem Leitungswasser in horizontaler Richtung gedreht, bis die Gallerte erstarrt. Größere Gefäße wie Kolben und weithalsige Erlenmeyer eignen sich manchmal für denselben Zweck. Auch Agar läßt sich zu Rollkulturen verarbeiten.[2]) Wenn diese auch schon des geringen Umfanges der Reagenzgläser wegen viele Vorteile haben, so bedient man sich doch bei Kultur der Bakterien und größeren Organismen vorzugsweise der im folgenden zusammengestellten Methoden.

2. Eine der Untersuchung leicht zugängliche Oberfläche gewinnt man bei Kultur auf Glasplatten oder in Glasschalen. KOCH (a. a. O.) schlug als erster vor, Gelatine auf sterilisierte Objektträger oder noch größere Platten auszugießen, die ohne weiteres mikroskopisch durchmustert werden können. Da aber Sterilisation und Gießen großer Platten immerhin umständliche Manipulationen sind, bedient man sich in den meisten Fällen mit Vorteil der von PETRI[3]) eingeführten Glasschalen. Diese bestehen aus einem ca. 1 cm hohen unteren Teil und einem Deckel mit übergreifendem Rand; der Durchmesser beträgt ca. 10 cm. Die Petrischalen kommen in verschiedenen Modifikationen zur Verwendung und neben ihnen eine Reihe anderer Schalen und Glasdosen verschiedener Höhe und Weite, unter welchen nach Bedürfnis zu wählen ist. In Schalen vom üblichen Format gießt man gewöhnlich 30 bis 40 ccm der Nährflüssigkeit oder der verflüssigten Gelatine. Ihres Verschlusses wegen empfehlen sich Glasdosen mit weit übergreifendem, eventuell mit eingeschliffenem Deckel (nach ESMARCH), sowie Dosen, deren aus starkem Spiegelglas gefertigte Deckel mit einer eingeschliffenen Rinne auf die Unterlage paßt. Durch geschicktes Neigen läßt man nach dem Einfüllen von Gelatine oder Agar das verflüssigte Nährsubstrat sich gleichmäßig in der Schale verteilen, so daß der ganze Boden der Gefäße bedeckt wird. Erstarrt der Nährboden in schräger Lage, so kommen wieder die Ungleichmäßigkeiten in den Lebensbedingungen zustande, von welchen soeben die Rede war (s. o.).

Auch bei vorsichtiger Behandlung vermag der Verschluß, den der übergreifende Deckel der Petrischalen gestattet, die Kulturen oft nicht vor Ver-

---

1) Über eine Modifik. des KOCHschen Plattenverfahrens usw. (Ztschr. f. Hyg. 1886, 1, 293).

2) FRÄNKEL, Üb. d. Kultur anaërob. Mikroorg. (Zbl. f. Bakt. 1888, 3, 767) nimmt für Rollkulturen 2% Agar, da bei schwächeren Konzentrationen der Agar sich zu leicht vom Glase loslöst; 2%iger hat freilich die lästige Eigenschaft, sehr früh zu erstarren.

3) Eine kl. Modifik. d. KOCHschen Plattenverfahrens (Zbl. f. Bakt. 1887, 1, 279). Neue verbess. Gelatineschälchen (ibid. 1900, 28, 79).

unreinigungen zu schützen. Die sog. Soyka-Fläschchen verbinden die Vorteile der Schalen mit denen der Reagenzgläser: sie gleichen flachen Flaschen, deren Öffnung mit Watte verschlossen wird; nach Einfüllen von Gelatine oder Agar legt man sie horizontal, damit nach dem Erstarren der Gelatine eine plattenähnliche Kulturfläche disponibel wird.

3. Soll eine Kultur dauernd zur mikroskopischen Prüfung bereit sein, so bedient man sich des „hängenden Tropfens". — Wenn ein primitives Verfahren genügt, so trägt man den Tropfen, der die Organismen enthält, unmittelbar auf den Objektträger auf; für manche Fälle, die freilich nur durch Ausprobieren gefunden werden, ist diese einfache Methode, welche den Organismen reichliche Luftzufuhr garantiert, die beste; zumeist aber wird es nötig sein, die ausgesäten Organismen vor Infektion zu schützen. Das wird erreicht durch die Kultur im hängenden Tropfen. Geeignet für dieses Verfahren sind Objektträger mit eingeschliffener Konkavität: Man legt über diese das Deckgläschen, an dessen Unterseite ein Tröpfchen Nährlösung (oder ein erstarrter Tropfen Gelatine oder dgl.) hängt; — oder man kittet auf den Objektträger eine 0,5—1 cm hohe ringförmige Glasleiste oder einen ähnlichen geeigneten Glasring an, auf welchen das Deckgläschen aufgelegt wird. Deckgläser und Objektträger werden zum Zwecke der Sterilisation durch die Flamme gezogen; Günther (a. a. O. S. 237) macht darauf aufmerksam, daß eine allzu weitgehende Erhitzung der Deckgläser deren völlige Entfettung herbeiführt, und auf völlig entfetteten Gläsern aufgetragene Tröpfchen (infolge der Benetzbarkeit des Glases für Wasser) sich sogleich ausbreiten. — Die Deckgläser werden durch Vaseline mit ihrer Unterlage verbunden. — Genügt z. B. bei Pilz- oder Algenkulturen eine „relative" Sterilisation, so kann man statt der Glasringe durchlochte quadratische Pappscheibchen nehmen, die einige Augenblicke in kochendes Wasser getaucht und wasserdurchtränkt aufgelegt werden. Alle diese Objektträgerkulturen bringt man auf einem Teller und auf geeigneten Drahtgestellen, die auch ein improvisierter Aufbau ersetzen kann, unter eine Glasglocke, die man nötigenfalls innen mit feuchtem Filtrierpapier auskleidet. Auf den Teller selbst schüttet man ebenfalls Wasser auf. Glocken aus porösem gebranntem Ton[1]) haben den Vorzug, daß sie den von ihnen umschlossenen Raum nicht nur feucht, sondern auch kühl erhalten.

Komplizierter sind die feuchten Kammern, welche Recklinghausen, Brefeld u. a. konstruiert haben, und über deren Verwendung — zumal für mykologische Zwecke — Brefeld[2]) sich ausführlich äußert. Die von ihm konstruierten Kammern bestehen aus einem parallelwandigen (Deckglasdicke), rundlichen, gläsernen Raum; rechts und links befindet sich ein Zu- und Abflußrohr. Durch diese leitet man Nährlösung mit Orga-

---

1) Rosam, A., Poröse Kulturkammern (Zbl. f. Bakt. II, 1908, **20**, 154).

2) Botan. Unters. üb. Schimmelpilze, 4. Heft, 1881, 17 ff. Brefeldsche Kammern liefern Altmann-Berlin u. a.

nismenkeimen in die Kammer und entleert diese wieder. Die an der Glaswand haften gebliebenen Keime mit der adhärierenden Nährlösung stellen die Kultur dar, welche der mikroskopischen Beobachtung dauernd zugänglich ist.

Bei der Beurteilung der in Tropfenkulturen beobachteten Erscheinungen sind mancherlei physikalische Wirkungen zu berücksichtigen. — Die Oberflächenspannung der Tropfen übt auf Amöben, Ziliaten, Bakterien und Flagellaten Berührungsreize[1]) aus; *Botrytis* bildet „Haftorgane" an dem Oberflächenhäutchen. In erstarrten Gelatinetropfen bilden die vom Innern herauswachsenden Pilzfäden an der konsistenten Oberflächenschicht Appressorien.[2]) Ob gewisse Wachstumsabnormitäten, welche die am Rande flacher Kulturtropfen liegenden Organismen zuweilen auffällig machen, auf die Wirkung des Oberflächenhäutchens zurückzuführen sind, mag dahingestellt bleiben.

4. SCHAUDINNS „Mikroaquarium" dürfte sich zur Kultur von Mikroben eignen, wenn diese einer ständigen mikroskopischen Beobachtung zugänglich bleiben sollen. In einen Objektträger wird (Fig. 6 *A*) ein viereckiger Ausschnitt geschliffen, und auf beiden Seiten des Objektträgers mit kochendem Kanadabalsam ein Deckgläschen angekittet (*b*); rechts und links werden schmale Glasstreifen als Schutzleisten (*c*) angebracht.[3]) Die Beobachtung der in dem Hohlraum *a* befindlichen Mikroorganismen erfolgt selbstverständlich mit dem Horizontalmikroskop.

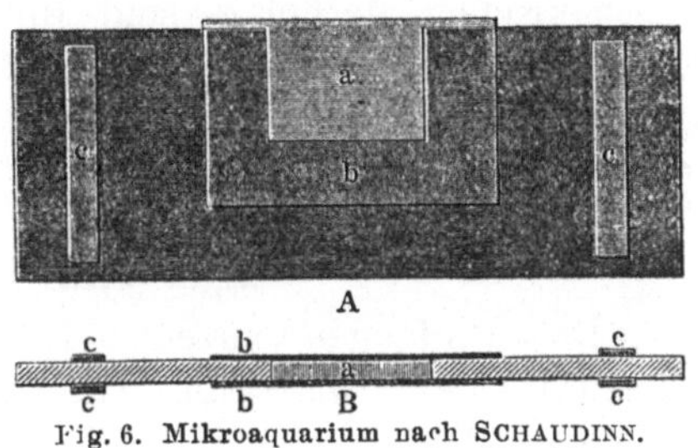

Fig. 6. Mikroaquarium nach SCHAUDINN.
A Flächenansicht.   B Profilansicht.

3. Isolierung und Reinkultur.

Bakterienhaltige Flüssigkeiten, pilzdurchwucherte Exkremente oder irgendwelche Algenpolster, in welchen sich die uns interessierenden Organismen finden, stellen so gut wie immer ein Sammelsurium der verschiedensten Formen, eine Anhäufung von Organismen aus verschiedenen Klassen des Tier- und Pflanzenreiches dar, und um einen von diesen zu erforschen, müssen wir ihn von den andern isolieren und auf irgendeinem Wege zur Reinkultur des betreffenden Lebewesens gelangen. Für manche Fragen mag es genügen, wenn außer dem zur Untersuchung gewählten Orga-

---

1) MASSART, La sensibilité tactile chez les organismes infér. (Journ. soc. méd. et nat. Bruxelles 1890).

2) BÜSGEN, M., Üb. einige Eigenschaften d. Keimlinge paras. Pilze (Bot. Zeitg. I, 1893, **51**, 53, 57). Weitere Angaben auch bei DUGGAR (Bot. Gaz. 1901, **31**).

3) SCHAUDINN, FR., Ein Mikroaquarium usw. (Ztschr. f. wiss. Mikr. 1894, **11**, 326). Dort auch Hinweise auf F. E. SCHULZES „Deckglasaquarium" und CORIS „Objekttisch. aquarium".

nismus kein ihm ähnlicher, der zu Verwechslungen Anlaß geben könnte, in der Kultur sich befindet, und es wird für viele Zwecke nicht schaden, wenn z. B. in Kulturen grüner Algen noch Bakterien sich ansiedeln. Für andere Arbeiten aber, z. B. wenn es sich um ernährungsphysiologische Untersuchungen handelt, werden Mitbewohner jeder Art strengstens auszuschließen sein.

Wie gelangen wir zu einer Reinkultur? Wie ermöglichen wir eine Trennung der mikroskopischen Lebewesen voneinander? Zwei Wege stehen uns offen: einmal die mechanische Trennung der Lebewesen und ferner die biologischen Methoden, welche mit den physiologischen Eigentümlichkeiten der Mikroben rechnen, und durch welche es gelingt, in einem Gemisch von Organismen die einen fernzuhalten, andere zuzulassen. Die mechanischen Methoden sind für alle Organismen in gleicher oder ähnlicher Weise anwendbar. Das Auffinden biologischer Methoden stellt naturgemäß bei jedem Organismus neue Anforderungen an die Sachkenntnis und den Scharfsinn des Forschers.

a) Mechanische Methoden.

Das Einfangen einzelner Mikroorganismen aus irgendeinem flüssigen Medium, die gewaltsame Trennung von ihren Nachbarn erfordert verschiedene Methoden je nach der Größe und der Empfindlichkeit der Organismen und den Anforderungen, die man an die Reinheit des gewonnenen Materials stellt. Im einfachsten Falle tut es ein schlichter, zur Kapillare ausgezogener Stechheber, eine Pipette mit Gummikappe oder dgl.[1]): bei der Isolierung von Protozoën, größerer Flagellaten und Algen u. a., die schon bei schwacher Vergrößerung deutlich sichtbar sind, führt dieses Verfahren zum Ziele. OGATA und WALKER[2]) isolieren schnell schwimmende Mikroorganismen (Flagellaten, Protozoën) in der Weise, daß sie in Kapillaren von mehreren Zentimetern Länge zuerst Wasser (oder eine andere geeignete Flüssigkeit) und dann das mikroorganismenhaltige Medium einströmen ließen. Unter dem Mikroskop verfolgt man das Schicksal der letzteren: sobald eines der Lebewesen hinreichend weit in der Röhre vorgedrungen ist, bricht man hinter ihm die Kapillare ab und überträgt es auf einen geeigneten Nährboden.

---

1) Vielseitig verwendbar ist BEYERINCKS „Kapillarhebermikroskopiertropfenflasche" (Zbl. f. Bakt. 1891, **9**, 589), die sich von einer gewöhnlichen Spritzflasche dadurch unterscheidet, daß das Abflußrohr wie bei einem Saugheber einen tief herabführenden äußeren Schenkel hat und das Wasser der Flasche ausfließen lassen würde, wenn nicht seine Spitze kapillar ausgezogen wäre. Erst bei Berührung der Rohrmündung mit einem Objektträger oder dgl. fließt ein Tropfen aus, dessen Größe man beliebig regeln kann. Bei Rückwärtsneigung des Apparates arbeitet der Heber im entgegengesetzten Sinne und nimmt von außen zugeführtes Wasser in sich auf.

2) WALKER, E. L., The cultiv. of the parasitic Flagellata and Ciliata of the intestinal tract (Journ. med. res. 1908, **18**, 487).

Oehler[1] läßt die organismenhaltige Flüssigkeit in zarte Kapillaren eindringen: mit dem Mikroskop unterrichtet man sich über die Verteilung der Organismen in dem Röhrchen; wo ein Organismus 2—3 mm von den nächstliegenden entfernt liegt, zerschneidet man die Kapillare. Das Stückchen, welches den isolierten Organismus enthält, wird für die Aussaat benutzt.

Absolute Gewißheit darüber, daß alle in einer Kultur vereinigten Organismen einer Spezies angehören, haben wir bei der formalen Ähnlichkeit vieler Arten nur dann, wenn alle Individuen nachweislich Nachkommen einer Zelle, unsere Kulturen „Einzellkulturen" sind. Beim Arbeiten mit kleinen Pilzsporen oder gar mit Bakterien ist es nicht leicht, die unerläßliche Trennung der Individuen voneinander zu erreichen. Brefeld[2] war der erste, der diese Forderung erfüllte. Eine kleine Menge sporenhaltiger Flüssigkeit wurde von ihm so weit verdünnt, daß schließlich in einem Tröpfchen davon durchschnittlich nur eine Spore vorhanden war. Damit war das Prinzip der Verdünnungsmethode, nach welchem mit geringerer Genauigkeit auch Nägeli und Pasteur[3] arbeiteten, und welches auch späterhin nach mancherlei Modifikationen sich zugänglich erwies, gefunden.

Lindners Tröpfchenmethode[4] besteht darin, daß man Würze oder eine andere Nährlösung mit Hefen oder Pilzsporen verrührt und mit einer Schreibfeder kleine Tropfen der Flüssigkeit auf ein Deckgläschen aufträgt. Die Deckgläser werden, so wie es zur Untersuchung hängender Tropfen (s. o.) notwendig ist, hergerichtet und mikroskopisch gemustert. Diejenigen Tröpfchen, in welchen zufällig nur eine Zelle liegt, werden zum Zweck weiterer regelmäßiger Beobachtung besonders markiert. Befindet sich in allen Tröpfchen mehr als eine Zelle, so muß man das Ausgangsmaterial noch weiter verdünnen und das Auftragen der Tröpfchen noch einmal vornehmen.

Solange man die in einem Tropfen suspendierten Zellen so leicht kontrollieren kann, wie bei Hefen und anderen Organismen von beträchtlicher Größe, genügen diese Verfahren sehr wohl. Anders wird es bei Untersuchung der relativ schwer wahrnehmbaren Bakterien. Burris Tuscheverfahren (Tuschepunktkultur) beseitigt diese Schwierigkeiten.[5] Flüssige Perltusche[6] wird mit Wasser verdünnt (1 : 10) und in Reagenzgläsern mit Bakterien beimpft. Nach guter Durchmischung werden von der schwarzen Flüssigkeit kleine Tröpfchen von 0,1—0,2 mm Durchmesser mit einer sterilisierten

---

1) Oehler, Üb. d. Gewinnung reiner Trypanosomenstämme (Zbl. f. Bakt. I, Orig., 1913, **67**, 569).

2) Botan. Unters. üb. Schimmelpilze, 1881, Heft IV, dort Hinweise auf frühere Arbeiten des Verf.

3) Genauere Mitteilungen über die Geschichte der Reinkulturmethoden bei Schönfeld, F., Übersicht üb. d. Meth. zur Reinzüchtung v. Mikroorg. (Zbl. f. Bakt. II, 1895, **1**, 180).

4) Mikrosk. Betriebskontrolle in den Gärungsgewerben, 4. Aufl., Berlin 1905, 201ff.

5) Burri, R., Das Tuscheverfahren. Jena 1909.

6) Eine geeignete Tusche ist von Grübler zu beziehen.

Zeichenfeder auf einer frisch gegossenen und erstarrten Gelatineschicht aufgetragen und nach dem Eintrocknen mit einem abgeflammten Deckgläschen bedeckt. Unter dem Mikroskop kontrolliert man dann, wieviel Keime in den schwarzen Tröpfchen liegen: die Bakterienzellen heben sich weiß auf schwarzem Grunde ab, und es ist daher jedesmal leicht zu übersehen, ob eine Isolierung gelungen ist oder nicht. Ist das erstere der Fall, und soll der isolierte Organismus in irgendein Kulturgefäß übertragen werden, so hebt man das Deckglas ab, nachdem aus der isolierten Mutterzelle eine kleine Kolonie geworden ist — die keimhaltigen Tröpfchen bleiben an ihm haften —, und überträgt einen Teil der neu gewonnenen Kolonie oder die ganze in ein geeignetes Nährsubstrat.

Schon seit mehr als einem Menschenalter in Gebrauch ist Kochs Verfahren, auf dem Wege der Verdünnung Bakterien zu isolieren[1]): es unterscheidet sich von der soeben angeführten Burrischen Methode dadurch, daß eine mikroskopische Kontrolle der gelungenen oder nur angestrebten Isolierung bei ihm sich nicht ermöglichen läßt, und man bei Beurteilung der vorgenommenen Manipulationen und ihres Erfolges auf Wahrscheinlichkeitsschlüsse angewiesen ist. In ca. 10 ccm verflüssigter Nährgelatine wird ein Pröbchen von dem bakterienhaltigen Ausgangsmaterial übertragen, indem man entweder ein kleines Quantum Flüssigkeit mit einer feinen Pipette oder eine noch kleinere Menge durch Eintauchen und Abspülen einer Platinnadel in die Gelatine überträgt. Durch Umrühren mit der Platinnadel oder durch Schütteln sucht man die übertragenen Keime möglichst gleichmäßig in der Gelatine zu verteilen; dann gießt man sie in eine sterilisierte Petrischale oder dgl. aus. Auf der Nährgelatine entwickeln sich nun die Keime, und wenn die Isolierung der einzelnen Bakterien voneinander gut gelungen ist, so entstehen auf der Gelatine Kulturen, die sich von einer Zelle ableiten, denn die in der Gelatine verteilten Keime bleiben in ihr eingeschmolzen und an dem Orte, an den der Zufall sie gebracht hat, dauernd fixiert; und selbst dann, wenn es sich um bewegliche Formen handelt, bleibt die Nachkommenschaft der einzelnen Zellen gehäuft beisammen.

Läßt sich annehmen, daß das Ausgangsmaterial sehr keimreich ist, so treibt man die Verdünnung noch weiter, indem man aus dem ersten infizierten Gläschen nach dem Schütteln abermals eine kleine Probe mit dem Platindraht in ein zweites, zunächst noch steriles Gläschen überträgt und dieses — nach gründlicher Verteilung des Aussaatmaterials — in die Petrischale gießt, falls man es nicht vorzieht, vorher noch eine dritte und vierte Verdünnung anzufertigen.

Dieselben Methoden, welche eine Reinkultur vorbereiten helfen, ermöglichen es auch, die in einem bestimmten Quantum Wasser enthaltenen Keime

---

1) Koch, Zur Untersuch. pathogener Organismen (Arb. a. d. Kais. Gesundheitsamt 1881, **1**, 1, 18 ff.).

zu zählen. Hierauf vor allem beruht die bakteriologische Wasseranalyse. Über sie und über die Methoden der „biologischen" Luftanalyse gibt eine umfangreiche Spezialliteratur Auskunft, auf die hier nur kurz hingewiesen werden kann.[1] —

Kochs Methode, die unbedingt zu den technischen Grundlagen der wissenschaftlichen Bakteriologie gezählt werden muß, hat verschiedene Schattenseiten: man rechnet bei ihr mit der Wahrscheinlichkeit und nimmt anderseits die Launen des Zufalls, der einer erfolgreichen Isolierung im Wege stehen könnte, in Kauf. Es fehlt bei ihr die mikroskopische Kontrolle darüber, ob wirklich die Kolonien sich nur von einer Zelle herleiten. Ferner ist sie an das Material der Gelatine gebunden, die keineswegs allen Mikroorganismen zusagt. Auch gestattet die Kochsche Methode ebensowenig wie die Burrische, eine bestimmte Mikrobenzelle, die unter dem Mikroskop ausgesucht werden kann, als Aussaatmaterial und Stammzelle einer Kultur

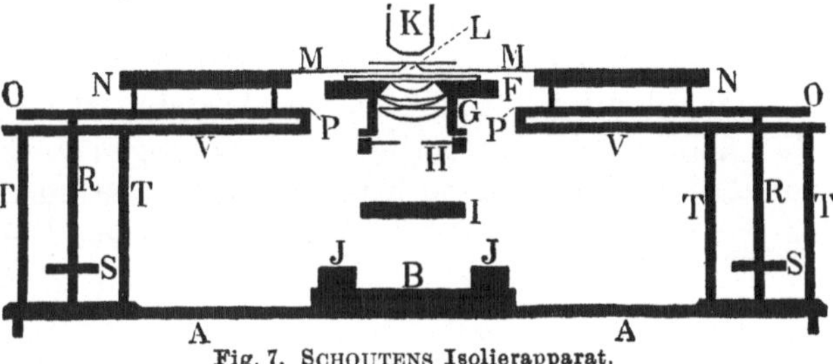

Fig. 7. Schoutens Isolierapparat.

zu verwenden. Höchste Vollendung in der Kunst, selbst die kleinsten Mikroorganismen individuell zu behandeln, bringt Schoutens Isoliermethode.[2] Schouten unternimmt es, mit feinen Instrumenten unter dem Mikroskop Bakterienzellen usw. auszulesen, zu isolieren und zu kultivieren und die Nachkommenschaft nach Belieben zu sortieren; die Operation wird von A bis Z unter dem Mikroskop ausgeführt mit feinsten Glasnadeln, deren Bewegungen zu regeln folgende Vorrichtung gestattet. In Fig. 7 sind von dem Mikroskop der Fuß *JJ* gezeichnet, der auf dem Bügel *B* der Metallplatte *A* aufruht, der Spiegel *I*, die Irisblende *H*, der Beleuchtungsapparat *G*, der Objekttisch *F* und das Objektiv *K*. Auf dem Objekttisch befindet sich eine feuchte Kammer, die als „Isolierkammer" (*L*) eine besondere Konstruktion hat. Ihre linke und rechte Seitenwand nämlich sind mit einem horizontalen Spalt versehen, der mit dickem Öl verschlossen werden kann. Durch diese sind zwei Glasnadeln *M*, deren Form Fig. 8 veranschaulicht, gestochen. „Zwei Glasstücke, die sich oben an den Spalten befinden, können weggenommen

---

1) Vgl. z. B. Mez, C., Mikrosk. Wasseranalyse, Berlin 1898; Wichmann, H., Die technisch mykol. Analyse des Wassers (Lafars Handb. d. techn. Mykol., Jena 1905, **3**, 334); Kohn, E., Z. Biol. d. Wasserbakt. (Zbl. f. Bakt. II, 1906, **15**, 690); Hesse, W., Üb. quantit. Bestimmung d. in d. Luft enthalt. Mikroorg. (Mitteil. a. d. Kais. Gesundheitsamt 1884, **2**, 182); Petri, Zusammenfass. Bericht üb. Nachw. u. Best. d. pflanzl. Mikroorg. in d. Luft (Zbl. f. Bakt. 1887, **2**, 113, 151).

2) Schouten, S. L., Reinkult. aus einer unter d. Mikr. isol. Zelle (Ztschr. f. wiss. Mikr. 1905, **22**, 10), Meth. z. Anfertig. d. gläsernen Isoliernadeln usw. (ibid. 1907, **24**, 258).

werden, wenn man die Nadeln herausnehmen oder wieder an ihren Platz bringen will. Wenn man sie zu diesem Zwecke jedesmal wieder durch den Spalt stecken müßte, so würde man Gefahr laufen, die feinen Spitzen, auf die alles ankommt, abzubrechen." Die feuchte Kammer kann vermittels des beweglichen Objekttisches verschoben werden; man legt auf sie das Deckglas, an dessen Unterseite die Isolierung vorgenommen werden soll. „Die Nadeln sind jede an einem Halter N befestigt, der sich auf einem Kupferstab O befindet, der um einen Punkt P drehbar ist. Am Ende des Stabes befindet sich ein rundes Stahlplättchen, vermittels dessen er auf einem vertikalen Stab R ruht. R kann vermittels des Triebes S auf- und niedergeschraubt werden. — Es versteht sich von selbst, daß die Spitze von M in die feuchte Kammer nach unten geht, wenn R nach oben geschraubt wird, und umgekehrt. Die Schraube an R hat eine ziemlich feine Ganghöhe, und der Hebelarm O ist ungefähr doppelt so lang, als der Abstand P bis zur Spitze der Glasnadel. Man kann somit sehr geringe Veränderungen zustande bringen. Der Drehpunkt P wird durch eine Kupferstange V getragen, welche an den Säulen T befestigt ist. — Die Halter N kann man mit den Glasnadeln bequem von dem Instrumente nehmen, wenn die Glasstückchen, welche die Seitenspalten bedecken, weggenommen sind."

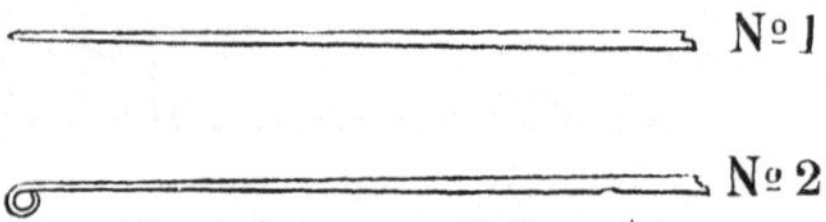

Fig. 8. Schoutens Isoliernadeln.

Die in Fig. 8 dargestellten Glasnadeln — Nr. 2 mit einem „Auge" (Durchmesser $9\,\mu$, Drahtdicke $25\,\mu$) — sind zur Isolierung kleinster Organismen geeignet. Man setzt das Mikroskop auf den Isolierapparat, bringt in die Nadelhalter N Glaserkitt und legt darauf die Nadeln so, daß die umgebogenen Enden nach oben weisen, sich beinahe mitten unter dem Objektiv berühren und sich etwas tiefer als der obere Rand der Isolierkammer befinden. „Dann legt man die losen Stücke wieder auf die Seitenspalten und ein Deckglas auf die Isolierkammer. Nun drückt man die Nadeln so tief in den Glaserkitt, daß die Enden bei einem ungefähr horizontalen Stand durch Bewegung der Triebe S die Unterseite des Deckglases berühren können, aber auch mindestens 2 mm nach unten bewegt werden können." Auf das Deckgläschen, auf welchem die Isolierung vor sich gehen soll, setzt man nun einige kleine Tröpfchen der bakterienhaltigen Flüssigkeit, die nötigenfalls vorher so weit verdünnt werden muß, daß man die Lebewesen einzeln deutlich wahrnehmen kann, — und daneben trägt man eine Reihe steriler Nährlösungstropfen auf („Materialtropfen" und „Kulturtropfen", vgl. a in Fig. 9). Einem der Materialtropfen nähert man sich mit der einen der beiden Glasnadeln (b und c, bei zunehmend stärkerer Vergrößerung betrachtet) und versucht ein winziges Tröpfchen aus ihm herauszuziehen (d); es gelingt schließlich Tröpfchen zu erhalten, welche nur einen Organismus enthalten (e). Damit sich aber die Tröpfchen gut trennen und selbständig abrunden, muß man das Deckgläschen, bevor man es zur Sterilisation durch die Flamme zieht, mit ein wenig Vaseline

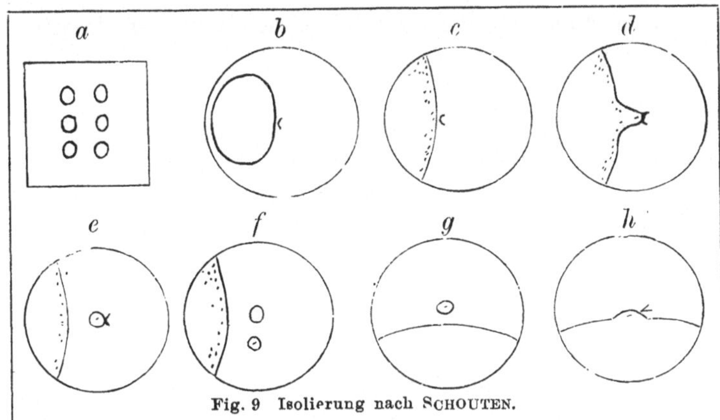

Fig. 9 Isolierung nach SCHOUTEN.

einreiben. Die andere Nadel taucht man in einen sterilen Kulturtropfen, entleert ihr „Auge", indem man es vorsichtig auf dem Deckglas auftupft und zur Abgabe eines Tröpfchens zwingt (*f*). Berührt man dann mit der keimfreien Nadel das organismenhaltige Tröpfchen. so nimmt sie Flüssigkeit und gleichzeitig die in ihm enthaltene Zelle auf. Man setzt diese neben einem der keimfreien Kulturtropfen nieder (*g*) und bringt es schließlich in diesen (*h*). —

Zu großer Vollkommenheit hat ferner BARBER[1]) die Methode des individuellen Einfangens einzelner unter dem Mikroskop beobachteter Mikroorganismen ausgebildet. Er bedient sich einer feinen Glaskapillare, die mit Hilfe eines komplizierten Pipettenhalters[2]) (Fig. 10) nach allen Richtungen bewegt werden kann und in den am Deckglas einer feuchten Kammer hängenden Tropfen eingeführt wird. Ist der Mikroorganismus mit der Kapillare eingefangen, so wird er (durch Ausblasen mit demMunde) aus ihr in einen sterilen Nährlösungstropfen entleert. Nicht nur Proto-

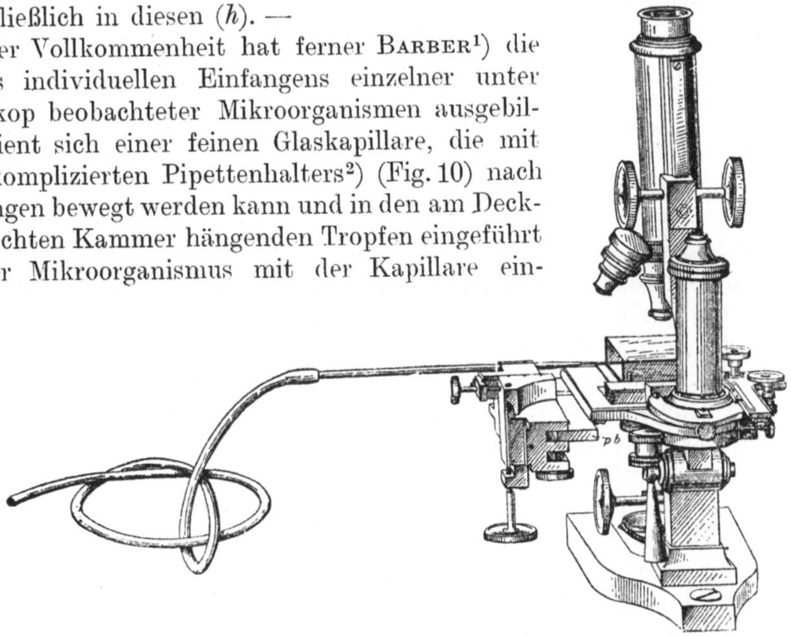

Fig.10. BARBERS Isolierpipette.

1) BARBER, M. A., On heredity in cert. microorganisms (Kansas Univ. Sci. Bull. 1907, **4**, 3) und besonders The pipette method in the isolation of single microorganisms and in the inoculation of substances into living cells (Philippine Journ. of Sci. 1914, **9**, sec. R., Nr. 4; vgl. Ztschr. f. wiss. Mikrosk. 1915, **32**, 82).

2) Zu beziehen durch die Universität in Kansas, Lawrence (Kansas U. S. A.).

zoën und Algen, sondern auch Pilzsporen und sogar Bakterien lassen sich auf diesem Wege isolieren.

b) Biologische Methoden.

Diese sind den Lebenseigentümlichkeiten der Organismen anzupassen und daher von Fall zu Fall zu modifizieren. Es versteht sich daher von selbst, daß die nachfolgende Behandlung der biologischen Isolierungsmethoden noch mehr als andere Kapitel des Buches auf die Wiedergabe einiger Beispiele sich beschränken muß.

Die **Widerstandsfähigkeit gegen hohe Temperaturen**, die manche Organismen auszeichnet, gestattet, sie von anderen zu trennen: die widerstandsfähigen überleben die empfindlicheren Arten, die je nach ihrer Natur bereits bei 30° Wärme (z. B. manche Protozoën) oder erst bei Siedetemperatur (viele Bakterien) zugrunde gehen, — oder es gelingt, bei Kultur im Wärmeschrank die Entwicklung mancher Organismen hintanzuhalten und die der andern zu fördern. Das bekannteste Beispiel ist das alte Verfahren, vom Heubazillus (*Bacillus subtilis*), der sich an Heu allenthalben findet, Reinkulturen zu gewinnen. Man neutralisiert kalt gewonnenen Heuinfus und läßt die Flüssigkeit ca. eine Stunde kochen. Läßt man hiernach die Heubouillon (z. B. bei 36° C) stehen, so entwickelt sich eine kräftige Bakterienvegetation, die fast immer eine Reinkultur des Heubazillus darstellt; alle anderen Organismen, die in dem Heuinfus vorhanden gewesen waren, sind durch das Kochen zugrunde gegangen.[1])

Andere biologische Methoden knüpfen an das **Bewegungsvermögen** der Organismen an. Es gibt Diatomeen, die auf Agarplatten durch schnelles Kriechen sich von der Aussaatstelle bald weit entfernen; zuerst schleppen sie noch fremde Organismen als Verunreinigung mit, diese bleiben später zurück, so daß man die Diatomeen rein gewinnen kann. Unterschiede in der Bewegungsfähigkeit gestatten es, lebhaft schwärmende Protozoën von langsam schwimmenden ähnlichen Formen zu trennen; besonders agile Bakterienarten entfernen sich durch ihre eigene Lebenstätigkeit von den Impfstellen schneller als träge und können auf solchem Wege von diesen isoliert werden. Bei geißellosen Lebewesen leistet die Wachstumsbewegung unter Umständen Ähnliches: bei manchen schnell wachsenden Pilzen erlaubt das Vorwärtsrücken wachsender Hyphenspitzen, diese rein zu gewinnen. In anderen Fällen läßt sich die Wirkung äußerer Faktoren auf die Richtung der Bewegung freischwimmender Organismen mit Glück verwerten: lichtempfindliche Organismen, die etwa gleich den Schwärmern der Algen an der hellsten Stelle des Präparates sich sammeln, erleichtern schon dadurch die Arbeit des Isolierens. Ebenso steht es mit chemotaktisch empfindlichen Lebewesen, die aus einer Mischkultur in die mit anlockenden Stoffen gefüllte

---

1) Näheres über die Methode bei Zopf, Spaltpilze, 3. Aufl., 1885, 74.

Kapillare[1]) hineinwandern und sich von selbst isolieren. Wie vorteilhaft sich die Chemotaxis bei Isolierung von Bakterien bewähren kann, zeigte z. B. ALI-COHEN.[2])

Außerordentlich zahlreich und variantenreich sind die Versuche, **ernährungsphysiologische Eigentümlichkeiten** der Organismen zu ihrer Isolierung zu benutzen. Man kann durch Anwendung saurer Nährböden alkaliliebende Formen fernhalten, durch alkalische Nährböden die Säurefreunde; man kann die Konzentration der Nährlösung so weit erhöhen oder (bei marinen Organismen) erniedrigen, daß viele Arten aussterben; man hat durch Kampferzusatz Pilze von Bakterienkulturen, Algen durch Zusatz von Kupfer fernzuhalten gesucht. Überall ist das Prinzip das, für den gesuchten Organismus die Bedingungen möglichst günstig, für die andern möglichst ungünstig zu gestalten. Es ergibt sich von selbst, daß die Trennung auf diesem Wege unmöglich sein wird, wenn mehrere Arten dieselben oder annähernd gleiche Ernährungsansprüche machen; dann wird auch fortgesetztes Überimpfen immer nur dieselben Mischkulturen liefern. Handelt es sich aber um Lebewesen mit ausgesprochener ernährungsphysiologischer Eigenart, dann besteht Aussicht, durch „elektive" Kultur sie rein erhalten zu können. So z. B. wird man die Nitritbildner, die neben vielen anderen Bakterien im Boden leben, von den andern trennen können, wenn man eine Bodenprobe in eine nur den Nitritbildnern zuträgliche Nährlösung bringt und aus dieser nach einiger Zeit in eine ebensolche Lösung überimpft; die Beimengungen treten mehr und mehr zurück, die gesuchten Nitritbildner liegen schließlich in Reinkultur vor. Solche Isolierungsverfahren sind von großem Wert besonders dann, wenn aus irgendeinem Grunde z. B. KOCHS bequeme Methode nicht anwendbar ist. Caeteris paribus bleiben aber im allgemeinen die mechanischen Methoden den biologischen vorzuziehen, da, von Ausnahmefällen abgesehen, doch nur durch sie die endgültige Gewißheit über die Reinheit einer Kultur sich gewinnen läßt.

Die von WINOGRADSKY[3]) für die Isolierung der Nitritbakterien ersonnene Methode der „negativen Platten" hat zwar für diese keine befriedigenden Resultate gezeitigt; ich möchte aber die Methode hier trotzdem erwähnen, weil sie vielleicht zu erfolgreichen Verfahren für andere Organismen anregen könnte. Impft man auf eine gewöhnliche (organische Substanz enthaltende) Nährgelatine aus einer Nitritbakterien enthaltenden Kultur über, so entwickeln sich nur die verunreinigenden Beimengungen, da die Nitritbakterien auf einem organischen Substrat sich nicht entwickeln können. Entnimmt man nun

---

1) PFEFFER, Üb. chemotakt. Beweg. v. Bakt., Flagellaten u. Volvozineen (Unters. botan. Inst. Tübingen 1886—1888, **1**, 582).

2) Die Chemotaxis als Hilfsmittel der bakteriologischen Forschung (Zbl. f. Bakt. 1890, **8**, 161); KNIEP, Untersuchungen über die Chemotaxis der Bakterien (Jahrb. f. wiss. Bot. 1906, **43**, 215).

3) Rech. s. l. organismes de la nitrification (Ann. Inst. Pasteur. 1890, **4**, Nr. 4); OMELIANSKI, V., Üb. die Isolier. d. Nitrifikationsmikr. aus d. Erdboden (Zbl. f. Bakt. II, 1899, **5**, 537).

weiteres Impfmaterial den freigebliebenen Stellen der Gelatineoberfläche, so besteht Aussicht, daß man die gesuchten Nitritbakterien erwischt. Die Methode ist freilich unsicher und schwierig.

4. Impfen.

Das Impfen, d. h. das Übertragen von Organismen auf einen Nährboden, erfordert Vorsicht und geschickte Hände. Unser Bemühen muß darauf gerichtet sein, bei der Impfung alle fremden Organismen fernzuhalten. Wir bedienen uns zum Übertragen vorzugsweise eines Platindrahtes[1]), der vor der Benutzung in der Gasflamme ausgeglüht und dadurch steril gemacht wird. Handelt es sich darum, größere Mengen der Mikroorganismen oder des sie umgebenden Materials zu übertragen, so wird man sich zweckmäßig eines Schabers[2]) oder eines spatel- oder lanzettförmigen Apparats („Drigalski-spatel" u. ähnl.) bedienen. Den Bemühungen, die Platinnadeln durch gleichwertige Hilfsmittel aus anderem Stoffe zu ersetzen, wäre namentlich nach der Steigung des Pt-Preises Erfolg zu wünschen. HERAEUS-Hanau bringt Nadeln aus Platin-Iridium-Legierung in den Handel. —

An Stelle der Platinnadel kann man nach WINOGRADSKYS Vorgang auch eine sehr feine, frisch ausgezogene Glaskapillare benutzen. Eine besondere Sterilisation ist nicht nötig, da die über der Gasflamme ausgezogene Röhre schon auf hinreichend hohe Temperaturen erhitzt worden ist. Unter dem Mikroskop führt man die Kapillare auf die betreffende Kolonie und dann auf den neuen Nährboden, an dem sie schließlich abgebrochen wird.

Auch gut ausgekochte sterile Pinsel sind (Bakterien, Hefen) bereits zur Aussaat benutzt worden.

Die Kultur, der das Material entnommen werden soll, wird erst geöffnet, wenn uns die sterilisierte Impfnadel zur Hand ist.

Handelt es sich um eine Petrischale oder dgl., so muß der Deckel ein klein wenig gehoben werden; den Deckel auch seitlich zu verschieben, ist ganz unnötig und nur schädlich. Handelt es sich um eine mit Watte verschlossene Kultur, so sengen wir zunächst die Oberfläche des Wattestöpsels ab, sengen nach Abheben des Watteverschlusses ferner den Rand des Reagenzglases oder dgl. ab und holen mit dem Platindraht eine kleine Portion von den Mikroorganismen oder ihren Sporen heraus. Das Kulturröhrchen hält man — vorausgesetzt, daß es einen festen, unverflüssigten Nährboden enthält — während der Prozedur verkehrt, um das Hineinfallen fremder Keime zu verhindern. Nach der Entnahme schließt man das Röhrchen wieder und überträgt mit dem Platindraht die Probe auf einen andern, zunächst noch sterilen Nährboden, nachdem man auch hier

---

1) Stücke von Platindraht werden entweder in einen Glasstab eingeschmolzen oder an einem hölzernen oder metallenen Heft mit Schraubenkappe befestigt. Beim Abimpfen von Flüssigkeiten empfiehlt es sich, das Ende der Nadel zur Öse zusammenzuschließen.

2) Vgl. z. B. SCHREIBER, Ein neuer Bakterienschaber (Zbl. f. Bakt. I, 1912, **63**, 543). Üb. d. „Platinpinsel" PFAFFENHOLZ, Hyg. Rundsch. 1895, 733. Über die Kappennadeln berichtet A. MEYER, Prakt. d. bot. Bakterienkde. 1903, 49, 50.

Wattestöpsel und Glasrand abgesengt hat. Der Geübte arbeitet so schnell, daß eine Infektion nur ausnahmsweise eintritt. Da aber oft die Entnahme von Material nicht mit der gewünschten Eile zu erledigen ist, erleichtert man sich das Geschäft sehr durch Anwendung eines sterilisierbaren Impfkastens. Fig. 11 stellt einen erprobten Apparat dar, der meines Wissens zuerst im Leipziger Botanischen Institut Verwendung gefunden hat. Die Einrichtung erklärt sich von selbst. Bei R wird die Verbindung mit einem kleinen Wasserkessel hergestellt; dieser wird mit einer Gasflamme angeheizt, bis das Glashäuschen mit Wasserdampf erfüllt ist; dieser schlägt alle in der Luft des Häuschens suspendierten Keime nieder. Die vordere Wand des Kastens ist als Tür eingerichtet; in ihrem unteren Teil genügen zwei runde, durch Klappen verschließbare Öffnungen für die Hände des Arbeitenden zur Einführung von Platinnadeln und Kulturen, falls man nicht vorgezogen hat, diese schon vor der Dampfdurchleitung in den Impfkasten zu stellen. Vor dem Impfen tut man gut, Hände und Unterarme mit Sublimat oder dgl. zu waschen. — Über einen ähnlichen kleineren Apparat hat Rosenow[1]) berichtet.

Steht kein Impfkasten zur Verfügung, so impfe man nötigenfalls

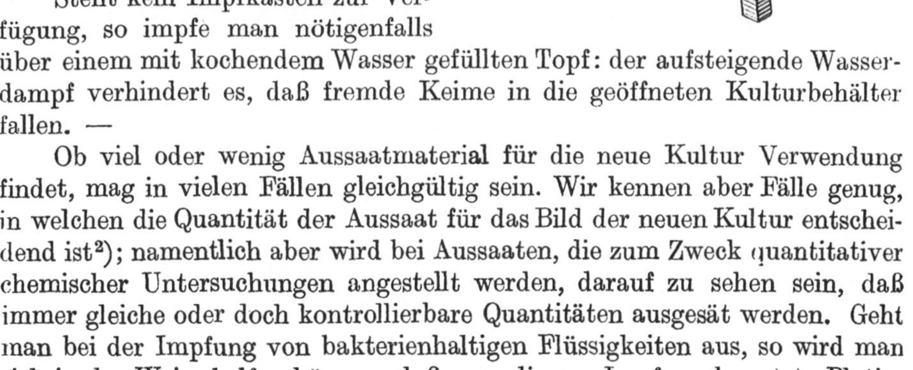

Fig. 11. Impfkasten.

über einem mit kochendem Wasser gefüllten Topf: der aufsteigende Wasserdampf verhindert es, daß fremde Keime in die geöffneten Kulturbehälter fallen. —

Ob viel oder wenig Aussaatmaterial für die neue Kultur Verwendung findet, mag in vielen Fällen gleichgültig sein. Wir kennen aber Fälle genug, in welchen die Quantität der Aussaat für das Bild der neuen Kultur entscheidend ist[2]); namentlich aber wird bei Aussaaten, die zum Zweck quantitativer chemischer Untersuchungen angestellt werden, darauf zu sehen sein, daß immer gleiche oder doch kontrollierbare Quantitäten ausgesät werden. Geht man bei der Impfung von bakterienhaltigen Flüssigkeiten aus, so wird man sich in der Weise helfen können, daß man die zur Impfung benutzte Platin-

---

1) Rosenow, Eine einfache Methode f. d. Anfertigen v. Howaldkulturen (Zbl. f. Bakt. I, Orig. 1914, **74**, 366).

2) Vgl. z. B. Stevens, F. L., a. Hall, J. G., Variation of fungi due to environment (Bot. Gaz. 1909, **48**, 1).

nadel jedesmal gleich tief in die Flüssigkeit eintaucht, so daß jedesmal ungefähr gleich viel Bakterien an ihr haften bleiben. Bei Pilzen verfährt man zweckmäßig in der Weise, daß aus gleichalten Zonen einer Myzelplatte gleich große Stückchen herausgeschnitten werden und diese — Agar plus Pilz — auf das neue Nährmedium übertragen werden. Mit diesen beiden Verfahren wird man auch anderen Organismen gegenüber in vielen Fällen auskommen.

Einen Apparat, der bei Anfertigung von Bakterienkulturen genaue Dosierung des Aussaatmaterials gestattet, haben SPITTA und MÜLLER[1]) konstruiert. Wie Fig. 12 veranschaulicht, wird komprimierte Luft durch eine poröse Tonplatte geleitet; über dieser befindet sich die mikrobenhaltige Flüssigkeit. Das Gas durchzieht diese in feinster Bläschenverteilung — man beginne bei einem Druck von $1\frac{1}{2}$ Atmosphären und ermäßige ihn nach einigen Minuten auf $1\frac{1}{4}$—1 Atmosphäre; die Bläschen reißen aus der Aufschwemmung ein feines Spray nach oben, das bei 1 Atmosphäre 10—12 cm hoch steigt und die darüber lagernde Petrischale gleichmäßig besprüht. Sind der Druck, der Abstand der Kulturfläche vom Spiegel der Flüssigkeit *b* und die Höhe der letzteren ungefähr konstant, so wird in gleicher Zeit immer annähernd die gleiche Menge Flüssigkeit versprüht werden, wenigstens wenn die Verstäubung eine Zeitlang bereits im Gange ist. Nach SPITTA und MÜLLER werden bei 1 Atmosphäre in der Minute 20—50 mg Wasser versprüht und die in ihnen suspendierten Keime ausgesät. —

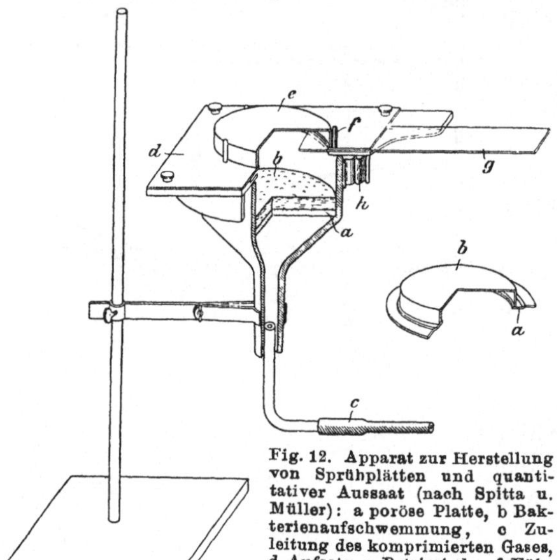

Fig. 12. Apparat zur Herstellung von Sprühplätten und quantitativer Aussaat (nach Spitta u. Müller): a poröse Platte, b Bakterienaufschwemmung, c Zuleitung des komprimierten Gases, d Aufsatz, e Petrischale, f Führungsstifte, g Verschlußscheibe, h Kleinfächer.

Handelt es sich um Kulturen mit viel Oberfläche — Petrischalen, Reagenzgläser mit schräg erstarrter Oberfläche —, so fertigt man „Strichkulturen" an, indem man die Platinnadel und das ihr anhaftende Organismenmaterial auf ihre Gallerte abstreicht; sollen Reagenzgläser mit gerade erstarrtem Nährboden infiziert werden, so sticht man mit der Nadel in diesen ein und gewinnt eine „Stichkultur". Sollen die Mikroben im Innern der Gallerte wachsen, so beimpft man den Nährboden vor dem Erstarren und schüttelt

1) SPITTA u. MÜLLER, A., Beitr. z. Frage des Wachstums u. d. quantitativen Bestimmung v. Bakt. an d. Oberfl. v. Nährb. (Arb. Kais. Gesundheitsamt 1909, **33**, 145).

die flüssige Masse gut durch. — Bei Kulturen mit Nährlösungen kann es sich natürlich nur darum handeln, die Impfnadel abzuspülen und die auf ihr übertragene Materialprobe in der Nährlösung gut zu verteilen.

Einige Schwierigkeiten macht das Überimpfen dann, wenn die Kolonien, von welchen man auszugehen hat, sehr klein sind (Algen, Bakterien); ohne Hilfe des Mikroskops kommt man oft nicht aus. Es sind verschiedene Vorrichtungen beschrieben worden, welche eine sichere Führung der Platinnadel ermöglichen[1]) und besonders die Gewißheit geben sollen, daß man die richtige Kolonie getroffen hat. Liegt z. B. eine nach Kochs Methode gegossene Platte mit zahlreichen, verschiedenartigen Kolonien vor, so kann man sich der Unnaschen Bakterienharpune bedienen: diese wird —ähnlich wie ein Objektmarkierer — an Stelle des Objektivs an den Tubus des Mikroskops angeschraubt.[2]) Senkt man diesen, so trifft man mit der Harpune die Kolonie, die man vorher in die Mitte des mikroskopischen Gesichtsfeldes eingestellt hatte.

5. Atmosphäre.

Die chemischen Faktoren, welche Leben und Wachstum eines künstlich kultivierten Organismus beeinflussen können, liegen nicht nur in dem Nährboden, mit dem wir uns bisher beschäftigt haben, sondern auch in der Atmosphäre, die über diesem liegt; wir erwähnten bereits, daß der Sauerstoff der Luft als O-Quelle eine unvergleichlich wichtige Rolle spielt, daß einige Gruppen von Lebewesen den elementaren Stickstoff der Luft verarbeiten können, und einige weitere Gruppen insofern als prototroph bezeichnet werden können, als sie den CO_2-Gehalt der Luft zum Aufbau komplizierter organischer Verbindungen benutzen. Während nun auf diejenigen Organismen, welche N und CO_2 der Luft nicht verwerten können, die Gegenwart dieser Gase im natürlichen Gemisch unserer Atmosphäre, soweit bisher bekannt, keinerlei schädlichen Einfluß hat, sind zahlreiche Organismen bekannt, welche den Sauerstoff meiden, d. h. ohne ihn besser gedeihen, als in seiner Gegenwart, oder diesen überhaupt nicht ertragen, und ferner andere, welche mit und ohne atmosphärischen Sauerstoff gedeihen können, und zum Teil dabei verschiedene Wachstums- und Gestaltungsprozesse sichtbar werden lassen. Es wird hiernach zu untersuchen sein, wie man über Nährböden und Organismen eine Atmosphäre von beliebig gewählter Zusammensetzung schaffen kann, und ob unbeabsichtigte Verunreinigungen der Luft auf die Kultur von Einfluß sind.

a) Kultur ohne Sauerstoff.

Die alte Auffassung, daß freier Sauerstoff für die Entwicklung aller Lebewesen unerläßlich sei, ist schon längst dahin berichtigt worden, daß bei vielen nicht die Sauerstoffatmung und Oxydation, sondern ein anderer chemischer

---

1) Prausnitz, Kleinere Mitteil. z. bakt. Technik (Zbl. f. Bakt. 1891, **9**, 128).
2) Unna, Die Bakterienharpune (Zbl. f. Bakt. 1892, **11**, 278).

Prozeß, die Gärung, für die lebendige Substanz die nötige Energie liefert. Für sehr viele Organismen kommt nur die erste Art der Energiegewinnung in Betracht, für andere nur die Gärung; einer dritten Gruppe von Lebewesen ist beides möglich: sie verwerten gegebenenfalls den ihnen zugänglichen Sauerstoff und helfen sich bei Abwesenheit des letzteren mit Energiegewinn durch Gärung.

Lebewesen, welche keines Sauerstoffs bedürfen und zu „anaërober" Entwicklung befähigt sind, gibt es in verschiedenen Klassen des Protistenreiches, — Lebewesen, auf welche Gegenwart von Sauerstoff entwicklungshemmend wirkt, fast nur unter den Bakterien. Für letztere besonders werden Vorrichtungen und Methoden anzuführen sein, durch welche es gelingt, den Sauerstoff fernzuhalten. Solcher Methoden gibt es eine große Zahl; sie alle hier zu beschreiben, ist überflüssig; es wird genügen, auf eine Auswahl hinzuweisen und auf die leitenden Prinzipien der Verfahren aufmerksam zu machen.

Das radikalste Vorgehen wäre wohl das, die Organismen in einem luftleeren Raum zu kultivieren. Man hat in der Tat versucht, Reagenzgläser und andere Kulturgefäße mit der Luftpumpe zu evakuieren, — ich verweise auf die Versuche von Gruber.[1]) Zupnik[2]) kultivierte die Anaëroben im Toricellischen Vakuum und gewinnt dadurch die Möglichkeit, die von den Organismen gebildeten Gase einwandfrei zu analysieren. Eine relativ einfache Vorrichtung, Erlenmeyer u. dgl. luftleer zu machen und hiernach zu beimpfen, hat Biffi beschrieben.[3])

Alle diese Verfahren spielen praktisch nur eine geringe Rolle, da es mit sehr viel einfacheren Verfahren gelingt, den Sauerstoff von den Lebewesen bald mehr, bald minder vollkommen fernzuhalten: wir können den Sauerstoff mechanisch ausschließen, indem wir die Organismen mit festen oder gallertigen Körpern bedecken, oder wir beseitigen den Sauerstoff, indem wir die über den Kulturen liegende natürliche Atmosphäre durch eine O-freie ersetzen, oder wir bedienen uns chemischer Mittel, welche den vorhandenen Sauerstoff durch Absorption unwirksam werden lassen.

Am einfachsten ist es wohl, bei einer Plattenkultur durch Auflegen eines Deckglases oder eines Glimmerplättchens den Sauerstoff fernzuhalten. Die Methode ist recht roh, genügt aber oft, ist sogar für manche physiologische Untersuchungen sehr geeignet und liefert gute Demonstrationsobjekte, da auf den verschiedenen Teilen der Platte teils aërobe, teils anaërobe Existenzbedingungen verwirklicht sind. Handelt es sich um kleinere Kulturen auf Objektträgern, so verkittet man eventuell den Rand des Deckglases luftdicht. Natürlich haben diese Methoden viele Schwächen.

---

1) Gruber, Üb. eine neue Meth. anaërob. Zücht. (Zbl. f. Bakt. I Orig., 1898, **24**, 269).
2) Zupnik, D. Wachst. d. anaërob. Bakt. (ibid. I Orig., 1898, **23**, 1038, 1041).
3) Biffi, U., Aussaat u. Zücht. d. oblig. Anaëroben im luftleeren Raume (ibid. I Orig., 1911, **44**, 280).

— Im Prinzip ihnen ähnlich ist MARPMANNs Verfahren[1]): in die mit Gelatine oder Agar beschickten Reagenzröhrchen wird ein zweites engeres, leeres, sterilisiertes Gläschen eingeschoben; es bildet sich zwischen beiden eine dünne Schicht des Nährsubstrats, auf welcher die Organismen vom Sauerstoff nicht erreicht werden. Ganz ähnliches erreicht man, wenn man die beiden Stücke einer Petrischale derart verwendet, daß der kleinere Teil der Schale (mit der offenen Seite nach oben) in den größeren eingesetzt wird; natürlich muß man vorher ausprobieren, wieviel Nährbodensubstanz in die Petrischalen einzugießen ist, damit keine Luftblase zwischen Deckel und Nährboden bleibt.

Um eine ähnliche Methode des Luftabschlusses handelt es sich bei BEYERINCKs Kugelröhre[2]), die bei Verwendung flüssiger Nährböden angemessen wird: auf der in einem Reagenzglas eingefüllten Nährlösung schwimmt eine hohe Glaskugel, deren Durchmesser nur wenig geringer ist als der des Gefäßes. Der durch die Kugel bewirkte Luftabschluß ist selbstverständlich nur ein unvollkommener.

Kultur in hohen Schichten fester Nährböden (Gelatine, Agar) gestattet, wenigstens am Grunde der im Reagenzglas ca. 15—20 cm hoch eingefüllten Masse die Organismen O-frei zu halten, da von der Oberfläche her durch Diffusion der Sauerstoff kaum so weit in die Tiefe dringt. Man impft die flüssige Substanz und läßt dann möglichst schnell erstarren.[3]) Die Methode gestattet, das Verhalten der an der Oberfläche gebliebenen und der im Innern der Gelatine eingelagerten Organismen zu vergleichen. WEICHSELBAUM[4]) überschichtet flüssige Nährmedien mit Agar; PASTEURs Methode, mit Öl zu überschichten, ist nicht zu empfehlen, da Öl immerhin beträchtliche Mengen von Sauerstoff passieren läßt.[5]) — Die Methoden der Überschichtung sind leicht auszuführen, werden aber lästig, wenn die im überschichteten Nährboden entwickelten Kolonien übergeimpft werden sollen. Gelatine kann man nach leichtem Erwärmen des Reagenzglases in toto herausgleiten lassen, Agarröhrchen muß man aber zertrümmern, nachdem man vorher ihre Außenseite durch Waschen mit desinfizierenden Mitteln keimfrei gemacht hat.[6])

Großer Beliebtheit erfreut sich mit Recht die Methode, die über dem Kulturboden lagernde O-haltige Atmosphäre durch ein anderes indiffe-

<hr>

1) Meth. z. Herstell. v. anaërob. Rollglaskult. usw. (ibid. I, 1898, **23**, 1090).

2) BEYERINCK, M. W., Bildung u. Verbrauch von Stickoxydul durch Bakt. (ibid. II, 1910, **25**, 30).

3) HESSE, Kult. in hohen Schichten fester Nährböden (D. Med. W. 1885, Nr. 14); LIBORIUS, Beitr. z. Kenntnis d. Sauerstoffbedürfn. d. Bakt. (Ztschr. f. Hyg. 1886, **1**, 115).

4) Beitr. z. Kenntnis der anaëroben Bakt. d. Menschen (Zbl. f. Bakt. I, Orig., **32**, 401).

5) PASTEUR (C. R. Acad. Sc. Paris 1863, **56**, 418); FERMI u. BASSU, Untersuchungen über Anaërobiosis (Zbl. f. Bakt. I, Orig., 1904, **35**, 719).

6) SANFELICE, Unters. üb. anaërobe Mikroorg. (Ztschr. f. Hyg. 1893, **14**, 346); ein besonderes Verfahren beschreibt BURRI: Z. Isolier. d. Anaëroben (Zbl. f. Bakt. II, 1902, **8**, 533).

rentes Gas zu ersetzen. Nachdem C. Fränkel[1] u. a. gezeigt haben, daß Kohlensäure und Leuchtgas schädlich auf die Mikroorganismen wirken, kommt von leicht herstellbaren Gasen in erster Linie Wasserstoff in Betracht. Um dieses völlig rein zu erhalten, leite man es aus dem Kippschen Apparat zunächst in eine Waschflasche mit alkalischer Bleilösung, welche Schwefelwasserstoffspuren absorbiert, hiernach durch Silbernitratlösung (Tilgung des Arsenwasserstoffs) und schließlich durch alkalische Pyrogallollösung, welche die letzten O-Spuren zurückhält.[2] Man leitet das Gas nach dem Impfen durch

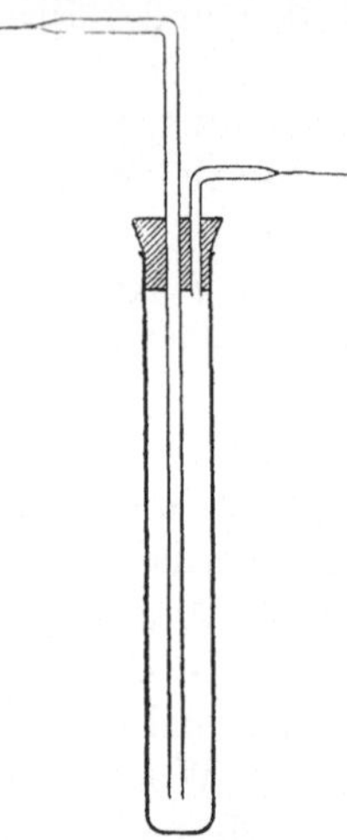

Fig. 13. Reagenzglas zur Kultur anaërober Organismen in H.

die in breite Reagenzgläschen, Kolben oder dgl. eingefüllte Nährlösung oder in die noch flüssige Gelatine nach C. Fränkels Angaben (a. a. O., S. 765): jedes Röhrchen oder dgl. „wird mit einem gut schließenden, doppelt durchbohrten Kautschukpfropfen versehen, der zwei rechtwinklig umgebogene Glasröhren trägt, von denen die eine bis auf den Boden des Reagenzglases durch die Nährlösung hindurchreicht, während die andere unmittelbar unter dem Kautschukstöpsel abschneidet. An beiden Glasröhren ist vorher das wagrechte Stück in einem dünnen Halse ausgezogen worden. Die Fortsetzung des längeren Röhrchens enthält außerdem einen Bausch sterilisierter Watte und trägt an ihrem Ende einen kurzen Gummischlauch. Dieser letztere wird nun mit dem Wasserstoffentwicklungsapparat in Verbindung gebracht, das Gas streicht zunächst durch das im Reagenzgefäß befindliche Nährsubstrat, durchströmt darauf das Reagenzglas selbst und entweicht durch das zweite kurze Röhrchen. Ist die Luft vollständig verdrängt, so wird zunächst das kurze, hierauf das zuführende Rohr an dem ausgezogenen Halse abgeschmolzen, und der Nährboden dann, wenn es sich um Gelatine oder Agar-Agar handelt, an den Wandungen des Reagenzglases in der von Esmarch angegebenen Weise ausgebreitet. Nach einiger Zeit kommen die Kolonien in gleichmäßiger Verteilung über die Nährschicht zur Entwicklung" (vgl. Fig. 13). Fuchs[3] verfährt so, daß das Reagenzrohr nach der Impfung umgekehrt und von unten her H in dasselbe eingeleitet wird; nach einigen Minuten wird das Röhrchen von unten mit einem Gummistopfen fest verschlossen. Der Botkinsche Apparat besteht im wesentlichen aus einer Glocke und einem unter sie genau passenden Drahtgestell, das eine Reihe von Petrischalen aufzunehmen ver-

---

1) Die Einwirkung der Kohlensäure auf d. Lebenstätigkeit d. Mikroorg. (Ztschr. f. Hyg., 1888, **5**, 332).

2) Fränkel, C., Üb. d. Kult. anaërober Mikroorg. (Zbl. f. Bakt. 1888, **3**, 735, 763, besonders 768). Mereschkovsky gewinnt chemisch reines H-Gas auf elektrolytischem Wege (Zbl. f. Bakt. II, 1904, **11**, 796).

3) Ein anaërober Eiterungserreger. Dissertation. Greifswald 1890.

mag. Die Glocke steht in einer Schale, in welche so viel Paraffinum liquidum eingegossen wird, daß die Glocke hermetisch abgeschlossen ist; in ihr Inneres wird vom KIPPschen Apparat her H zugeleitet.

Diese Methode ist nicht nur für Reagenzgläser usw. passend, sondern auch für flache Schalen in geeigneter Weise modifiziert worden, worüber man die Arbeiten von KITASATO[1]) und GABRITSCHEWSKY[2]) nachlese.

Als Gas, mit welchem man die gewöhnliche Atmosphäre verdrängt, kommt neben H noch Wasserdampf in Betracht: der mit Organismen geimpfte Nährboden wird bei niederem Druck gekocht — etwa bei 30 oder 40° C (GRUBER[3]) u. a. — oder man füllt die Reagenzgläser bis zu $^2/_3$ ihrer Höhe mit Nährlösung und erhitzt bei unvermindertem Atmosphärendruck ihre obersten Schichten bis zum Sieden; die am Grunde liegenden Organismen bleiben — von empfindlichen Formen abgesehen — dabei unbeschädigt.[4]) Wo reiner Stickstoff zur Verfügung steht (BRAUERS Pneumothoraxbehandlung), kann auch N verwendet werden.[5])

Bei einer dritten Gruppe von Methoden sucht man den Sauerstoff durch Absorption zu entfernen. NENCKI[6]) und BUCHNER[7]) benutzten zuerst die Eigenschaft alkalischer Pyrogallollösung, O zu absorbieren, zur Beobachtung und Züchtung von Hefen und Bakterien. Die nach der Wirkung des Pyrogallols übrigbleibende Atmosphäre besteht aus N, CO_2 und kleinen Mengen CO, die bei dem Absorptionsvorgang entstehen (nach BOUSSINGAULT 0,4—3,4 % des Volumens des absorbierten Sauerstoffs). Die Absorption des Sauerstoffs erfolgt am schnellsten bei Anwendung folgender Mischung:

10 ccm 12,5 %ige Kalilauge und
10 „ 5 %ige Pyrogallollösung.

Soll vor allem die Bildung des CO vermieden werden, so nimmt man

6 ccm 60 %ige Kalilauge und
1 „ 25 %ige Pyrogallollösung.

Diese Mischung absorbiert den Sauerstoff bedeutend langsamer.[8]) Man verwendet die sauerstoffabsorbierende Lösung entweder in der Weise, daß man sie in einen irgendwie geformten, luftdicht verschließbaren Rezipienten schüttet, der gleichzeitig die Kulturgefäße in sich aufnimmt — oder Watte mit ihr

---

1) Üb. d. Tetanusbaz. (Ztschr. f. Hyg. 1889, 7, 225, 227).

2) Z. Technik der bakteriol. Untersuchungen (Zbl. f. Bakt., 1891, 10, 249).

3) Meth. d. Kult. anaërob. Bakt. (Zbl. f. Bakt. 1887, 1, 367).

4) REUSCHEL, FR., Einfachste Meth. d. Anaërobenzücht. (Münch. Mediz. Wochenschr. 1906, 1208).

5) JAISER, Üb. d. Verwendung v. N z. Anaërobenzüchtung usw. (Zbl. f. Bakt. I, Orig., 1916, 78, 309).

6) Die Anaërobiosefrage (Arch. ges. Phys. 1884, 33, 9; vorher bereits in Journ. f. prakt. Chemie 1879, 19, 337).

7) Üb. eine neue Meth. f. Kult. anaërob. Mikroorg. (Zbl. f. Bakt. 1888, 4, 149).

8) Nach OMELIANSKI, W., Ein einfach. App. f. Kult. v. Anaëroben im Reagenzglas, (ibid. II), 1902, 8, 711).

durchtränkt und diese in die Kulturgefäße einführt. BUCHNER benutzte ca. 3 cm weite Röhrchen, in welche unten die Pyrogallollösung eingegossen wird; ein kleines Drahtgestell am Grunde (Abb. a. a. O.) gestattet, die Reagenz-

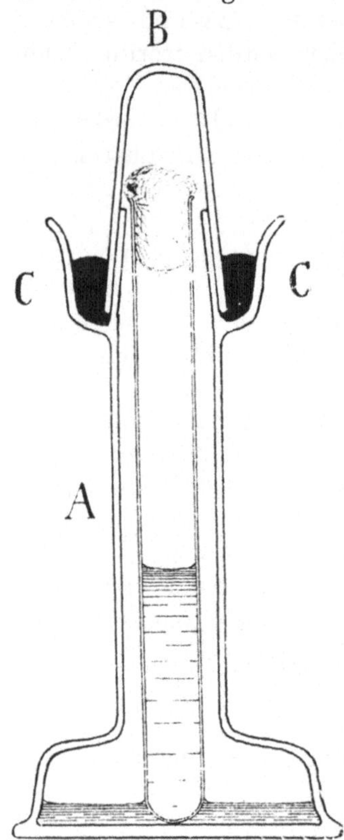

glaskultur hineinzusetzen. Ebenso gestattet ein von OMELIANSKI (a. a. O.) konstruierter Apparat, anaërobe Organismen in den üblichen Reagenzgläsern zu züchten. In den breiten Fußteil des Glases A (Fig. 14) werden je 10 ccm der Kalilauge und der Pyrogallollösung gegossen, das Reagenzrohr wird eingesetzt und nach Aufsetzen des Gläschens B etwas Quecksilber in den Kragen C eingegossen. Die Absorption des Sauerstoffs, die erst nach 1½—2 Stunden vollständig beendet ist, läßt einen beträchtlichen negativen Druck in dem Gläschen entstehen; man gieße daher vor dem Öffnen erst das Quecksilber ab. Natürlich kann man mit Hilfe gut schließender größerer Glasdosen, Exsikkatoren oder dgl. die äußere Herrichtung des Versuchs beliebig variieren. Über die Benutzung von Petrischalen vgl. GABRITSCHEWSKY (a. a. O.), BLÜCHER, ARENS[1], KNORR u. a. Die einfache Einrichtung des letztgenannten Autors besteht aus zwei Innenschalen (nach PETRI), deren untere die Absorptionsflüssig-

Fig. 14. OMELIANSKIS Apparat zur Anaërobenzüchtung.

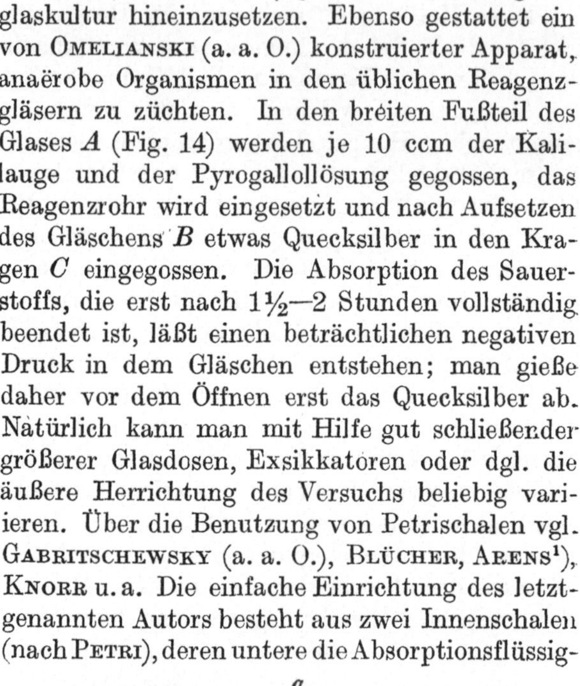

Fig. 15. KNORRS Doppelschale zur Anaërobenzüchtung. *a* u. *b* Petrischalenhälften, *c* Nährboden, *d* Absorptionsflüssigkeit, *e* Plastilin, *f* Glasplatte.

keit und deren obere (invers gestellte) die Kultur aufnimmt; beide Schalen werden mit Plastilin aneinandergekittet (Fig. 15). Wer Platten verschiedener Größe zur Verfügung hat, verfährt so, wie mit Fig. 16 empfohlen wird.[2]

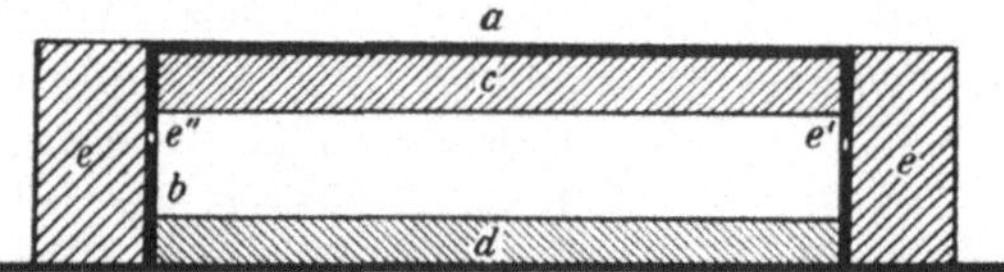

Fig. 16. Doppelschalen für Anaërobenzüchtung nach OGATA-TAKANOUCHI. *A* Absorptionsflüssigkeit, *B* flüssiges Paraffin.

---

1) ARENS, Meth. z. Plattenkultur d. Anaëroben (Zbl. f. Bakt. 1894, **15**, 15); BLÜCHER, Eine Methode zur Plattenkultur anaërober Bakterien (Ztschr. f. Hyg. usw. 1890, **8**, 499).

2) KNORR, *Bacillus teras*, Ein aus Erde isolierter Anaërobier (Zbl. f. Bakt. 1918, I, Orig., **82**, 225); OGATA u. TAKANOUCHI, Einfache Plattenkulturmethode usw. (ibid. I, Orig. 1914, **73**, 75).

Sehr bequem ist die Anwendung des Wright-Burrischen Verschlusses; Reagenzgläser werden, wie aus Fig. 14 ersichtlich, mit einem dreifachen Verschluß versehen: über dem geimpften Nährboden (N) sitzt zunächst ein Stopfen von steriler, trockener, nicht hygroskopischer Watte (W), darüber folgt ein mit alkalischem Pyrogallol getränkter Stopfen aus hygroskopischer Watte (P) und schließlich ein Gummistopfen (G). Der Stopfen P wird mit 1 ccm einer 20%igen Pyrogallussäure und 1 ccm einer 20%igen Kalilauge getränkt.[1])

Mit Sicherheit wird derjenige, der längere Zeit Kulturen im O-freien Raum wachsen lassen und beobachten will, nur dann auf zuverlässige Fernhaltung des Sauerstoffs rechnen können, wenn auf alle Kautschuk- und Hahndichtungen usw. verzichtet und der Nährboden im Innern zugeschmolzener Glasröhren gehalten wird.

Um eine Impfung im O-freien Raume bewerkstelligen zu können, konstruierte Kürsteiner (a. a. O.) Reagenzgläser von der in Fig. 17 dargestellten Form. Durch Neigen des Glases läßt man einen Teil der beimpften Lösung in die noch sterile überfließen. Bei dem in Fig. 18 dargestellten Doppelglas läßt sich das Experiment natürlich nur einmal, bei dem andern (Fig. rechts) mehrere Male ausführen[2]). Die von Kürsteiner empfohlene Reagenzglaskoppelung dürfte nicht nur bei Anaërobenkultur, sondern auch bei andern Aufgaben der Mikroorganismenerforschung gute Dienste tun.

Besonders Beachtung verdient noch Nikiforoffs Mo-

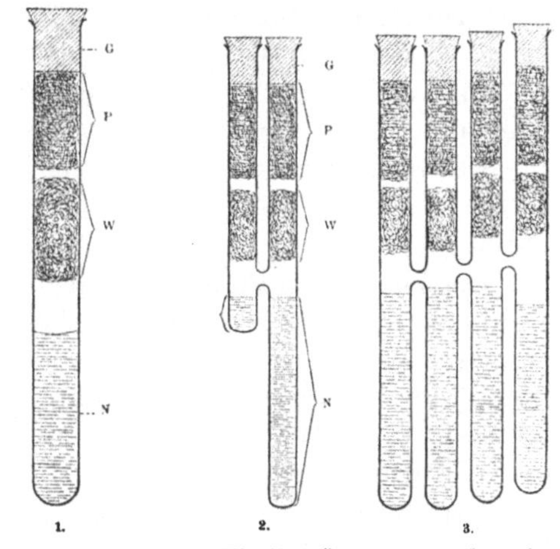

Fig. 17. Wright-Burrischer Verschluß (nach Kürsteiner).

Fig. 18. Kürsteiners gekoppelte Eprouvetten zur sauerstofffreien Impfung (nach Kürsteiner).

difikation der Methode zur Kultur der Anaëroben im hängenden Tropfen.[3]) Man lege das Deckgläschen nach Einfettung und Impfung derart auf den Objektträger, daß dessen Vertiefung (s. o. S. 54) nicht ganz verschlossen wird. Dann „taucht man eine Platinöse in starke wässerige Pyrogallussäurelösung ein und bringt ein Tröpfchen der letzteren unter das Deckgläschen, indem man mit der Öse die zwischen dem Rande des Deckgläschens und demjenigen des

---

1) Wright, J. H., A method for cultivation of anaërobic bact. (Zbl. f. Bakt. I, **29**, 1901, 61). Burri, R., Z. Isolier. d. Anaëroben (ibid. II, 1902, **8**, 533). Kürsteiner, J.. Beitr. z. Untersuchungstechnik obligat anaërober Bakt. usw. (ibid. II., 1907, **19**, 1).

2) Kürsteiner a. a. O. 1907.

3) Beitrag z. d. Kulturmeth. d. Anaëroben (ibid. 489). Vgl. auch Braatz, Neue Vorricht. z. Kult. v. Anaëroben im hängend. Tropfen (ibid. 1890, **8**, 520).

Ausschliffs freigelassene Stelle betupft; er verbreitet sich dann durch Kapillarität der Tröpfchen als dünner Halbring da, wo Deckgläschen und Ausschliff sich berühren. Nach der Pyrogallussäure bringt man in derselben Weise, aber von der entgegengesetzten Seite des Deckgläschens her, nachdem man dasselbe genügend weit verschoben hat, ein Tröpfchen Kalilösung ein. Nachdem beide Reagentien vorsichtig eingeführt sind, verschiebt man das Deckgläschen so weit, bis es jetzt nach gewöhnlicher Weise den Ausschliff des Objektträgers vollständig schließt." Die eingeführte Menge der beiden Reagentien genügt vollkommen, um den Kulturraum unter dem Druckglas sauerstofffrei zu machen und zu erhalten.

Außer Pyrogallol + KOH wirken noch Mangansulfat + NaOH, Ferrosulfat + NaOH, Natriumhydrosulfit (SO_2Na_2) und andere[1]) sauerstoffabsorbierend.

Einige Autoren empfehlen, reduzierende Verbindungen dem Nährmedium selbst zuzusetzen: KITASATO und WEYL[2]) nehmen ameisensaures Natron (0,3—0,5 %), TRENKMANN[3]) nimmt Schwefelnatrium (1—10 % tropfenweise zugesetzt). Ein eigenartiges Verfahren fand TAROZZI[4]): seine Beobachtung, daß anaërobe Organismen bei Gegenwart von freiem Sauerstoff gut gedeihen, wenn frische tierische oder pflanzliche Gewebsstücke (Leber, Niere usw.) in die Nährlösung gebracht werden, ist bereits von verschiedenen Autoren[5]) wiederholt und bestätigt worden.

Das Wesentliche und Wirksame sind dabei die reduzierenden Substanzen, die in den Organstücken usw. enthalten sind. Auch Gerstenkörner und andere Pflanzensamen, getrocknete tierische und pflanzliche Organe, selbst Holzkohle, Steinkohle und Koks tun ähnliche Dienste, wenn auch mit den drei letzteren (z. B. 0,01—2 g Steinkohle auf 10 ccm Bouillon) sich nur mäßig starke Kulturen gewinnen ließen.[6])

PFUHL[7]) setzte zu demselben Zweck zu jedem Röhrchen Bouillon 1 g Platinschwamm oder je einen Tropfen Hepin (Behring-Werke) zu.

Schließlich wäre noch des Verfahrens zu gedenken, daß man die Organismen ein geringes, in den Kulturen verbliebenes Quantum Sauerstoff lang-

---

1) A. MEYER, Prakt. d. botan. Bakterienkde., Jena 1903, 145.

2) Z. Kenntn. d. Anaëroben 1 (Ztschr. f. Hyg. 1890, **8**, 41).

3) Methode d. Kult. anaërober Bakt. usw. (Zbl. f. Bakt. 1887, **1**, 367).

4) TAROZZI, G., Sulla biol. di alc. germi anaërobi e su di un facile mezzo di cultura dei medes. (Rif. med. 1905, **21**, 146, ferner Zbl. f. Bakt. I, Orig., 1904, **38**, 619).

5) WRZOSEK, A., Beob. üb. d. Beding. des Wachstums d. obligat. Anaëroben in anaërober Weise (Zbl. f. Bakt. I, Orig., 1906, **43**, 17); BANDINI, P., Ric. sulla coltiv. degli anaërobi (Giorn. Accad. medic. Torino 1906, **12**); HARRAS in M. Med. Wochenschr. 1906, Nr. 46 u. a.

6) WRZOSEK, A., Weitere Unters. üb. d. Zücht. von obligat. Anaëroben in anaërober Weise (Zbl. f. Bakt. I, Orig., 1907, **44**, 607), dort Literaturangaben.

7) PFUHL, E., Die Zücht. anaërober Bakt. in Leberbouillon usw. (Zbl. f. Bakt. I, Orig., 1907, **44**, 378).

sam verbrauchen läßt. Handelt es sich um Pilze, welche auch in O-haltiger Atmosphäre gedeihen, so läßt man sie in einem luftdicht verschlossenen, fast bis zum Rand mit Nährlösung gefüllten Gefäß zunächst aërob leben, bis sie den disponiblen Sauerstoff verbraucht haben und hiernach sich anaërob weiter entwickeln. Bakterien, welche streng anaërob sich entwickeln, gedeihen nach KEDROWSKI) selbst auf der Oberfläche der Nährböden unter sauerstoffhaltiger Atmosphäre, wenn gleichzeitig mit ihnen O-verbrauchende Bakterien ausgesät werden und zur Entwicklung kommen.

Je nach den Mitteln, welche im Laboratorium zur Verfügung stehen, und nach den Aufgaben, welchen die Versuche dienen sollen, wird man die eine oder andere der angeführten Methoden zur Anwendung bringen oder mehrere von ihnen miteinander kombinieren. RŮŽICKA[2]) z. B. verbrennt ca. $^4/_5$ des Sauerstoffgehaltes eines Kulturgefäßes mit einem Wasserstoffflämmchen und läßt den Rest von Pyrogallol resorbieren.

Was die Notwendigkeit aller dieser Maßnahmen für das Gedeihen einer Bakterienkultur betrifft, so ist zu erwägen, daß nach BURRI und KÜRSTEINER[3]) die üblichen Methoden der Anaërobenzüchtung nur die Bestimmung haben, durch Beseitigung des Sauerstoffs den allerersten Generationen der jungen Kultur die weitere Entwicklung möglich zu machen, da sich später die Bakterien selber die erforderlichen Verhältnisse schaffen: Versuche mit *Bacillus putrificus* zeigten, daß Beseitigung des WRIGHT - BURRIschen Verschlusses an 24stündigen Kulturen ihr Wachstum keineswegs zum Stillstand bringt, sondern ihm unverminderte Fortsetzung gestattet.

b) Kultur unter willkürlich zusammengesetzter Atmosphäre.

Um Organismen unter einer Atmosphäre von bekannter Zusammensetzung zu kultivieren und diese zur späteren Analyse gut zugänglich zu halten, verfährt SÖHNGEN[4]) folgendermaßen: Der

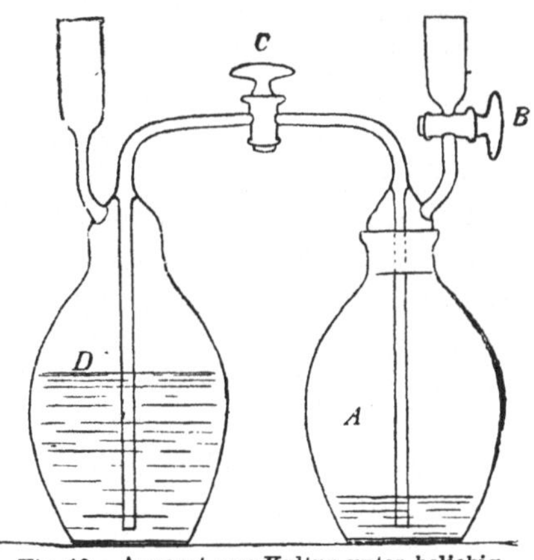

Fig. 19. Apparat zur Kultur unter beliebig zusammengesetzter Atmosphäre.

1) Üb. d. Beding., unter welchen anaërob. Bakt. auch bei Gegenw. v. Sauerstoff existieren können (Ztschr. f. Hyg. 1895, **20**, 366).

2) Neue einf. Meth. z. Herstellung sauerstofffreier Luftatmosph. usw. (Arch. f. Hyg. 1906, **58**, 327).

3) BURRI, R., u. KÜRSTEINER, J., Experim. Beitrag z. Kenntn. d. Bedeutung des Sauerstoffentzugs f. d. Entwickl. obligat. anaërober Bakt. (Zbl. f. Bakt. II, 1908, **21**, 289).

4) SÖHNGEN, N. L., Üb. Bakt., welche Methan als Kohlenstoffnahrung u. Energiequelle gebrauchen (Zbl. f. Bakt. II, 1906, **15**, 513); vgl. ferner BEYERINCK, M. W., Wirkung u. Verbrauch von Stickoxydul durch Bakt. (Zbl. f. Bakt. II, 1910, **25**, 30, 54).

Apparat besteht, wie Fig. 19 zeigt, aus zwei verbundenen Kolben von je ca. 300 ccm Inhalt. Der eine, in welchem die Kultur vor sich gehen soll (A) wird mit Kulturflüssigkeit ganz gefüllt und geimpft, dann wird, durch den Gaszulaßhahn B so viel von einer bekannten Gasmischung zugelassen, daß die Lösung nur noch ca. 1 cm hoch steht und alles übrige durch ein Verbindungsrohr in den Kolben D hinübergepreßt ist. Man schließt hiernach den Mittelhahn C und den Gaszufuhrhahn B^1).

c) Einfluß der Luftverunreinigungen auf Kultur
und Organismen.

Die Laboratoriumsluft enthält allerlei Verunreinigungen — geformte und ungeformte. Von den geformten sind die freischwebenden Bakterien, Pilze, Hefen und Algen die wichtigsten, die sich irgendwo von ihrem Substrat losgelöst haben und von minimalen Luftströmungen fortgetragen werden; sie bedrohen unsere Kulturen mit Verunreinigung und „Luftinfektion“. Durch feste Wattestöpsel werden sie aber im allgemeinen recht gut ferngehalten — wie schon früher auseinanderzusetzen war. Anders steht es mit den ungeformten Verunreinigungen der Laboratoriumsluft. Nachdem namentlich O. Richter[2]) gezeigt hat, wie tiefgreifend die verdorbene Laboratoriumsluft auf Wachstums- und Gestaltungsprozesse der höheren Pflanzen wirken kann, wäre zu erwägen, ob ähnliche Störungen auch an Mikroorganismen auftreten können. Allerdings dürfte man derartige Giftwirkungen eher noch seitens der von den Mikroorganismen selbst produzierten Verunreinigungen erwarten; man denke an die Produktion von Schwefelwasserstoff, Trimethylamin, Indol, Merkaptan, Arsenverbindungen u. dgl. Unsere Kenntnis von der Wirkung solcher Gase auf die Mikroorganismen ist noch sehr unvollkommen. — Die typischen Verunreinigungen der Laboratoriumsluft sind auf unverbraucht ausströmendes Gas und namentlich auf die Verbrennung der N-haltigen Verunreinigungen des Leuchtgases[3]) zurückzuführen: durch diese entstehen beträchtliche Mengen salpetriger Säure.[4]) Außerdem sind in den Verbrennungsprodukten schweflige Säure und Schwefelsäure nachgewiesen worden.

Die Wirkung aller dieser Stoffe auf die Entwicklung der Kulturen bleibt im wesentlichen noch zu erforschen.

Die Wirkungen des Tabakrauches hat Molisch[5]) untersucht.

---

1) Einen „Apparat f. d. Kult. v. Bakt. bei hohen Sauerstoffkonzentrationen usw.“ beschreibt A. Meyer (Zbl. f. Bakt. II, 1906, **16**, 386).

2) Über den Einfluß verunreinigter Luft auf Heliotropismus und Geotropismus (Sitzungsber. Akad. Wiss. Wien, Math.-naturwiss. Kl. I, 1906, **115**, 265).

3) Erismann, Unters. üb. d. Verunreinigung d. Luft durch künstl. Beleucht. (Ztschr. f. Biol. 1876, **12**, 315); Schilling, Handb. d. Gasbeleuchtung 90.

4) v. Bibra, Diss., München 1892.

5) Molisch, H., Üb. d. Einfl. d. Tabakrauchs auf d. Pfl. (Sitzungsber. Akad. Wiss. Wien, Math.-naturw. Kl., Abt. I, 1911). Tassinari, Exper. Unters. üb. d. Wirkung des Tabakrauchs auf die Mikroorg. im allgemeinen usw. (Zbl. f. Bakt. 1888, **4**, 449).

Soll eine Kultur gelüftet werden, so muß man dafür sorgen, daß der mit Hilfe einer Wasserstrahlluftpumpe eingesogene Luftstrom erst durch ein Wattefilter geht und dabei keimfrei wird.[1]

6. Temperatur.

Aus den verschiedensten Gründen dürfen wir uns nicht immer damit begnügen, unsere Kulturen bei gewöhnlicher Zimmertemperatur zu halten; vor allem gibt es zahlreiche Lebewesen, die überhaupt erst bei höherer Temperatur zu wachsen anfangen. Ferner gehört es zu den Aufgaben der wissenschaftlichen Erforschung eines Organismus, festzustellen, welche Temperaturen er noch ertragen kann, ohne sein Wachstum einzustellen, wo sein Temperaturoptimum liegt, welche Temperaturkardinalpunkte seine verschiedenen Wachstums- und Gestaltungsprozesse bestimmen, welchen Einfluß die Temperatur auf seine Atmungstätigkeit, auf seine Ernährungsansprüche, überhaupt seinen ganzen Stoffwechsel usw. hat, ob der Organismus bei verschiedenen Temperaturen ungleiche Wuchsformen entwickelt[2] u. dgl. m. Es ist daher unbedingt notwendig, die Organismen unabhängig von Wetter und Jahreszeit bei planmäßig gewählten Wärmegraden — und zwar bei konstanter Temperatur — kultivieren zu können. Wir bedienen uns hierzu der Thermostaten.

Thermostaten oder Brutschränke sind doppelwandige Kästen aus Kupfer- oder Stahlblech, deren Inneres zur Aufnahme der Kulturgefäße usw. dient. Zwischen ihre beiden Wände wird Wasser eingefüllt und unten je nach Konstruktion des Apparats mit Gasbrenner, Petroleumlampe oder Kerze angeheizt. Die Hauptsache ist der Thermoregulator oder die Vorrichtung, welche die Konstanz der Temperatur sichert. Es sind schon zahlreiche, zum Teil sehr sinnreiche Regulatoren dieser Art ausgesonnen und beschrieben worden. Ich beschränke mich darauf, die Quecksilberthermoregulatoren und die SATORIUSsche Einrichtung zu beschreiben. Auch mit der letzteren habe ich seit Jahren gute Erfahrungen gemacht.

Die in Fig. 20 dargestellten Quecksilberthermoregulatoren sind nur anwendbar, wenn mit Gas geheizt werden kann. Der ALTMANNsche Regulator (Fig. 20a) wird mit seinem quecksilbergefüllten Fuß (d) in den Wasserraum des doppelwandigen Brutschrankes eingelassen und das Gas in der Richtung der Pfeile durch den Apparat durchgeleitet, ehe es zum Brenner kommt. Der Flamme wird das Gas durch den offenen Hahn e und bei a vorüber zugeführt, so lange, bis die Temperatur im Thermostaten hoch genug gestiegen ist, und das Quecksilber die Öffnung bei a schließt. Durch die Schraube s wird es er-

---

1) Kompliziertere Vorrichtungen beschreibt z. B. KOCH, A., Verschlüsse u. Lüftungseinricht. f. reine Kult. (Zbl. f. Bakt. 1893, **13**, 252).

2) Wenn Organismen bei ungleichen Temperaturen verschiedene Wuchsformen entwickeln, so ist die Wirkung der ersteren wohl meist eine indirekte; bei Änderungen der Temperatur werden vor allem die Transpirationsverhältnisse der Organismen, die für deren Gestaltung bedeutsam sind, wesentlich geändert.

möglicht, das Quecksilber so weit in die Röhre zurückzudrängen bzw. in ihr
absinken zu lassen, daß gerade bei der gewünschten Temperatur die Queck-
silbersäule die Gaszufuhr bei a unterbricht. Dann strömt nur weniger Gas
zur Flamme (durch e); diese wird kleiner, das Quecksilber sinkt, und der Weg
fürs Gas wird bei a wieder frei. Durch Drehung des Hahnes bei e kann man
die Gaszufuhr so regulieren, daß die Sperrung bei a eine hinreichende Verklei-
nerung der Heizflamme herbeiführt.

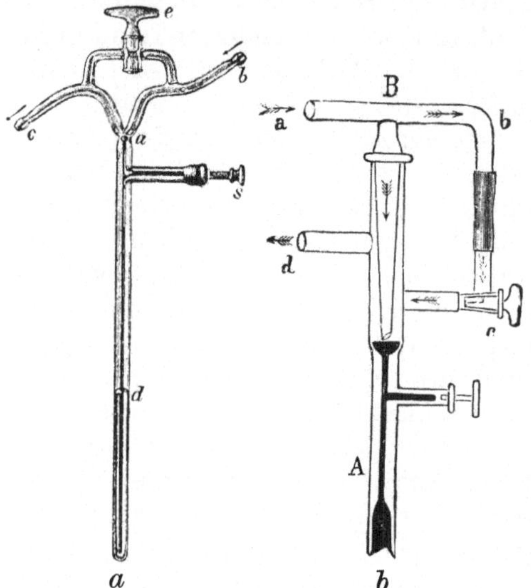

Der (modifizierte) REICHERT-
sche Regulator, dessen oberer Teil in
Fig. 20 b dargestellt ist, besteht aus
zwei Stücken, dessen oberes F-för-
miges mit einem seiner Schenkel bei
B in das andere eingefügt wird.
Steigen die Temperatur und das
Quecksilber hinreichend, so wird der
Ausgangsporus dieses Schenkels verschlossen, und das Gas strömt nur
noch auf dem Wege $abc—d$ zur
Flamme. A ist der mit Quecksilber
gefüllte Fuß des Regulators. Alles
übrige erklärt sich nach dem Gesagten aus der Figur von selbst.

Die von SARTORIUS (Göttingen)
konstruierten Thermostaten haben
den Vorzug, daß jede beliebige Heiz-

Fig. 20. Quecksilber-Thermoregulatoren.

flamme zum Betrieb des Apparats ausreicht: bei allzu hoher Temperatur im
Thermostaten wird nicht die Heizflamme verkleinert, sondern die überschüssige Wärme abgeleitet. Rechts unten (Fig. 21) steht die Petroleumlampe, welche die im Rohre s enthaltene Luft kräftig anheizt und Wärme
in das von s ausgehende Rohr CC gelangen läßt, das den Wasserraum des
Thermostaten (W) durchzieht. Steigt die Temperatur zu hoch, so tritt die
Kapsel K in Tätigkeit. Diese ist so konstruiert, daß sich bei Volumänderung
nur ihre obere konvexe Fläche hebt oder senkt. Ein auf der Kapsel ruhender
vertikaler Stift überträgt die Bewegungen der Kapselwand auf den Hebel h, der
beim Steigen den Deckel d vom Rohr s wegzieht, so daß die heiße Luft oben
abströmt, anstatt von C aus den Thermostaten zu heizen. Allmählich tritt
Abkühlung ein, der Hebel senkt sich. Die Klappe schließt sich wieder, und
das Rohr C wird wieder geheizt. Beim Einstellen des Thermostaten verfährt
man in der Weise, daß man das verschiebbare Gewicht g so einstellt, daß
der Deckel bei der gewünschten Temperatur gerade schwebend über dem
Heizrohr gehalten wird.

Steht kein Thermostat zur Verfügung, so kann man sich zur Not mit
einem doppelwandigen Trockenschrank begnügen: der Raum zwischen den

beiden Wänden wird mit Wasser gefüllt und das Ganze angeheizt, bis die gewünschte Temperatur erreicht ist; um diese zu erhalten, genügt weitere Heizung mit einem kleinen Brenner, dessen Flamme man mit einem Glimmerzylinder schützt.

Flammenlose Thermostaten konstruierten BOLLAND und HEGENBART unter Verwertung ungelöschten Kalks: mit 1,1 kg (und 2,6 kg Wasser) wird der Thermostat für 12 Stunden auf Bruttemperatur gebracht.[1])

Sollen Organismen kürzere oder längere Zeit hindurch besonders hohen Temperaturen ausgesetzt werden, so hilft MEYERS Apparat[2]): die Kulturgefäße werden in ein Wasserbad getaucht, das von einem doppelwandigen Metallmantel umschlossen ist; letzteren füllt man mit Flüssigkeiten, deren Siedepunkt der gewünschten Temperatur entspricht:

für 60⁰ Chloroform
 70⁰ Methyl-Äthylalkohol 3 : 7
 75⁰ Äthylalkohol
 80⁰ Äthyl-Propylalkohol 7 : 4
 90⁰ dass. 1 : 8
 97—100⁰ Wasser
 136⁰ Xylol
 150⁰ Anisöl
 161⁰ Kumol

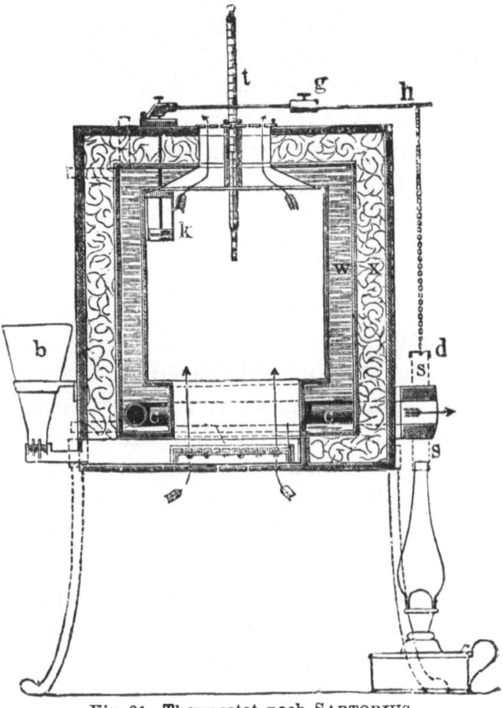

Fig. 21. Thermostat nach SARTORIUS.

für 180⁰ Anilin
 200⁰ Naphthalin
 300⁰ Diphenylamin.

Ein Rückflußkühler sorgt dafür, daß die siedende Flüssigkeit sich nicht vermindere.

Als Notbehelf können da, wo Thermostaten fehlen, die „Thermos"-Flaschen verwertet werden. Es handelt sich bei diesen überall im Handel erhältlichen Flaschen um doppelwandige Gefäße; der zwischen den Wänden liegende Raum ist evakuiert und erhält die Temperatur des in die Flasche gefüllten Mediums um so länger konstant, je vollkommener die Evakuation ist. Bei einer vergleichenden Prüfung verschiedener Fabrikate (1914) fand KRITSCHEWSKY[3]) die als „Globus" sich bezeichnenden besonders tauglich: eingefülltes Wasser von 37—38⁰ behielt seine Temperatur 4 Stunden und ließ sie in 24 Stunden nur um 4⁰ sinken. Reagenzglaskulturen, die in mit

---

1) Üb. einen mit Kalk heizb. Thermostaten (Wien. Med. Wochenschr. 1915, 1631).

2) Näheres bei MEYER, A., Prakt. d. bot. Bakterienkde., Jena 1903, 129.

3) KRITSCHEWSKY, Apparate vom Typus „Thermos" als Thermostate (Zbl. f. Bakt. I, Orig., 1914, **73**, 77).

warmem Wasser gefüllten Thermosflaschen eingestellt werden, genießen ähnliche Temperaturverhältnisse wie im heizbaren Thermostaten.

In manchen Fällen wird es sogar genügen, die Reagenzglaskulturen in Rock- und Westentasche mit sich zu führen und ihnen auf diesem Wege eine Temperatur von 20—25° zu sichern.

Die beschriebenen Vorrichtungen und Manipulationen können natürlich nur Temperaturen schaffen, welche höher liegen, als die Zimmertemperatur; will man tiefer liegende Grade herstellen, so läßt man die Kulturgefäße entweder dauernd von Leitungswasser umspülen, oder man bringt sie im Eisschrank unter. Thermoregulatoren für niedere Temperaturen konstruierten z. B. Babes[1]) und Kuntze.[2])

7. Licht.

Das Verhältnis der Mikroorganismen zum Licht ist ein sehr verschiedenes. Die chlorophyllhaltigen unter ihnen brauchen es, da sie nur bei Belichtung Kohlensäure zu verarbeiten imstande sind; dabei ist aber ihre Abhängigkeit vom Licht insofern anders als die der höheren Pflanzen, als sie bei geeigneter Ernährung auch im Dunkeln Chlorophyll bilden können. Auf viele farblose Organismen — Bakterien — wirkt Belichtung entwicklungshemmend, unter Umständen so stark, daß man geradezu von einer Sterilisation durch Licht sprechen kann (s. o. S. 49). Pilzen gegenüber sind Licht und Dunkelheit insofern von größtem Einfluß, als bei Lichtabschluß Wachstum und Organbildung bei ihnen oft ganz anders ausfallen als im Hellen. Darin ist aber wiederum nicht ein spezifischer Einfluß, sondern eine mittelbare Wirkung des Lichtes zu suchen, durch welches die Transpirationsverhältnisse ganz wesentlich beeinflußt werden. Belichtung und Verdunkelung sind für den Forscher oftmals die einfachsten Mittel, um bestimmte Erscheinungen, Wuchsformen usw. an den kultivierten Organismen hervorzurufen.

Das Technische bedarf keiner besonderen Ausführlichkeit. Dunkelzimmer kann man durch Schränke mit gut schließenden Türen oder noch kleinere Behälter jederzeit leicht ersetzen; die Richtung, in welcher die Lichtstrahlen die Organismen treffen sollen, reguliert man durch lokale Umhüllung des Kulturgefäßes mit lichtdichten Materialien; zur Abblendung der von unten oder der seitlich einfallenden Strahlen bedient man sich mit Vorteil des zur Verpackung der photographischen Platten gebrauchten schwarzen Papiers. Bei Versuchen über die Wirkung konstanter Belichtung wird meist keine andere Lichtquelle als eine Gas- oder Glühlampe erforderlich sein.

Für monochromatisches Licht sorgen die in pflanzenphysiologischen Laboratorien seit langem üblichen Senebierschen doppelwandigen Glocken,

---

1) Üb. einige Apparate z. bakteriol. Unters. (Zbl. f. Bakt. 1888, **4**, 19).

2) Ein Thermostat für niedrige Temp. (ibid. II, 1907, **17**, 684). Über Lautenschlägers Modell vgl. ferner Gruns, G. (ibid. I, Orig., 1902, **31**, 430).

die z. B. mit Kaliumbichromat bzw. Kupferoxydammoniaklösung für rotes bzw. blaues Licht gefüllt werden. Große Auswahl in Farbentönen steht bei Verwendung von Anilinfarben zur Verfügung. MEINHOLD bediente sich folgender Farben[1]):

für rot:	Neutralrot in H_2O
rotgelb:	Methylorange in H_2O
orangegelb:	Safranin in $CuSO_4$-Lösung
gelb:	Bismarckbraun in konz. $CuSO_4$-Lösung
blaugrün:	Berliner Blau in Oxalsäurelösung
hellblau:	Säuregrün + Methylgrün in $CuSO_4$-Lösung
dunkelblau:	Paramethylblau in $CuSO_4$
violett:	Methylviolett + Methylenblau in $CuSO_4$

Stehen nicht genügend SENEBIERsche Glocken[2]) zur Verfügung, so taucht man die beimpften Reagenzglaskulturen u. ä. in hinreichend hohe, mit farbigen Lösungen beschickte Standgläser; der vom Tageslicht getroffene obere Teil der letzteren wird mit schwarzem Papier zugebunden. In manchen Fällen kann man sich damit helfen, daß man die feuchte Kammer an allen dem Lichte zugänglichen Teilen mit farbigem Glas bedeckt oder mit farbigem „Gelatinepapier" einkleidet. Dieses ist in verschiedenen Farben erhältlich; eine der käuflichen Sorten entspricht in der Tönung einer Kaliumbichromatlösung. Auch gläserne Kulturgefäße irgendwelcher Art kann man mit derartigem „Papier" einhüllen oder kann sie mit gefärbter flüssiger Gelatine anstreichen. Monochromatisches Glas wird in Jena (SCHOTT) hergestellt.

Billig und schnell herzustellen sind PRINGSHEIMs Gelatinefarbfilter.[3]) Mißratene (noch nicht entwickelte) photographische Platten werden ausfixiert und gewässert und sind hiernach mit gesättigter wässeriger Lösung geeigneter Farbstoffe oder Farbstoffmischungen (Safranin, Bismarckbraun, Tropaeolin, Naphtholgrün, Malachitgrün, Berliner Blau, Gentianaviolett) zu behandeln.

Eine besondere Art der Lichtwirkung ist die von TAPPEINER und seinen Schülern studierte photodynamische, die von fluoreszierenden Lösungen ausgeht.[4]) In verdünnten Lösungen fluoreszierender Stoffe (Eosin u. a.) starben Mikroorganismen bei Belichtung sehr viel früher ab, als bei Lichtabschluß.

Bringt man z. B. zu einem Tropfen aus einer Paramaezienkultur einen Tropfen Lösung folgender Chloride (1 : 20 000)

---

1) NAGEL, Üb. flüssige Strahlenfilter (Biol. Zbl. 1898, 18, 649). MEINHOLD, TH., Beitr. z. Phys. d. Diatomeen (Beitr. z. Biol. d. Pfl. 1911, 9, 353).

2) Eine den Zwecken des Mikrobiologen dienende Form hat ihnen BAAR gegeben: Üb. d. Einfl. d. Lichtes auf die Samenkeimung usw. (Sitzungsber. Akad. Wiss. Wien, Math.-naturw. Kl., 1912, 121; vgl. auch BUCHTA in Zbl. f. Bakt. II, 1914, 41, 345).

3) PRINGSHEIM, Üb. d. Herstellung v. Gelatinefarbfiltern f. physiol. Versuche (Ber. d. D. Bot. Ges. 1919, 37, 184); Berliner Blau löslich (GRÜBLER) muß zu geschmolzener Gelatine zugefügt werden.

4) Vgl. namentlich TAPPEINER, H. v., u. JODLBAUER, A., Die sensibilisierende Wirkung fluoreszierender Substanzen, Leipzig 1907.

	bei hellem Tageslicht	bei trübem Tageslicht
so tötet Akridin	nach 30 Minuten	nach 105 Minuten
Phenylakridin	„ 28 „	„ 90 „
Rheonin[1])	„ 23 „	„ 90 „
Akridinorange[2])	„ 15 „	„ 75 „

8. Verdunstung und Transpiration, Schüttelvorrichtungen und strömende Nährböden.

Alle Kulturen müssen so eingerichtet sein, daß auch bei Anwendung fester Nährböden den Organismen eine genügende Menge Wasser in diesen[3]) erhalten und die über ihnen liegende Atmosphäre wasserdampfreich bleibt. Bei Besprechung der verschiedenen Formen, die einer Kultur gegeben werden können, war schon von den Mitteln, durch welche man diese Ziele erreicht, die Rede. Es hat sich nun herausgestellt, daß der Grad der Luftfeuchtigkeit und die davon abhängige Wasserdampfabgabe seitens der Organismen auf deren Wachstumstätigkeit und ihre Wuchsformen von größter Bedeutung sind.

Den Grad der Transpiration der Organismen von Fall zu Fall beurteilen und regulieren zu können, wäre sehr wünschenswert, ist aber nicht leicht. Die Transpiration ist abhängig von dem Wasserdampfgehalt der die Organismen umgebenden Atmosphäre, sowie von der Temperatur der Organismen und ihrer Umgebung; sie wird beeinflußt in erster Linie von Licht und Dunkelheit insofern, als Licht die Transpiration fördert, ferner von Luftbewegungen, welche immer neue, noch nicht mit Wasserdampf gesättigte Luftschichten in die nächste Nähe der H_2O-abgebenden Organismen bringen, und von manchen andern Faktoren. Der Feuchtigkeitsgehalt eines Luftraums, der beispielsweise unter einer Glasglocke liegt, wird bestimmt durch die Wassermenge, die innerhalb der Glocke vorhanden ist und bei genügend hoher Temperatur verdunsten kann, und von der unter der Glasglocke herrschenden Temperatur, welche bald die Verdunstung fortschreiten, bald den Dampf sich wieder kondensieren läßt. Ungleichmäßige Erwärmung, wie sie durch Besonnung oder durch die Nähe eines geheizten Ofens zustande kommt, oder lokale Abkühlung durch ein nahes Fenster führen sofort zu ungleichmäßiger Wasserdampfverteilung innerhalb des Kulturraums, auf welche z. B. Pilze sehr drastisch reagieren können.

Will man Organismen in dampfgesättigtem Raum kultivieren, so wird man das Kulturgefäß möglichst klein wählen und seine Wände durch angelegtes benetztes Filtrierpapier feucht halten; will man den Organismen eine möglichst trockene Atmosphäre geben, sie aber nicht unbedeckt lassen, so wird man sich durch Einsetzen kleiner, mit Chlorkalzium gefüllter Gefäße

---

1) Tetramethyltriamidophenylakridin.

2) Tetramethylphenyldiamidoakridin.

3) Über das Minimum an Wassergehalt, das Organismen erfordern, vgl. z. B. WOLF, L., Üb. d. Einfl. d. Wassergehaltes d. Nährbodens auf d. Wachst. d. Bakt. (Arch. f. Hyg. 1899, **34**, 200).

zu helfen suchen. Kommen die Gefahren einer Luftinfektion nicht sonderlich in Betracht, so bedeckt man die Schalenkulturen mit Scheiben, die die Kultur nur halb decken, oder verwendet Glasdeckel mit eingeschliffenem Loch. Soll durch Luftbewegung im abgeschlossenen Raum die Transpiration gesteigert werden, so stülpt man über die Kultur eine an der Spitze oder an der Seite tubulierte Glasglocke und führt durch diese eine Achse ein, an deren Ende ein Flügelrad befestigt ist. Die Achse wird durch einen Motor (Anschluß z. B. an einen Akkumulator) in Drehung gebracht. — Selbst bei einer sonst nur mäßig feuchten Atmosphäre wird z. B. bei Kultur eines Pilzes über der Pilzdecke doch stets eine besonders wasserdampfreiche Luftschicht lagern. Die Transpiration der Organismen völlig zu unterdrücken, wird aber trotzdem schwer sein, da auch im dampfgesättigten Raum die Eigenerwärmung der atmenden Organismen immer wieder kleine Temperaturdifferenzen und damit Destillationsprozesse herbeiführt. BEYERINCK[1]) schlägt vor, Petrischalen oder irgendwelche Dosen, in welchen Organismen auf festen Nährböden kultiviert werden, verkehrt, d. h. mit dem Deckel nach unten, auf einen mäßig warmen Thermostaten oder dgl. zu legen; der Teil der Dose, der diesem aufliegt, bleibt etwas wärmer als der die Organismen tragende Teil. —

Ebenso wie die Atmosphäre wird man für besondere Zwecke auch die Nährlösung in Bewegung halten müssen. Bei offenen, vor Luftinfektion nicht geschützten Algen- usw. Kulturen genügt eine Rührvorrichtung, bei geschlossenen Kulturen ist ein mit der Hand oder besser elektrisch betriebener Schüttelapparat notwendig.[2]) Bei der Wirkung dieser Behandlung auf die Organismen sind offenbar verschiedenartige Faktoren im Spiel: einmal die bessere Luftversorgung, die sich in flüssigen Nährmedien durch Schütteln und Erschüttern erreichen läßt, ferner die gleichmäßigere Verteilung der von den Organismen gelieferten Stoffwechselprodukte und der mechanische Effekt der Stöße, welche die Entwicklung aufhalten und modifizieren; LUCET nimmt an, daß beim Schütteln auch bestimmte Stoffe (Endotoxine) besonders leicht aus den Zellen herausdiffundieren.[3]) Ein Beispiel für die Wirkung besserer O-Versorgung ist wohl mit KARSTENS *Sceletonema*kulturen gegeben: in bewegtem Wasser erlangen die Diatomeen ihre normale Ausbildung, in stehendem bleiben gewisse Differenzierungen aus[4]), während z. B. bei RAYS Versuchen mit *Sterigmatocystis* es sich in erster Linie um eine Hemmung der Entwicklung durch rein mechanische Faktoren handeln dürfte, wenn der Pilz sklerotienartige Ägagropilenkugeln mit dicken Zellwänden und

---

1) Verfahren z. Nachweise d. Säureabsond. bei Mikrobien (Zbl. f. Bakt., 1891, **9**, 781).

2) Vgl. z. B. BODIN u. CASTEX, Appareil pour l'agitation continue d. cult. (Ann. Inst. PASTEUR 1904, **18**, 263), SARTORY, A., Etudes expér. de l'infl. de l'agitation s. l. champign. infér. Thèse. Paris 1908 (betrifft *Aspergillus niger*).

3) LUCET, A., De l'infl. de l'agit. sur le dével. du *Bac. anthr.* cult. en mil. liquide (C. R. Acad. Sc. Paris 1911, **152**, 1512).

4) Die Formveränd. v. *Sceletonema costatum* usw. (Wissensch. Meeresunters., Abt. Kiel, 1898, **3**, 13).

einer Art Pseudoparenchym entwickelt.[1]) Daß sich durch Schüttelkulturen noch manche beachtenswerte Resultate erzielen lassen werden, ist nicht zweifelhaft.

Soll in strömendem Wasser kultiviert werden, so kann man sich bei Süßwasseralgen leicht dadurch helfen, daß man das Kulturgefäß — nötigenfalls mit Gaze verbunden — unter den Wasserleitungshahn stellt. Schwieriger ist die Aufgabe zu lösen, wenn mit bestimmten Nährlösungen und besonders mit sterilem Nährlösungsmaterial gearbeitet werden soll; WELEMINSKY[2]) hat einen Apparat beschrieben, welcher das gestattet.

9. Nachweis und Wirkung der Stoffwechselprodukte.

Von unermeßlicher Mannigfaltigkeit sind die Stoffwechselprodukte, die von dem Mikroorganismus in den Nährböden der Mikroorganismen nachweisbar werden und die weitere Entwicklung der Mikroben wesentlich beeinflussen können.

Daß die Stoffwechselprodukte, die in alternden, selbst schon in mehrtägigen Kulturen nachweisbar werden, von den lebenden Mikroorganismen ausgeschieden worden sind, darf keineswegs immer ohne weiteres angenommen werden; möglicherweise handelt es sich bei jenen um Stoffe, die aus toten Zellen exosmiert sind oder durch Einwirkung der lebenden Zellen auf die von toten Anteilen gelieferten Stoffe entstanden sind. Tatsache ist, daß auch in lebhaft vegetierenden Kulturen von geringem Alter neben lebenden Anteilen sich beträchtliche Mengen toten Materials finden können, die stets als Herkunftsort der in den Kulturen nachgewiesenen Stoffwechselprodukte zu berücksichtigen sind.

Das Studium der Stoffwechselprodukte kann auf verschiedenen Wegen in Angriff genommen werden und durch Verwertung der an Kulturen beobachteten Erscheinungen gefördert werden: entweder wir richten die Kultur — durch geeignete Wahl von Nährstoffen oder charakteristisch reagierenden Beimengungen — derart ein, daß wir während der Entwicklung der Mikroorganismen bereits über Entstehung und Qualität der Stoffwechselprodukte informiert werden — oder wir trennen früher oder später den Nährboden von den Organismen und suchen mit den üblichen Hilfsmitteln des chemischen Laboratoriums zu ermitteln, was für Stoffe sich in dem Nährsubstrat finden. Die Trennung der Substrate von den Lebewesen wird, wenn es sich um relativ großzelliges Material handelt, mit einem Papierfilter bewerkstelligt werden können. Bedient man sich einer Filterkerze (s. o. S. 50), so ist zu beachten, daß die adsorbierende Kraft der Kerzensubstanz die Flüssigkeit nicht immer

---

1) S. le dével. d'un champignon dans un liquide en mouvement (C⁰ R. Acad. Sc. Paris 1896, **123**, 907).

2) Üb. Zücht. v. Mikroorg. in strömenden Nährb. (Zbl. f. Bakt. I, Orig., 1906, **42**, 280, 376). Vorher stellte WIENER (Apparat z. Zücht. v. Mikroorg. in bewegl. flüss. Medien, ibid. I, 1903, **34**, 594) ähnliche Versuche an.

unverändert durchs Filter laufen läßt.[1]) Das gewonnene Filtrat ist wegen der
Empfindlichkeit gewisser Stoffwechselprodukte gegenüber physikalischen
Agentien (Thermo- und Photolabilität) mit Vorsicht zu behandeln.[2])

Bei der nachfolgenden Aufzählung der verbreitetsten Stoffwechselprodukte werden wir namentlich auf diejenigen Mittel und Wege eingehen, welche
Anwesenheit und Wirkung der Stoffwechselprodukte von der Kultur selber
abzulesen gestatten. —

Hinsichtlich der Reaktion der von den Organismen ausgeschiedenen
Stoffe und der Einwirkung der Organismen
auf die Reaktion des Nährbodens lassen sich
Säurebildner und Alkalibildner unterscheiden. Besonders die Säurebildner spielen
eine große Rolle, und zu ihrem Nachweis
sind verschiedene Methoden beschrieben worden. Entweder wir mischen zu dem Nährboden Stoffe, welche bei Säurewirkung eine
Farbenänderung erfahren (Indikatoren), oder
wir setzen dem Substrat wasserunlösliche
Stoffe zu, die mit Säure wasserlösliche Verbindungen geben. An das zweite Prinzip
knüpft Beyerincks[3]) Methode an. Nach
dem Vorschlag dieses Autors benutzen wir
einen Kreidegelatinenährboden: die mit beliebigem Nährmaterial hergestellte Gelatine
(oder auch Agarmasse) wird mit feiner, geschlemmter Kreide zu einem undurchsichtigen, milchweißen Brei angerührt; selbst in
einer Schicht von nur 1 mm Dicke muß die
Nährgelatine undurchsichtig bleiben. Nach

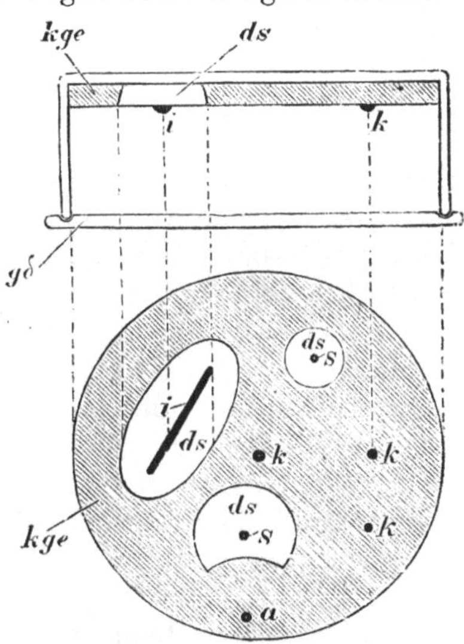

Fig. 22. Nachweis säurebildender Organismen (nach Beyerinck). *gd* Glasdeckel,
kge Kreidegrund, *i* Impfstrich, *ds* Dinusionsfeld, *S* Säurebildner, *a* Alkalibildner, *k* Kulturen von Organismen, welche die Reaktion
des Nährbodens nicht verändern.

dem Erstarren trägt man die zur Untersuchung bestimmten Organismen auf
die Gelatineplatte auf oder übergießt sie mit der zur Prüfung vorliegenden
organismenhaltigen Flüssigkeit. Überall, wo sich säurebildende Bakterien usw.
entwickeln, entstehen durch Lösung der Kreide durchsichtige Diffusionsfelder.
Beyerinck macht darauf aufmerksam, daß die Methode sehr empfindlich ist
und selbst den Nachweis von Bernsteinsäure gestattet. Fig. 22 zeigt oben den
Durchschnitt durch eine verkehrt liegende Gelatinedose, unten die Fläche

1) Nach Porter verlieren manche Fermente bei Berührung mit einer Kollodiummembran ihre Wirksamkeit (Biochem. Ztschr. 1910, **25**, 301).

2) Einen namentlich für mykologische Untersuchungen geeigneten Apparat zur Untersuchung der Stoffwechselprodukte beschreibt Schouten (Eine modif. Meth. u. ein neuer
App. f. Enzymunters. Zbl. f. Bakt. II, 1907, **18**, 94), vgl. auch das unten zu Fig. 25 u. 26
Gesagte.

3) Verfahren zum Nachweise der Säureabsonderung bei Mikrobien (Zbl. f. Bakt.
1891, **9**, 781).

derselben Gelatinekultur, auf der sich Säurebildner entwickelt haben. Die Kultur *a* gehört einem alkalibildenden Organismus an, der das Säurediffusionsfeld der danebenliegenden säureerzeugenden Kolonie *S* teilweise neutralisiert. Außer diesen Beziehungen der Organismen zueinander lassen sich bei aufmerksamer Musterung noch manche andere von den Kreidegelatineplatten ablesen.[1]) — In ähnlicher Weise wie Kreide kann man auch die Karbonate von Magnesium, Baryum, Mangan, Zink u. a. verwerten. BEYERINCK[2]) hat das Verhalten verschiedener Mikroben gegenüber Zinkkarbonat untersucht: Milchsäurebakterien werden durch dieses in ihrem Wachstum leicht gehemmt. Die Essigsäurebakterien widerstehen ihm. Die Essigätherhefe wird durch dasselbe gefördert.

Von Indikatoren kommen besonders Phenolphtaleïn und Lakmus in Betracht. Will man mit ersterem arbeiten, so verdünnt man eine 0,5 %ige Lösung (in 50 %igem Alkohol) auf $^1/_{20}$ ihrer Konzentration und setzt von dieser Lösung 0,7—0,8 ccm zu 5 ccm Nährlösung.[3]) Beliebter ist Lakmus. BUCHNER[4]) hat zum ersten Male die Verwendbarkeit des letzteren dargetan: säurebildende Organismen, die auf alkalischem blauen Nährboden ausgesät werden, rufen lokale Rotfärbung hervor. PETRUSCHKY[5]) benutzte besonders Lakmusmolke und gibt ausführliche Anweisung zu deren Herstellung. Da sich verschiedene Mikroorganismen auf Lakmusnährboden als Alkali- bzw. Säurebildner sehr verschieden verhalten, dient Lakmusmolke oder dgl. sowie der Grad der Reaktionsänderung innerhalb gegebener Zeit als diagnostisches Hilfsmittel. Typhus z. B. ist als schwacher Säurebildner gekennzeichnet. — P. KAUFMANN[6]) empfiehlt zur Unterscheidung der Säure- und Alkalibildner einen aus Jequiritysamen (*Abrus precatorius*) hergestellten Nährboden: Alkalibildner rufen Grünfärbung, Säurebildner Entfärbung hervor.

Alkalisch wirkende Stoffe, die von den Organismen gebildet werden, weist man schließlich mit Hilfe eines fuchsingefärbten Nährbodens nach. Fuchsin wird durch basische Verbindung entfärbt; Zusatz von Säure stellt die rote Farbe wieder her. Über die vielfältige Verwendung, welche die Anilinfarben bei der Herstellung von Nährböden finden, wird später bei Behandlung der Bakterien noch besonders ausführlich zu berichten sein.

Kreide, die man zum Nährboden gibt, gestattet nicht nur den Nachweis

---

1) Sät man auf glukosehaltiger Gelatine mit Maische etwa Hefen, Essigsäure- und Milchsäurebakterien gleichzeitig aus, so diffundiert der von den Hefen gebildete Alkohol allmählich durch die Gelatine vorwärts und veranlaßt schnelle Vergrößerung der von den Essigsäurebakterien gebildeten Glukonsäurefelder, während die Diffusionszonen der Milchsäurebakterien keine Zunahme ihrer Ausdehnungsschnelligkeit erfahren (BEYERINCK).

2) BEYERINCK a. a. O., 785.

3) ZILLIECKY, R., Biochem. u. differentialdiagnostische Unters. einiger Bakt. mittels Ph.-Nährböden (Zbl. f. Bakt. Orig., 1902, **32**, 752).

4) Zur Kenntnis des Neapeler Cholerabazillus usw. (Arch. f. Hyg. 1885, **3**, 361).

5) Bakteriochemische Untersuch. (Zbl. f. Bakt. 1889, **6**, 657; 1890, **7**, 1).

6) Über einen neuen Nährboden f. Bakterien (Zbl. f. Bakt. 1891, **10**, 65).

der Säurebildung, sondern auch die Bindung entstandener Säure, die man mit Kalziumkarbonat, Magnesia usta u. dgl. auch nachträglich durch Aufstreuen auf das Nährsubstrat — oder einen Teil der Kulturfläche — erreichen kann. Soll die Reaktion eines Nährbodens dauernd sauer bleiben, so hilft man sich durch Beigabe von Weinstein, Harnsäure oder anderer schwer löslicher saurer Verbindungen.

Ob ein Mikroorganismus Oxysäuren produziert, läßt sich bei Ernährung mit Manganioxyd dartun[1]): dieses wird bis zur Schwarzfärbung des glukosehaltigen Nährbodens diesem zugesetzt. Das Manganioxyd wird durch Oxysäuren reduziert, es bildet sich um die Oxysäure liefernden Mikroben ein heller Hof. —

Eine Methode, welche sehr kleine Mengen Alkohol (0,001—0,002 vol. proz.) in Nährlösungen nachzuweisen gestattet, beschreibt KLÖCKNER: in ein Reagenzglas von 180 mm Länge und 24 mm Durchmesser werden 5 ccm der Flüssigkeit gebracht; in den durchbohrten Stöpsel des Rohres wird ein 80 ccm langes, 3 mm (auswendig!) breites Rohr gesteckt, dessen unteres Ende gerade durch den Stöpsel reicht. Dann wird über einem Drahtnetz das Gefäß langsam erwärmt; Stoßen und starkes Schäumen der Flüssigkeit ist zu vermeiden. Ist Alkohol in ihr, so schlagen sich im Rohre runde, ölartige Tropfen nieder; je höher der Alkoholgehalt, um so weiter reichen die Tropfen im Rohre herunter.[2])

Vermutlich ist es Chinon, welches nach BEYERINCK in neutralen Medien eine Schwärzung von Ferro- und Ferrisalzen hervorruft.[3]) BEYERINCK beobachtete solche Wirkungen bei Kultur von Pilzen (*Actinomyces chromogenes*) und Bakterien (*Acetobacter melanogenum*) auf eisenhaltigen Nährböden. Dieselbe Substanz bedingt auffallende Veränderung der Gelatine: diese wird durch die Mikroorganismen gegerbt, d. h. sie verliert ihre Löslichkeit im kochenden Wasser und ihre Peptonisierbarkeit bei Trypsineinwirkung.

Die Bildung von Schwefelwasserstoff[4]) weist BEYERINCK dadurch nach, daß er zu (alkalischem) Fleischagar oder -gelatine vor dem Platten-gießen so viel Bleiweiß (Bleikarbonat) zusetzt, daß eine gleichmäßig weiße, undurchsichtige Masse entsteht. Gießt man auf solche Nährböden z. B. eine Probe von Grabenwasser aus, so machen sich diejenigen Kolonien, welche Schwefelwasserstoff entwickeln, durch ihre braune Farbe den ungefärbten Kolonien gegenüber auffallend (Bildung von Schwefelblei). Besonders mar-

---

1) SÖHNGEN, Umwandl. v. Mn-Verbind. unter d. Einfl. mikrohol. Prozesse (Zbl. f. Bakt. II, 1914, **40**, 545).

2) KLÖCKNER, A., Üb. d. Nachw. kleiner A.-Mengen in gärenden Flüssigkeiten (Zbl. f. Bakt. II, 1911, **31**, 108); seine Methode ist eine Modifikation der älteren PASTEURschen Tropfenreaktion (PASTEUR, Examen critique d'un écrit posthume de CLAUDE BERNARD sur la fermentation 1879, 90).

3) BEYERINCK, M. W., Üb. Pigmentbildung bei Essigbakt. (Zbl. f. Bakt. II, 1911, **29**, 169); Üb. *Streptothrix chromogena* (ibid. 1900, **6**, 2).

4) Schwefelwasserstoffbildung in den Stadtgräben und Aufstellung der Gattung *Aërobacter* (Zbl. f. Bakt. II, 1900, **6**, 193).

kant wird die Erscheinung, wenn man auf ältere Kulturen sterilisierte Glasplatten auflegt und dadurch die Verflüchtigung des Schwefelwasserstoffs hemmt. — Vom Indol und seinem Nachweis wird später bei Besprechung der Bakterien die Rede sein.

Bei der Benutzung des Lakmus und anderer Indikatoren ist wohl zu beachten, daß Farbenveränderungen und schließlich Entfärbung auch durch die reduzierende Wirkung der Organismen zustande kommen können. Nach BEHRING[1]) läßt sich diese entfärbende Wirkung bei Züchtung von Bakterien an Lakmusagar leicht beobachten, an Lakmusgelatine fast gar nicht und an Lakmusbouillon nicht gut erkennen. MÜLLER benutzte zum Nachweis der reduzierenden Wirkung der Organismen neben Indigkarmin hauptsächlich essigsaures Rosanilin und Methylenblau, besonders auf Agar. Zu beachten ist, daß Agar beim Kochen kräftig zu reduzieren vermag. Mit Aërobiose und Anaërobiose hat die reduzierende Wirkung der Mikroben nach MÜLLER nichts zu tun.[2])

Eine Methode zur quantitativen Prüfung der reduzierenden Wirkung hat WICHERN beschrieben.[3])

SCHEURLEN und KLETT benutzen selenigsaure Salze.[4]) Dem Rezepte KLETTS folgend, setzt man zu einem Agar- oder Gelatineröhrchen zwei Tropfen einer 2 %igen Lösung von Natrium selenosum: durch die Reduktionstätigkeit der Organismen entsteht rotes metallisches Selen. Zu ähnlichen Zwecken dienen auch Kalium- und Natrium tellurosum-Lösungen (1 : 50 000), die unter dem Einfluß reduzierender Mikroben schwärzliche Massen metallischen Tellurs ausfallen lassen.[5])

Bei Kultur auf Manganioxyden:

Kalziummalat . . . . . 2 %
Mangansulfat . . . . . 1 %
nebst den üblichen Nährmitteln

tritt Reduktion zu Manganoverbindungen ein.[6])

W. H. SCHULTZE und KRAMER haben zwei Agarmischungen beschrieben, mit deren Hilfe sich reduzierende und oxydierende Wirkungen von Mikroorganismen nachweisen lassen.[7]) Beim Studium der Reduktionswirkungen

---

1) Beitr. z. Ätiol. des Milzbrandes (Ztschr. f. Hyg. 1889, 7, 171, 177).

2) MÜLLER, F., Üb. reduz. Eigenschaften v. Bakt. (Zbl. f. Bakt. 1899, 26, 51); Über Reduktionsvermögen d. Bakt. (ibid. 801).

3) WICHERN, Quantit. Unters. üb. d. Reduktionswirkung d. Typhus-Coligruppe (A. f. Hyg. 1910, 72, 1).

4) SCHEURLEN, Die Verwendung der selenigen u. tellurigen Säuren in d. Bakt. (Ztschr. f. Hyg. 1900, 33, 135); KLETT, Zur Kenntn. d. reduz. Eigensch. der Bakt. (ibid. 137).

5) KING, W. E. u. DAVIS, L., Potassium tellurie as an indicator of microbial life (Coll. Res. Labor. Parke, Davis & Co., 1915; vgl. Zbl. f. Bakt. I, Ref. 1917, 66, 263).

6) SÖHNGEN, Umwandl. v. Manganverbind. usw. (Zbl. f. Bakt. II, 1914, 40, 545).

7) SCHULTZE, W. H., Üb. eine neue Meth. z. Nachw. v. Reduktions- u. Oxydationswirkungen der Bakt. (Zbl. f. Bakt. I, Orig., 1911, 56, 544); KRAMER, G., Beitr. z. sofort. Nachw. v. Oxyd.- u. Reduktionswirkungen d. Bakt. usw. (ibid. I Orig., 1912, 62, 394).

bediene man sich einer 1 %igen wässerigen Paranitrosodimethylanilinlösung und einer alkalischen α-Naphthollösung: 1 g Substanz wird mit 100 g Wasser zum Kochen gebracht; sie schmilzt, wenn konzentrierte NaOH tropfenweise zugesetzt wird, und geht dabei zum Teil in Lösung; beim Erkalten fällt von dem gelösten ein Teil wieder aus; zu der Flüssigkeit wird so lange NaOH tropfenweise zugesetzt, bis sie ein klares, fast ungetrübtes, leicht bräunliches Aussehen zeigt. Paranitrosodimethylanilinlösung und α-Naphthollösung werden zu gleichen Teilen gemischt — die erste ist der zweiten zuzusetzen —, der Niederschlag wird abfiltriert und je ein Teil mit zwei Teilen flüssigen Agars gemischt. Solcher Agar ist vor Gebrauch stets frisch herzustellen, da er an der Luft nachdunkelt. Mikroorganismen, welche reduzierend wirken, färben sich auf dem Agar sofort grün — man prüfe vorher die Brauchbarkeit des Agars durch Auftragen eines Reduktionsmittels (Titantrichlorid).

Unabhängig von den Mikroben geht reduzierende Wirkung auch von manchen sterilen Nährböden aus (Nährbouillon, Nährgelatine); Nähragar reduziert nicht. —

Zur Herstellung eines Oxydaseagars verwenden Schultze und Kramer eine 1—2 %ige Lösung von Dimethylparaphenylendiaminchlorhydrat (Merck) und eine alkalische α-Naphthollösung (s. o.). Zu je 2 Teilen der ersteren kommt ein Teil der zweiten; die erstere ist stets der zweiten zuzusetzen. Die Mischung wird filtriert und ein Teil der Lösung mit 3 Teilen flüssigen Agars vermischt. Man prüft vor Gebrauch durch Auftragen eines Oxydationsmittels (z. B. Ferrizyankali). Oxydierende Mikroben färben den Agar nach kurzer Zeit dunkelblau.

Beide Agarmischungen sind in der hier beschriebenen Form zu länger währender Kultur der Mikroorganismen leider nicht zu verwenden, da sie sich an der Luft auch ohne Mitwirken von Organismen verfärben. —

Einige weit verbreitete Fermente sind außer den reduzierend und oxydierend wirkenden die nachfolgend genannten. — Die wichtigsten sind die proteolytischen oder eiweißlösenden, weil ihre Wirkung bei der Herstellung und Beurteilung von Gelatinekulturen von Belang ist: Gelatine wird durch sie verflüssigt. Dabei handelt es sich anscheinend ganz allgemein um tryptische Fermente, d. h. um solche, die das Maximum ihrer Wirkung bei alkalischer Reaktion erreichen.

Gelatineverflüssigende Organismen gibt es unter den Protozoen, Bakterien, Pilzen und Algen.[1] Namentlich bei der Bestimmung von Bakterien ist eine der wichtigsten Fragen die, ob der fragliche Organismus zu den gelatineverflüssigenden gehört oder nicht. Die Ernährung der Organismen, die Reaktion des Nährsubstrats, die Temperatur und andere Faktoren sind von

---

[1] Zahlreiche Literaturangaben bei Fermi und Buscaglioni, Die proteolytischen Enzyme im Pflanzenreich (Zbl. f. Bakt. II, 1899, 5,24) und Czapek, Biochemie der Pflanzen, 2. Aufl., 2, 1920, 130.

großem Einfluß auf die Geschwindigkeit des Verflüssigungsprozesses. Beyerinck[1]) zeigte, daß bei sporenbildenden Bakterien (z. B. *Urobacillus*) die
Verflüssigung erst nach der Sporenbildung auffällig wird; aus den toten Zellen-
teilen diffundieren relativ große Mengen von Trypsin heraus, der lebende Plasma-
belag hält den größten Teil von diesem zurück. Ähnliches gilt für die Hefen.

Die Verflüssigung der Gelatine durch proteolytische Fermente benutzten
verschiedene Autoren[2]) dazu, um an den Veränderungen steriler Gelatine-
massen (Zusatz von Karbol, Thymol oder dgl.) den Gehalt irgendwelcher
Flüssigkeiten (Nährflüssigkeiten von Pilzen usw.) an tryptischen Fermenten
zu messen.

Butkewitsch[3]) stellte fest, daß Gehalt der Nährböden an Pepton die
Wirkung proteolytischer Fermente auf Gelatine hemmt.

Verflüssigte Gelatine gibt (durch Verdunstung) mehr Wasser ab als feste;
daraus erklärt sich, daß unter den Kolonien verflüssigender Organismen die
Oberfläche der Gelatine konkav einsinkt: Kolonien, die unter dem Mikroskop „wie Konkavlinsen wirken und die dementsprechend bei tiefer Ein-
stellung glänzen und bei hoher dunkel erscheinen", gehören verflüssigenden
Organismen an (Günther[4])) und unterscheiden sich somit durch ihr Licht-
brechungsvermögen von den nichtverflüssigenden, welche ein mehr oder
minder flaches Polster auf der Gelatineoberfläche darstellen und als Konvex-
linse wirken.

Der Abbau der Gelatine erfolgt bis zur Albumose (Gelatinose) oder bis
zum Pepton; nur im ersten Fall kann das Verflüssigungsprodukt durch Formaldehyd wieder zum Erstarren gebracht werden.

Bei hoher Temperatur ist die Spaltung der Gelatine eine energischere
als bei tiefer.[5])

Dieselben Organismen, welche Gelatine verflüssigen, können, wie Eijk-

---

1) Beyerinck, M. W., Anhäufungsvers. mit Ureumbakt. usw. (Zbl. f. Bakt. II, 1901,
7, 33, 45) sowie: Weitere Beob. üb. d. Octosporushefe (ibid. 1897, **3**, 449, 521).

2) Literatur bei Fermi und Buscaglioni (s. o.); Fermi, Alte u. neue Meth. z.
Nachw. d. proteol. Enzyme (Zbl. f. Bakt. 1906, **16**, 176; Verwendung der Alkalialbuminate), Malfitano, La protéolyse chez l'*Asperg. niger* (Ann. Inst. Pasteur 1900,
14, 60) u. a.

3) Umwandl. d. Eiweißstoffe durch d. nied. Pilze usw. (Jahrb. f. wiss. Bot. 1903,
38, 147).

4) Einführung in das Studium der Bakteriologie, 6. Aufl., Leipzig 1906, 227.

5) Über verflüssigte Gelatine, die bei 10⁰ wieder erstarrt, vgl. Conti, Sulla possi-
bilità di far crescere in infissione solida alcune specie di batteri liquefac. (Riv. d'ig. e
san. pubbl. 1891, Nr. 18). Über die Wirkung von Formalin auf verflüssigte Gelatine vgl.
Tiraboschi. Osserv. relative alla fluidificaz. d. gelatina usw. (vgl. Ref. in Zbl. f. Bakt. I,
1906, **38**, 486). Ferner: Mavrojannis, A., Formol als Mittel zur Erforschung der Gela-
tineverflüss. durch d. Mikroben (Ztschr. f. Hyg. 1903, **45**, 108). Bogoluboff, W. L.,
Quelques faits au sujet de l'action de la formaline sur la gélatine liquéfiée par des staphy-
locoques (Rousski Wratch 1907, 259; vgl. Bull. Inst. Pasteur, 1907, **5**, 429). Zur Chemie
der verflüssigten Gelatine vgl. Mesernitzky, P., Üb. d. Zersetzung der Gelatine durch
Microc. prodig, (Biochem. Ztschr. 1910, **29**, 104).

MAN[1]) zeigt, auch Kaseïn spalten. Es handelt sich beidemal offenbar um das-selbe Enzym, dessen Nachweis mit Hilfe des EIJKMANschen Milchagars leicht gelingt. Man sterilisiert getrennt Magermilch und Agar (Bouillonagar oder dgl.) und mischt, nachdem beide etwas abgekühlt sind, im Verhältnis 1 : 3 bis 1 : 6. Erhitzt man beide zusammen, so fällt Kaseïn grobflockig aus; andernfalls entsteht ein brauchbares, gleichmäßig trübes Substrat, das nach Aussaat kaseïnspaltender bzw. gelatineverflüssigender Bakterien an den Ko-lonien eine Aufhellungszone bekommt. Trägt man auf dem Agar einen Strei-fen (gefärbte) Gelatine auf, so kann man sich davon überzeugen, daß in glei-chem Schritt mit der Kaseïnspaltung auch die Gelatineverflüssigung fort-schreitet; die flüssige Gelatine wird vom Agar resorbiert.

Einen Mikroorganismus, der selbst koaguliertes Eiweiß zu lösen vermag, beschrieb MAASSEN.[2]) Die Zusammensetzung des Nährbodens beeinflußt Fermentproduktion und Gelatineverflüssigung.[3])

Wird Milch durch Mikroorganismen zum Gerinnen gebracht, so beruht diese Veränderung auf der durch entstandene Säure veranlaßten Kaseïn-fällung („Quarg") oder auf der ohne Säuerung eintretenden, durch ein Fer-ment (Lab) bedingten Fällung („Bruch"). Labbildende Pilze und Bakterien sind weit verbreitet; alle peptonisierenden Mikroorganismen dürften auch Labbildner sein. (Vgl. CZAPEK a. a. O. 1920, 136, 137.) Eine Methode, proteolytische und kaseïnfällende Wirkung nebeneinander zu beobachten, hat EIJKMAN beschrieben: auf Milch- oder Kaseïnagar entsteht eine auf-gehellte Zone rings um die Organismen, welche das Kaseïn lösen: rings um diese Zone bildet sich bei laberzeugenden Mikroben eine dunklere, in der Kaseïnfällung eingetreten ist.[4])

Für den Nachweis diastatischer Fermente benutzte WENT[5]) bei Unter-suchung eines Pilzes (*Monilia sitophila*) einen mit Stärkekleister angerührten Agar: in der Nähe des Pilzes wird die Agarplatte etwas aufgehellt; nach Zu-satz von Jodjodkalium werden die vom diastatischen Ferment betroffenen Stellen rotbraun, die andern blau. Nach EIJKMAN (a. a. O. S. 846) erfährt der Nährboden an denselben Stellen eine schwache Einsenkung. Stärkelösende Bakterien sind offenbar weit verbreitet (VAN SENUS[6]), EIJKMAN). — „Stärke-gallert" (s. o.) wird durch manche Mikroorganismen verflüssigt.

---

1) Über Enzyme bei Bakterien und Schimmelpilzen (Zbl. f. Bakt. 1901, **29**, 841). Weitere Literatur zitiert bei EIJKMAN, Milchagar als Medium z. Demonstration d. Erzeu-gung proteol. Ferm. (ibid. II, 1903, **10**, 53).

2) Fruchtätherbildende Bakterien (Arb. a. d. Kais. Gesundheitsamt 1899, **15**, 500).

3) Zuckerzusatz hemmt die Verflüssigung (AUERBACH, A. f. Hyg. 1897, **31**, 311; vgl. CZAPEK a. a. O. 1920, 131).

4) EIJKMAN 1901 a. a. O. — Über Einteilung der Mikroben nach ihrem Verhalten der Milch gegenüber vgl. BIFFI, U., La coagulabilità al calore delle culture in latte come ele-mento di diagnosi bacteriologica (Soc. med. chir. Bologna 1906; auch 1907).

5) Sitzber. Kgl. Akad. Wiss. Amsterdam 1901.

6) Habilitationsschrift. Leiden 1890.

Diastatische sowie invertierende Fermente weist Beyerinck[1]) mit Hilfe der Leuchtbakterien nach. Gibt man zu Kulturen, die nicht mehr leuchten, Stärke und Rohrzucker, so tritt zunächst noch keine Reaktion ein; überträgt man gleichzeitig mit den Substanzen einen Organismus, welcher diastatische oder invertierende Enzyme liefert, so beginnt die Kultur unter dem Einfluß der gebildeten Zuckerarten (Maltose, Glukose) sofort wieder zu leuchten.

Sehr gering scheint die Zahl der Organismen zu sein, welche Agar verflüssigen können. Wir werden sie bei Besprechung der Algen und Bakterien kennen lernen; bei letzteren wird auch der Serumverflüssiger zu gedenken sein.

Bei der Gelegenheit sei der milchweißen Trübung des Agars Erwähnung getan, die bei Kultur einiger pathogener Bakterien[2]) beobachtet worden ist: offenbar handelt es sich bei dieser Erscheinung um eine durch Säureproduktion hervorgerufene Eiweißfällung.

Verflüssigung von Mannan beobachtete Sawamura[3]).

Zelluloselösende Enzyme sind zweifellos bei Bakterien und Pilzen sehr verbreitet. Dafür spricht nicht nur die Zellulosezerstörung toter Pflanzenteile im Boden, sondern auch die Wirkung der auf Pflanzen vegetierenden Parasiten; zelluloselösende Bakterien und Pilze (*Aspergillus*-Arten) sind aus dem Magen der Boviden (Pansen) isoliert worden. Iterson[4]) weist die Produktion zelluloselösender Enzyme durch Kultur auf Filtrierpapier nach, dessen Fasern allmählich von den Organismen zerstört werden.. — Mit Hilfe der Diffusionsmethode (Eijkman) läßt sich diese Gruppe der Enzyme bisher nicht nachweisen.

Blutverdauende Enzyme weist Eijkman mit Hilfe des Blutagars nach (a. a. O. S. 845). Gewöhnlicher, auf 55° C abgekühlter Agar wird mit einzelnen sterilen Bluttröpfchen gut gemischt. Auf den damit gegossenen trüben Platten rufen manche Bakterien lokale Aufhellung hervor. Sind die um die Kolonien sich bildenden Höfe völlig klar, so liegt Hämopepsie vor, d. h. Verdauung des Hämoglobins und des Erythrozytenstromas; sind die Höfe nur transparent, so handelt es sich um Hämoglobinopepsie, d. h. um Verdauung des Blutfarbstoffes ohne Zerstörung des Stromas.[5]) Diese Erscheinungen werden nur auf festen Böden beobachtet; Hämolyse, d. h. Austreten des unveränderten Blutfarbstoffes ist nur in flüssigen Nährmedien zu beobachten.

---

1) Die Bakt. d. Papilionazeenknöllchen (Botan. Ztg. 1888, **46**, 725).

2) Libmann, Über einen neuen pathogenen *Streptococcus* (Zbl. f. Bakt. 1900, **28**, 293).

3) On the liquefaction of mannan by microbes (Bull. Coll. Agric. Tokyo 1903, **5**, 259; Zbl. f. Bakt. II, 1904, **11**, 21).

4) Die Zersetzung d. Zellulose durch aërobe Mikroorganismen (Zbl. f. Bakt. II, 1904, **11**, 689). Vgl. auch Grüss, Biol. Erschein. bei d. Kultivierung v. *Ustilago Maydis* (Ber. d. D. Bot. Ges. 1902, **20**, 212).

5) Baerthlein, Üb. Blutveränderungen durch Bakt. (Zbl. f. Bakt. I, Orig., 1914, **74**, 201); s. auch Lode.

Lipasen werden in der Weise nachgewiesen, daß man mit Eijkman (a. a. O. S. 847) auf den Boden einer Petrischale eine dünne. Schicht Fett, z. B. Rindertalg, ausbreitet und darüber nicht zu heißen Agar ausgießt, ohne daß das Fett schmilzt. Unter den Kolonien verschiedenartiger Mikroorganismen tritt eine auffällige Veränderung des Fettes ein: es wird undurchsichtiger, brüchig und feucht und bleibt, wenn man die Agarschicht aus der Schale löst, an jener haften. Eijkman zeigte, daß es sich bei dieser Veränderung des Fettes um die Wirkung fettspaltender Fermente handelt.

Schließlich lassen sich noch elastinspaltende Fermente durch die Diffusionsmethode nachweisen. Eijkman[1]) digeriert feingeschnittene Kalbslunge, Nackband oder Arterienwände tagelang bei 37° abwechselnd mit verdünnter Kalilauge und verdünnter Essigsäure. Das erhaltene Elastinpulver wird als wässerige Suspension diskontinuierlich bei 80—90° C sterilisiert; nach Absetzen der gröberen Teilchen gewinnt man eine gleichmäßig trübe Flüssigkeit, die zu einem Elastinagar sich verarbeiten läßt. *Bacillus pyocyaneus* und einige andere Mikroben geben auf solchem Nährboden einen deutlichen Aufhellungshof.

Katalase, d. h. das Ferment, welches H_2O_2 zerlegt und aus ihm Sauerstoff frei werden läßt, entsteht in den Kulturflüssigkeiten, auf welchen Mikroorganismen wachsen, oft in erstaunlicher Menge; man überzeugt sich von seiner Gegenwart, indem man zu der gebrauchten Nährlösung H_2O_2 (z. B. Mercks Perhydrol) träufelt.[2]) Organismen der verschiedensten Art lassen Katalase entstehen. —

Bei der letzten Gruppe von Stoffwechselprodukten, die wir noch zu nennen haben, handelt es sich um Stoffe, über deren chemische Natur bisher so gut wie nichts bekannt ist, und von welchen wir nur wissen, daß sie entwicklungfördernd und entwicklunghemmend auf die betreffenden Lebewesen einwirken. Die Erforschung dieser Verbindungen, die für viele ernährungsphysiologische Fragen von größter Bedeutung zu werden verspricht, steckt zurzeit noch in· den ersten Anfängen, und ihre Wiederaufnahme ist dringend erwünscht.[3]) Nikitinsky[4]) machte die überraschende Entdeckung, daß bei Kultur von *Aspergillus* in der Nährlösung Stoffe entstehen, welche jene für das Wachstum des Pilzes nur günstiger machen. Ähnliche Beobachtungen machte Rahn[5]) an Bakterienkulturen: neben wachstumhemmenden,

---

1) Über Enzyme bei Bakterien und Schimmelpilzen (Zbl. f. Bakt. 1, Orig., 1904, 35, 1).

2) Über den quantitativen Nachweis der Katalase vgl. z. B. Jorns, A., Üb. Bakterienkat. (Arch. f. Hyg. 1908, 67, 134).

3) Vgl. Küster, E., Üb. chem. Beeinflussung der Organismen durcheinander. Leipzig 1909.

4) Über die Beeinflussung einiger Schimmelpilze durch ihre Stoffwechselprod. (Jahrb. f. wiss. Bot. 1904, 40, 1).

5) Über d. Einfl. d. Stoffwechselprod. auf d. Wachst. d. Bakt. (Zbl. f. Bakt. 2. Abt., 1906, 16, 417).

die sich durch Kochen zerstören lassen, entstehen auch wachstumfördernde, die durch Kochen nicht verändert werden.[1])

Wachstumhemmende thermolabile Stoffwechselprodukte sind ferner in den Nährlösungen verschiedener Schimmelpilze nachgewiesen worden[2]): gebrauchte Nährlösungen sind für die Keimung frischer Aussaaten wenig geeignet; durch Kochen werden solche Lösungen verbessert.

Die wachstumhemmende Wirkung gebrauchter Nährböden macht sich nicht nur denjenigen Spezies gegenüber bemerkbar, welche die Stoffwechselprodukte geliefert haben, sondern auch bei Kultur anderer Arten auf gebrauchten Nährsubstraten. Um die Einwirkung verschiedener Arten aufeinander zu studieren, sät man sie nebeneinander auf Petriplatten aus und beobachtet das Verhalten der Organismen an den Seiten, welche sie einander zuwenden. Die Mannigfaltigkeit der Wirkungsweisen ist zumal bei Pilzen eine sehr große.

Sehr wertvoll bei der Untersuchung der von Mikroorganismen jeder Art ausgeschiedenen Stoffwechselprodukte sind die Kollodiumsäckchen, die man leicht herstellen und als Kulturbehälter verwenden kann. Reagenzgläser werden inwendig mit Kollodiumlösung ausgegossen; KELLERMAN löst hierfür 10 g Schießbaumwolle in 150 ccm Eisessig und 50 ccm absolutem Alkohol. Man dreht das Reagenzglas, damit seine Innenwand gleichmäßig benetzt wird, gießt die überschüssige Flüssigkeit ab und läßt den haftengebliebenen Inhalt — die Öffnung der Eprouvette bleibt nach unten gewandt — einige Minuten bis eine Stunde trocknen; je länger das Kollodiumhäutchen trocknet, um so geringer ist später seine Permeabilität. Die Dauer des Trocknens ist also den Zwecken, zu welchen man die Kollodiumhäutchen verwenden will, anzupassen. Ist der Film trocken, so gießt man Wasser in das Reagenzglas und holt ihn vorsichtig heraus.[3]) Auch enzymatische Bestandteile gebrauchter Nährlösungen vermögen durch die Kollodiumhäute zu permeïeren.

Bei Kultur in Kollodiumhäutchen und überhaupt in Membranen irgendwelcher Art wird man sich freilich stets erst vergewissern müssen, ob die gerade vorliegende Art der kultivierten Mikroorganismen nicht selbst intakte Häutchen zu durchdringen vermag.[4])

Es ist nicht schwer, den Nachweis dafür zu erbringen, daß unter dem Einfluß der von benachbarten Mikroorganismen gelieferten Stoffwechselprodukte

---

1) Über wachstumfördernde Stoffe, die durch Pressung aus den Zellen der Mikroorganismen gewonnen werden können, vgl. ABDERHALDEN u. KOEHLER, Wirkung v. Hefeextrakt auf nied. Organismen (Pflügers Arch. 1919, **176**, — fördernde Wirkung auf Protozoen wie Grünalgen).

2) KÜSTER, E., Keimung u. Entwickl. v. Schimmelpilzen in gebrauchten Nährlösungen (Ber. d. D. Bot. Ges. 1908, **26a**, 246; s. auch LUTZ, Dissertation Halle 1909).

3) Vgl. z. B. KELLERMAN, K. F., An improved method for making collodion tubes for dialysing (Journ. appl. micr. 1902, **5**, 2038); The permeability of collodion tubes (Zbl. f. Bakt. II, 1912, **34**, 56; dort Literaturangaben).

4) Nach HEYMANS (Sur la perméab. des filtres, des ultrafiltres et des membr. dialys. aux microbes; ultra-diapédèse microbienne, Bull. acad. méd. Belgique, sér. IV, **26**, 1912) sollen die Bakterien durch eine Art Diapedese die Häutchen passieren können.

nicht nur formative Prozesse sich anders abspielen als an unbeeinflußten Individuen, sondern daß auch die chemischen Leistungen der Organismen unter der gegenseitigen chemischen Beeinflussung andere werden. Hieraus ergibt sich die Notwendigkeit, die zur Untersuchung vorliegenden Organismen nicht nur in Reinkulturen, sondern auch in Mischkulturen, d. h. in der Gesellschaft einer oder mehrerer anderer, willkürlich gewählter Arten zu kultivieren (,,*cultures pures mixtes*‘‘). Je ähnlicher wir hinsichtlich der Mischung verschiedener Mikrobenarten unsere Kulturen den in der freien Natur tätigen Mikrobengesellschaften machen, um so besser werden wir das Verhalten der Mikroben an ihren natürlichen Standorten, an welchen sie in der überwiegenden Mehrzahl der Fälle unter dem Einfluß der von zahlreichen anderen Arten gelieferten Stoffwechselprodukte stehen, beurteilen lernen. So hoch der Wert der Reinkultur für die Erforschung einer Mikrobenspezies auch zu veranschlagen ist, so wird sie doch in sehr vielen Fällen eine Ergänzung durch das Mischkulturverfahren erfordern.[1])

Die Schwierigkeiten, die solchen Forschungen im Wege stehen, sind nicht geringe; es steht aber zu erwarten, daß gerade durch sie Resultate gewonnen werden können, die für reine wie für die angewandte Biologie der Mikroorganismen von größtem Wert sind. —

Zum Schluß sei noch darauf hingewiesen, daß unter dem Einfluß der Mikroorganismen der osmotische Druck der Nährlösungen steigt[2]); die Erscheinung dürfte wenigstens dann, wenn in der Nährlösung organische Verbindungen von hohem Molekulargewicht vorliegen, allgemein eintreten.

Mit den Veränderungen, welche die Nährlösungen während der Entwicklung der Mikroorganismen hinsichtlich ihrer Leitfähigkeit erfahren, ist dem Forscher ein bequemes Mittel an die Hand gegeben, sich von dem Eintreten bestimmter Veränderungen im Nährmedium zu überzeugen; welcher Art diese Veränderungen sind, läßt sich freilich aus dem Ergebnis der Leitfähigkeitsprüfung nur sehr unvollkommen erschließen.[3])

10. Giftwirkungen.

Von Giftwirkungen sprechen wir, wenn irgendwelche Stoffe durch ihre chemischen Qualitäten die Entwicklung der Organismen hemmen oder diese töten, und ferner auch, wenn Stoffe, welche für Wachstum und Fortpflanzung eines Organismus entbehrlich sind, diesen in seiner Entwicklung fördern; Wirkungen der zweiten Art gehen nur von sehr verdünnten Lösungen bestimmter

---

1) Beiträge zu dieser Frage z. B. bei CANTANI: Über d. Verwertung v. Bakt. als Nährbodenzusatz (ibid. 1900, **28**, 743); ferner NENCKI, Über Mischkulturen (Zbl. f. Bakt. 1892, **11**, 225). Weitere Angaben im Speziellen Teil (Pilze, Bakterien).

2) Einige Angaben bei CHABRIÉ, Consid. d'ordre chim. s. l'action des ferments solubles etc. (C. R. Soc. biol. 1898, 105); USCHINSKI, Üb. d. Veränd. einiger phys.-chem. Eigensch. d. Nährmedien etc. (Zbl. f. Bakt. I, 1903, **33**, 88).

3) Vgl. OKER-BLOM, M., Die elektr. Leitfähigkeit im Dienste der Bakteriol. (Zbl. f. Bakt. I, Orig. 1912, **65**, 382; dort auch ein verbessertes Widerstandsgefäß beschrieben).

Stoffe aus. Unsere Kenntnis von den Wirkungen der „Gifte" auf die Organismen ist nicht zum geringsten Teil durch Experimente an künstlich kultivierten Mikroorganismen gewonnen worden.

Als Gifte kommen vor allem drei Gruppen von Verbindungen in Betracht: Schwermetallsalze, Säuren und Laugen. Alle Giftwirkungen setzen in erster Linie eine bestimmte chemische Eigenart des betreffenden Stoffes voraus; jede Reaktion des Organismus, die den Charakter einer Giftwirkung trägt, hat aber des weiteren einen geeigneten Lösungszustand des Giftstoffes und einen bestimmten Zustand der Plasmahaut und des lebendigen Zelleninhaltes überhaupt zur Voraussetzung.

Was den Lösungszustand der Giftstoffe betrifft, so ist zunächst daran zu erinnern, daß nach der Dissoziationstheorie die Moleküle der Elektrolyte beim Lösen in Ionen zerfallen, derart, daß in einer Lösung unveränderte Moleküle neben Ionen vorliegen, und zwar um so mehr von letzteren, je verdünnter die Lösung ist. Es hat sich nun gezeigt, daß unzerlegte Molekel und Ionen ganz verschieden auf lebendige Zellen wirken, und daß insbesondere die Giftwirkungen im allgemeinen in erster Linie Ionenwirkungen sind. Ausführliche Untersuchungen sind z. B. mit Sublimat ($HgCl_2$) angestellt worden: den Untersuchungen von Paul und Krönig[1]) verdanken wir die Erkenntnis, daß die Giftwirkung von Quecksilbersalzlösungen nicht mit ihrem Gesamtquecksilbergehalt, sondern dem Gehalt an Hg-Ionen steigt: stark dissoziierte Hg-Verbindungen sind demnach stärkere Gifte als schwach dissoziierte, ferner erklärt sich hieraus, daß durch Zusatz von Chloriden zu $HgCl_2$, deren Cl-Ionen die Dissoziation des Sublimats zurückhalten und somit nur verhältnismäßig wenig Hg-Ionen aus den Sublimatmolekeln freiwerden lassen, die Giftigkeit der Sublimatlösungen vermindert wird.[2]) — Säuren und Laugen wirken ebenfalls um so giftiger, je stärker ihre Dissoziation ist, — jene wirken durch die H-Ionen, diese durch die OH-Ionen.

Das Gesagte bezieht sich auf die zellentötende und entwicklunghemmende Wirkung der Gifte, die entwicklungfördernde ist besonders für Schwermetallsalze festgestellt worden: sehr verdünnte Lösungen von Kupfer- oder Zinksulfat u. v. a. regen Pilze zu besonders üppigem Wachstum an, indem sie ihre Tätigkeit zur Assimilation der dargebotenen Nährmaterialien steigern[3]), während konzentriertere Lösungen hemmend oder tötend wirken. Man hat die anregende Wirkung den Ionen, die entwicklunghemmende den unzerlegten Molekülen zugeschrieben.[4])

---

1) Üb. d. Verhalten d. Bakt. zu chem. Reagentien (Ztschr. f. physik. Chemie 1896, **21**, 414); Die chem. Grundlagen d. Lehre v. d. Giftwirkung u. Desinfektion (Ztschr. f. Hyg. 1897, **25**, 1).

2) Hierüber sowie überhaupt über alle einschlägigen Fragen gibt besonders Höber, R., Physik. Chemie d. Zelle u. d. Gewebe (4. Aufl., Leipzig 1914. 474ff.) Aufschluß.

3) Pringsheim, Üb. d. Einfl. d. Nährstoffmenge auf d. Entwickl. d. Pilze (Ztschr. f. Bot. 1914, **6**, 577).

4) Richter, A., Zur Frage der chemischen Reizmittel (Zbl. f. Bakt., II, 1901, **7**, 417).

11. Mikrobiochemische Analyse, Auxanogramm.

Daß unter Umständen schon äußerst geringe Mengen irgendeines im Nähr-boden enthaltenen Stoffes genügen, um einem Organismus Wachstum und Vermehrung zu gestatten, ihn zu Wachstumsleistungen und Stoffwechsel-vorgängen besonderer Art anzuregen oder auch ihn zu vergiften, wurde schon wiederholt hervorgehoben. Hierauf beruht die von BEYERINCK verschiedenen Zwecken angepaßte Methode der „mikrobiochemischen Analyse".[1]

Der Sauerstoffnachweis mit Hilfe sauerstoffempfindlicher beweglicher Bakterien und insbesondere mit Hilfe der Leuchtbakterien ist für den Pflanzenphysiologen besonders wertvoll.[2]

Nächst diesem Nachweis ist das bekannteste „mikrobiochemische" Ver-fahren der Arsennachweis durch *Penicillium brevicaule*. GOSIO wies nach, daß dieses bei Gegenwart von As-Verbindungen einen auffälligen Knoblauch-geruch (nach Diäthylarsin) entwickelt.[3] 5 g der auf As geprüften Substanz werden mit 10 g zerkleinerten Kartoffeln zu einem Nährboden verrieben: nach 12—24 Stunden macht sich der charakteristische Geruch bemerkbar. MAASSEN konnte nachweisen, daß auch bei Gegenwart von Tellurverbindun-gen ähnlich riechende Gase entstehen, während die Gegenwart von Selen-verbindungen sich durch einen merkaptanähnlichen Geruch kundgibt.

Sehr viel wichtiger ist es, mit BEYERINCK z. B. den Gehalt eines Trink-wassers an organischer Substanz dadurch nachzuweisen, daß man in ein be-stimmtes Quantum der sterilen Flüssigkeit minimale Mengen Bakterien aus-sät und nach gegebener Zeit durch die übliche Zählung die Entwicklung, die das Aussaatmaterial gefunden hat, zu bestimmen sucht. Die von BEYE-RINCK selbst anerkannten „Hauptschwierigkeiten" des Verfahrens sind nicht gering. —

Die von demselben Verfasser beschriebene auxanographische Methode ist leicht zu handhaben[4] und schon den verschiedensten Zwecken dienstbar gemacht worden. Ein „Auxanogramm" erhält man, wenn man durch Zusatz bestimmter Stoffe auf einem plattenförmigen Kulturboden die Entwicklung des Organismus fördert bzw. hemmt und dadurch die Abhängigkeit der Orga-nismen von bestimmten Stoffen gleichsam zur graphischen Darstellung bringt. Sät man z. B. Weinhefe auf kaliumphosphathaltiger Gelatine aus und trägt Tropfen von Asparagin- und Glukoselösung auf, so daß sich die Diffusions-

---

1) Qual. u. quant. mikrobioch. Analyse (Zbl. f. Bakt. 1891, **10**, 723).

2) BEYERINCK, M. W., Les bact. lumineuses et leurs rapports avec l'oxygène (Arch. néerl. 1889, **23**, 416). MOLISCH, Üb. Kohlensäure-Assimilationsversuche usw. (Bot. Zeitg. 1904, **62**, 1). Leuchtende Pfl. Jena 1904, 103.

3) Vgl. ABBA, Üb. d. Feinheit d. biol. Meth. beim Nachweis d. Arseniks (Zbl. f. Bakt. II, 1898, **4**, 806); ABEL u. BUTTENBERG, Einwirk. v. Schimmelpilzen auf Arsen usw. (Ztschr. f. Hyg. 1899, **32**, 449); MAASSEN, Die biolog. Methode GOSIOS z. Nachw. d. Arsens usw. (Arb. a. d. Kais. Gesundheitsamt 1902, **18**, 475).

4) L'auxanographie ou la méthode de l'hydrodiffusion dans la gelatine appliquée aux rech. microbiol. (Arch. Néerland. **23**, 367).

felder überschneiden, so erhält man diesen entsprechende linsenförmige Auxanogramme. Ringförmige entstehen, wenn nur am Rande eines Diffusionsfeldes die für den betreffenden Mikroorganismus vorteilhafte Konzentration vorliegt. Durch Auftragen von antiseptisch wirkenden Stoffen, von Metallen usw, kann man die Entwicklung der Organismen hemmen; es resultieren steril bleibende Stellen in der Gelatineplatte oder Wachstumsfelder, die an der dem Gifte zugewandten Seite runde Ausschnitte zeigen.[1] — Phosphoreszierende Auxanogramme wurden von BEYERINCK u. a. hergestellt.

Die mikrobiochemischen Methoden dürften sich noch für manche neue Zwecke anpassen und auch den Aufgaben der angewandten Biologie dienstbar machen lassen.

12. Konservierung von Kulturen.

Die Konservierung von Kulturen für Demonstrationszwecke muß verschieden gehandhabt werden je nach Art des Nährbodens und der auf ihm gezüchteten Organismen. Für viele Organismen gibt es wohl noch keine Konservierungsverfahren, welche das charakteristische Aussehen der Kulturen usw. festhielten. Für derbe Pilze genügt es unter Umständen, sie samt ihrer Gelatineunterlage im Trockenschrank eintrocknen zu lassen, zartere Objekte auf Gelatine behandelt man mit Formalin. Gelatineplatten und Rollkulturen mit Bakterien übergießt man mit Sublimat (1—0,1 %) und läßt sie nach Abgießen der Lösung eintrocknen. SCHILL[2] nimmt eine Mischung aus gleichen Teilen Alkohol und Glyzerin mit Sublimatzusatz; nach 1—2 Tagen wird die Flüssigkeit wieder abgegossen. HASTINGS[3] übergießt die Kulturen mit einer dünnen Schicht klaren Glyzerinagars.

Auf die Details dieser Spezialtechnik kann hier nicht eingegangen werden. Ich begnüge mich mit dem Hinweis auf einige einschlägige Abhandlungen.[4]

---

1) Von weiterer Literatur z. B. BEHRING, Über Desinfektion, Desinfektionsmittel u. Desinfektionsmethoden (Ztschr. f. Hyg. 1890, **9**, 395).

2) Kleine Beiträge zur bakteriologischen Technik (Zbl. f. Bakt., 1889, **5**, 337).

3) HASTINGS, E. G., A method for the preservation of plate cult. for museum and demonstr. purposes (Zbl. f. Bakt. II, 1912, **34**, 432).

4) SOYKA u. KRÁL, Vorschläge u. Anleitungen zur Anlegung von bakteriologischen Museen (Ztschr. f. Hyg., 1888, **4**, 143); KRÁL, Weitere Vorschl. u. Anleit. z. Anleg. von bakteriolog. Mus. (ibid. 1889, **5**, 497); PAUL, TH., Ein Verfahren, Dauerpräparate von Bakterienkulturen herzustellen usw. (Zbl. f. Bakt. I, 1901, **29**, 25). Weitere Literatur z. B. bei FRIEDBERGER in Handb. d. pathog. Mikroorganismen, 1903, **1**, 475.

B. Spezieller Teil.

Als Mikroorganismen werden herkömmlicherweise diejenigen einfachsten Lebewesen bezeichnet, die erst unter dem Mikroskop für das menschliche Auge wahrnehmbar werden, vor allem die einzelligen Vertreter des Tier- und Pflanzenreichs. Einzellig sind unter den Tieren die Protozoën, unter den Pflanzen die meisten Bakterien, die Flagellaten, viele Algen und Pilze und die Myxomyzeten, wenigstens in den ersten Stadien ihrer Entwicklung. Wir werden es also bei unseren Betrachtungen mit Vertretern der verschiedensten Verwandtschaftskreise der Organismenwelt zu tun haben; denn beim Studium sämtlicher genannter Organismengruppen spielt die Möglichkeit, ihre Vertreter in künstlichen Kulturen zu züchten und zu beobachten, eine große Rolle. Die Methoden der künstlichen Züchtung sind aber nicht nur bei den einzelligen Vertretern der genannten Gruppen, sondern mit gleichem Erfolge auch bei ihren vielzelligen Verwandten anwendbar, so daß es eine gewaltsame Beschränkung unseres Stoffes bedeuten würde, wenn wir bei den nachfolgenden Erörterungen uns durchaus mit der Behandlung der Einzeller begnügen wollten.

Aufgabe des „Speziellen Teiles" wird es sein, die genannten Gruppen tierischer und pflanzlicher Lebewesen der Reihe nach zu besprechen und dabei das für sie im allgemeinen Gültige und das für einzelne Unterabteilungen oder Gattungen Ermittelte auszuführen.

Die Protozoën (ausschließlich der Flagellaten) sind bisher nicht in Reinkultur gezüchtet worden; sie bedürfen der Ernährung durch gleichzeitig mit ihnen kultivierte Bakterien.

Die Flagellaten verhalten sich hinsichtlich ihrer Kultivierbarkeit sehr verschieden: manche kommen hinsichtlich ihrer Ernährungsansprüche den Algen oder Bakterien, andere den Protozoën gleich.

Die Myxomyzeten (oder Myzetozoën) müssen wie die Protozoën mit Bakterien ernährt werden.

Alle folgenden Gruppen lassen sich in Reinkulturen halten:

    die Algen — auf organischen wie anorganischen Nährböden,

    die Pilze — durchweg auf organischen,

    die Bakterien — fast ausschließlich auf organischen Nährböden.

Bei jeder Gruppe wollen wir einige Worte über Vorkommen und Fundorte der betreffenden Organismen sagen und allgemeine Bemerkungen über ihre Ernährungsphysiologie, über Methoden ihrer Kultur, über Reaktion und Konzentration der Nährböden, über besondere Stoffwechselprodukte usw. geben — und hiernach einige morphologisch oder biologisch gut gekennzeichnete Untergruppen oder einzelne Gattungen kurz behandeln. —

Im „Anhang" soll gezeigt werden, daß die durch die Mikrobiologie und die Kultur der Mikroorganismen gewonnenen Erfahrungen auch bei Forschungen auf anderen Gebieten der Naturwissenschaften sich verwerten lassen werden.

1. Amöben, Ziliaten.

Läßt man Aufgüsse von Erde, Heu, Stroh, trockenem Laub u. dgl. bei Zimmertemperatur oder bei 20—25° stehen, so vermehren sich die am Material haftenden Amöben und Ziliaten schon innerhalb der ersten 24 Stunden sehr reichlich. Sie werden als Material für die ersten Versuche genügen.

Ernährung, künstliche Kulturen. — Für die künstliche Kultur der Protozoën von allergrößter Wichtigkeit ist, daß sie sich nicht auf osmotischem Wege von den in der Nährlösung gebotenen Stoffen zu ernähren vermögen. Bei Kultur auf künstlichen Substraten kommen diese für die Protozoën nicht direkt als „Nähr"böden in Betracht, sondern nur als Unterlage und Aufenthaltsort; die Ernährung der Organismen geschieht durch Aufnahme fester Teilchen, insbesondere durch Verschlingen von lebenden Bakterien.[1] Solche müssen also als Futtermaterial den Protozoën verabfolgt und gleichzeitig mit ihnen kultiviert werden. Reinkulturen sind bisher für wenige Ziliaten gelungen, die sich auch mit toten Bakterien, ja auch mit den Partikeln zerriebenen Eiweißmaterials ernähren lassen.[2] Für die anderen muß unser Bemühen vorläufig darauf gerichtet bleiben, Bakterienarten zu finden, die für bestimmte Protozoën als geeignetes Futtermaterial sich empfehlen, bei den gleichzeitig mit den Protozoën ausgesäten Bakterien wenigstens von Reinkulturen auszugehen (OEHLERS „gereinigte Ziliatenzucht"[3]) und ein Prävalieren der Bakterien über die Protozoën zu verhindern. Es scheinen zwar im allgemeinen bestimmte Protozoën keineswegs an bestimmte Bakterienarten gebunden zu sein; doch können ohne Zweifel manche von diesen durch störende Stoffwechselprodukte für die Protozoënkultur ungeeignet werden. WÜLKER hält ein Stäbchen der *fluorescens*-Gruppe und mehrere Stämme des *Bact. coli* für besonders geeignet.[4]

Da sich Protozoën nur ausnahmsweise in Reinkulturen halten lassen, sind wir auch über ihre Ernährungsphysiologie im einzelnen noch keineswegs unterrichtet: Gewiß werden sich manche schätzenswerte Aufschlüsse dadurch gewinnen lassen, daß wir mit BEYERINCK (a. a. O.) bestimmte Pro-

---

1) Über die Ernährung von Amöben u. Ziliaten mit Hefen vgl. z. B. BEYERINCK, Kulturversuche mit Amöben auf festem Substrat (Zbl. f. Bakt. I, 1896, **19**, 257, 1898, **21**, 101); MOUTON, Rech. s. la digestion chez les amibes (Ann. Inst. Pasteur 1902, **16**); OEHLER, Amöbenzucht auf reinem Boden (Arch. f. Protistenkde. 1917, **37**, 175). Vgl. ferner OEHLER a. a. O. 1916, **36**, 175; 1919, **40**, 16.

2) OEHLER, Flagellaten- u. Ziliatenzucht auf reinem Boden (Arch. f. Protistenkde. 1919, **40**, 16).

3) Vgl. Arch. f. Protistenkde. 1920, **41**, 34.

4) WÜLKER, G., Die Technik der Amöbenzüchtung (Zbl. f. Bakt. I, Ref., 1911, **50**, 577); dort zahlreiche weitere Literaturangaben.

tozoën mit verschiedenen ernährungsphysiologisch wohlerforschten Bakterien kombinieren ünd die Resultate unserer Kulturen vergleichen. In Mischkulturen ist es freilich noch schwerer als in Reinkulturen, die Bedingungen konstant zu halten und die Einflüsse, die von Stoffwechselprodukten ausgehen, zu kontrollieren.

Daß es Protozoën gibt, welche auch ohne Aufnahme fester Partikel auskommen, hat GRUBER[1]) durch seine Versuche mit algenführenden Organismen erwiesen. PRINGSHEIM [2]) kultivierte grünes *Paramaecium bursaria* rein in

$$Ca(NO_3)_2 \dots \dots \dots \quad 0{,}02 \quad \%$$
$$Mg\,SO_4\,(+ 7\,H_2O) \dots \quad 0{,}002 \quad \%$$
$$K_2HPO_4 \dots \dots \dots \quad 0{,}002 \quad \%$$
$$Na\,Cl \dots \dots \dots \dots \quad 0{,}02 \quad \%$$
$$Fe\,SO_4 \dots \dots \dots \dots \quad Spur.$$

Fütterungen mit Stärke, festem Eiweiß u. a. stellte MEISSNER[3]) an. OEHLER erzielte durch Fütterung mit bakterienfremden gekörnten Eiweißverbindungen nur bescheidene Erfolge (a. a. O. 1919).

Die Aufschlüsse, die wir uns von Reinkulturen für die Protozoënforschung versprechen dürfen, sind von allergrößter Bedeutung. WOODRUFF gelang es, seine Paramäzien (*P. aurelia*) mehr als 3000 Teilungen machen zu lassen, ohne daß es zur Kopulation gekommen wäre.[4]) Die Verbesserung der Kulturmethoden, welche diese Resultate ermöglichte, läßt uns über die physiologische Bedeutung der Sexualität der Paramäzien ein ganz anderes Urteil gewinnen als z. B. die viel diskutierten Ergebnisse MAUPAS'.[5]) Auch kann ich mich nicht dazu entschließen, die „Depressionszustände", die in Protozoënkulturen zeitweilig sich bemerkbar machen, für „physiologisch" zu halten (R. HERTWIG); vielmehr handelt es sich bei ihnen offenbar um die Folgen irgendwelcher schwer kontrollierbarer Veränderungen in der Kulturflüssigkeit, die sich freilich nicht immer leicht werden ausschließen lassen, solange die Kulturen neben den Protozoën noch die verschiedensten Lebewesen anderer Art beherbergen. OEHLERS „gereinigte Ziliatenzucht" (s. o.) verspricht hierüber wertvolle Aufschlüsse zu bringen.

Die Protozoën von den gleichzeitig mit ihnen kultivierten Lebewesen auf

1) Üb. grüne Amöben (Ber. Naturf. Ges. Freiburg i. Br. 1899, **11**, 59).

2) PRINGSHEIM, Die Kultur v. *P. burs.* (Biol. Zbl. 1915, **35**, 375).

3) Beitr. zur Ernährungsphysiologie der Protozoën (Ztschr. für wiss. Zool., 1888, **16**, 498); TSUJITANI (Über die Reinkultur der Amöben, Zbl. f. Bakt. 1898, **24**, 666) u. OEHLER haben auch mit toten (abgekochten) Bakterien positive Kulturresultate erzielt.

4) WOODRUFF, L. L., Two thousend generations of *Paramaecium* (Arch. f. Protistenkunde 1911, **21**, 263); vgl. auch STATKEWITSCH, Zur Methodik d. biolog. Unters. über die Protisten (ibid. 1904, **5**, 17); WOODRUFF, Dreitausend und 300 Generationen v. P. ohne Konjugation oder künstl. Reizung (Biol. Zbl. 1913, **33**); WOODRUFF u. ERDMANN, Vollständ. period. Erneuerung des Kernapparates ohne Zellverschmelzung bei reinlinigen Paramäzien (Biol. Zbl. 1914, **34**).

5) Vgl. z. B. Rech. expér. sur la multipl. des Infusoires ciliés (Arch. zool. exp. Ser. II, 1888, **6**).

chemischem oder mechanischem Wege zu trennen, ist schon verschiedenen Forschern gelungen. Neuerdings gaben MUSGRAVE und CLEGG[1]) eine Reihe von Methoden zur Isolierung (nicht aber zur Reinzüchtung!) von Amöben an; am einfachsten ist es, in enzystierten Kulturen die Bakterien durch Hitze oder chemische Mittel wie Formaldehyd zu vernichten: die widerstandsfähigen Amöbenzysten bleiben am Leben.

Reaktion und Konzentration der Nährböden. — BEYERINCK züchtet Amöben auf neutralem oder schwach alkalischem Nährboden, desgleichen VAHLKAMPF[2]), der aber zuweilen auch mit sauren Böden gute Erfolge erzielte.

Über den Einfluß von Alkalizusatz finden sich verschiedene Angaben in der Literatur; beachtenswert scheint LÖBS Beobachtung[3]), daß sehr schwacher Zusatz von NaOH (gegen $^1/_{1200}$ %) die Lebensdauer der Protozoën zu verlängern und diese gegen die Wirkung von Zyankali und anderer Gifte zu schützen vermag.

An steigende Konzentrationen von Chlornatrium, Kaliumnitrat u. a. passen sich Protozoën im allgemeinen leicht an[4]), ebenso lassen sich marine Ziliaten leicht in (mit Leitungswasser) verdünntem Meerwasser kultivieren. Übertragung von Protozoën in Lösungen von hohem osmotischen Druck (1 % KNO_3, 5 % Rohrzucker) führt zu spontanem Zerfall der Zellen in mehrere (lebende) Stücke[5]) oder zu Deformationen, „Krämpfen" (KORENTSCHEWSKY).[6]) Den Einfluß der Konzentration der Nährlösung auf die Form der Amöben, namentlich auf das Auftreten der Schwimmformen, haben v. WASIELEWSKI und HIRSCHFELD studiert.[7])

Beziehungen zum Sauerstoff. — PÜTTER studierte ein anaërobes Protozoon (*Spirostomum ambiguum*) und beschreibt den Einfluß der Sauerstoffzufuhr auf dessen Zellbeschaffenheit.[8]) Unter den parasitisch lebenden werden sich gewiß noch zahlreiche anaërobe Arten finden lassen.[9])

---

1) The cultivation and pathogenesis of Amoebae (Philipp. Journ. of Sc. 1906, **1**, 909).

2) Beitr. z. Biol. u. Entwicklungsgeschichte von *Amoeba limax*, einschließlich der Züchtung auf künstlichen Nährböden (Arch. f. Protistenkde. 1905, **5**, 167).

3) Üb. d. physiol. Wirkung v. Alkalien u. Säuren in starker Verdünnung (PFLÜGERS Archiv 1898, **73**, 422).

4) Vgl. besonders MASSART, Sensibilité et adaptation des organismes à la concentration des solutions salines (Arch. de Biol. 1889, **9**, 515). Weitere Literaturangaben bei v. FÜRTH (s. Anm. 7).

5) FISCHER, A., Untersuch. üb. Bakterien (Jahrb. f. wiss. Bot., 1895, **27**, 154).

6) Vgl. pharmakol. Unters. üb. d. Wirkung v. Giften auf einzell. Organismen (Arch. f. experim. Pathol., 1902, **49**); DEGEN, s. u. (a. a. O. 205).

7) v. WASIELEWSKI u. HIRSCHFELD, Untersuch. üb. Kulturamöben (Abh. Heidelberg. Akad. Wiss., Math.-naturw. Kl. 1910, **1**).

8) Die Wirkung erhöhter Sauerstoffspannung auf die lebendige Substanz (Zeitschr. f. allg. Physik, 1904, **3**, 363).

9) Vgl. NÄGLER, K., Entwicklungsgesch. Studien über Amöben (Arch. f. Protistenkunde 1909, **15**, 1).

Giftwirkungen. — Literatur über den Einfluß verschiedener Gifte (Säuren, Metallsalze u. a.) auf Protozoën findet man z. B. bei v. Fürth.[1]

Stoffwechselprodukte. — Manche Amöben scheiden peptische Fermente aus; kultiviert man sie mit einem die Gelatine nicht verflüssigenden Bakterium (*Bact. coli*), so wird die Gelatine durch Tätigkeit der Amöben gelöst. *Sarcina*-Würfel zerfallen unter Einwirkung der Amöben in ihre Teilstücke.

Amöben. Die meisten Versuche, Protozoën zu kultivieren, beziehen sich auf Amöben.[2] Vahlkampf hat betont, daß ein spezifischer Nährboden für besondere Protozoënarten nicht erforderlich sei und die Ermittlung eines solchen nicht einmal angestrebt werden kann, da die Organismen von Bakterien leben und nicht direkt die im Nährboden gebotenen Stoffe aufnehmen. Solange keine Methoden zur bakterienfreien Reinkultur der Amöben gefunden worden sind, spielt in der Tat die Spezifität des Nährbodens nur eine mittelbare Rolle; vielleicht gelingt es aber doch einmal, diejenigen Stoffe, welche sich die Amöben mit Hilfe ihrer proteolytischen u. a. Fermente aus Bakterien usw. herstellen, ihnen im Nährboden unmittelbar zu bieten und sie dadurch von lebendem Fütterungsmaterial unabhängig zu machen. Das Anwachsen junger Kulturen läßt sich durch hohe Temperaturen (ca. 26°) fördern, da diese der Entwicklung der Bakterien günstig sind (Nägler). Geeignete Nährböden erhält man durch Abkochen von Stroh (ca. 20—30 g in 1 l), Heu, Hanf, Gartenerde; Zaubitzer (a. a. O.) empfiehlt neben anderen verschiedene Peptonpräparate, z. B. Somatose (0,5—1 %) und Pepton (0,5—1%), Peptonwasser, Heydenwasser (Nährstoff Heyden 0,5—1 %). Diese und andere Flüssigkeiten verarbeitet man mit Agar oder Gelatine; auch andere feste Nährböden wie Kartoffeln (z. B. Gorini) sind mit Erfolg benutzt worden.[3] Gram-negative Bakterien sind kleinen Amöben zuträglicher als gram-positive (Oehler). Nährlösungen eignen sich nach Beyerinck nur dann zur Kultur von Amöben, wenn diesen Gelegenheit gegeben ist, sich in einer Kahmhaut anzusiedeln. Derselbe Autor zeigte, daß manche Amöben Gelatine verflüssigen. — Enzystierte Amöben leben in feingetrockneten Kulturen bis 6 Jahre lang.[4]

Vahlkampf verfährt bei der Herstellung von Amöbenkulturen in der Weise, daß er von der Kahmhaut, die sich auf Strohinfus bildet, eine kleine Menge in das Kondensationswasser eines schräg erstarrten Agars überträgt. Auf diesem vermehren sich außer den Amöben auch alle anderen dem Strohinfus entstammenden Mikroorganismen; man gewinnt gute Amöbenkulturen, wenn man 2—3 Tage nach der Impfung von den höchst gelegenen Stellen des Agars Organismen in ein neues Agarreagenzgläschen überträgt, da die Amöben am Agar hinaufkriechen und die Mehrzahl der anderen Organismen hinter sich lassen.

Die in Erde anscheinend häufige *Amoeba nitrophila*, die Beyerinck in Gesellschaft

---

1) Vergleich. chemische Physiol. der nied. Tiere, Jena 1903, 630. Außer der dort zitierten Literatur vgl. auch Musgrave u. Clegg a. a. O.; Degen, Unters. üb. d. kontraktile Vakuole u. d. Wabenstruktur des Protopl. (Botan. Ztg. 1905, **63**, I, 163); Thomas, Action of var. chem. subst. upon cult. of Amebae (Bur. gov. lab. Manila, 1905); Molisch, H., a. a. O. 1910, s. o. S. 76, Anm. 5. Über den Einfluß fluoreszierender Lösungen vgl. Raabs Untersuchg. (Zeitschr. f. Biol. 1900, **39**, 524 und 1903, **44**, 16) und das oben (S. 81) Gesagte.

2) Die Literatur ist außerordentlich umfangreich. Zusammenstellung bei G. Wülker a. a. O. 1911, ferner Arndt (Arch. f. Protistenkde. 1914, **34**, 39), Dobell (ibid. 139), Hogue (ibid. 1914, **35**, 154) u. v. a.

3) Gorini, Kult. d. Amöben auf fest. Substr. (ibid. **19**, 785); Zaubitzer, H., Studium über eine dem Strohinfus entnommene Amöbe (Marburg, Dissertation).

4) Noc in C. R. Soc. Biol. Paris 1914, **76**, 166.

der nitritaufbauenden Bakterien fand, kultivierte dieser Forscher auf gereinigtem Agar, dem 0,2 % $NH_4 NaHPO_4 + 4 H_2O$ und 0,5 % Chlorkalium zugesetzt waren. Die Reaktion soll neutral oder schwach alkalisch sein.

Rhizopoden. — Die Kultur einer aus dem Enddarm der *Lacerta* stammenden Art (*Chlamydophrys?*) kultivierte Breuer auf Agar.[1]

Ziliaten. Aus Infusen von Pferdemist, alten Pflanzenblättern, Heu usw. gewinnt man leicht verschiedene Ziliatenformen, wie *Colpidium colpoda, Colpoda cucullus, Stylonichia mytilus, Chilodon cucullulus* usw.; die für Laboratoriums- und Unterrichtszwecke oft begehrten Paramäzien erhält man, wenn man Kiemen oder Stücke vom Fuß der Teichmuschel (*Anodonta*) einige Tage in Wasser liegen läßt. Marine Ziliaten in großer Auswahl stellen sich meist ein, wenn man Stückchen von Meeresalgen (*Fucus* oder dgl.) bei Zimmertemperatur in Meerwasser liegen läßt. Man läßt Ziliaten sich meist in den genannten Flüssigkeiten weiter entwickeln; Stentoren (*Stentor coeruleus*) vermehren sich reichlich, wenn man angefaulte Salatblätter in die Kulturgläser wirft.[2] Versuche mit festen Nährböden liegen nur wenige vor. Immerhin kommen auch diese für viele Ziliaten — *Colpidium* u. a. — als Substrate in Betracht. Von marinen Ziliaten hielt ich neben anderen namentlich *Cryptochilum nigricans* auf Meerwasser-Agar + Fucusdekokt (*F. serratus*) in überaus fruchtbaren Kulturen. — Bei der Kultur in Flüssigkeiten sieht man die Entwicklung der Ziliaten leider nicht stetig fortschreiten, sondern es treten „Depressionen" ein, auf die sogar völliges Aussterben der Kulturen folgen kann. Das ist offenbar eine Folge schlechter Ernährungsverhältnisse (s. o.) und insbesondere eine Wirkung der Stoffwechselprodukte[3]); um dieser zu begegnen, rät Statkewitsch[4]), insbesondere bei Züchtung der empfindlichen Paramäzien die Kultur periodisch mit frischem Wasser zu durchspülen; auch Umrühren der Kultur tut gute Dienste (Verbesserung der Sauerstoffverhältnisse?), ferner Neutralisation des Wassers und Zusatz geringer Mengen von Kalziumphosphat. Um den Paramäzien frische Nahrung zuzuführen und die allzu stark zersetzte alte entfernen zu können, hatte sich Balbiani so geholfen, daß er fein zerschnittene Blätter in einem Säckchen in die Kulturflüssigkeit hineinhängen ließ und die Füllung des letzteren von Zeit zu Zeit erneuerte.

Über Kultur der Ziliaten in kolloidalen Medien, welche die Bewegung der Organismen verlangsamen, siehe besonders Statkewitsch a. a. O.

Auch die im Kloakeninhalt des Frosches heimischen Ziliaten (*Opalina ranarum, Balantidium minutum* u. a.) dürften der künstlichen Kultur zugänglich sein. *Nyctotherus* wurde von Walker gezüchtet.[5]

Die Kultur der Ziliaten auf sterilem Material gelang bisher nur für *Colpoda Steinii*; Ernährung mit toten Bakterien oder zerriebenem Eiweiß.[6]

---

1) Breuer, Fortpfl. u. biol. Erscheinungen einer *Chl.*-Form auf Agarkulturen (Arch. f. Protistenkde. 1916, **37**, 65). Vgl. auch Goodey, ibid. 1914, **35**, 80.

2) Prowazek, Beitr. z. Kenntnis d. Regen. u. Biol. d. Protoz. (Arch. f. Protistenkde. 1904, **3**, 44).

3) Vgl. z. B. Balbiani, E., Etudes s. l'action des sels sur les infusoires (Arch. d'anat. micr. 1898, **2**).

4) a. a. O., auch Calkins, Studies on the life history of Protozoa I. The lifecycle of *Paramaecium caudatum* (Arch. f. Entwckl.-Mech., 1902, **15**, 139).

5) Walker, E. L., The cultiv. of the paras. flagellata and ciliata of the intestinal tract (Journ. med. res. 1908, **18**, 487).

6) Oehler, Flagellaten- und Ziliatenzucht auf reinem Boden (Arch. f. Protistenkde. 1919, **40**, 16).

Piroplasmen. Die Aufgabe, Piroplasmen (z. B. *Piroplasma canis*) zu kultivieren, ist bisher noch nicht gelöst. Die Beobachtung einzelner Stadien gelingt in physiologischer Kochsalzlösung[1] (0,6—0,8 %).

2. Flagellaten.

Flagellaten finden sich überall in Tümpeln und faulenden Wasseransammlungen; wegen der kultivierbaren Formen (s. u.) wird man den in der Nähe von Mistablagerungen usw. nicht seltenen saftiggrünen Pfützen, welche meist Euglenen in großer Menge enthalten, seine Aufmerksamkeit schenken müssen. Auf farbige marine Flagellaten wird man bei Strandwanderungen durch die grünlichen Anflüge aufmerksam gemacht, die sie auf dem Sande oft entstehen lassen.

Ernährungsweise. — Der Grund, aus welchem wir die Flagellaten getrennt von den ihnen nahe stehenden Protozoën behandeln, liegt in ihrer Ernährungsweise. Manche von ihnen gleichen diesen darin, daß sie sich „tierisch" ernähren und in Reinkulturen daher nicht halten lassen; andere leben saprophytisch, indem sie ihre Nahrung auf osmotischem Wege aufnehmen, und noch andere stellen sich ihren Bedarf an organischer Substanz mit Hilfe assimilierender Chromatophoren selbst her. Solche Formen vermitteln den Übergang zu den autotroph lebenden Algen. — Die Versuche, Flagellaten auf künstlichen Nährsubstraten zu züchten, sind bisher nur bei wenigen Formen geglückt, neuerdings auch bei den als Blutparasiten lebenden Trypanosomen.

Über das in botanischen Gärten gelegentlich auftretende *Chromophyton Rosanoffii* vgl. MOLISCH[2], über das Verhalten der physiologisch interessanten *Anthophysa vegetans* in eisenhaltigem Leitungswasser und seine Beziehungen zu Mn vgl. ADLER.[3]

FRANCÉ teilt einiges über den Einfluß der Züchtung auf das reizphysiologische Verhalten der Flagellaten und über reizphysiologisch verschiedene Rassen mit.[4]

BASS, PEREKROPOFF[5] u. a. bringen die Malariaparasiten auf Dextrose-Blut (0,1—0,4 ccm 50 % Dextrose [MERCK] auf 10 ccm Blut der Malariapatienten) nach Defibrinierung.

---

1) Vgl. z. B. DESELER, Br., Beitr. z. Züchtung v. P. in künstl. Nährböden. (Ztschr. f. Hyg. 1910, **67**, 115); MIYAJIMA, M., Cultiv. of a bovine P. etc. (Phil. Journ. of Sci. 1907, **2**, 83; Nährbouillon mit $^1/_5$—$^1/_{10}$ defibrinierten Blutes).

2) Leuchtende Pflanzen, 2. Aufl. Jena 1912, 2 ff.

3) Über Eisenbakterien in ihrer Beziehung zu den therapeutisch verwend. natürl. Eisenwässern (Zbl. f. Bakt., II, 1904, **11**, 215); dort weitere Literaturangaben.

4) FRANCÉ, R., Exper. Unters. über Reizbeweg. u. Lichtsinnesorgane d. Algen (Zeitschr. f. d. Ausbau d. Entwicklungslehre 1908, **2**).

5) BASS, Neue Gesichtspunkte in der Immunitätslehre usw. (Arch. f. Schiffs- u. Tropenhyg. 1912, **16**, 117); BASS a. JOHNS, The cultivation of malarial plasmodia (Journ. exp. med. 1912, **16**, 567); PEREKROPOFF, Üb. Kult. d. Plasmodien des trop. Fiebers (Mal. tropica) (Arch. f. Protistenkde. 1914, **34**, 139).

Peridineen (Dinoflagellaten). Als kultivierbar ist bisher erst eine Form, *Glenodinium Cohnii,* erkannt worden. Es läßt sich meist leicht gewinnen, indem man Fucusmaterial im Laboratorium in Glasdosen oder dgl. einige Tage oder Wochen stehen läßt und von dem zerfallenden Algenmaterial eine Probe in geeignete Nährlösungen überträgt. Als solche empfiehlt Küster Fucusextrakt. Die Peridineen vermehren sich in diesem sehr schnell.[1])

Ochromonas ist von Meyer[2]) (a. a. O. 59ff.) kultiviert worden. Anorganische Ernährung führt zu tieferer Färbung der (gelblichen) Chromatophoren als organische. Verschiedene Zuckerlösungen (Glukose, Saccharose, Maltose u. a.) wurden erfolgreich zur Kultur benutzt. In Pepton ging *O. granulosa* zugrunde. Kultur in N-freier Nährlösung fördert die Leukosinbildung. „Häufige, besonders mit *Ochromonas granulosa* angestellte Versuche zur Erlangung von Reinkulturen aus wenigen Exemplaren gelangen nie, da die Form nach der Übertragung sich nie vermehrte, sondern regelmäßig schnell zugrunde ging. Dagegen traten häufig die beiden *Ochromonas*arten (*granulosa* und *variabilis*) in solchen Mengen auf, daß sie von selbst eine fast völlige Reinkultur bildeten, wobei aber immerhin das Vorhandensein von anderen Formen zwischen den genannten Arten nicht als ausgeschlossen betrachtet werden konnte" (a. a. O. 80).

Prowazekia wurde von Oehler[3]) rein, d. h. bei Ernährung durch tote Bakterien oder Eiweißpulver kultiviert.

Monas. *M. amoebina* kultivierte Meyer (a. a. O. 54) in organischen Lösungen, z. B. in Traubenzucker. *M. minima* fand sich in einer Peptonkultur.

Euglenen. Von allen Flagellaten auf dem Wege künstlicher Züchtung am genauesten erforscht ist die von Zumstein[4]) untersuchte *E. gracilis.* Das für diese Art von ihm Mitgeteilte dürfte auch für manche andere Euglenen seine Gültigkeit haben. *E. gracilis* vermag auf Knopscher Nährlösung (0,05—0,8) zu gedeihen; besser ist das Wachstum auf einer der beiden folgenden Lösungen:

0,5 g Pepton	1,00 g Pepton
0,5 „ Traubenzucker	0,4 „ Traubenzucker
0,2 „ Zitronensäure	0,4 „ Zitronensäure
0,02 „ $MgSO_4 + 7H_2O$	0,02 „ $MgSO_4 + 7H_2O$
0,05 „ KH_2PO_4	0,05 „ KH_2PO_4
100 ccm Wasser.	0,05 „ NH_4NO_3
	98 ccm Wasser.

Die Zitronensäure wird nach Zumstein selbst in hohen Konzentrationen (1—2 %) gut vertragen und gestattet bei Kultur in leicht faulenden Flüssigkeiten (Erbsenwasser u. dgl.) den Ausschluß der Bakterien; doch geht aus Pringsheims Beobachtungen hervor, daß sich verschiedene Stämme derselben Spezies gegenüber Säuren verschieden verhalten. Pringsheim gelangte zu Reinkulturen am schnellsten durch Agarplattenguß (Agar + 0,1 % Asparagin); Weiterzüchten auf 0,1 % Ammonphosphatagar oder 0,5 % Fleischextrakt-

---

1) Küster, E., Eine kultivierbare Peridinee (Arch. f. Protistenkde. 1908, **11**, 351); Griessmann, Üb. marine Flagellaten (Arch. f. Protistenkde. 1913, **32**, 1; Diss. Heidelberg).

2) Meyer, Hans, Untersuch. über einige Flagellaten. Dissert., Basel 1897.

3) Oehler, Flagellaten- u. Ziliatenzucht auf reinem Boden (Arch. f. Protistenkde. 1919, **40**, 16; vgl. auch Thornton u. G. Smith, Proc. Roy. Soc., Ser. B., 1914, **88**, 151).

4) Zur Morph. u. Phys. d. *Euglena gracilis* Klebs (Jahrb. f. wiss. Bot. 1900, **34**, 149; daselbst weitere Literaturangaben).

lösung.[1]) — Stellt man eine am Licht gehaltene Kultur grüner Euglenen in organischer Nährlösung ins Dunkle, oder überträgt man die Euglenen aus einem ziemlich erschöpften Nährmedium in ein an organischer Substanz sehr reiches (z. B. Erbsenwasser oder Fleischextraktgelatine), so wird die grüne *Euglena*form in die farblose *Astasia*form übergeführt. Mitteilungen über die Wirkung verdünnter Amidosäuren bei THORNTON u. SMITH (a. a. O.). Auch N - Mangel bewirkt Verblassen der Chromatophoren (PRINGSHEIM). — Mitteilungen über kultivierbare marine Flagellaten (auch blaugrüne) bei SCHÜLLER.[2])

Darm- und Blutbewohnende Flagellaten (*Cercomonas, Bodo, Trichomonas, Monocercomonas*) kultivierte WALKER und KÜHN in bakterienhaltigen Mischkulturen.[3])

Trypanosomen.[4]) Die Aufgabe, Trypanosomen, typische Blutparasiten, außerhalb des Tierkörpers zu kultivieren, wurde vor einigen Jahren von MC NEAL und NOVY gelöst. Die Tr. wachsen auf Agar und defibriniertem Tierblut, welche die genannten Autoren[5]) im Verhältnis von 5 : 1, später 2 : 1 zu mischen vorschlugen. Das Hämoglobin scheint eine für das Gedeihen der Tr. wesentliche Bedeutung zu haben, seine Zersetzung (in Hämatin?) hindert ihre Entwicklung; am geeignetsten ist Kaninchenblut. Über Isolierung und Einzellkultur vgl. z. B. OEHLER und HENNINGFELD.[6])

Relativ leicht kultivierbar ist *Tr. Lewisi*, das Rattentrypanosoma. Der Nähragar, den MC NEAL und NOVY benutzten, enthält 1—3 % Pepton und defibriniertes Blut im angegebenen Verhältnis. Die Verfasser impfen das Kondenswasser und bewahren die Kulturen bei Zimmertemperatur oder bei 34—37⁰ C auf. Nach einem weiteren Rezept nehmen dieselben Autoren

> 2 Teile Agar,
> 1 Teil Rattenblut,
> 1 Teil einer Lösung, welche 1 % Glykokoll und 1 % asparaginsaures Natrium enthält.

Nach dem Erkalten wird defibriniertes Kaninchenblut zum Kondensationswasser zugefügt. Das Maximum der Entwicklung erreichen die Kulturen nach 8—12 Tagen; dann muß übergeimpft werden.

---

1) PRINGSHEIM, Kulturvers. mit chlorophyllführenden Mikroorganismen II (Beitr. z. Biol. d. Pfl. 1913, **12**, 1); LINSBAUER fand Zitronensäure besonders giftig (Not. üb. d. Säureempfindlichkeit d. Eugl., Öst. bot. Ztschr. 1915, **65**, 12).

2) SCHÜLLER, J., Üb. d. Ernährungsbeding. einiger Fl. d. Meerwassers (Wiss. Meeresuntersuch., Abt. Kiel. N. F. 1910, **11**, 347).

3) WALKER, E. L., The cultiv. of the paras. flagellata and ciliata of the intest. tract. (Journ. med. res. 1908, **18**, 487). KÜHN, Üb. Bau, Teilung u. Enzystierung v. *Bodo edax* KLEBS (Arch. f. Protistenkde. 1915, **35**, 212). Vgl. auch OEHLER a. a. O. 1919 (*Bodo*).

4) Zusammenfassende Arbeiten: LAVERAN u. MESNIL, Trypanosomes et trypanosomiases, Paris 1904; NOCHT u. MAYER, M., Trypanosomen als Krankheitserreger (Handb. d. pathog. Mikroorganismen, Ergänzungsband, Jena 1906/1907, 1).

5) Cultiv. of *Trypanosoma Lewisi* (Contrib. to med. research. to V. C. Vaughan, Juni 1903; vgl. Ztschr. f. wiss. Mikr. 1904, **21**, 372); On the cultiv. of *Tr. Brucei* (Journ. of inf. dis. 1904, **4**, 1); The life history of *Tr. Lewisi* and *Brucei* (ibid. 1904, **1**, 517); PROWAZEK, Stud. üb. Säugetiertrypan. (Arb. Kais. Ges.-Amt **22**, H. 2, 351); NOCHT u. MAYER, a. a. O.; MATHIS, S. une modific. du milieu de NOVY-MC NEAL pour la cult. des Tr. (C. R. Soc. Biol., 1906, **61**, 550).

6) OEHLER, Üb. d. Gewinn. reiner Tr.stämme durch Einzellenübertragung (Zbl. f. Bakt. I, Orig., 1913, **67**, 569); HENNINGFELD, Üb. d. Isolierung einzelner Tr. (ibid. 1914, **73**, 228).

Für *Tr. Brucei* (Naganakrankheit der Rinder, Esel, Pferde u. a.) empfehlen Mc Neal und Novy

Extrakt von 125 g Rindfleisch in 1000 g Wasser

Agar	20 „
Pepton	20 „
Kochsalz	4 „
$Na_2 CO_3$ (Normallösung)	10 ccm.

Bei 55—60⁰ werden 2 Teile defibrinierten Kaninchenblutes mit 1 Teil Agar vermischt. Temperaturoptimum bei 25⁰.

Leicht kultivierbar sind ferner die Trypanosomen der Vögel, wie Mc Neal und Novy zeigten.[1]) Auch die Froschtrypanosomen wurden bereits erfolgreich in Kultur genommen.[2])

3. Myxomyzeten (Myzetozoën).

Schleimpilze (Myzetozoën, Myxomyzeten) lassen sich nicht so leicht gewinnen wie Vertreter der anderen Hauptgruppen der Mikroorganismen. Man durchsuche in Zersetzung begriffenes Pflanzenmaterial, alte Blätter, faulendes Stroh, moderndes Holz usw. nach dem weitverbreiteten *Chondrioderma difforme*, nach *Didymium* u. dgl. Über die Standorte der häufigsten einheimischen Schleimpilze in Wald und Feld geben die üblichen Kryptogamenfloren Aufschluß. An zersetztem Holz usw. kann man im Laboratorium Myzetozoën sich entwickeln sehen.

Ernährungsweise. — Die Myzetozoën leben offenbar in erster Linie von Bakterien, wenigstens ist ihre Kultur ohne Bakterien noch nicht einwandsfrei gelungen.[3]) Die Sachlage ist bei den Schleimpilzen somit eine ähnliche wie bei den Protozoën; doch ist es keineswegs ausgeschlossen, daß auch osmotische Nahrungsaufnahme bei den Schleimpilzen eine große Rolle spielt; für *Dictyostelium mucoroides* hat es Potts (s. u.) durchaus wahrscheinlich gemacht, daß eine extrazelluläre Verdauung der Futterbakterien stattfindet, d. h. daß von den Schleimpilzen proteolytische Fermente ausgeschieden und die Produkte der Proteolyse von ihnen aufgenommen werden.

Nährböden. — Die Schleimpilze (samt den unerläßlichen Bakterien) können in Nährlösungen und auf festen Nährböden kultiviert werden. Vorzügliche Nährlösungen sind Dekokte von Maiskörnern, trockenen *Vicia*stengeln, ferner Dekokte von Heu, Holz, Lohe, Kiefernadeln, Eicheln, *Polyporus* u. a. m. Auf 2%igem Agar, der z. B. mit Maiskörnerdekokt hergestellt ist,

---

1) On the trypanosoma of birds (Journ. of infect. diseases 1905, **2**, 286); Thiroux, Rech. morphol. et expér. sur *Trypanosoma paddae* (Ann. Inst. Pasteur 1905, **19**, 65).

2) Lewis, J., u. Williams, H. V., The results of attempt to cultivate trypanosomes from frogs (Soc. f. exp. Biol. and Medic., Febr. 1905); Bouet, G., Culture du Trypanosome de la grenouille (Ann. Inst. Pasteur, 1906, **20**, 564); Mathis, a. a. O.

3) Vgl. Nadson, Potts (s.u.) und Pinoy, Rôle des bact. dans le dével. de cert. Myx. (Thèse Paris 1907; auch Ann. Inst. Pasteur 1907, **21**, 622); Nécessité d'une symbiose microbienne pour obtenir la culture des Myxomyc. (Bull. Soc. myc. de France 1902, **18**). Anderer Ansicht ist Brefeld (s.u.). — Über Ernährung mit Hefe vgl. Chrzazcz, *Physarum leucophaeum ferox*, eine hefefressende Amöbe (Zbl. f. Bakt., II, 1902, **8**, 431).

wachsen viele Myxomyzeten vortrefflich. *Vicia*agar kann man sich so herstellen, daß man verflüssigten Agar in Petrischalen oder dgl. auf trockene Stengelstücke von *Vicia* aufgießt und hiernach sterilisiert: bei der Sterilisation diffundieren hinreichende Mengen von Nährstoffen in den Agar. Auch als feste Nährböden kommen die soeben genannten Objekte in Betracht; DEGEN[1]) kultivierte *Aethalium septicum* auf Löschpapier, das mit Lohedekokt durchtränkt war. Wichtig ist, daß man nicht allzu N-reiche Nährböden den Schleimpilzen bietet, da auf diesen die Bakterien zu üppig sich entwickeln. HILTON beobachtete Förderung der Plasmodien durch Rohrzucker + Ammoniumphosphat[2]) (*Badhamia*). — Von festen Nährböden wurden weiterhin bereits erprobt: Lohe für *Aethalium septicum* (CONSTANTINEANU)[3]), Mist für *Dictyostelium*, *Stereum*-Fruchtkörper für *Badhamia* (LISTER)[4]), Mohrrüben für *Licea* (CIENKOWSKY)[5]) u. a. m. Über organische Nährlösung von bekannter Zusammensetzung finden sich einige Angaben z. B. bei CONSTANTINEANU a. a. O., welcher auch Bimsstein mit verschiedenen Lösungen durchtränkte und auf ihm Schleimpilze züchtete.

Keimung, Schwärmer. — Nach CONSTANTINEANU keimen alle Myzetozoënsporen bereits in reinem Wasser.[6]) Säure (H-Ionen) lockt die Schwärmer an, Alkali (OH-Ionen) stößt sie ab.[7])

Plasmodien- und Fruchtbildung. — Zahlreiche Angaben bei CONSTANTINEANU: unter dem Einfluß von Feuchtigkeit bilden *Aethalium*, *Badhamia* und *Leocarpus* stets Zysten, während Trockenheit bei *Aethalium* fast stets Fruktifikation, bei *Amaurochaete*, *Badhamia*, *Leocarpus* u. a. Enzystierung bewirkt. Frühzeitige Fruchtbildung bei einem Teil des Plasmodiums ruft man hervor, indem man die Nährstoffe durch Wasser entzieht (*Didymium* u. a.) oder Nahrungsaufnahme durch Trockenheit verhindert (*Aethalium*). Bei *Physarum didermoides* wird durch seine Stoffwechselprodukte die Fruchtbildung beschleunigt, das Plasmodium von *Didymium effusum* enzystiert sich unter ihrem Einfluß. — KLEBS zeigte, daß man Plasmodien von *Didymium* ohne Sporenbildung jahrelang kultivieren kann, wenn man dafür sorgt, daß das Plasmodium stets rechtzeitig auf nährstoffreiches Substrat übertragen wird.[8])

---

1) a. a. O. (oben S. 103, Anm. 1).

2) Journ. Quekett Micr. Club 1914, **12**, 381.

3) Üb. d. Entwicklungsbedingung. d. Myxomyzeten (Ann. Mycol. 1906, **4**, 495, auch Dissertation Halle 1906).

4) Notes on the plasmodium of B. (Ann. of Bot. 1888, **2**, 1).

5) Z. Entwicklungsgesch. d. Myxomyz. (Jahrb. f. wiss. Bot. 1863, **3**, 325).

6) DE BARY, Die Myzetozoën (Schleimpilze) 1864. Vgl. ferner LISTER, On the cultivation of mycetozoa from spores (Journ. of Bot. 1901); JAHN, Myxomyzetenstudien 4: Die Keimung der Sporen (Ber. d. D. Bot. Ges. 1905, **23**, 489).

7) KUSANO, S., Stud. on the chemotactic a. oth. relat. react. of the swarmsp. of M. (Journ. Coll. Agricult., Tokyo 1908, **2**, 1).

8) Einige Ergebnisse der Fortpflanzungsphysiologie (Ber. d. D. Bot. Ges. 1900, **18**, 201).

Dictyostelium mucoroides, ein auf Pferdemist nicht seltener Myxomyzet, ist besonders durch die trefflichen Untersuchungen von Potts[1]) gut bekannt. Auf sterilisiertem Mist, *Vicia*stengel- und Maiskörnerdekokten und Agar von diesen leicht kultivierbar. Extrazelluläre Verdauung der — nach Potts — unerläßlichen Bakterien (s. o.). Gute N-Quellen: Ammoniumnitrat, Asparagin, Legumin, Kaseïn, Nukleïn, Harnsäure; gute C-Quellen: Zucker, Glyzerin. Pepton und Leuzin liefern gleichzeitig C und N. Von Mineralstoffen wurden geboten K_3PO_4 und $MgSO_4$. — Bei Nahrungsmangel Fruchtbildung. Noch nicht genügend erklärt ist die Erscheinung, daß die Amöben in dicht geschlossenen Deckeldosen absterben (Potts).

Die sorgfältigen Untersuchungen Pinoys (1907 a. a. O.) haben von neuem die Abhängigkeit der Myxomyzeten von Bakterien dargetan. Bakterienfrei fand P. nur diejenigen Kulturen, aus welchen die Bakterien bereits verschwunden waren; eine weitere Entwicklung ist solchen Schleimpilzkulturen nicht möglich. — Nach Pinoy werden die Bakterien durch das Zusammenleben mit Schleimpilzen wesentlich verändert (Verlust der Fluoreszenz bei *Bac. fluorescens var. liquefaciens*, Änderungen im Verflüssigungsvermögen). Bei demselben Autor Angaben über Kultur der Myxomyzeten mit Pigmentbakterien.

Nadson[2]), der die Bedeutung der Bakterien für die Entwicklung der Myxomyzeten erkannte, kultivierte *Dictyostelium* mit Bakterien, gibt aber gleichzeitig an, auch bakterienfreie, alleridings abnorm wachsende Reinkulturen gewonnen zu haben. Nachdem Potts sich um bakterienfreie Kultur der Myxomyzeten vergebens bemüht hat, verdient die Nadsonsche Beobachtung ihrer prinzipiellen Wichtigkeit wegen erneute Nachprüfung.

4. Algen.

Versuche mit Algen kann man mit den weitverbreiteten Grünalgen beginnen, die auf feuchten Mauern und Steinen, auf feuchter Gartenerde, an Baumstämmen usw. die wohlbekannten grünen Überzüge bilden (*Pleurococcus, Stichococcus, Chlorococcum, Hormidium* usw.), oder mit den fädigen Bewohnern unserer Tümpel (*Cladophora, Oedogonium, Spirogyra*). Zyanophyzeen liefert feucht gehaltener Sand oder Gartenerde, alte Blumentöpfe usw., die auch allerhand Diatomeen zu beherbergen pflegen. Bei der Gewinnung kleiner Planktonformen bediene man sich der Zentrifuge.

Ernährungsweise. — Die Algen als chlorophyllhaltige Organismen sind zur Assimilation der Kohlensäure befähigt und kommen somit bei künstlicher Kultur mit Zufuhr von anorganischen Stoffen aus. Algen, welche neben den Produkten ihrer Assimilationstätigkeit noch organische Ernährung fordern oder als farblose Parasiten oder Saprophyten auf diese völlig angewiesen sind, gehören zu den Ausnahmen.

Nährböden. — Die Algen wachsen, ihrem natürlichen Vorkommen entsprechend, vorzüglich in Nährlösungen, doch vortrefflich auch auf allerhand festen — starren und gelatinösen — Nährböden (Gips, Ton, Bimsstein, Sand,

---

1) Zur Physiol. d. D. m. (Flora 1902, **91**, 281, auch Dissertation Halle 1902). Ferner Brefeld, D. m., ein neuer Organismus aus d. Verwandtschaft d. Myxomyz. (Abh. Senckenberg. Naturf. Ges. 1869, **7**, u. Unters. Gesamtgeb. Mykologie 1884, **6**).

2) Des cultures du *Dictyostelium mucoroides* Bref. et des cultures pures des Amibes en général (Extr. Scripta Botanica fasc. **15**).

Kieselsäuregallert, Gelatine, Agar); die Widerstandsfähigkeit vieler grüner und blauer Algen gegen hohe Temperaturen ist groß genug, um das Plattengießen mit Gelatine und sogar mit Agar (nach Abkühlung des letzteren auf ca. 40°) zulässig zu machen.[1]) Manche Algen verflüssigen Gelatine, einige Diatomeen auch den Agar. — Im allgemeinen wird man mit Kultur in Dosen und Glasschalen oder auf Tellern, mit Petrischalen und Reagenzgläsern zu arbeiten haben.

Anorganische Nahrung. — Der Befähigung der Algen zur Assimilation der Kohlensäure entspricht es, daß man in erster Linie anorganische Nährlösungen zu ihrer Kultur verwendet. Nährlösungen wie die von KNOP oder TOLLENS (s. o. S. 17) sind gute Nährmedien. MOLISCH empfiehlt:

$$1000 \ \text{g Wasser}$$
$$0,2 \ \text{„} \ KNO_3$$
$$0,2 \ \text{„} \ K_2HPO_4$$
$$0,2 \ \text{„} \ MgSO_4$$
$$0,2 \ \text{„} \ CaSO_4$$

und legt Wert auf das Dikaliumphosphat, das der Lösung schwach alkalische Reaktion gibt.

BEYERINCK[2]) kultiviert in

$$100 \ \text{g Wasser}$$
$$0,05 \ \text{„} \ NH_4NO_3$$
$$0,02 \ \text{„} \ KH_2PO_4$$
$$0,02 \ \text{„} \ MgSO_4$$
$$0,01 \ \text{„} \ CaCl_2$$
$$\text{Spur} \ FeSO_4.$$

ARTARI[3]) nimmt

NH_4NO_3	0,25 %
K_2HPO_4	0,1 %
$MgSO_4$	0,025 %
$FeCl_3$	Spuren

oder ähnliche Kombinationen.

KLEBS benutzte KNOPsche Lösung nach folgendem Rezept[4]):

$$4 \ \text{Teile} \ Ca(NO_3)_2$$
$$1 \ \text{Teil} \ KH_2PO_4$$
$$1 \ \text{„} \ KNO_3$$
$$1 \ \text{„} \ MgSO_4$$

auf 0,2—1 % verdünnt.

Von den genannten enthalten die KNOPsche Lösung, die TOLLENSsche

1) PRINGSHEIM, Kulturvers. m. chlorophyllführ. Mikroorganismen, I: Die Kultur v. Algen in Agar (Beitr. z. Biol. d. Pfl. 11, 305). Vgl. auch TISCHUTKIN, Üb. Agar-Agar-Kult. einiger Algen u. Amöben (Zbl. f. Bakt. II, 1897, 3, 183).

2) Notiz über *Pleurococcus vulg.* (Zbl. f. Bakt. II, 1898, 4, 785).

3) Der Einfluß der Konzentrationen der Nährlösungen auf die Entwicklung einiger grüner Algen (Jahrb. f. wiss. Bot. 1906, 43, 177).

4) Beding. d. Fortpflanz. bei einigen Algen und Pilzen, Jena 1896, 8.

und BEYERINCKS Mischung Ca, das für die meisten Algen überflüssig zu sein scheint. MOLISCH und BENECKE[1]), die die Ansprüche der Algen an Mineralstoffe eingehend geprüft haben, konstatierten Ca-Bedürfnis nur für *Spirogyra* und *Vaucheria*; nach PRINGSHEIM ist Ca für Zyanophyzeen unentbehrlich. Ob auf die an Ca-freien Lokalitäten vorkommenden Algen Kalzium bei künstlicher Kultur schädigend wirkt, ist wahrscheinlich, bedarf aber noch der näheren Untersuchung. K ist unentbehrlich und mag als Kaliumphosphat oder Kaliumnitrat geboten werden; K-freie Na-Kulturen wachsen sehr schwach oder gar nicht. Mg (als $MgSO_4$ oder $MgCl_2$ geboten) ist unentbehrlich, doch machen sich die Folgen Mg-freier Züchtung wie bei höheren Pflanzen oft erst sehr spät geltend (BENECKE). Überraschende Beobachtungen über den hohen $MgSO_4$-Gehalt (bis 20 %), den manche Algen bei ausgezeichnetem Wachstum ertragen, stammen von O. RICHTER.[2]) Gute P-Quellen sind Kalium- und Ammoniumphosphat, gute N-Quellen KNO_3, $NaNO_3$, Ca $(NO_3)_2$ und Ammoniumphosphat, — letzteres liefert N und P gleichzeitig. — N-frei kultivierte Algen fallen durch das gesteigerte Längenwachstum der Zellen auf („Etiolement aus Stickstoffhunger") und die Reduktion ihrer Chloroplasten (z. B. bei *Vaucheria*keimlingen). N-Mangel bei Gegenwart von P steigert die Produktion von Geschlechtsorganen, Keimlinge von Vaucherien bedecken sich über und über mit solchen (BENECKE). — S wird als $MgSO_4$ gegeben.

Reaktion der Nährlösung. — Im allgemeinen gilt der Satz, daß die Algen in alkalischer Flüssigkeit besser gedeihen als in saurer (MOLISCH, BENECKE, KLEBS a. a. O.), insbesondere gegen freie Säuren sind Algen sehr empfindlich[3]); übrigens sind auch Algen bekannt, die noch in schwachsaurer Lösung gut wachsen (*Hormidium*, BENECKE).

Konzentration. — Es genügt für sehr viele, vielleicht für die meisten Süßwasseralgen schon eine sehr geringe Konzentration der Nährlösung (z. B. 0,1—0,5 %), andererseits wird von vielen selbst sehr hohe Konzentration gut vertragen (FAMINTZIN, A. RICHTER, ARTARI u. a.).[4]) Die optimale Konzentration liegt bei verschiedenen Arten natürlich sehr ungleich hoch. ARTARI gibt an, daß *Stichococcus* am besten in einer Lösung wächst, welche 0,5 bis 1 % der Stickstoffquelle und 1—2 % Glukose oder Rohrzucker enthält,

---

1) BENECKE, Über Kulturbedingungen einiger Algen (Botan. Ztg. 1898, **46**, 83).

2) RICHTER, O., Anwendung selektiver Nährböden bei der Reinzucht v. Algen (Akad. Anzeiger, Wien, Math.-naturw. Kl. 1919, 12. Juni).

3) Über den Einfluß geringer Mengen H_3PO_4 auf das Wachstum der *Spirogyra* vgl. MIGULA, Üb. d. Einfl. stark verdünnter Säuren (Dissert. Breslau 1888).

4) FAMINTZIN, A., Die organischen Salze als ausgezeichnetes Hilfsmittel zum Studium der Entwicklungsgeschichte der niederen Pflanzenformen (Mel. biol. Acad. imp. Sc., St. Petersbourg, 1871, **13**); RICHTER, A., Über die Anpassung der Süßwasseralgen an Kochsalzlösungen (Flora 1892, **75**, 4); ARTARI, A., Der Einfluß der Konzentrationen der Nährlösungen auf die Entwicklung einiger grüner Algen I und II (Jahrb. f. wiss. Bot. 1904, **40**, 593 und 1906, **43**, 177, vgl. ferner 1909, **46**, 443), GERNECK s. u.

während *Scenedesmus caudatus* schwache Lösungen (0,125—0,062% Glukose, 0,062—0,031% Stickstoffquelle) bevorzugt.

Die Meeresalgen vertragen bei allmählicher Gewöhnung sehr hohe Konzentrationen von NaCl; nach GERNECK erträgt *Chlorococcum* noch konzentrierte KNO_3-Lösung (ca. 30%). Was für hohe Konzentrationen von $MgSO_4$ *Chlorella* u. a. ertragen (nach O. RICHTER), war bereits mitzuteilen. Das Nonplusultra stellt in ihrer Widerstandsfähigkeit die besonders von TEODORESCO[1]) studierte *Dunaliella* dar; ich kultivierte sie jahrelang in einer mit NaCl gesättigten KNOPschen Nährlösung, in der bereits seit langem große Kochsalzkristalle ausgefallen waren. — Auf die Widerstandsfähigkeit der Zyanophyzeen hochkonzentrierten Lösungen gegenüber machte CAVARA[2]) aufmerksam.

Licht. — Als chlorophyllhaltige Organismen beanspruchen die Algen im allgemeinen zu normalem Gedeihen Licht — natürliches oder künstliches; doch kann durch Zufuhr organischer Nahrung (s. u.) manchen Algen auch im Dunkeln Fortentwicklung möglich gemacht werden. COMBES stellte für *Cystococcus humicola* und *Chlorella vulgaris* ein niedriges Belichtungsoptimum fest.[3])

Stichococcus bacillaris wächst nach NADSON in blauem Lichte erheblich besser als in rotem; bei Zusatz organischer Stoffe zum Nährboden (Pepton, Glukose) ist der Unterschied nicht so deutlich wie bei rein anorganischer Ernährung.[4]) Nachprüfung und Erweiterung der NADSONschen Ergebnisse wären erwünscht. Über die Entwicklung der Diatomeen in monochromatischem Licht vgl. MEINHOLD (s. u.); auf den Einfluß verschiedenfarbigen Lichtes auf die Färbung der Oszillarien sind GAIDUKOV, MAGNUS, SCHINDLER und BORESCH[5]) eingegangen. „Chromatische Adaption", d. h. Annahme einer zu der des auffallenden Lichtes komplementären Farbe wurde für *Phormidium foveolarum* festgestellt (BORESCH).

Wirkung organischer Nahrung. — Für die grünen Algen und überhaupt für die assimilierenden ist organische Nahrung offenbar überflüssig. Ein anderes ist es, daß von vielen organische Nahrung verwertet

---

1) Organisation et développ. du D. etc. (Beih. z. Bot. Zbl. I, 1905, **18**, 215).

2) Resist. fisiol. del *Microcoleus chtonoplastes* Thur. etc. (N. giorn. bot. ital. N. S. 1902, **9**, 59).

3) COMBES, Infl. de l'éclairement s. le dével. des algues (Bull. soc. bot. France 1912, **59**, 750).

4) NADSON, G. A., Über den Einfluß des farbigen Lichtes auf die Entwicklung des *Stichococcus bacillaris* NAEG. in Reinkulturen (Bull. jard. imp. bot. St. Petersbourg 1910, **10**, 137; vgl. Zbl. f. Bakt. II, 1911, **31**, 287).

5) GAIDUKOV, N., Üb. d. Einfl. farbigen Lichtes auf die Färbung lebender Oszill. (Anh. Abhandl. Akad. Wiss. Berlin 1902); Weit. Unters. üb. d. Einfl. farb. Lichtes auf die Farben der O. (Ber. d. D. Bot. Ges. 1903, **21**, 484); MAGNUS, W., u. SCHINDLER, B., Über den Einfluß d. Nährl. auf d. Färb. der Oszill. (ibid. 1912, **30**, 314); BORESCH, Die Färb. v. Zyanophyzeen u. Chlorophyzeen in ihrer Abhängigk. vom N-gehalt d. Substr. (Jahrb. f. wiss. Bot. 1913, **52**, 145); Üb. d. Einwirk. farbigen Lichtes auf d. Färbung d. Zyanophyzeen (Ber. d. D. Bot. Ges. 1919, **37**, 25).

werden kann. Die Wirkung organischer Ernährung auf die Algen ist bei verschiedenen Formen sehr verschieden. Zunächst sind diejenigen zu nennen, welche organische Substanzen durchaus verschmähen: nach Beyerinck[1]) gehören zu diesen gewisse Zyanophyzeen, nach v. Deldens Untersuchungen ein ulothrixähnlicher Organismus.[2]) Solche Lebewesen müssen auf sorgfältig ausgewaschenem Agar kultiviert werden. Eine weitere Gruppe stellen diejenigen Algen dar, welche zunächst, wenn sie in Kultur genommen werden, den Vertretern der vorigen Gruppe gleichen, sich aber nach und nach an organische Nahrung gewöhnen. Nach Beyerinck (1898 a. a. O.) gehört *Pleurococcus* hierher. Drittens gibt es Algen — und sie sind offenbar sehr zahlreich —, die von vornherein organische Nahrung nehmen: viele einzellige Grünalgen wie *Cystococcus humicola, Stichococcus bacillaris, Chlorella vulgaris* u. a.[3]), die Desmidiazeen und Diatomeen (s. u.). Nach Matruchot und Molliard[4]) fördert schon 0,03 % Glukose die Entwicklung der Algen, Artari[5]) gibt dasselbe bereits für 0,005 % an. Das Optimum liegt für *Chlorella communis* bei 2 %.

Eine letzte Gruppe von Algen wird von denjenigen Formen gebildet, für welche organische Nahrung notwendig ist. Es handelt sich um Algen, die Beyerinck (a. a. O.) als Peptonorganismen erkannt hat, und die bei Amido- oder Nitraternährung nur kümmerlich gedeihen; bisher hat sich dergleichen nur für die aus einigen Flechten isolierten Gonidien nachweisen lassen.

Welche Erscheinungen ruft die organische Ernährung an Organismen hervor, die auch ohne diese auskommen? Über den Einfluß auf Wachstum und Fortpflanzung vergleiche man namentlich Klebs' Untersuchungen. Erscheinungen weiterhin, die namentlich für den Habitus der Kultur von Bedeutung sind, beobachtete Beyerinck (1898 a. a. O.) an *Pleurococcus vulgaris*: die Zellenanhäufungen in den stark geförderten Kulturen führten dazu, daß die oberen Schichten als trockenes Pulver auf den unteren lagen und leicht von diesen abgeschüttelt werden konnten. Wichtig ist der Einfluß auf die Chlorophyllbildung. Von verschiedenen Seiten ist festgestellt worden, daß organisch ernährte Algen blaß und sogar farblos werden können. Eingehende Angaben verdanken wir z. B. Artari.[6]) *Scenedesmus caudatus*

---

1) Üb. oligonitrophile Mikroben (Zbl. f. Bakt. II, 1901, **7**, 561).

2) Mitgeteilt von Beyerinck, Notiz über *Pleurococcus vulgaris* (ibid. II, 1898, **4**, 785).

3) Kulturversuche mit Zoochlorellen, Lichenengonidien u. and. nied. Algen (Bot. Ztg. 1890, **48**, 725).

4) Variations de structure d'une algue verte sous l'influence du milieu nutritif (Rev. gén. de Bot. 1902, **14**, 193).

5) a. a. O., 1904, **40**, 608.

6) Über die Bildung des Chlorophylls durch grüne Algen (Ber. d. D. Bot. Ges. 1902, **20**, 201); Redais, S. la cult. pure d'une algue verte; formation de chlorophylle à l'obscurité (C. R. Acad. Sc. Paris 1900, **130**, 793); Bouilhac, R., S. la cult. du *Nostoc punctiforme* en présence du glucose (ibid. 1898, **126**, 880); Sur la végét. du N. p. en présence de différents hydrates de carbone (ibid. 1901, **133**, 55); Mendreka, Etude s. l. algues saprophytes (Bull. soc. bot. Genève, 2. sér., 1912, **4**, 133) u. a. m.

wächst in 0,5 % Glukose grün, in 3—5 % farblos weiter; *Sc. acutus* wird nach Beyerinck in 12 % Maltose farblos; über das ähnliche Verhalten gewisser Flagellaten (*Euglena*) s. o. S. 106. *Stichococcus* wurde von Artari in folgender Nährlösung gezüchtet:

$$
\begin{array}{ll}
\text{Traubenzucker} & 1 \ \% \\
KH_2PO_4 & 0,3 \ \% \\
MgSO_4 & 0,1 \ \% \\
CaCl_2 & 0,1 \ \% \\
Fe_2Cl_6 & \text{Spuren[1]) und} \\
\text{von der Stickstoffquelle} & 0,5 \ \%.
\end{array}
$$

Bei Ernährung mit Pepton, Asparagin und weinsaurem Ammonium bleiben die Kulturen auch im Dunkeln schön grün, bei Leuzin- und besonders Kalisalpeterernährung werden sie farblos; ans Licht gebracht ergrünen die Kulturen wieder.[2]) Auf 0,5 % Dextrin oder 0,25 % Glyzerin (nebst 0,89 % Ca(NO$_3'$)$_2$) sah O. Richter[3]) seine *Chlorella* im Licht farblos oder nahezu farblos wachsen — auffallenderweise auch auf rein mineralischen Lösungen (1 % $MgSO_4$ + 7H_2O nebst 0,89 % Ca(NO$_3$)$_2$).

Dieselbe Reduktion der Chromatophoren wie bei grünen Algen tritt bei organischer Ernährung in den Diatomeenzellen ein.[4])

Von Rezepten für organische Nährlösungen und Nährböden für Algen mögen außer dem schon angeführten Artarischen noch einige von Beyerinck[5]) empfohlene genannt werden:

I. Gelatine (durch Pankreas verflüssigt)		II. Rohrzucker	1 %.
flüssigt)	1 %	Asparagin	0,2 %
Salpetersaures Ammoniak	0,5 %	Pepton	0,8 %
Phosphors. Kalium	0,5 %	Gelatine	8 %
Gelatine	8 %	Wasser	90 %
Wasser	90 %		

III. Malzextrakt	89 %
Glukose	2,9 %
Pepton	0,05 %
Asparagin	0,05 %
Gelatine	8 %

Reinkulturen. — Will man den Entwicklungsgang einer Alge ermitteln und vor den Irrtümern und Verwechslungen, durch welche selbst hervorragende Algenkenner sich zu der Meinung vom „Pleomorphismus" der Algen führen ließen, sich mit Sicherheit bewahren, so muß man Reinkulturen anlegen, in welchen nur eine Algenspezies enthalten ist. Gewißheit hierüber

---

1) Im Original durch Druckfehler anders angegeben.
2) Ausführlicher Bericht bei Oltmanns (Morph. u. Biol. d. Algen, Jena 1905, 2, 155 ff.).
3) Richter, O., a. a. O. 1919.
4) Meinhold, Th., Beitr. z. Phys. d. Diat. (Beitr. z. Biol. d. Pfl. 1911, 10, 353).
5) Over gelatine culturen van eencellige groenwieren (Verh. Prov. Utrechtsch Genootsch. Kunst en Wentensch. 1889, 35; vgl. Zbl. f. Bakt. 1890, 8, 460).

ist nur möglich, wenn man nur ein Exemplar in die im übrigen sterile Nährlösung ausgesät hat. Die Systematik der niederen Algen verdankt solchen
„Reinkulturen" schon manche Klärung. Handelt es sich aber darum, die
physiologischen, insbesondere die ernährungsphysiologischen Eigentümlichkeiten einer Alge zu erforschen, so wird es nötig sein, nicht nur fremde Algenarten, sondern auch Bakterien oder sonstige Mikroorganismen von den Kulturen fernzuhalten und diese absolut rein anzulegen.[1])

BEYERINCK[2]), dem wir die ersten Algenreinkulturen verdanken, hat eine
Methode beschrieben, Algen zu isolieren und rein zu kultivieren, die schon
vortreffliche Resultate geliefert hat und für viele Zwecke sich durch keine
bessere hat ersetzen lassen. BEYERINCK stellt mit Grabenwasser — das bereits hinreichende Mengen von Nährstoffen enthält — eine 10 %ige Gelatine
her und setzt ihr vor dem Erstarren ein Tröpfchen der algenhaltigen Flüssigkeit zu: die Gelatine wird in Schalen gegossen und erstarrt in diesen. Auf
diesen Nährböden, die den Bakterien nur sehr langsame Entwicklung möglich machen, bilden sich — allerdings recht kleine — Algenkolonien, von
welchen man durch Überimpfen reine Kulturen gewinnen kann.

BEYERINCK isolierte und kultivierte zunächst *Scenedesmus acutus*, *Chlorella vulgaris*, *Chlorosphaera viridis*, Gonidien aus Flechten u. a., KRÜGER
isolierte später die biologisch interessanten *Chlorotheca*formen, die in farbloser und grüner Farbe sich züchten lassen, MATRUCHOT und MOLLIARD
Stichococcus; weiterhin arbeiteten ARTARI, CHARPENTIER, GRINTZESCO u. a.[3])
mit den gleichen Methoden. Es steht zu erwarten, daß diese noch zu vielen
wertvollen Aufschlüssen führen werden.

Wie man bei frei beweglichen, schnell wandernden Algen zu Reinkulturen
kommen kann, wird bei Besprechung der Diatomeen geschildert werden.

Unentbehrlich sind Reinkulturen namentlich dann, wenn organische
Nährmaterialien den Algen geboten werden sollen. Genügt aber anorganische
Ernährung, so stört die Einschleppung von Bakterien vielfach nicht. KLEBS[4])

---

1) Die grünen vertikalen Linien, die *Chlorella vulgaris* an den Wänden der Glasgefäße
entstehen läßt, werden nach COMBES (S. l. lignes vert. dessinées p. le *Chl. vulg.*, Bull. soc.
bot. France, 1912, 59) nur in bakterienhaltigen Kulturen sichtbar; in reinen bleibt die Alge
auf Oberfläche und Gefäßboden beschränkt.

2) Kulturversuche usw. a. a. O.

3) KRÜGER, W., Beitr. z. Kenntnis d. Organismen d. Saftflusses d. Laubbäume
(ZOPFS Beitr. 1894, 4, 69); TISCHUTKIN, Üb. Agar-Agarkult. einiger Algen u. Amöben (Zbl.
f. Bakt. II, 1897, 3, 183); MATRUCHOT, L., u. MOLLIARD, M., Variations de structure d'une
algue verte sous l'infl. du milieu nutritif (Rev. gén. de Bot. 1902, 14, 113); ARTARI s. o.;
CHARPENTIER, P. Q., Rech. sur la phys. d'une algue verte (Ann. Inst. Pasteur 1903, 17.
369); Alimentation azotée d'une algue: le *Cystococcus humicola* (ibid. 321); RADAIS s. o.;
GRINTZESCO, J., Rech. expér. sur la morphol. et physiol. d. *Scenedesmus acutus* MEYEN
(Bull. Herb. Boissier 1902, 2. sér., 2, 219); *Chlorella vulgaris* BEYER (Rev. gén. Bot. 1903,
15, 1). Weitere Literaturzitate z. B. bei GERNECK, Z. Kenntnis d. nied. Chlorophyzeen
(Beih. z. Bot. Zbl. II, 1907, 21, 221).

4) Die Bedingungen der Fortpflanzung usw. Jena 1896, 175, 182ff.

fand es ausreichend, die gewünschten Algen — zunächst noch neben anderen Formen — in 0,2—0,4%iger KNOPscher Lösung sich vermehren zu lassen und dann mit einer feinen Glaspipette unter dem Mikroskop den gesuchten Organismus herauszuheben; sind mehrere Algen in die Pipette gestiegen, so verteilt man das Material in einem reinen Tropfen der Kulturflüssigkeit und sucht abermals die gewünschte Spezies von den anderen zu trennen. Die isolierten Algen kultiviert man auf Sand, Gips, Ton, Backsteinen oder auf sterilisiertem Lehm, Baumrinde oder gelatinierenden Böden. KLEBS empfiehlt (a. a. O.) 0,5%igen Agar, der mit verdünnter KNOPscher Nährlösung hergerichtet wird. Derselbe Autor machte mit Kieselsäuregallerte gute Erfahrungen. In allen Fällen wird zu beachten sein, daß mit dem in der Luft schwebenden „Staub" auch Algenkeime (*Hormidium*, Protokokkoideen) eine bisher „reine" Algenkultur verunreinigen können. Wenn es möglich ist, bei der Kultur von dickwandigen Zygo- oder Oosporen auszugehen, dürfte die desinfizierende Vorbehandlung mit giftigen Lösungen (z. B. Formalin in geeigneten Verdünnungen) die Arbeit des Isolierens wohl erleichtern.

Das Fernhalten der Bakterien gehört selbst bei Anwendung anorganischer Medien zu den größten Schwierigkeiten und ist wohl oft genug überhaupt unmöglich, da die Bakterien zu fest an den gallertigen Membranen der Algen oder gar in diesen sitzen. Für marine Algen haben BENECKE, KEUTNER und KEDING[1]) gezeigt, daß *Azotobacter* ständig an ihrer Oberfläche anzutreffen ist; manche Süßwasseralgen verhalten sich anscheinend ähnlich.[2])

Ob die von STROHMEYER[3]) ermittelten Beziehungen zwischen der Assimilationstätigkeit grüner (Süßwasser-)Algen und dem Keimgehalt des Wassers bei der Kultur grüner Algen nutzbringend gemacht werden können, ist meines Wissens noch nicht näher untersucht worden. STROHMEYER gibt an, daß grüne Algen das sie umgebende Wasser bei Belichtung völlig keimfrei machen können (*Enteromorpha* nach 22 Stunden, *Spirogyra* nach 30 usf.).

Beziehungen zum Sauerstoff. — Daß Algen lange Zeit ohne Sauerstoff auskommen und bei Zuckerernährung und O-Abschluß kräftige Gärung veranlassen können, ist für verschiedene Formen sichergestellt. Die Beobachtungen von BEYERINCK (a. a. O.) über anaёrobe Existenz künstlich gezüchteter Algen beziehen sich auf *Chlorosphaera limicola*, CHARPENTIER[4]) sah *Cystococcus* bei Glukoseernährung lebhaft gären, PALLADIN[5]) und PETRA-

1) Vgl. BENECKE, W., u. KEUTNER, J., Üb. stickstoffbind. Bakt. aus der Ostsee (Ber. d. D. Bot. Ges. 1903, **21**, 333); KEDING, Weitere Unters. üb. stickstoffbind. Bakt. (Wissenschaftliche Meeresuntersuch. Abt. Kiel, N. F. 1906, **9**, 275).

2) REINKE, J., Symbiose von *Volvox* und *Azotobacter* (Ber. d. D. Bot. Ges. 1903, **21**, 481); über Oszillarien siehe später im Abschnitt „Bakterien".

3) STROHMEYER, O., Die Algenflora des Hamburger Wasserwerks. Leipzig 1897.

4) Rech. s. la physiol. d'une algue verte (Ann. Inst. Pasteur 1903, **17**, 369).

5) Üb. norm. u. intramol. Atm. d. einzell. Alge *Chl. sacch.* (Zbl. f. Bakt. II, 1903, **11**, 146).

SCHEVSKY[1]) arbeiteten mit *Chlorothecium saccharophilum*. Angaben über anaërob lebende *Chlorella* und *Scenedesmus* bei GRINTZESCO (a. a. O.).

Giftwirkungen. — Giftwirkungen auf Algen, die über Leben und Tod der Zellen entscheiden oder charakteristische Veränderungen in der lebenden Zelle veranlassen, sind schon wiederholt beschrieben worden; die in Frage stehenden Mitteilungen haben wohl ihr toxikologisches Interesse, sind aber für die Lehre von der Kultur der Algen im allgemeinen belanglos. Um so wichtiger sind die seit NÄGELI[2]) oft wiederholten Beobachtungen über die Giftigkeit der Metallsalze, insbesondere des Kupfers. Die „oligodynamische" Wirkung des letzteren besteht darin, daß selbst sehr weitgehende Verdünnungen — 1 Teil Cu und 10 Millionen Teile Wasser — vermutlich nach allmählicher Speicherung des Giftstoffes in den Algenzellen diese töten. Besonders empfindlich sind die Spirogyren. Es ergibt sich daraus die Lehre, daß Wasser, welches aus kupfernen Kesseln destilliert worden ist oder längere Zeit in kupfernen Leitungsröhren gestanden hat, für *Spirogyra*kulturen u. dgl. nicht tauglich ist; die Beobachtung von MATRUCHOT und MOLLIARD[3]), daß *Stichococcus* durch Kupfersulfatlösung, deren Konzentration geringer ist als 0,0005 %, insofern gefördert wird, als er ganz besonders schwache Mineralsalzlösungen noch verarbeiten kann, verdient nähere Prüfung. An *Spirogyra* und *Mougeotia genuflexa* ruft Leuchtgas rhizoidenähnliche Auswüchse hervor; *Cladophora* bildet unter Einwirkung desselben Gases Aplanosporen oder Zysten.[4])

Stoffwechselprodukte. — Welche Wirkungen die Stoffwechselprodukte der in Kulturen heranwachsenden Algen auf ihre weitere Entwicklung haben, ist eine bisher kaum in Angriff genommene Frage. HARDER[5]) beobachtete in *Nostoc*-Kulturen wachstumhemmende thermolabile Stoffwechselprodukte. — Über Gelatine und Agar-verflüssigende Algen (*Scenedesmus*) s. u.

Physiologische Rassen, Mutation. — Die Lehre von der Pleomorphie oder dem Polymorphismus der niederen Algen, nach welcher ein und dieselbe Spezies bald als *Tetraspora*, bald als *Chlorococcum, Scenedesmus, Raphidium* usw. erscheinen kann (BORZI)[6]), darf nach den Ergebnissen der

---

1) Über Atmungskoeffizienten der einzelligen Alge *Chl. sacch.* (Ber. d. D. Bot. Ges. 1904, **22**, 323).

2) Üb. oligodyn. Erschein. in leb. Zellen (Denkschr. d. Schweiz. Naturforsch. Ges. 1893); ISRAEL u. KLINGMANN, Oligod. Erschein. an pflanzl. u. tier. Z. (VIRCHOWS Arch. f. pathol. Anat. 1897, **147**, 143).

3) Variations de struct. d'une algue verte sous l'influence du milieu nutritif (Rev. gén. de Bot. 1902, **14**, 113).

4) WOYCICKI, Z., Beob. üb. Wachstums-, Regenerations- u. Propagationserscheinungen bei einigen fadenförmigen Chlorophyzeen in Labor.-Kulturen u. unt. d. Einfl. d. Leuchtgases (Bull. internat. de l'acad. sc. Cracovie 1909, Nr. 8, 588).

5) HARDER, Ernährungsphysiol. Unters. an Zyanoph., hauptsächlich dem endophytischen *Nostoc punctiforme* (Ztschr. f. Bot. 1917, **9**, 145).

6) Literatur bei KLEBS a. a. O. 1896, 169ff.

modernen, mit Reinkulturen arbeitenden Algenforschung als erledigt betrachtet werden. Ebenso sicher ist neben dem negativen das positive Ergebnis, daß viele Algenarten in mehreren physiologisch deutlich unterschiedenen Formen oder „Rassen" auftreten, und daß solche Rassen in Kulturen sozusagen vor unseren Augen entstehen und ineinander übergehen können. Die Unterschiede der Rassen einer Spezies liegen zunächst in ernährungsphysiologischen, hiernach aber auch in morphologischen und entwicklungsgeschichtlichen Merkmalen. Ein interessantes Beispiel für ernährungsphysiologisch unterschiedene Rassen sind die besonders von BEYERINCK (a. a. O.), ARTARI, CHODAT und WARÉN[1]) studierten Flechtengonidien von *Xanthoria*, *Physcia*, *Cladonia* u. dgl. und die entsprechenden freilebenden Algenformen. ARTARI operierte insbesondere mit freilebendem *Chlorococcum infusionum* und mit Vertretern derselben Art, die den Flechten entnommen waren: in Übereinstimmung mit BEYERINCKS Resultaten ließ sich zeigen, daß die Flechtengonidien Peptonorganismen sind, die freilebend aufgefangenen als Nitratorganismen kultiviert werden wollen. Die Mannigfaltigkeit der in Flechten auftretenden physiologischen Rassen der Gonidien läßt sich zurzeit noch nicht annähernd abschätzen (WARÉN). — Merkwürdig ist, daß auch bei freilebenden Algen am nämlichen Standort ein und dieselbe Algenspezies in mehreren ernährungsphysiologisch verschiedenen Rassen angetroffen werden kann. ARTARI z. B. macht a. a. O. auf verschiedene Rassen von *Scenedesmus caudatus* aufmerksam, die sich ineinander überführen lassen. Weitere Beispiele sind bei KRÜGER und SCHNEIDEWIND, bei GERNECK u. a. zu finden.[2])

Eine weitere Gruppe von Rassen sind diejenigen, welche sich entwicklungsgeschichtlich voneinander unterscheiden; durch sie wird es erklärt, daß sich Vertreter der nämlichen Spezies bei künstlicher Kultur recht verschieden verhalten können. KLEBS unterscheidet (a. a. O. S. 157ff.) bei *Hydrodictyon* Netze mit starker und solche mit schwacher Neigung zur Zoosporenbildung; GERNECK (a. a. O. S. 235ff.) findet vier Rassen von *Chlorococcum infusionum*, die sich durch Zellen- und Schwärmergröße, Öl- und Fettgehalt und überdies durch ihr Verhalten zu BEYERINCKS und TOLLENSscher Nährlösung unterscheiden u. dgl. m.

Schließlich mag noch auf die von BEYERINCK aus Schlamm, Fäzes usw.

<hr>

1) BEYERINCK, Kulturversuche mit Zoochlorellen, Lichenengonidien u. a. nied. Algen (Bot. Zeit. 1890, **48**, Nr. 45—48); ARTARI, Zur Frage üb. d. Ernähr. d. Flechtengonidien mit organ. Verbind. (Sitzungsber. Kais. Naturforscher-Ges. Moskau 1898); Z. Ernährungsphys. d. grünen Algen (Ber. d. D. Bot. Ges. 1901, **19**, 7); Z. Frage d. physiol. Rassen einiger grüner Algen (ibid. 1902, **20**, 172); CHODAT, Matér. pour la flore cryptogamique suisse **4**, fasc. 2, 186—238 (Monogr. d'algues en culture pure); WARÉN, Reinkult. v. Flechtengonidien (Finska Vetensk.-Soc. Förhandl. 1918—19, **61**, Afd. A, Nr. 14).

2) KRÜGER u. SCHNEIDEWIND, Sind niedere chlorophyllgrüne Algen imstande, den freien Stickstoff der Atmosphäre zu assimilieren und den Boden an Stickstoff zu bereichern? (Landwirtsch. Jahrb. 1900, **29**, 771); GERNECK, Zur Kenntn. d. nied. Chlorophyzeen (Beih. z. Bot. Zbl. II, 1907, **21**, 221).

isolierte sonderbare *Chlorella variegata*[1]) hingewiesen sein, die, auf festen Nährböden kultiviert, gleich einer panachierten Pflanze grüne neben farblosen Zellen entwickelt: die Alge bildet zunächst farblose Kolonien, die aber (auf Bierwürze) nach 2—3 Wochen grün werden; der Rand der Kolonien bleibt im allgemeinen farblos, in der Mitte ist die Kolonie grün, oder es treten grüne Sektoren oder unregelmäßige Gruppen auf.

Von degenerativer Rassenbildung kann man vielleicht dann sprechen, wenn z. B. unter dem Einfluß langer Züchtung die Organismen gewisse Eigenschaften verlieren. BEYERINCK gibt an, daß *Scenedesmus acutus* durch fortgesetzte Kultur seine Fähigkeit, Gelatine zu verflüssigen, einbüßt.[2])

Formative Effekte. — Aufgabe der nachfolgenden Zeilen ist ausschließlich, auf die Möglichkeit, durch bestimmte Kulturbedingungen bestimmte Wachstums- und Gestaltungsprozesse an den Algen gesetzmäßig hervorrufen zu können, aufmerksam zu machen und diese besonders durch die Untersuchungen von KLEBS gewonnene Erkenntnis[3]) durch einige wenige Beispiele zu erläutern. — Besonders die Schwärmsporen- (Zoosporen-) und Gametenbildung ist nach entwicklungsmechanischen Gesichtspunkten hin oft untersucht worden. Im allgemeinen läßt sich sagen, daß Verdunkelung und Übertragen der Objekte in reines Wasser oder eine Nährlösung, deren Konzentration geringer ist als die des ursprünglichen Mediums, Zoosporenbildung veranlassen. Offenbar ist die Herabsetzung des osmotischen Zellsaftdruckes dabei von maßgebender Bedeutung.[4]) Über den Einfluß der chemischen Zusammensetzung des Nährmediums auf die Zoosporenbildung stellten außer KLEBS TH. FRANK und FREUND[5]) Untersuchungen an. — An *Oedogonium* treten bei Kultur in nährsalzarmer Lösung und bei kräftiger Belichtung Fortpflanzungsorgane auf; auch bei den Konjugaten ist die Bildung der geschlechtlichen Fortpflanzungszellen von der Belichtung abhängig (s. u.). — Über die Rhizoidbildung unter bestimmten äußeren Bedingungen (Kontakt mit festen Körpern, Kultur in Zuckerlösungen, giftige Gase u. a.) vgl. BORGE[6]) und WOYCICKI (s. o.). — Zerfall fadenförmiger Algen in einzelne Zellen als Folge bestimmter Kulturbedingungen studierten besonders KLEBS (a. a. O.), BENECKE[7]), GERNECK (a. a. O.); bei *Hormidium* z. B. tritt nach KLEBS bei

---

1) *Chlorella variegata*, ein bunter Mikrobe (Rec. trav. bot. Néerland. 1904, **1**, 14, vgl. Zbl. f. Bakt. II, 1905, **14**, 338).

2) Bericht über meine Kulturen niederer Algen auf Nährgelatine (Zbl. f. Bakt. 1893, **13**, 368).

3) Üb. d. Beding. d. Fortpfl. usw. 1896; Üb. Probleme d. Entwickl. III (Biol. Zbl. 1904, **24**, 449).

4) KLEBS, 1904 a. a. O., 497ff.

5) FRANK, TH., Kultur u. chemische Reizerscheinungen der *Chlamydomonas tingens* (Bot. Ztg. 1904, **62**, 153); FREUND, H., Neue Vers. üb. d. Wirkungen d. Außenwelt auf d. ungeschl. Fortpfl. d. Algen (Flora 1907, **98**, 1; auch Dissertation Halle a. S., 1907).

6) Üb. d. Rhizoidbildung bei einigen fadenförmigen Chlorophyzeen. Upsala 1894.

7) Mechanismus u. Biol. d. Zerfalls d. Konjugatenfäden in die einzelnen Zellen (Jahrb. f. wiss. Bot. 1898, **32**, 453).

Mangel an Nährsalzen sowie bei Mangel an Feuchtigkeit Zerfall ein. Benecke zeigte, daß Turgorsteigerung die Fäden der Konjugaten zum Zerfall bringt. — Auf die Wuchsform — d. h. ob z. B. regelmäßige Fäden oder sog. Palmellen entstehen, reich verzweigte Fäden oder schwach verzweigte usw. — sind Belichtung sowie Konzentration und Aggregatzustand des Nährmediums von Einfluß. — Über die Gallertbildung unter dem Einfluß äußerer Bedingungen vgl. Gerneck (a. a. O.), ebendort Angaben über „Involutionsformen", die in erschöpften Kulturen aufzutreten pflegen. — Auf einige weitere „formative Effekte" bestimmter Kulturbedingungen wird bei Besprechung der einzelnen Familien zu verweisen sein.

Zyanophyzeen. Blaualgen sind leicht zu beschaffen: in Gartenerde, Schlamm usw. sind sie überall verbreitet; auf feuchten Mauern und Steinen, außen an verwahrlosten Blumentöpfen, auf feuchter Erde sind sie anzutreffen. Oszillarien auf durchnäßtem sumpfigen Erdreich, an Inundationsgebieten usw.; auf feucht gehaltenem reinen Sand siedeln sich in Laboratorien und Gärten gern Nostokazeen und Oszillarien an. Molisch (s. o.) kultivierte Oszillarien auf der gewöhnlichen Algennährlösung bei schwach alkalischer Reaktion. Beyerinck züchtete Nostokazeen und Chrookokkazeen nach Impfung einer 0,02 °/00 Lösung von K_2HPO_4 mit Erde[1]) — ohne weiteren N-Zusatz („oligonitrophile Organismen"). Anspruchsvoller sind Oszillarien. Sie wachsen gut auf einer Lösung von folgender Zusammensetzung[2]):

Ca $(NO_3)_2$	0,075—0,1 %	$CaSO_4$	⎫ Spuren.
K_2HPO_4	0,02	$Fe_2(PO_4)_2$	⎭
$MgSO_4$	0,02		

Nostoc beansprucht nur 0,05 % Ca $(NO_3)_2$, *Calothrix stellaris* wächst optimal auf 0,025 % (Maertens). Ähnliche Lösungen verwandte für Oszillaren Boresch; nach seinen wie nach Magnus' und Schindlers Beobachtungen (s. o. S. 113) tritt bei Stickstoffverarmung des Nährbodens eine gelbliche Verfärbung der Algen ein („Stickstoffchlorose" — Schwinden des Chlorophylls und Phykozyans). Beim Isolieren der Oszillarien kann man die ungleiche Schnelligkeit, mit der verschiedene Arten vom Impfstrich sich entfernen, verwerten. Manche *Oscillaria*- und *Phormidium*-Arten kriechen auf Agar stets nach rechts, andere stets nach links.[3]) Von starren Nährböden sind für Blaualgen Gipsplatten und reiner Quarzsand empfohlen worden; Pringsheim kultivierte sie auf Kieselgallert. Über rein heterotrophe Kultur der Zyanophyzeen vgl. Lieske[4]), über *Nostoc*-Kulturen namentlich Harder.[5])

---

1) Beyerinck, Üb. oligonitrophile Mikroben (Zbl. f. Bakt. II, 1901, **7**, 561); Glade, Z. Kenntn. d. Gattung *Cylindrospermum* (Beitr. z. Biol. d. Pfl. 1914, **12**, 295).

2) Pringsheim, Kulturvers. m. chlorophyllführ. Mikroorganismen III (Beitr. z. Biol. d. Pfl. 1913, **12**, 49); Maertens, Wachst. v. Blaualgen in mineral. Nährlös. (ibid. 439). Fechner, Die Chemotaxis der Oszillarien u. ihre Bewegungserscheinungen überhaupt (Ztschr. f. Bot. 1915, **7**, 289).

3) Schmid, G., Hilfsm. z. Untersuch. verschied. *O.*- u. *Ph.*-Arten (Ber. d. D. Bot. Ges. 1919, **37**, 473). Vgl. auch Pieper, A., Phototaxis der Oszillarien. Diss. Berlin 1915 und Nienburg, W., Perzeption d. Lichtreizes bei d. Oszillarien usw. (Ztschr. f. Bot. 1916, **8**, 161.)

4) Lieske in Ztschr. f. Bot. 1916, **8**, 133.

5) Harder, Ernährungsphysiol. Unters. an Zyanoph., hauptsächlich d. endophyt. *Nostoc punctiforme* (Ztschr. f. Bot. 1917, **9**, 145); Üb. d. Beweg. d. Nostokazeen (ibid. 1918, **10**, 177) u. a. Üb. d. Reaktionen freibewegl. pflanzl. Organismen auf plötzl. Änderungen der Lichtintensität (ibid. 1920, **12**, 353).

Die in *Cycas*, *Gunnera* und *Azolla* endophytisch lebenden Blaualgen (*Nostoc punctiforme*, *Anabaena Azollae*) hat PRINGSHEIM[1]) kultiviert; ersteres wird durch Zusatz organischer Substanz deutlich gefördert; die *Nostoc*-Gonidien aus *Peltigera* (auch aus den Zephalodien) züchtete LINKOLA[2]), die von *Collema* sollen auf Kieselgallert bei elektr. Licht freudig wachsen.[3])

Diatomeen (Bazillariazeen). Reinkulturen von beweglichen Formen gewinnt man dadurch, daß man das Ausgangsmaterial auf Agar aussät; die Diatomeen bewegen sich schnell vorwärts und lassen die ihnen zunächst noch anhaftenden Verunreinigungen bald hinter sich; am Rande ihres Verbreitungsbezirkes hebt man ein Stückchen Agar ab und überträgt es samt den darauf befindlichen Diatomeen auf eine neue Kulturplatte. Namentlich hat sich O. RICHTER[4]) um die Erforschung der Diatomeen mit Hilfe künstlicher Züchtung sehr verdient gemacht. Wir folgen hier im wesentlichen seinen Angaben. — Diatomeen erfordern schwach alkalische Reaktion des Nährsubstrats; außer den üblichen Mineralbestandteilen lieben sie noch geringen Zusatz von Kieselsäure, die freilich dann, wenn man keine besonderen Vorsichtsmaßregeln anwendet, schon aus dem Glase der Gefäße in die Nährmedien gelangt. Marine Diatomeen beanspruchen auch Na. O. RICHTER empfiehlt

10 % Gelatine (bzw. 1,8 % Agar)		1000	Teile destill. Wasser
0,01 % $K_2Si_2O_5$		18	g Agar (auszuwaschen)
0,02 % $CaCl_2$	sowie	0,2 „ $CaCl_2$	
		0,2 „ KNO_3	
		0,05 „ $MgSO_4$	
		0,01 „ $K_2Si_2O_5$	
		Spur $FeSO_4$.	

ALLEN fand, daß geringer Zusatz von Meerwasser (1% oder weniger) zu den anorganischen Nährlösungen das Wachstum der Diatomeen sehr fördert — vermutlich durch geringe Mengen bestimmter organischer Stoffe (*Thalassiosira*).[5])

Übrigens enthält auch Gelatine an sich schon alle zur Ernährung der Diatomeen nötigen Stoffe und kann nach Neutralisation und Klärung direkt als Nährboden verwendet werden. Die Diatomeen scheiden ein proteolytisches, Gelatine verflüssigendes Enzym aus und können auch Agar verflüssigen. — Ihren N-Bedarf decken die Diatomeen nach O. RICHTER aus Ammoniumverbindungen und Nitraten; sehr geeignet sind ferner Asparagin und Leuzin, weniger Albumin und Pepton. Zusatz von Kohlehydraten fördert die Entwicklung der Diatomeen[6]), führt aber zur Rückbildung ihrer Chromatophoren. — Farb-

---

1) PRINGSHEIM. Z. Phys. endophytischer Zyanophyzeen (Arch. f. Protistenkde. 1918, **38**, 126).

2) LINKOLA, Kult. mit *Nostoc*-Gonidien d. *Peltigera*-Arten (Ann. soc. zool.-bot. Fennicae Vanamo, Bd. **1**, 101).

3) UHLIR, vgl. Bot. Zbl. 1915, **129**, 379.

4) Reinkulturen v. D. (Ber. d. D. Bot. Ges. 1903, **21**, 493); Zur Physiol. d. D., I. Mitteilung (Sitzungsber. Akad. Wiss. Wien 1906, **115**, I, 27). II. Mitteilung, Die Biol. d. *Nitzschia putrida* BENECKE (Denkschr. Akad. Wiss. Wien 1909, **84**). Vgl. ferner MEINHOLD, TH., Beitr. z. Phys. d. Diat. (Beitr. z. Biol. d. Pfl. 1911, **10**, 353). Eine Methode, Diatomeen von der Oberfläche des von ihnen bewohnten Schlammes abzuheben, beschreibt KENDALL (Trans. americ. micr. soc., **34**, 1915, 53; vgl. Journ. R. Micr. Soc. 1915, 621).

5) Journ. Marine biol. assoc. 1914, **10**. 417.

6) Vgl. O. RICHTER a. a. O.; ferner KARSTEN, Üb. farblose Diatomeen (Flora 1901, **89**, 404); BENECKE, Üb. farblose Diatomeen der Kieler Föhrde (Jahrb. f. wiss. Bot. 1900, **35**, 535).

lose Diatomeen (*Nitzschia putrida*) fordern selbstverständlich organische Nahrung; sehr gut wächst die genannte Spezies z. B. auf Meerwasseragar + Fucusdekokt. Legt man eine Probe von faulendem Tang auf geeigneten Agar, so wird man sehr bald von der Impfstelle aus sich Nitzschien verbreiten sehen; ausführliche Angaben über ihre Ernährungsphysiologie bei RICHTER a. a. O. 1909. — Ein der Diatomeenentwicklung sehr günstiges Licht erhielt RICHTER dadurch, daß er seine Kulturen unter SENEBIERsche, mit Leitungswasser gefüllte Glocken stellte.

Chlorophyzeen. Bei ihrer Formenmannigfaltigkeit, ihrer weiten Verbreitung und ihrer Anpassungsfähigkeit an die verschiedensten künstlichen Substrate sind sie von allen Algengruppen hinsichtlich ihrer Ernährungsphysiologie und Kultivierbarkeit am besten erforscht, und viele der Angaben, die ich oben zusammengestellt habe, sind bisher nur an Grünalgen gewonnen worden und in erster Linie auf diese zu beziehen. Ich verweise daher auf das oben über anorganische und organische Ernährung, über Rassenbildung usw. Gesagte. — Die ausführlichsten Untersuchungen verdanken wir BEYERINCK (a. a. O.) und KLEBS (a. a. O. 1896), seinen Schülern ARTARI, SENN[1]), FREUND, ferner TH. FRANK, GERNECK, sowie den schon genannten französischen Forschern. Reinkulturen, die auch von Bakterien frei sind, liegen z. B. für Chlamydomonaden, Protokokkazeen und Hormidiumformen vor; bei den übrigen handelt es sich um „Reinkulturen", die außer der zur Untersuchung gewählten Alge wenigstens keine andere Algenspezies enthielten.

Chlamydomonaden sind besonders von KLEBS und TH. FRANK, ARTARI[2]), OGATA[3]) und JACOBSEN kultiviert worden. Vertreter der Gruppe sind in Tümpeln und Gräben weit verbreitet, der rote *Haematococcus pluvialis* tritt in Regenpfützen gelegentlich auf; viele Formen können, wie JACOBSEN gezeigt hat, aus Gartenerde leicht gewonnen werden: man fülle, um reichliche Vegetationen zu erhalten, Bechergläser mit je 1 l Wasser und gebe 3 g Fibrin (MERCK) und ca. 300 g Erde zu; nach 10 Tagen sind in den Kulturen *Chlorogonium euchlorium, Sphondylomorium quaternarium, Chlamydomonas variabilis, Polytoma uvella* u. a. reichlich zu finden. Bei Verwendung kleinerer Gläser und kleinerer Becher oder Schlammproben schüttete JACOBSEN noch eine ca. 2—3 cm hohe Schicht pasteurisierter (d. h. mit siedendem Wasser übergossener) Gartenerde hinzu; auf diese Weise blieben die Chlamydomonaden vor der störenden Einwirkung der Fäulnisbakterien bewahrt.[4]) — Zur Herstellung einer anorganischen Nährflüssigkeit löst JACOBSEN in Wasser

$$NH_4NO_3 \ldots \ldots 0{,}02 \%$$
$$K_2HPO_4 \ldots \ldots 0{,}02 \%$$
$$MgSO_4 \ldots \ldots 0{,}01 \%$$
$$Gewäss.\ Agar \ldots 1{,}5 \%$$

Letztere kultivierte JACOBSEN in

$$Pepton\ (WITTE) \ldots 1 \%$$
$$K_2HPO_4 \ldots \ldots 0{,}02 \%$$
$$Agar \ldots \ldots 1{,}5 \%$$

1) Über einige koloniebildende einzellige Algen (Bot. Zeitg. I, 1899, **52**, 39).

2) Untersuch. üb. Entwickl. u. System. einiger Protokokkazeen (Bull. Soc. imp. Natur., Moscou 1892; auch Dissertation Basel 1892). Z. Phys. d. Chlamydomonaden. Vers. u. Beob. an *Chl. Ehrenbergii* GOROSCH. u. verw. Formen (Jahrb. f. wiss. Bot. 1913, **52**, 410).

3) Über die Reinkulturen gewisser Protozoën (Infusorien) (Zbl. f. Bakt. 1893, **14**, 165).

4) JACOBSEN, H. C., Kulturversuche mit einigen niederen Volvokazeen (Ztschr. f. Bot. 1910, **2**, 145).

Noch besser gedeiht *Polytoma* auf einem Agar, den man auf folgende Weise gewinnt: zu 450 ccm Leitungswasser werden 2 g Fibrin und 50 g Erde zugesetzt; dieses Gemisch läßt man im Brutschrank bei 35° C faulen; die stinkende Flüssigkeit wird dann abfiltriert, sterilisiert und zu Agar (1,5%) verarbeitet (Plattenkulturen). Organische Nahrung (Zucker, Aminosäuren) fördern das Wachstum sehr.

Zur Anreicherung seiner Kulturen an Volvokazeen, darunter auch an *Carteria ovata*, bediente sich JACOBSEN einer Lösung, welche 2% Kalziumazetat, 0,05% K_2HPO_4 und 0,05% NH_4Cl enthielt. Auch die Ca-Salze der Propion-, Butter-, Milch- und Apfelsäure gaben bei Kultur der *Carteria* gute Resultate.

Haematococcus isolierte PRINGSHEIM[1]) durch Agarplattengießen (0,1% KNO_3, 0,02% $MgSO_4$, 0,02 K_2HPO_4). Zum Weiterzüchten eignet sich 2% Agar + 0,1% Asparagin. Auch Zucker, Fleischextrakt, Erdabkochung fördern die Entwicklung. Der rote Farbstoff Hämatochrom entsteht bei Mangel an assimilierbaren N-Verbindungen (Kultur auf Erdauszügen).[2])

Über Protokokkazeen stellten namentlich BEYERINCK und ARTARI Untersuchungen an[3]): das *Chlorococcum infusionum* gehört zu den Bewohnern unserer Tümpel, tritt spontan in Aquarien usw. auf und läßt sich leicht in den üblichen Nährlösungen kultivieren, über Rassen vgl. GERNECK (a. a. O.); eigenartige Chlorellen gewann O. RICHTER durch selektive Kultur auf 10% Gelatine + 10% $MgSO_4$ (+ 7 H_2O).[4]) *Pleurococcus vulgaris*, eine schnellwachsende Alge, die auf Zäunen, Dächern, Mauern, Bäumen grüne Anflüge bildet und nach BEYERINCK unmittelbar nach der Isolierung aus der Natur gut ausgewaschenen Agar beansprucht[5]); *P. Beyerinckii* ARTARI (*Chlorella vulgaris* BEYERINCK) wurde von BEYERINCK[6]) und ARTARI kultiviert; über *Chlorella variegata* s. o. Über *Gloeocystis, Dactylococcus* und *Chlorosphaera* vgl. ARTARI (a. a. O.), über *Chlorotheca* besonders KRÜGER (a. a. O.), über *Scenedesmus* BEYERINCK, ARTARI, SENN, über *Eremosphaera* MOORE[7]), über *Apiocytium, Chlorotetras, Chlorosarcina, Stichococcus* und viele bereits genannte Gattungen vgl. GERNECK (a. a. O.) usf. Über Algen aus Flechten („Gonidien") und aus *Hydra viridis* siehe BEYERINCK und ARTARI. Über die aus Schwämmen isolierten Zoochlorellen s. LIMBERGER.[8]) Die Algen aus *Paramaecium bursaria* fand PRINGSHEIM außerhalb des Wirtes unkultivierbar, ebenso HABERLANDT die der *Convoluta Roscoffensis*.[9]) — Über *Hydrodictyon* — Kulturbedingungen, Schwärmsporen- und Gametenbildung — vgl. KLEBS.

---

1) PRINGSHEIM, Kulturvers. m. chlorophyllführenden Mikroorganismen IV (Beitr., Biol. d. Pfl. 1914, **12**, 413).

2) REICHENOW, Unters. an *Haematococcus pluvialis* nebst Bemerk. üb. andere Flagellaten (Arb. Kais. Gesundh. Amt 1909, **33**); JACOBSEN, Die Kulturbeding. v. *H. pluv.* (Fol. microbiol. 1912, **1**).

3) Außer der oben zitierten Dissertation vgl. auch die oben genannten Arbeiten ARTARIS und die p. 116 zusammengestellten Arbeiten anderer Autoren.

4) RICHTER, O., a. a. O. 1919.

5) Notiz über *Pl. vulgaris* (Zbl. f. Bakt. II, 1898, **4**, 785).

6) Bericht üb. meine Kulturen nied. Algen auf Nährgelatine (ibid. 1893, **13**, 368); eine *Chlorella* bildet die Hauptmasse der sog. „PRIESTLEYschen Materie" und hat einiges Interesse für die Geschichte des Dogmas der generatio aequivoca (BEYERINCK a. a. O. 1898).

7) *Eremosphaera viridis* and *Excentrosphaera* (Bot. Gaz. 1901, **32**, 309).

8) LIMBERGER, Üb. d. Reinkultur der Zoochlorella aus *Euspongilla* usw. (Sitzungsber. Akad. Wiss. Wien, Math.-naturw. Kl. Abt. 1, 1918, **127**, 395).

9) PRINGSHEIM, Die Kultur v. *Paramaecium burs.* (Biol. Zbl. 1915, **35**, 375), dort einige weitere Literaturangaben.

Coelastrum microporum[1]) mag als torfbewohnende, kalkfeindliche Alge genannt sein. SENN kultivierte sie in kalkfreier KNOPscher und besonders in OEHLMANNS Ca-freier Lösung[2]):

Magnesiumsulfat . . . . . 2 g
Mononatriumphosphat . . 4 „
Kalisalpeter . . . . 4 „
Destilliertes Wasser . . . . 990 „

Die so gewonnene 1 %ige Lösung wird auf 0,1 oder 0,2 % verdünnt.

Microthamnion Kützingianum tritt spontan hier und da in Laboratorien auf und ist leicht zu kultivieren (vgl. MOLISCH)[3]); über *Conferva,* verschiedene Ulotrichazeen, *Oedogonium* und *Stigeoclonium* vgl. besonders KLEBS (a. a.O.), ebendort Angaben über *Vaucheria* und *Botrydium.*

Konjugaten. Sie sind gegen Kultur im Laboratorium sehr empfindlich, solange die ihnen gebotenen Nährlösungen nicht mit sehr reinem, besonders sorgfältig destilliertem Wasser hergestellt oder die in ihnen enthaltenen Spuren von Metallsalzen durch Adsorption unschädlich gemacht worden sind. In Leitungswasser kann man an sonnenfreien Standorten Spirogyren monatelang und jahrelang lebendig und in Wachstum erhalten, vorausgesetzt, daß keine oligodynamischen Giftwirkungen die Kultur vernichten. Schon NÄGELI stellte fest, daß die kleinen Formen (*varians, longata, Weberi* u. a.) relativ widerstandsfähig sind.

Spirogyren lassen sich im Zimmer bei Kultur in verdünnten Nährlösungen, z. B. von folgender Zusammensetzung halten:

NH_4NO_3 . . . . 0,01 %
$CaCl_2$. . . . . 0,005 %
K_2HPO_4 . . . . 0,005 %
$MgSO_4 + 7 H_2O$ . . . . 0,005 %
Fe_2Cl_3 . . . . 1 Tropfen der offiz. Lösung auf
                                 1500 ccm Nährlösung

Kopulation tritt bei Verwendung N-haltiger Nährlösungen nicht ein, wohl aber, wenn man die Algen in Wasser oder N-freie Lösungen überträgt[4]), man vergleiche auch die Angaben von KLEBS über Kopulation der Spirogyren in Kultur. Diesem Autor gelang es, Spirogyren sogar auf Agar zu kultivieren. Mit verflüssigtem Agar (40⁰) *Spirogyra* auf Platten zu gießen, gelang PRINGSHEIM[5]); ebenso verfuhr derselbe mit *Zygnema* und *Mesocarpus;* Kultur der beiden letzteren in Erdabkochung + 0,1 % KNO_3.

Für die Desmidiazeen gelten ähnliche Vorschriften. KLEBS konnte namentlich *Cosmarium botrytis* in Wassergefäßen über Lehm an kühlen Plätzen des Laboratoriums lange in Entwicklung erhalten. Besonnung regt Kopulation an, die auch durch Zusatz von

---

1) SENN, 1899 a. a. O.; vgl. auch RAYSS, Le *C. proboscideum;* BOHL., Etude de Planctologie expér. (Beitr.). Kryptogamenfl. d. Schweiz 1915, **5**, 1; und SENN (Ztschr. f. Bot. 1916, **8**, 690).

2) Vegetative Fortpflanzung der Sphagnazeen nebst ihrem Verhalten gegen Kalk. Braunschweig 1898 (Baseler Dissertation).

3) Die Ernährung der Algen (Süßwasseralgen I.) a. a. O.

4) BENECKE, W., Üb. d. Ursachen d. Periodizität im Auftreten der Algen usw. (Internat. Rev. ges. Hydrobiol. 1908, **1**, 533).

5) PRINGSHEIM, Kulturvers. m. chlorophyllführ. Mikroorganismen I (Beitr. z. Biol. d. Pfl. 1912, **11**, 305, 317).

Zuckerlösung (2—4 % Maltose oder Saccharose) befördert wird. Pringsheim beobachtete Zygotenbildung (*Closterium*) in erschöpften Nährlösungen. In Objektträgerkulturen wurden verschiedene Desmidiazeen von Andreesen[1]) beobachtet. Pringsheim kultivierte zahlreiche Arten auf Kieselsäuregallert, dem

$$KNO_3 \ldots \ldots \ldots \ldots \ldots 0{,}1 \%$$
$$K_2HPO_4 \ldots \ldots \ldots \ldots 0{,}02 \%$$
$$MgSO_4 \ldots \ldots \ldots \ldots \ldots 0{,}02 \%$$

zugesetzt worden war, in üppigem Flor; Hauptbedingung ist nach ihm die Reinheit des verwendeten Wassers.

Rhodophyzeen. Mit der einzelligen Rotalge *Porphyridium* stellte Artari (a. a. O.) einige Kulturen auf Torf und Lehm an; Lösungen sind nach diesem Autor minder geeignet.[2])

Die Methoden, welche bei der Kultur umfänglicher mariner Rot- und Braunalgen angewandt worden sind[3]), dürfen deswegen hier nicht ganz unerwähnt bleiben, weil eben diese Methoden auch bei der Beschäftigung mit marinen Mikroorganismen wertvoll werden können.

Da für viele Kulturzwecke sich Meerwasser nicht als salzreich genug erweist, haben Allen und Nilson, Drews und Killian neuerdings das natürliche Wasser durch Zusatz von Salzlösungen geeigneter zu machen versucht. Drews und Killian kultivierten Rotalgen und Braunalgen in filtriertem Seewasser (Berkefeld-Filter), zu welchem pro Liter 2 ccm von Lösung A und 1 ccm von Lösung B zugesetzt worden waren[4]):

A. $NaNO_3$	2 g		B. Na_2HPO_4	4 g	
KNO_3	2 „		$CaCl_2$	4 „	
NH_4NO_3	1 „		$FeCl_3$ cryst. pur.	2 „	
Aqua dest.	100 „		HCl conc.	2 „	
			Aq. dest.	80 „	

Um auf Objektträgern, die in das Kulturwasser versenkt worden sind, Algenkeimlingen Ansiedlung und normale Entwicklung zu ermöglichen, behandelt Sauvageau die Glasplatten mit Flußsäure, damit sie rauh werden.[5])

5. Pilze.

Pilze, mit welchen der Anfänger seine ersten Versuche machen kann, erhält man ohne weiteres, indem man angefeuchtetes Weißbrot, zuckerreiche Früchte oder dgl. im Laboratorium der Luftinfektion aussetzt. Dabei finden sich stets einige Mucorarten und Penizillien ein. Zahlreiche weitere leicht kultivierbare Pilze erhält man, wenn man welke Blätter, frischen Pferdemist u. ä. unter einer Glasglocke sich selbst überläßt.

1) Andreesen, A., Beitr. z. Kenntn. d. Phys. d. D. (Flora 1909, **99**, 373). Pringsheim, Die Kultur d. Desmidiazeen (Ber. d. D. Bot. Ges. 1919, **36**, 482). Über Zygoten in Kulturen s. auch Comère, Variat. morph. du *Cosmarium punctulatum* (Bull. soc. bot. France 1907, **54**, XLII).

2) Vgl. ferner Kufferath in Bull. Soc. Roy., Bot., Belgique 1913/14, **52**, 286; s. auch Bull. soc. bot. France 1915, **62**, 86.

3) Vgl. Oltmanns, Morph. u. Biol. d. Algen 1905, **2**, 385.

4) Killian, Beitr. z. Kenntn. d. Laminarien (Ztschr. f. Bot. 1911, **3**, 433); dort weitere Literaturangaben.

5) Sauvageau (C. R. Soc. Biol. Paris 1908, **64**, 700).

Lebensweise der Pilze. — Die Pilze leben saprophytisch oder parasitisch, d. h. sie beziehen an ihren natürlichen Standorten ihren Bedarf an organischen Stoffen von organischen, toten oder lebenden Substraten. Von den als Parasiten, insbesondere als Pflanzenparasiten lebenden Pilzen können zurzeit erst einige und auch diese nur in einigen Stadien ihrer Entwicklung auf totem Material kultiviert werden. Für die künstliche Züchtung auf toten Substraten kommen somit in erster Linie die saprophytisch lebenden Pilze in Betracht; für die übrigen ist aber die Hoffnung nicht aufzugeben, daß auch ihre Kultur auf toten Substraten später gelingen wird: wenn zahlreiche Pilze in der Natur stets nur auf lebendigem Substrat vorkommen, so ist das Wesentliche dabei offenbar nicht die Vitalität ihres Nährbodens, sondern der Umstand, daß für die Entwicklung jener Pilze uns unbekannte Stoffe erforderlich sind, die in der Natur nur in lebenden Organismen und noch dazu nur in den Geweben bestimmter Gattungen vorkommen. Es spricht nichts gegen die Annahme, daß es später gelingen wird, diese Stoffe zu gewinnen und den Pilzen darzubieten und damit ihre künstliche Kultur einzuleiten.

Aschenbestandteile. — Pilze beanspruchen S, P, K und Mg, — Ca ist für viele Arten überflüssig; MOLISCH und BENECKE haben hierüber Untersuchungen angestellt.[1]) Die Verwendbarkeit verschiedener P-Verbindungen hat Dox geprüft.[2]) Ob das Eisen wirklich völlig entbehrlich ist, oder ob die geringen Quantitäten, die als Verunreinigungen beim Anfertigen einer Nährlösung nicht auszuschließen sind, genügen, um das Eisenbedürfnis der Pilze zu decken, mag dahingestellt bleiben. Die eisenspeichernden Pilze werden durch Fe-Verabfolgung (bis 0,5 % Ferrosulfat für *Citromyces siderophilus*) in ihrer Entwicklung gefördert.[3]) Sind die genannten notwendigen Substanzen nur in allzu geringen Dosen vorhanden, so kann zwar Wachstum und spärliche Myzelbildung eintreten, aber die Sporenbildung bleibt aus. SCHOSTAKOWITSCH z. B. sah, daß *Fumago* in Peptonlösung ein dürftiges steriles Myzel bildete; wurden die nötigen Salze hinzugefügt, so trat reichliche Sporenbildung ein; wurde von K, Mg und P ein Element dem Pilz nicht geboten, so bildeten sich wohl Konidienträger, aber keine reifen Konidien. Auch andere Beobachtungen zeigen, daß für die Sporenbildung größere Mengen von Aschenbestandteilen erforderlich sind als für die Bildung vegetativen Myzels. Die Abhängigkeit der Sporenbildung bei *Aspergillus* von den gebotenen

---

1) MOLISCH, s. u. 130ff., BENECKE, Die z. Ernähr. d. Schimmelp. notwend. Metalle (Jahrb. f. wiss. Bot. 1895, **28**, 487; auch Ber. d. D. Bot. Ges. 1894, [105]), Bedeut. d. K u. Mg f. Entwickl. u. Wachst. d. *Asperg.* usw. (Bot. Ztg. 1896, **54**, 97), ferner GÜNTHER, E., Beitr. z. mineral. Nahrung d. Pilze, Dissertation Erlangen 1897. Vgl. auch HORI, S., Haben die höheren Pilze Kalk nötig? (Flora 1910, **101**, 447; *Fusarium roseum* u. a. gedeihen nicht ohne Ca) und WEIR, J. R., Benötigt der Pilz *Coprinus* Kalksalze usw. (ibid. 1911, **103**, 87).

2) Dox, A. W., Phosph. assim. of *Asperg. nig.* (Journ. biol. chem. 1911; vgl. Bull. Inst. Pasteur 1912, **10**, 77).

3) LIESKE, Unters. üb. d. Phys. d. eisenspeichernden Hyphomyz. (Jahrb. f. wiss. Bot. 1911, **50**, 328).

Aschenbestandteilen ist neuerdings von französischen Autoren wiederholt geprüft worden.[1]) Ich begnüge mich mit dem Hinweis auf BERTRANDS Untersuchungen, nach welchen bei Gegenwart von Zn (s. u.) und Fe (1 : 100000) *Aspergillus* keine Sporen bildet; Sporenbildung tritt aber ein, wenn gleichzeitig Mn zugefügt wird. — Ob die einzelnen, zur Pilzentwicklung notwendigen Stoffe auf bestimmte Wachstumsvorgänge spezifischen Einfluß haben, und ob sich durch Mangel an dieser oder jener Substanz spezifische Bildungsabweichungen erzielen lassen, bedarf noch weiterer Erforschung; Mangel an K veranlaßt nach MOLLIARD und COUPIN[2]) bei der Konidienbildung von *Aspergillus niger* teratologische Bildungen u. dgl. m. Über die Einwirkung von K und Mg auf die Keimung vgl. unten S. 138; nach Kossowicz hat Mg besonderen Einfluß auf die Pigmentbildung der Hefen.[3])

Bei der Anfertigung einer Nährlösung genügt die Beigabe von ca. 0,2 % Magnesiumsulfat und Kaliumphosphat, um alle Bedürfnisse der Pilze an Aschenbestandteilen zu decken. BREFELD[4]) setzt zur Nährlösung 0,25—0,5 % Zigarrenasche zu.

Kohlenstoffernährung. — Ein Universalrezept für Pilznährlösungen gibt es nicht, da die Ansprüche der Pilze hinsichtlich der C- und N-Quellen zu weit auseinandergehen. Zu den im folgenden gegebenen Bemerkungen vergleiche man auch das im Allgemeinen Teil (S. 19 ff.) Gesagte.

Was zunächst die Kohlenstoffernährung betrifft, so kommt Kohlensäure für Pilze, soweit bisher bekannt, niemals in Betracht; vielmehr sind stets organische C-Verbindungen erforderlich. An erster Stelle zu nennen sind die Kohlehydrate (Zuckerarten); mit 2—3 oder mehr Prozent Trauben- oder Rohrzucker[5]) wird man selten fehlgreifen; neben den genannten sind aber auch bald diese, bald jene anderen Zuckerarten — Mono-, Di- und Trisaccharide — hervorragend brauchbar. Von Polysacchariden kommen z. B. Inulin, Glykogen, Dextrin in Betracht, von wasserunlöslichen Stärke und Zellulose; jene wird als Kleister oder auch in Form fester Körner dem Pilz dargeboten; für Zellulose erbrachte ITERSON[6]) den Beweis, daß Filtrierpapier gerade dann, wenn es nur mit anorganischen Nährlösungen (s. o. S. 17) getränkt

---

1) BERTRAND, G., Sur le rôle capital du manganèse dans la formation des conidies de l'*Aspergillus niger* (C. R. Acad. Sc. Paris 1912, **154**, 381; dort weitere Literaturzitate). Die abweichenden Angaben anderer Autoren führt B. auf die Verwendung unreinen Materials zurück.

2) Sur les formes tératol. du *Sterigmatocystis nigra* prive de potassium (C. R. Acad. Sc. Paris 1903, **136**, 1695).

3) Unters. üb. d. Verhalten der H. in mineral. Nährlösung (Ztschr. f. d. landw. Versuchswesen Österreichs 1903, **6**, 27).

4) Meth. z. Unters. der Pilze (Landwirtsch. Jahrb. 1875, **4**, 151, 163).

5) Es gibt übrigens weit verbreitete Schimmelpilze, welche Rohrzucker nicht invertieren und verarbeiten können (*Mucor stolonifer, Thamnidium elegans*) u. a.; vgl. RITTER, Üb. d. Verhältn. d. Schimmelpilze z. Rohrz. (Biochem. Ztschr. 1912, **42**, 1).

6) Die Zersetzung der Zellulose durch aërobe Mikroorganismen (Zbl. f. Bakt. II, 1904, **11**, 689).

ist, für viele Pilze einen besseren Nährboden abgibt als Zuckerlösungen. Nächst den Kohlehydraten kommen die mehrwertigen Alkohole in Betracht; man versuche z. B. auf 5—10 % Glyzerin oder Mannit die Pilze zu kultivieren; auch Sorbit, Erythrit usw. sind manchmal tauglich. Von den aliphatischen Säuren kommen etwa Apfelsäure, Zitronensäure, Weinsäure u. a. und die Alkalisalze dieser Säuren als gute C-Quellen in Betracht; sehr viel geringere Bedeutung kommt den aromatischen Säuren zu (z. B. Chinasäure), auf welchen nur einzelne Pilzarten gut wachsen.[1] — Will man Fette als Kohlenstoffnahrung verabfolgen, so fertige man nach R. H. SCHMIDT[2]) folgende Nährlösung an:

> Kaliumnitrat . . . . . 0,25 g
> Magnesiumsulfat . . . 0,25 „
> Kalziumnitrat . . . . . 1,00 „
> Monokaliumphosphat . 0,25 „
> Ammoniumnitrat . . . 0,50 „
> Destilliertes Wasser . . 1 l

und gebe auf je 100 ccm Lösung 1 g Mandelöl.

Manche Pilze kommen sogar mit Paraffin als C-Quelle aus.[3]

Weitere kohlenstoffliefernde Verbindungen sind die organischen N-Verbindungen, auf die sogleich einzugehen sein wird.

Stickstoffernährung. — Die Zahl der Pilze, welche elementaren N zu assimilieren befähigt sind, ist keineswegs gering; eine Reihe von Arbeiten, die in den letzten Jahren erschienen sind, lassen hieran nicht zweifeln. Nach STAHEL[4]) wachsen verschiedene Pilze (*Hormodendron cladosporioides*, *Bispora moniliodes*, *Macrosporium commune*, *Alternaria tenuis*, *Graphium penicillioides var. Ungeri*) auf Kieselgallertnährböden:

> KH_2PO_4 . . . . 1 g
> $MgSO_4$ . . . . 0,2 „
> Dextrose . . . . 50 „
> $FeSO_4$ . . . . Spuren
> NaCl . . . . „
> Wasser . . . . 1 l

---

1) Vgl. z. B. DIAKONOW, Intramol. Atmung u. Gärtätigk. d. Schimmelpilze (Ber. d. D. Bot. Ges. 1886, **4**, 2). WATERMAN, Üb. einige Fakt., welche d. Entwickl. v. *Penicillium glaucum* beeinflussen (Zbl. f. Bakt. II, 1915, **42**, 639). RAVIN, Nutrition carb. des pl. à l'aide des acides organ. libres et combinés (Ann. Sc. nat., Bot. 1914, **18**, 163).

2) Aufnahme und Verarbeitung von fetten Ölen durch Pflanzen (Flora 1891, **72**, 300). Vgl. auch BACHMANN, Einfluß der äußeren Bedingungen auf die Sporenbildung von *Thamnidium elegans* LINK (Bot. Zeitg. 1895, **53**, I, 107); BIFFEN, A fat destroying fungus (Ann. of Bot. 1899, **13**, 363; bezieht sich auf einen perithezienbildenden Pilz); RAHN, O., Die Zersetzung d. Fette (Zbl. f. Bakt. II, 1906, **15**, 53, 422); ROUSSY, A., Sur la vie des champ. en milieu gras (C. R. Acad. Sc. Paris 1909, **149**, 482). OHTA, K., Üb. die fettzehrenden Wirkungen d. Schimmelp. usw. (Biochem. Ztschr. 1911, **31**, 177). STADEL, O., Über einen neuen Pilz *Cunninghamella Bertholletiae* Diss. Kiel 1911 u. a. m.

3) Vgl. RAHN, O., Ein Paraffin zersetzender Schimmelpilz (Zbl. f. Bakt. II, 1906, **16**, 382).

4) STAHEL, G., Stickstoffbindung durch Pilze bei gleichzeitiger Ernährung mit gebundenem Stickstoff (Jahrb. f. wiss. Bot. 1911, **49**, 579).

deren N-Gehalt ungefähr 0,0001 % betrug. Eine weitere Reihe von Pilzen wachsen nach STAHEL auf den genannten Substanzen und auf Agar (1,5 %), dessen N-Gehalt 0,025 % betrug. Die Befähigung zur N-Assimilation wird weiterhin für *Penicillium glaucum, Aspergillus niger, Botrytis cinerea, Macrosporium commune, Alternaria tenuis* u. a. angegeben.[1])

Bei der Kultur der auf N-Verbindungen angewiesenen Pilze kommen in erster Linie Nitrate und Ammoniakverbindungen als N-Quelle in Betracht[2]): *Mucor racemosus, Cladosporium herbarum* u. a. assimilieren Nitrat-N sehr leicht und bevorzugen ihn; *Aspergillus niger, Botrytis cinerea* und *Penicillium*-Arten wachsen auch auf Ammoniumverbindungen sehr gut oder sogar besser als auf Nitraten; *Rhizopus nigricans, Mucor mucedo* und *Thamnidium elegans* lehnen Nitrate ab.

Nitrite sind nicht so giftig, wie man lange meinte; es sind bereits mehrere Pilze bekannt geworden, die den Nitriten ihren N-Bedarf entnehmen. RACIBORSKI fing nitritassimilierende Pilze mit Hilfe der elektiven Methode, indem er Lösungen von 5 % Saccharose und 2 % Natriumnitrit der Luftinfektion aussetzte.[3])

Ammoniaksalze sind für viele Pilze eine ideale Stickstoffnahrung. — Man nehme ca. ½ % Ammoniumnitrat, Ammoniumsulfat oder Ammoniumphosphat. Nach RITTER (s. o.) wird Ammonium aus seinen Mineralsalzen desto besser aufgenommen, je schwächer die frei werdende Säure ist (Ammoniumchlorid, -sulfat, -phosphat). Wählt man organische Ammoniumsalze, so wird im allgemeinen die sonst erforderliche Zugabe von Kohlehydraten oder dgl. überflüssig, da weinsaures, essigsaures, apfelsaures Ammonium auch C zu liefern vermögen. MOLISCH[4]) z. B. ernährte Pilze mit 2 % essigsaurem Ammoniak. Die ungleiche Nährwirkung der verschiedenen Ammoniaksalze hängt, wie CZAPEK zeigte[5]), von der elektrolytischen Dissoziation und vom Nährwert des Anions ab.

---

1) Vgl. auch TERNETZ, CH., Üb. d. Assim. des atmosph. N. durch Pilze (Jahrb. f. wiss. Bot. 1907, **44**, 353), FRÖHLICH, H., Stickstoffbindung durch einige auf abgestorbenen Pfl. häufige Hyphomyz. (Jahrb. f. wiss. Bot. 1908, **45**, 256), LIPMAN, CH., B., Nitrogen fixation by yeasts and other fungi (Journ. biol. chem. 1911, **10**, 169).

2) LAURENT, E., Rech. s. la valeur comparée des nitrates et des sels ammoniacaux comme aliment de la levure etc. (Ann. Inst. Pasteur 1889, **3**, 362), RITTER, G., Ammoniak und Nitrate als Stickstoffquelle f. Schimmelpilze (Ber. d. D. Bot. Ges. 1909, **27**, 582). BRENNER, W., Die Stickstoffnahrung der Schimmelpilze (Zbl. f. Bakt. II, 1914, **40**, 555).

3) RACIBORSKI, Über die Assimilation der Stickstoffverbindungen durch Pilze (Bull. Acad. Sc. Cracovie Oct. 1906, 733); vgl. auch LAURENT a. a. O., WINOGRADSKY und OMELIANSKI, Über d. Einflüsse organischer Nährstoffe auf d. Arbeit d. nitrifiz. Mikroben (Zbl. f. Bakt. II, 1899, **5**, 329) und oben 21, Anm. 7.

4) Die mineral. Nahrung d. nied. Pilze (I. Abhandl.) (Sitzungsber. Akad. Wiss. Wien, Math.-Naturw. Kl. I, 1894, **103**, 554).

5) Biochemie d. Pfl. 1. Aufl. 2, 105: „So wirken die wenig dissoziierten Ammoniaksalze der Essigsäurereihe, deren Ammon überdies geringe Nährwirkung besitzt, bei *Aspergillus* sehr schlecht. Das gleiche gilt von jenen anorganischen Ammoniaksalzen, die sehr stark dissoziiert sind, wo aber nur die NH_4-Ionen verarbeitet werden, hingegen Anionen, welche schon in starker Verdünnung schädlich wirken (Cl, in mäßigem Grade auch SO_4), unbenutzt zurückbleiben."

Von dem Nährwert der Amidoverbindungen, der Albumosen, Peptone usw., die für viele Pilze gleichzeitig als C- und N-Quellen wirken können, gilt das oben S. 22 Gesagte. Sie alle, wie Asparagin, Leuzin, Pepton, gehören zu den besten Pilznährstoffen. Auch Somatose (ca. 2 %) u. ä. sind geeignet.

Nährböden, Form der Kulturen. — Pilze lassen sich auf flüssigen wie auf festen Substraten leicht gut kultivieren. Unentbehrlich für die Praxis der Pilzzüchtung sind neben den organischen Nährlösungen von bekannter Zusammensetzung allerhand Extrakte, wie Pflaumensaft, Datteldekokt, Bierwürze, Malzextrakt, Honig, Himbeersaft, Dekokte von Erbsen oder Maiskörnern, Dekokte von Holz, Rinden, Früchten. Ebenso wie die Lösungen von bekannter Zusammensetzung wenden wir auch diese als flüssiges Nährsubstrat an oder verarbeiten sie zu Gelatine und Agar oder tränken mit ihnen Weißbrot, reinen Sand u. a. m., auch nährlösungdurchtränkte Schwämme wurden zur Pilzkultur empfohlen.[1] Von festen Nährböden kommen weiterhin namentlich Obst und sterilisierter Pferde- und Wildmist in Betracht, ferner Eier, Mohrrüben, Kartoffeln, Filtrierpapier, Pappe, Malz, Holz, kleine Zweigstücke usw. usw.

Beliebte Formen, die man Pilzkulturen geben kann, sind Reagenzglas- und Petrischalenkulturen; weiterhin bedient man sich mit Vorteil irgendwelcher Deckeldosen verschiedenen Formats, der ERLENMEYER-Kolben usw.; Keimungen, Verhalten kleiner Pilzindividuen u. dgl. beobachtet man in der feuchten Kammer. Von der Form der letzteren, welche BREFELD bevorzugte, war oben (S. 54) die Rede.

Auf flüssigen Medien bilden die Pilze entweder mehr oder minder feste „Decken", die manchmal hart und fest wie Leder oder Horn werden können, — oder sie wachsen submers und bilden zarte flutende Flocken oder schwebende kugelähnliche Aggregate. Übrigens bestehen selbst in relativ jungen Kulturen die Myzelmassen keineswegs aus lauter lebendigen Zellen: die Myzelzellen von *Aspergillus niger* leben nach KÖHLER bei Kultur auf Nährlösungen im allgemeinen nur 4—5 Tage; Unterdrückung der Sporenbildung hat keinen lebenverlängernden Einfluß.[2] Diese Tatsachen sind zu berücksichtigen, wenn man die Herkunft der in gebrauchten Pilznährlösungen auftretenden Stoffe zu beurteilen hat (s. o. S. 84 und weiter unten „Stoffwechselprodukte").

Im allgemeinen wachsen Pilze auf reichlich gebotenem Nährsubstrat besser als auf spärlich vorhandenem, doch sind auch Beispiele für das Gegen-

---

1) FALCK, Beding. u. Bedeut. d. Zygotenbild. bei *Sporod. grandis* (Beitr. z. Biol. d. Pfl. 1901, **8**, 213).

2) KÖHLER, P., Beitr. z. Kenntn. d. Reproduktions- u. Regenerationsvorgänge bei Pilzen u. d. Beding. des Absterbens myzelialer Zellen von *A. niger* (Flora 1907, **97**, 216); vgl. auch PANTANELLI, Zur Kenntn. d. Turgorregulationen bei Schimmelpilzen (Jahrb. f. wiss. Bot. 1904, **40**, 303) und MUNK, M., Die Hexenringbildung bei Schimmelpilzen (Zbl. f. Bakt. II, 1912, **32**, 353); 14 Tage alte Hyphen von *Hypocrea rufa* fand M. bereits abgestorben.

teil bekannt.[1]) WEHMER meint, daß die Größe, in der die Kulturen angelegt werden, auf die Gestaltungsvorgänge mitbestimmend wirken kann[2]); so bringt der genannte Autor die bei *Penicillium luteum* besonders kräftig gebildeten Koremien mit der Größe des Kulturgefäßes in Zusammenhang und die fruchtähnlichen Bildungen von *Citromyces*-Decken mit der Größe der Gärungsbottiche, in welchen sie auftreten. Beobachtungen dieser und ähnlicher Art verdienen weitere Prüfung; vielleicht liegen Erscheinungen vor, die mit der Wirkung wachstumhemmender oder wachstumfördernder Stoffwechselprodukte zusammenhängen.

Untersuchungen über den Festigkeitsgrad des Nährbodens und seinen Wassergehalt, die optimales Pilzwachstum gestatten, sind nur gelegentlich angestellt worden. FALCK z. B. (a. a. O.) gibt an, daß *Sporodinia grandis* selbst auf 70 %iger Gelatine ihr Wachstum noch fortsetzt.

Aussaat. Ob man bei der Anlage einer neuen Kultur von einer Spore oder einem Myzelflöckchen ausgeht, ist in vieler Beziehung und bei vielen Pilzen keineswegs gleichgültig für die Entwicklung der Tochterkultur. APPEL und WOLLENWEBER geben an, daß *Fusarium*-Kulturen, die aus einer Spore erzogen worden sind, erheblich früher zur Konidienbildung kommen als die durch Übertragen einer Myzelflocke gewonnenen.[3])

Was die Masse des ausgesäten Materials betrifft, so erhält man zuweilen verschiedene Resultate, je nachdem man einzelne Zellen oder reichliche Mengen von solchen aussät. Über „quantitative" Aussaat vgl. auch das im Allgemeinen Teil (S. 66) Gesagte. Bereits BREFELD[4]) erkannte, daß Alkoholhefen in Objektträgerkulturen sich anders als in „Massenkulturen" verhalten und die Erscheinung der Gärung sich nur in letzteren studieren läßt. Die modernen Untersuchungen bestätigen seine Erfahrungen (s. unter „Stoffwechselprodukte"). Die große Bedeutung der Einzellkultur, für die zuerst BREFELD eintrat, schließt nicht aus, daß nach wie vor neben ihr noch Massenkulturen angelegt und studiert werden müssen. Übrigens sind die Pilze diejenigen Mikroorganismen, für welche zuerst Isolierung und Kultur einzelner Zellen gefordert und erreicht worden ist (BREFELD).

Konzentration. — Eine optimale Nährlösungskonzentration für Pilzkulturen im allgemeinen anzugeben, ist nicht nur wegen der verschiedenartigen Ansprüche verschiedener Arten[5]), sondern auch wegen der großen

---

1) Vgl. BACHMANN, J., *Mortierella van Tieghemi* (Jahrb. f. wiss. Bot. 1899, **34**, 279).

2) Kleinere mykol. Mitteil. (Zbl. f. Bakt. II, 1897, **3**, 149).

3) APPEL, O., u. WOLLENWEBER, H., Die Kultur als Grundlage zur besseren Unterscheidung systematisch schwieriger Hyphomyzeten (Ber. d. D. Bot. Ges. 1910, **28**, 435). Den strikten Nachweis, daß auch sehr kleine Myzelstücke und sogar einzellige Zellen des Myzels, auch Sporangienträger (*Phycomyces*) und Konidienträger (*Aspergillus, Penicillium*) zur Reproduktion genügen, hat P. KÖHLER erbracht (a. a. O.).

4) Über Alkoholgärung (Landwirtsch. Jahrb. 1874, **3**, 65), Meth. z. Unters. d. Pilze (ibid. 1875, **4**, 167).

5) Vgl. z. B. KLEBS, Bedingung der Fortpflanzung bei einigen Algen und Pilzen, Jena 1896, 460ff.

Anpassungsfähigkeit der Pilze an die verschiedensten Konzentrationen ganz
unmöglich. Man wird zunächst mit Konzentrationen zwischen 2 und 20 %
Rohrzucker seine Versuche beginnen. Über das Wachstum von Schimmelpilzen auf hoch konzentrierten Lösungen stellten ESCHENHAGEN, v. MAYEN-
BURG u. a.[1]) Versuche an: selbst ein osmotischer Druck, der dem von 20 %
KNO_3 (oder 17 % NaCl) entspricht, läßt noch Pilzwachstum zu; KLEBS
kultivierte *Eurotium repens* auf 100 %iger Rohr- und Traubenzuckerlösung,
RACIBORSKI (1905) sah nicht nur auf konzentrierter Rohrzuckerlösung,
sondern selbst noch auf gesättigter Lösung von Chlorlithium, welche den
höchsten uns bekannten osmotischen Druck erreicht, eine *Torula* sich entwickeln.

Der Grad der Konzentration ist, wie schon BREFELD betont hat, von
größtem Einfluß auf die Wuchsform eines Pilzes[2]) und die Entwicklung seiner
Fruktifikationsorgane[3]), freilich sind neben diesem Faktor noch viele andere,
insbesondere die chemische Zusammensetzung, von maßgebender Bedeutung.
Beobachtet man in nährstoffreichen Kulturen besondere Effekte der hohen
Konzentration, so bleibt zu untersuchen, ob der reiche Gehalt an bestimmten
Stoffen von hohem Nährwert oder lediglich der osmotische Druck der
Lösungen ohne Rücksicht auf die chemische Qualität der Stoffe das Aus-
schlaggebende ist (vgl. KLEBS 1900 a. a. O.).

Wenn Pilze auch in hochkonzentrierten Lösungen ihr Wachstum fort-
setzen, so geht daraus hervor, daß sie auch in diesen noch ihre Zellen
turgeszent zu erhalten vermögen. Das geschieht nicht durch Aufnahme
osmotisch wirksamer Stoffe von außen, sondern durch eigene Produktion
solcher Stoffe. v. MAYENBURG (a. a. O.) machte es für *Aspergillus niger*
wahrscheinlich, daß dabei ein Kohlehydrat entsteht (vgl. auch RACIBORSKI
1905 a. a. O.).

Über den Einfluß plötzlicher Konzentrationsänderungen äußerten sich
ESCHENHAGEN (a. a. O.), KOSINSKY[4]) u. a. —

In hochkonzentrierten Lösungen ist das Wachstum der Hyphen im
allgemeinen langsamer, die Zellenwände sind stärker, die Zellen kleiner als

---

1) ESCHENHAGEN, Einfl. v. Lösungen verschied. Konzentration auf d. Wachst. von
Schimmelpilzen, Leipzig 1889; RACIBORSKI, Üb. d. Einfl. äuß. Beding. auf die Wachstumsweise v. *Basidiobolus* (Flora 1896, **82**, 107); ERRÉRA, L., Hérédité d'un caractère
acquis chez un champignon pluricellulaire (Bull. Acad. roy. Belgique, Cl. des Sc. 1899, 81);
v. MAYENBURG, Lösungskonzentration u. Turgorrelation bei den Schimmelpilzen (Jahrb.
f. wiss. Bot. 1901, **36**, 381); PANTANELLI 1904, a. a. O.; RACIBORSKI, Üb. d. ob. Grenze
des osmotischen Druckes der lebenden Zelle (Bull. intern. Acad. Sc. Cracovie 1905, 461).

2) Über die Wachstumsweise des *Mucor racemosus* in 15 % KNO_3 oder 6—8 %
NaCl vgl. RITTER, Über Kugelhefe und Riesenzellen bei einigen Mukorazeen. (Ber. d. D.
Bot. Ges. 1907, **25**, 255).

3) Beispiele z. B. bei BACHMANN, Einfl. d. äuß. Beding. auf die Sporenbildung von
Thamnidium elegans LINK (Bot. Zeitg. 1895, **53**, 107); KLEBS, Zur Physiol. d. Fortpfl. einiger
Pilze III (Jahrb. f. wiss. Bot. 1900, **35**, 80) u. a.

4) **Die Atmung bei Hungerzuständen usw. (Jahrb. f. wiss. Bot. 1902, 37, 137).**

bei Kultur in schwächeren Lösungen. — Schon geringe Konzentrationsschwankungen rufen Deformationen der wachsenden Hyphenspitzen hervor.

Temperatur. — Die Größe der Sporen und ihre Oberflächenbeschaffenheit werden durch die Temperatur in hohem Maße beeinflußt; MANGIN empfiehlt für die Diagnose einer Pilzspezies diejenigen Verhältnisse zu verwerten, die beim Temperaturoptimum in Erscheinung treten.[1]

Über die geringe Widerstandsfähigkeit der Pilzmyzele gegenüber tiefen Temperaturen haben sich namentlich MAXIMOW, BARTETZKO und RICHTER geäußert.[2] Nach BARTETZKO werden die Hyphen in unterkühlten Lösungen weniger geschädigt als in gefrierenden; RICHTER beobachtete, daß *Aspergillus*-Myzel am Leben bleibt, wenn es nach dem Auftauen in optimale Temperatur (30—34° C) gebracht wird. Über den Einfluß der Temperatur auf Wachstum und Stoffwechsel der Pilze vgl. z. B. KUNSTMANN und SALMENLINNA, über die Temperaturgrenzen R. THIELE.[3]

Thermophile Pilze findet MIEHE[4] in erhitztem Heu, in Laub- und Düngerhaufen.

Reaktion des Nährbodens. — Pilze lieben im allgemeinen saure Reaktion des Nährbodens.[5] Das ist insofern vorteilhaft, als Bakterien meist alkalische Reaktion vorziehen und daher im allgemeinen sauren Nährböden fernbleiben, so daß die Pilzkulturen vor Verunreinigung durch unwillkommene Bakterien einigermaßen gesichert bleiben. Viele der für Pilzkulturen oben empfohlenen Nährböden sind an sich schon sauer — Pflaumensaft, Most, Gelatine usw. —; alkalische Nährmedien werden vor der Benutzung sauer gemacht, z. B. durch sparsamen Zusatz von Phosphorsäure[6], von der noch 1% gut vertragen wird, oder Salpetersäure oder organischen Säuren (Zitronensäure u. a.).

Mit der Vorliebe der Pilze für saure Medien steht es selbstverständlich durchaus nicht in Widerspruch, daß bestimmte Säuren schlecht vertragen werden (Essigsäure, Buttersäure u. a.).

---

1) MANGIN, Sur la nécessité de préciser les diagnoses des moisissures (Bull. soc. bot. France 1908, **55**, 17; vgl. auch C. R. Acad. Sc. Paris 1908, **147**, 261).

2) MAXIMOW, N., Zur Frage über das Erfrieren d. Pfl. (Soc. imp. Nat. Petersb. 1908, vgl. Bot. Zbl. 1909, **110**, 597); BARTETZKO, H., Unters. üb. d. Erfrieren v. Schimmelpilzen (Jahrb. f. wiss. Bot. 1910, **47**, 57); RICHTER, A., Zur Frage über den Tod v. Pfl. infolge niedr. Temp. (Jahrb. f. Bakt. II, 1910, **28**, 617).

3) KUNSTMANN, Über d. Verhältnis zw. Pilzernte und verbrauchter Nahrung. Diss. Leipzig 1895; SALMENLINNA, Über d. Entwickl. v. *Asp. niger* bei verschied. Temp. (Finska Vet.-Soc. Förhandl. 1916/17, **59**, Afd. A, No. 9); THIELE, R., Die Temperaturgrenzen d. Schimmelpilze. Diss. Leipzig 1896.

4) MIEHE, H., Die Selbsterhitzung des Heues. Jena 1907. *Thermoidium sulfureum* n. g. n. sp., ein neuer Wärmepilz (Ber. d. D. Bot. Ges. 1907, **25**, 510).

5) Ein Versuch, die vorteilhafte Wirkung der Säuren zu erklären, bei BUTKEWITSCH, Umwandl. d. Eiweißstoffe durch die nied. Pilze usw. (Jahrb. f. wiss. Bot. 1903, **38**, 147).

6) Über die Wirkung der Phosphorsäure vgl. WEHMER, Entsteh. u. phys. Bedeut. der Oxalsäure im Stoffwechsel einiger Pilze (Bot. Ztg. 1891, **49**, 233).

Eine Reihe von Pilzen überraschen durch ihre Widerstandsfähigkeit stark sauren Medien gegenüber; selbst freie Säure ist vielen zuträglich (Zitronensäure, Essigsäure, Weinsäure). In sauren Lösungen, in Zitronensaft u. dgl. siedelt sich nach Wehmer[1]) außer *Aspergillus niger* und *Penicillium luteum* noch *Citromyces Pfefferianus* an, der selbst 10—12 % Weinsäure noch verträgt. *Aspergillus niger* wächst nach Nikitinsky[2]) noch auf 30 % Wein-säure u. dgl. m. *Cephalosporium acremonium* wächst noch auf n = H_2SO_4.[3]) Anderseits fehlt es nicht an Pilzen, welche gegen saure Reaktion sehr emp-findlich sind: Gegenwart freier Säure ruft abnorme Zellen- und Membranformen hervor[4]); die Saprolegniazeen sind nach Klebs äußerst säureempfindlich und werden schon durch 0,005 % Weinsäure geschädigt.[5]) — Auf Schimmel-pilze, welche auch bei schwach alkalischer Reaktion der Nährlösung gut ge-deihen, machte Wehmer (a. a. O.) aufmerksam.

Die Entwicklung der Pilze verändert die ursprüngliche Reaktion des Nährbodens nicht wenig (s. unter Stoffwechselprodukte).

Verhalten zu Sauerstoff, Gärung. — Die Pilze sind durchweg aërobe Organismen in dem Sinne, daß sie bei Sauerstoffzufuhr gedeihen und solche meist geradezu fordern. Einige können bei O-Abschluß kultiviert wer-den, wie die Hefen, *Mucor, Dematium* u. a.; in dem Nährmedium muß ihnen alsdann ein vergärbarer Zucker geboten werden. *Mucor racemosus*, welcher kräftig Gärung anregen kann, entwickelt bei aërober Lebensweise ein schlauch-förmiges, einzelliges Myzel, bei anaërober Züchtung ein septiertes, vielzelli-ges[6]); auch *Dematium*myzel nimmt bei O-Zufuhr und O-Abschluß verschie-dene Formen an.

Giftwirkungen. — Gegen Gifte sind Pilze im allgemeinen recht wider-standsfähig, jedenfalls sehr viel weniger empfindlich als Algen. Von zahl-reichen Forschern wurden insbesondere Untersuchungen über die Wirkung der Gifte auf Hefen und Schimmelpilze angestellt. Es sind zwei Gruppen von Giftwirkungen zu unterscheiden: relativ hohe Konzentrationen töten die Zellen der Pilze oder hemmen doch ihre Entwicklung, — hinreichend verdünnte Lösungen regen anderseits das Wachstum der Versuchsobjekte an und steigern die Ernte an Trockensubstanz in überraschendem Maße.

---

1) Beiträge zur Kenntnis einheimischer Pilze II. Jena 1895.

2) Über die Beeinflussung einiger Schimmelpilze durch ihre Stoffwechselprodukte (Jahrb. f. wiss. Bot. 1904, **40**, 1).

3) Zettnow, Ein in n-Schwefels. wachs. Fadenpilz (Zbl. f. Bakt. I, Orig., 1915, **75**, 369).

4) Wehmer, Übergang älterer Vegetationen v. *Aspergillus fumigatus* in Riesenzellen (Ber. d. D. Bot. Ges. 1913, **31**, 257); Boas, Jodbläuende stärke- u. zelluloseähnl. Kohle-hydrate bei Schimmelpilzen usw. (ibid. 1916, **34**, 786).

5) Klebs, Zur Physiologie d. Fortpfl. einiger Pilze II (Jahrb. f. wiss. Bot. 1899, **33**, 513); Rumbold, Üb. d. Einwirkung des Säure- und Alkaligehaltes des Nährbodens, auf d. Wachstum d. holzzersetz. u. holzverfärb. Pilze usw. (Naturwiss. Ztschr. f. Forst-u. Landwirtsch. 1911, **9**, 429; Beobachtungen an *Ceratostomella* u. *Graphium*).

6) Vgl. Klebs, Beding. d. Fortpfl. einiger Algen und Pilze. Jena 1896.

Was die anregende Wirkung verdünnter Giftlösungen betrifft, so gelang es zuerst RAULIN[1]), den Nachweis zu erbringen, daß Zinksulfatlösung — hinreichend verdünnt — das Wachstum der Pilze fördert.

Die RAULINsche Nährlösung, die auch heute noch zur Kultur von Pilzen verwendet wird, kann ihrer übermäßig komplizierten Zusammensetzung wegen kaum empfohlen werden und im Grunde nur historisches Interesse beanspruchen. RAULIN nimmt[2])

1500	Teile	Wasser	ferner	0,6 Teile	Kaliumkarbonat
70	„	Kandiszucker		0,25 „	Ammoniumsulfat
4	„	Weinsäure		0,07 „	Zinksulfat
4	„	Ammoniumnitrat		0,07 „	Eisensulfat
0,6	„	Ammoniumphosphat		0,07 „	Kaliumsilikat
0,4	„	Magnesiumkarbonat			

RAULIN gibt an, um wieviel die Ernte sinkt, wenn einer der Bestandteile der Lösung fortgelassen wird.

Die höchste stimulierende Wirkung wurde bei einer Dosis von 0,0001 n $ZnSO_4$ gefunden (35°). Auch nach 35 Generationen ließ sich ein schädigender Einfluß des Zn bei Verabfolgung in der genannten Konzentration nicht erkennen.[3])

Weitere Untersuchungen im Sinne RAULINS und PFEFFERS stellten zahlreiche Autoren[4]) auch mit anderen Substanzen an. Wie Zinksulfat wirken auch andere Metallsalze (z. B. 0,004 % Kupfersulfat nach ONO,

1) Etudes chim. s. la végét. (Ann. Sc. nat., Bot., ser. V, 1869, **11**, 91).

2) Modifizierte R.sche Lösung bei LAURENT a. a. O.

3) ARCICHOVSKY, V., Zur Frage über den Einfluß von $ZnSO_4$ auf eine Reihe von Generationen von *Asp. nig.* (Zbl. f. Bakt. II, 1908, **21**, 430). Vgl. auch JAVILLIER, M., Sur l'infl. favorable de tres petites doses de zinc sur la végétation de *Sterigm. nigra* v. TIEGH. (C. R. Acad. Sc. Paris 1907, **145**, 1212; ferner ibid. 1908, **146**, 365). Über die Wirkung des Zn auf die Enzymabscheidung vgl. JAVILLIER, Infl. de la suppression du zinc du milieu de culture de l'*Aspergillus niger* sur la' sécrétion du sucrase par cette mucédinée (C. R. Acad. Sc. Paris 1912, **154**, 383). REESE, H., Einfl. d. gebrauchten Nährlösung, des Zn und des Mn auf d. Wachst. v. *Asperg. niger* (Dissert. Kiel 1912). — Über zinkhaltiges Glas und seine Wirkungen s. o. p. 11.

4) RICHARDS, Die Beeinflussung des Wachstums einiger Pilze durch chem. Reize (Jahrb. f. wiss. Bot. 1897, **30**, 665); ONO, N., Zur Frage der chem. Reizmittel (Zbl. f. Bakt. II, 1902, **9**, 154; daselbst weitere Literaturangaben); CLARK, J. F., On the toxic effect delet. agents on the germin. and developm. of cert. filament fungi (Bot. Gaz. 1899, **28**, 289); PULST, C., Die Widerstandsfähigkeit einiger Schimmelpilze gegen Metallgifte (Jahrb. f. wiss. Bot. 1902, **37**, 205); LE RENARD, Du chémauxisme des sels de cuivre'solubles sur le *Penicill. gl.* (J. de Bot. 1902, **16**, 97). GÖSSL, Üb. d. Vork. des Mn in der Pfl. u. üb. seinen Einfl. auf Schimmelpilze (Beih. z. bot. Zbl. 1905, **18**, I, 119); BERTRAND et JAVILLIER, Infl. du manganèse sur le dével. de l'*Aspergillus niger* (C. R. Acad. Sc. 1911, **152**, 225), BERTRAND, Extraord. sensib. de l'*Asp. nig.* vis-à-vis du mang. (ibid. 1912, **154**, 616; vgl. auch ibid. 1912, **154**, 381); REESE, 1912 a. a. O; BUROMSKY, Die Salze Zn, Mg und Ca, K u. Na u. ihr Einfl. auf d. Entw. v. *Asp. niger* (Zbl. f. Bakt. II, 1912, **36**, 54), WEHMER, Versuche üb. d. hemmende Wirkung v. Giften auf Mikroorganismen (Chem. Zeit. 1914, **38**, 114 ff.), ZETTNOW, Ein in n-Schwefels. wachsender Fadenpilz (Zbl. f. Bakt. I, Orig., 1915, **75**, 369). LE RENARD, Infl. du milieu s. la résistance du Penicille crustacé aux subst. tox. (Ann. Sc. nat., Bot. 9 sér. **16**, 277).

0,066 % Manganchlorid, 0,2 % Eisensulfat usw. nach RICHARDS), sowie organische Gifte, z. B. Morphin (RICHARDS); manche Reizmittel steigern nur das vegetative Wachstum und hemmen die Sporenbildung.

Durch gleichzeitige Verabfolgung von zwei verschiedenen Reizmitteln (Zn und Mn) läßt sich die fördernde Wirkung, wie das Gewicht der Ernte zeigt, noch weiter steigern als durch eines der beiden Mittel.[1]

Hinsichtlich ihrer entwicklunghemmenden und tötenden Wirkung verhalten sich die Gifte verschiedenen Pilzen gegenüber sehr ungleich. Gewisse graduelle Unterschiede in der Giftwirkung scheinen freilich allen Pilzen gegenüber gleichmäßig zur Geltung zu kommen; so wirkt z. B. Sublimat noch in sehr schwacher Lösung tötend, während Mangan (Mangansulfat) nur schwache Wirkung entwickelt. $CuSO_4$ wird — je nach den Kulturbedingungen — in 9 % und noch höheren (bis 20 %) Konzentrationen vertragen (CLARK, PULST, ZETTNOW). Nach PULST (a. a. O.) ist für *Penicillium* noch Entwicklung möglich bei folgenden Konzentrationsverhältnissen.

1 Gramm-Molekül	Entwicklung	Sporenbildung
$MnSO_4$	in 0,4 l	0,4 l
$ZnSO_4$ oder $CuSO_4$	0,75	0,75
$Fe_2(SO_4)_3$	5	5
$Pb(NO_3)_2$	5	200
$NiSO_4$	10	10
$CdSO_4$ oder $CoSO_4$	100	100
$HgCy_2$	500	500
$HgCl_2$	2000	2000
$TlSO_4$	2000	10 000

Dabei ist aber zu beachten, daß die Wachstumsgrenzen durch die weitgehende Akkommodationsfähigkeit der Pilze verschoben werden können; besonders *Penicillium* ist sehr anpassungsfähig; seine Plasmahaut scheint für Cu-Salze völlig oder nahezu undurchlässig zu sein. Dazu kommt, daß nach IWANOFF[2] die neben den Giftstoffen verabfolgten Nährstoffe über den Grad der Giftwirkung mit entscheiden: bei Ernährung mit Glyzerin und Ammoniumnitrat ist Mangan am wenigsten giftig, giftiger wirken Kobalt, Nickel, Kupfer; bei Asparaginernährung ist dagegen die Reihenfolge Mangan, Kupfer, Kobalt, Nickel. Gelatine wirkt als „Schutzstoff", und bei gleicher Konzentration der verabfolgten Gifte wirken diese bei Verwendung flüssiger Nährsubstrate stärker als bei Kultur der Pilze auf gifthaltiger Gelatine.[3]

1) BERTRAND et JAVILLIER, Infl. combinée du Zn et du Mn sur le dével. de l'*Asp. nig.* (C. R. Acad. Sc. Paris 1911, **152**. 900; s. auch ibid. 1911, **152**, 1337); REESE a. a. O. fand dasselbe.

2) Über die Wirkungen einiger Metallsalze u. einatomiger Alkohole auf die Entw. von Schimmelpilzen (Zbl. f. Bakt. II, 1904, **13**, 139).

3) Vgl. WEHMER, Versuche üb. d. hemmende Wirkung v. Giften auf Mikroorganismen V (Chem. Zeitg. 1916).

Von der Giftwirkung der freien Säuren war schon vorhin die Rede (s. auch unten „Stoffwechselprodukte").

Als fungizide Mittel bezeichnet man diejenigen Gifte, die als Schutz der höheren Pflanzen gegen parasitische Pilze praktische Anwendung finden: es handelt sich bei ihnen im wesentlichen um verschiedene Kupferpräparate und um Schwefel. Man übersprüht die Pflanzen mit „Bordeaux-Brühe" (in 1 l Wasser 20 g $CuSO_4$ und 20 g gebrannter Kalk) oder beizt mit $CuSO_4$-Lösung die Getreidekörner, um anhaftende Brandsporen zu töten. Die Bordeaux-Brühe wird dadurch wirksam, daß sich kleine Mengen des $Cu(OH)_2$ in kohlensäurehaltigem Regenwasser usw. lösen, oder auch von den Pilzzellen selbst Stoffe produziert werden, welche das Kupferhydroxyd lösen. — Schwefel wird vermutlich dadurch wirksam, daß kleine Mengen SO_2 entstehen.

Keimung.[1]) — Die Sporen der Pilze keimen im allgemeinen nur dann, wenn außer Wasser ihnen in diesem noch bestimmte Stoffe geboten werden. Auf reinem Wasser vermag nach CLARK u. a. z. B. *Botrytis* zu keimen; nach BÜSGEN[2]) keimen *Botrytis*, *Erysiphe* und *Fusicladium* zwar auf Wasser, bilden aber Infektionsschläuche erst unter der Einwirkung bestimmter chemischer Reize. Bei vielen der in der Literatur vorliegenden Angaben über Keimung in „reinem" Wasser bleibt leider die Frage offen, welchen Grad von Reinheit der Autor für ausreichend gehalten hat (s. o. S. 6). Die Wirkungen, welche von den Reizmitteln ausgehen und die Sporen zur Keimung bringen, lassen sich zurzeit noch nicht näher analysieren: MOLISCH[3]) stellte fest, daß *Aspergillus niger* nicht keimt, wenn Mg fehlt; doch zeigte DUGGAR[4]) für Mg und K, daß sich auch ihnen gegenüber verschiedene Arten verschieden verhalten; derselbe Autor konnte durch Zusatz von geringen Mengen Alkohol und auch Äther Sporen zur Keimung bringen (*Aspergillus flavus*); für Äther konstatierte TOWNSEND[5]) an *Mucor* und *Penicillium* ähnliches; CLARK (a. a. O.) fand, daß freie Säuren (ca. 0,5 %) bei *Aspergillus* Keimung hervorrufen usw. usw. Die bisher ermittelten Wirkungen sind untereinander so verschieden, daß es vorläufig nicht möglich scheint, ein allgemeines Gesetz aus den Beobachtungen abzuleiten oder über die Stoffumsatzprozesse, die der Keimung vorausgehen müssen, Schlüsse zu ziehen. Jedenfalls sind die Sporen vieler Pilze schon für sehr geringe Dosen bestimmter Stoffe empfindlich; das beweist unter anderem DUGGARS Versuch, nach welchem Wasser, das mit Paraffin in Berührung gekommen ist, Keimung hervorrufen kann; dabei ist zweifellos nicht das chemisch so indifferente *„parum affine"*, sondern seine Verunreinigungen das Maßgebende. Der Versuch erinnert daran, wie vorsichtig man bei Beurteilung der „Reinheit" eines Wassers sein muß.

---

1) Von älterer Literatur vgl. etwa HOFFMANN, K., Über Pilzkeimungen (Bot. Ztg. **17**, 209), Unters. üb. d. Keimung d. Pilzsporen (Jahrb. f. wiss. Bot. 1860, **2**, 267), und besonders DE BARY, Vgl. Morph. u. Biol. d. Pilze 1884.

2) Über einige Eigenschaften d. Keimlinge parasit. Pilze (Bot. Ztg. 1893, **51**, I, 53).

3) S. o. 125, Anm. 1.

[4) Phys. studies with refer. to the germin. of certain fungus spores (Bot. Gaz. 1901, **31**, 38).

5) Some notes upon the germination of spores (ibid. **27**, 124).

Neger[1]) sah die Keimung von Sporen kräftig gefördert, wenn neben die sporenhaltigen Wassertropfen Rinden-, Holz- oder Blattstückchen gelegt wurden; offenbar handelte es sich um gasförmige, durch die Luft übertragbare Stoffe, welche hier die Keimung anregten. Ferguson[2]) und Duggar[3]) förderten die Pilzkeimung, indem sie in die Kulturflüssigkeit ein Myzelstückchen der betreffenden Spezies legten (*Agaricus, Coprinus* und anderer Basidiomyzeten). Die Resultate ihrer „tissue culture method" erinnert an die Wirkung von Narbenstückchen auf die Keimung der Pollenkörner. — Von besonderen Fällen erwähne ich noch die Wirkung des Magensaftes auf die Sporen, bei der wohl proteolytischen Fermenten die Hauptrolle zukommt (z. B. Zygoten von *Basidiobolus lacertae* nach Loewenthal)[4]); nähere Nachprüfung wäre gewiß erwünscht.

Weiterhin verspricht schöne Resultate eine Fortsetzung derjenigen Studien, welche sich mit dem Einfluß von Entwicklungszustand, Alter und Vorbehandlung der Sporen auf ihre Keimung befassen. Neger (a. a. O.) z. B. beobachtete, daß unreife, dem Askus entnommene Sporen leichter keimen als spontan entleerte. Sporen von *Ustilago Maydis* keimen nach Brefeld in Wasser nur dann, wenn sie eine Ruheperiode durchgemacht haben; bei 8 Jahr alten Sporen von *U. Panici miliacei* dagegen war wieder Nährlösung notwendig. Hecke[5]) zeigte, daß *Ustilago*sporen, deren Membran Cu gespeichert hat, nicht keimen können; — wird das Kupfer mit verdünnter Säure ausgewaschen, so sind die Sporen wieder keimfähig. Eriksson[6]) gibt an, daß Uredo- und Äzidiensporen besser keimen, wenn sie niedrige Temperaturen durchgemacht haben, und Dodge sah *Ascobolus*-Arten mit 100 % der aufgesäten Sporen keimen, wenn die Kulturen sogleich nach der Aussaat 15—20 Minuten auf 65—70° erhitzt worden waren.[7]) Mitteilungen über den Einfluß des Lichtes, der Temperatur usw. bei Klebahn und Dietel.[8])

Wie lange bleiben Sporen überhaupt keimfähig? Die Sporen vieler Saprophyten bewahren ihre Keimfähigkeit bei trockener Aufbewahrung sehr

---

1) Über Förderung der Keimung v. Pilzsporen durch Exhalationen v. Pflanzenteilen (Naturwiss. Wochenschr. f. Land- u. Forstwirtsch. 1904, **2**, 484).

2) A prelim. study of the germination of the spores of A. *campestris* and other basidiom. fungi (Bull. No. 16, Bur. of Pl. Industry U. S. Dpt. Agricult. Washington 1902).

3) The principles of mushroom growing and mushr. spawn making (ibid. Bull. No. 85. Washington 1905).

4) Brefeld 1875, a. a. O., Loewenthal, W.; Beitr. z. Kenntn. des *Bas. lacertae* Eidam (Arch. f. Protistenkde. 1903, **2**, 364) u. a.

5) Beizversuche zur Verhütung d. Hirsebrandes (*Ustilago Crameri* u. *U. Panici miliacei*) (Ztschr. f. landw. Versuchsw. Österr. 1902, **5**).

6) Über die Förderung der Pilzsporenkeimung durch Kälte (Zbl. f. Bakt. II, 1895, **1**, 557).

7) Dodge, Meth. of cult. etc. of the Ascobolaceae (Bull. Torrey bot. Club 1912, **39**, 139).

8) Klebahn, Wirtwechselnde Rostpilze, Berlin 1904. Dietel, P., Vers. über die Keimungsbeding. d. Teleutosp. einiger Ured. (Zbl. f. Bakt. II, 1911, **31**, 95).

lange. Besonders für *Aspergillus* liegen zahlreiche Angaben vor. So kann *Aspergillusglaucus* 16 Jahre lebend bleiben, für *A. flavescens* fand HANSEN[1]) die Grenze bei ungefähr 8 Jahren. Andere Arten derselben Gattung, ebenso *Mucor mucede, M. racemosus* u. a. bleiben 6 Jahre lang keimfähig. Ein seltener Pyrenomyzet (*Anixiopsis stercoraria*) keimt noch nach 21 Jahren (HANSEN). Andere Pilze kommen ihm hierin gewiß gleich. Auch WEHMER stellte für *Aspergillus* u. a. einige Daten zusammen.[2]) Hefesporen bleiben ebenfalls jahrelang keimfähig. *Phycomyces* steht in dem Rufe. daß seine Sporen schnell absterben; bei trockener Aufbewahrung halten sich aber auch sie viele Monate lang lebendig. Wie entscheidend der Wassergehalt des Plasmas für die Keimfähigkeit und die Lebensdauer der Sporen ist, zeigen KURZWELYS Versuche[3]): exsikkatortrockene *Phycomyces*sporen bleiben, in absolutem Alkohol aufbewahrt, über zwei Jahre keimfähig. Die Sporen vieler parasitischer Pilze verlieren durch Aufenthalt in trockener Luft ihre Keimkraft.

Formative Effekte. — Wenn man den Einfluß äußerer Bedingungen auf Wachstum und Organbildung bei den Pilzen prüfen will, was für Faktoren kommen dabei erfahrungsgemäß in erster Linie in Betracht? Vor allem die chemische Zusammensetzung des Nährsubstrats, — nicht nur deswegen, weil von ihr Wachstum und Gedeihen des Pilzes überhaupt abhängen, sondern weil verschiedene Nährstoffe einen Pilz zu ganz verschiedenen Wachstumsleistungen anregen können. Für *Sporodinia grandis* z. B. stellte KLEBS fest, daß Kohlehydraternährung zur Zygotenbildung, Peptonernährung zur Bildung von Sporangien führt[4]); reiche Zuckerernährung findet bei *Penicillium* und *Aspergillus* die Perithezien-, bei *Mucor*-Arten die Zygotenbildung.[5]) RACIBORSKI (a. a. O.) beobachtete, daß *Basidiobolus ranarum* in Glukose u. a. eine Art Palmellenform, in Galaktose u. a. Zygosporen bildet. Auch die Form der vegetativen Myzelanteile fällt bei verschiedener Ernährung verschieden aus: *Mucor racemosus* bildet bei Peptonernährung dünne Haupthyphen mit spitz endigenden Seitenästen, bei Zuckerernährung dicke Haupthyphen mit stumpf endigenden Seitenästen; Riesenzellen entstehen in Pflaumensaft $+ 3\%$ Zitronensäure und andern sauren Medien.[6])

Den Einfluß der Konzentration auf die Fruktifikation der Pilze hat neuerdings BEZSSONOF (s. u.) durch Schimmelpilzkulturen dargetan.

---

1) Biologische Untersuchungen über Mist bewohnende Pilze (Bot. Ztg. 1897, I, **55**, 111).

2) Kleinere mykol. Mitteil. (Zbl. f. Bakt. II, 1897, **3**, 102), Über d. Lebensdauer eingetrockneter Pilzkulturen (Ber. d. D. Bot. Ges. 1904, **22**, 476).

3) Widerstandsfähigk. trockn. pflanzl. Organismen gegen giftige Stoffe (Jahrb. f. wiss. Bot. 1903, **38**, 291, 329).

4) Zur Physiol. d. Fortpfl. einiger Pilze III (Jahrb. f. wiss. Bot. 1900, **35**, 80).

5) BEZSSONOF, Üb. d. Wachst. d. Aspergillazeen u. a. Pilze auf stark zuckerhaltigen Nährb. (Ber. d. D. Bot. Ges. 1918, **36**, 646).

6) Vgl. RITTER, G., Über Kugelhefe und Riesenzellen bei einigen Mukorazeen (Ber. d. D. Bot. Ges. 1907, **25**, 255); WEHMER, Übergang älterer Vegetationen v. *Aspergillus fumigatus* in Riesenquellen unter Mitwirkung angehäufter Säure (ibid. 1914, **31**, 257).

Ferner ist die Transpiration von Bedeutung. Im dampfgesättigten Raume kultiviert, produzieren die Pilze reichlich Myzel, aber die Fruktifikation bleibt entweder völlig aus oder bleibt zum mindesten unvollkommen. Auf Pilze, die ihren ganzen Entwicklungsgang submers durchmachen, hat dieser Faktor natürlich keine Wirkung. Über reichliche Sporangienbildung bei *Sporodinia* und reichliche Konidienbildung bei *Sporodesmium* und *Botrytis cinerea* unter dem Einfluß geförderter Transpiration vgl. KLEBS (a. a. O. 1900, S. 44) und REIDEMEISTER (s. u.). Fruktifikationsorgane, die bei sehr schwacher Transpiration gebildet werden, bleiben in vielen Fällen hinsichtlich ihrer Struktur und Differenzierung hinter den „typischen" zurück. Bei der Beurteilung des Wasserdampfgehaltes über einer Pilzkultur und der Intensität ihrer Transpirationstätigkeit berücksichtige man die oben (S. 82) angeführten Punkte.

Alle äußeren Faktoren, welche auf irgendeinem Wege die Transpiration der Pilzzellen beeinflussen, gewinnen indirekt Einfluß auf die von der Transpiration abhängigen Gestaltungsprozesse; höchstwahrscheinlich ist der Einfluß des Lichtes nur ein mittelbarer im angeführten Sinne. Namentlich BREFELD[1]) hat die Beziehungen zwischen Licht und Fruchtbildung vieler Pilze dargetan. Daß die Fruchtkörper mancher Pilze im Dunkeln gleich etiolierten höheren Pflanzen abnorme Formen annehmen, ist bekannt.

Für *Botrytis* stellte KLEIN[2]) fest, daß die Sporen ausschließlich in der Nacht gebildet werden.

Über den Einfluß der Temperatur auf die Myzelform u. a. hat ZIKES[3]) einige Angaben zusammengestellt (*Penicillium, Aspergillus*, Hefen u. a.).

Ein sehr wirksames Mittel, die Organbildung zu beeinflussen, insbesondere Fruktifikation hervorzurufen, besteht im Entzug der Nahrung. Wird der Nährstoff von dem heranwachsenden Organismus verbraucht, oder wird dieser in ein nährstoffarmes oder gar -freies Medium übertragen, so wird die Fruktifikation eingeleitet. Gemmen sind bei *Mucor* ein Zeichen für Nahrungsmangel; *Nectria cinnabarina* u. a. bilden Konidien, sobald die Nährstoffe verbraucht sind[4]); an Hefen ruft man Askosporenbildung hervor, indem man sie auf ein nährstofffreies Substrat überträgt (s. u.). Die Reaktion auf den Entzug der Nahrung tritt aber nur dann prompt ein, wenn der Pilz vor dem Entzug der Nahrung gut ernährt worden ist: hungerndes Myzel wird durch völliges Entziehen der Nährstoffe nicht zum Fruktifizieren angeregt, sondern zum Hungertod gebracht.

---

1) Vgl. Botan. Untersuch. H. III, IV u. VIII, 1877, 1881, 1889; ferner KLEBS, Z. Phys. d. Fortpfl. einiger Pilze III (a. a. O.) und LAKON, Beding. d. Fruchtkörperbildung bei *Coprinus* (Ann. mycol. 1907, 5, 155).

2) Über die Ursachen der ausschließlich nächtlichen Sporenbildung von *B. cinerea* (Bot. Ztg. 1885, 43, 6).

3) ZIKES, H., Üb. d. gestaltbild. Einfl. d. Temperatur auf Gärungsorganismen (Allg. Ztschr. f. Bierbr. u. Malzfabrik. 1915, 43, 15).

4) WERNER, C., Die Beding. der Konidienbildung bei einigen Pilzen. Dissertation Basel 1898.

Die hier angeführten Mittel, einen Pilz zu besonderen Gestaltungsleistungen anzuregen, kommen beim Experimentieren in erster Linie in Betracht. Gleichwohl können auch andere Mittel und Faktoren sich als wirksam erweisen oder vielleicht in diesem oder jenem Fall schneller und bequemer zum Ziele führen können als jene. Man wird z. B. an die Wirkung der sauren und alkalischen Reaktion zu denken haben und an die chemische Wirkung von Stoffen, die weder die Reaktion bestimmen noch als Nährstoffe bezeichnet werden können, vielmehr den wachstumanregenden Reizmitteln und den Stoffwechselprodukten der Organismen selbst angehören.

Hexenringe. — Eine ganz alltägliche Erscheinung bei Pilzkulturen ist die Bildung der sog. Hexenringe: die bei Kultur auf Agar- oder Gelatineplatten sich bildende Myzelscheibe ist nicht homogen, sondern zeigt deutliche konzentrische Zonen, die dadurch zustande kommen, daß die Myzelbildung abwechselnd dicht und minder dicht ist, oder die Sporen-, Stroma- oder Sklerotienbildung abwechselnd spärlich und reichlich erfolgt. Das Phänomen der Ringbildung, das zuerst bei den Fruchtkörpern verschiedener Basidiomyzeten die Aufmerksamkeit auf sich lenkte, ist schon für zahlreiche kultivierbare Pilze beschrieben und untersucht worden[1]), bedarf aber trotzdem noch sehr der näheren Erforschung.

Daß die Bildung eines Ringes mit dem Wechsel von Tag und Nacht zusammenhängt, läßt sich bei Beobachtung von *Penicillium-*, *Aspergillus-*, *Acrostalagmus-* und andern Kulturen leicht beobachten. REIDEMEISTER hat gezeigt, daß die Sklerotienringe der *Botrytis cinerea* von der Transpiration des Pilzes abhängig sind[2]), und MUNK konnte nachweisen, daß die Konidientagesringe der zuerst genannten Pilze auch bei Dunkelkulturen gebildet werden, wenn die Wirkungen der täglichen Belichtung durch periodisch gesteigerte Transpiration oder Temperatur ersetzt werden.[3])

1) Vgl. z. B. MILBURN, Über Änderungen der Farben bei Pilzen und Bakt. Diss. Halle 1904. HUTCHINSON, Über Form u. Bau der Kolonie niederer Pilze (Zbl. f. Bakt. II, 1906, **17**, 417ff.). MOLZ, Über die Beding. d. Entstehung der durch *Sclerotinia fructigena* erzeugten Schwarzfäule der Äpfel (ibid. 175). FREEMAN, O. L., Untersuch. üb. d. Stromabildung der *Xylaria hypoxylon* in künstl. Kult. (Ann. mycol. 1910, **8**, 192) u. v. a. (s. u.). — Auch parasitisch lebende Pilze bilden auf ihrem lebendigen Substrat manchmal sehr deutliche Ringe (vgl. z. B. Abbildung von *Vermicularia trichella* bei DIEDICKE, Blattfleckenkrankh. des Efeu. Zbl. f. Bakt. II, 1907, **19**, 168). Die Ringe der Monilien (*M. cinerea*), die auf dem natürlichen Substrat der Parasiten sichtbar werden, sind zuweilen erstaunlich scharf ausgeprägt.

2) REIDEMEISTER, Die Beding. d. Sklerotien- u. Sklerotienringbildung von *Botr. cin.* auf künstl. Nährböden (Ann. myc. 1909, **7**, 19).

3) MUNK, M., Beding. d. Hexenringbildung bei Schimmelpilzen (Zbl. f. Bakt. II, 1912, **32**, 353); Theor. Betracht. üb. d. Ursachen d. Periodizität usw. (Biol. Zbl. 1914, **34**, 621). — Bei *Penicillium luteum* bilden sich nach KNISCHEWSKY (Tagesringe bei *P. l.*, Landwirtsch. Jahrb. 1909, **38**, Erg.-Bd. **5**, 341) die Ringe nur in weißem und blauem Lichte; sie bleiben im roten Lichte und bei Dunkelheit aus. Vgl. auch MÜLLER, R., Eine Diphtheridee und eine *Streptothrix* mit gleichem blauen Farbstoff etc. (Zbl. f. Bakt. I, Orig., 1908, **46**, 195).

Munk hat auf die Ähnlichkeit zwischen den Konidienringen vieler Schimmelpilze und den Liesegangschen Diffusionsringen[1]) aufmerksam und den Versuch gemacht, die Diffusions- und Konzentrationsverhältnisse zu analysieren, die im Nährboden unter dem Einfluß eines sich ausbreitenden Pilzmyzelszustande kommen. Auf alle Fälle ist die Ähnlichkeit zwischen Liesegangs Diffusionsringen und den „Hexenringen" der Schimmelpilze sehr sinnfällig und gewiß nicht bedeutungslos[2]); Fig. 23 und 24 sollen die Über

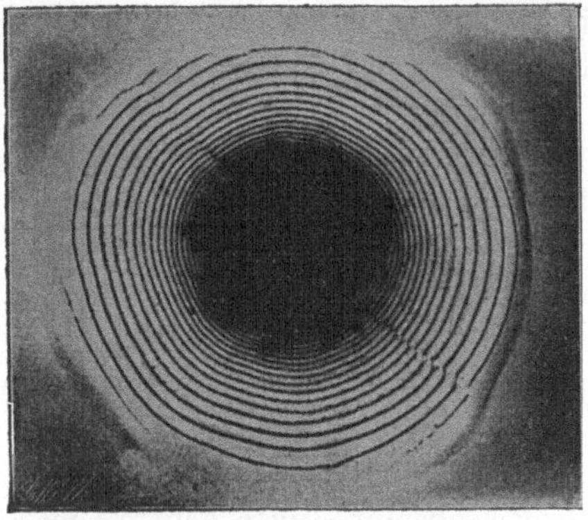

Fig. 23. Liesegangsche Diffusionsringe: Silbernitrat auf Kaliumbichromatgelatine. Nach einer photographischen Aufnahme Liesegangs.

einstimmungen zwischen diesen und jenen veranschaulichen. Bei künftigen Untersuchungen wird, wie ich glaube, namentlich zu prüfen sein, inwieweit die Diffusion der von den Organismen ausgeschiedenen Stoffwechselpro

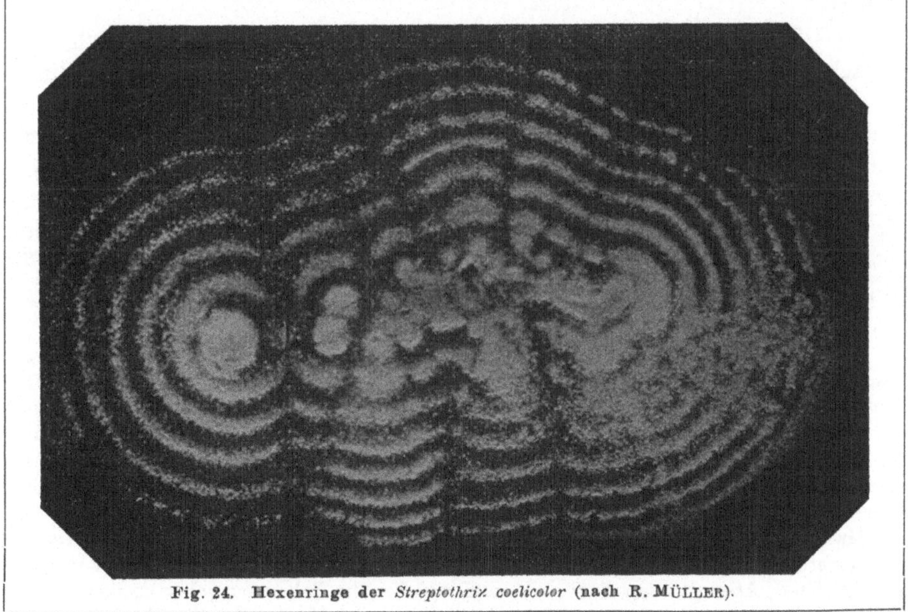

Fig. 24. Hexenringe der *Streptothrix coelicolor* (nach R. Müller).

dukte, welche vor der Kolonie her im Nährboden sich zentrifugal verbreiten, zonenartig wechselnde Existenzbedingungen für die Pilze schaffen, oder die

---

1) Vgl. Liesegang, R., Über die Schichtungen bei Diffusionen. Düsseldorf 1907. Über die Bedeutung d. hydrolyt. Spaltung d. Gelatine f. d. Schichtenbildung d. Silberchromats (Ztschr. f. Chem. u. Industr. d. Koll. 1907, **2**, Nr. 3).

2) Küster, Üb. Zonenbildung in kolloidalen Medien, Jena 1912.

in den lebenden Zellen und Zellenreihen des Pilzes selbst sich verbreitenden Stoffe nach Art der von LIESEGANG gewählten Chemikalien die Zonenbildung veranlassen.[1]

Der Abstand der Ringe voneinander fällt bei verschiedenen Kulturbedingungen sehr verschieden aus. Nach MILBURN hat der innerste Ring von *Hypocrea rufa* bei Kultur auf 2—5 % Glukose einen Durchmesser von ca. 3 cm; bei 10 % Glukose ist er nur 1 cm weit (MILBURN, s. o.).

Stoffwechselprodukte. — Von den mannigfaltigen Stoffwechselprodukten der Pilze sind zunächst diejenigen zu nennen, welche die Reaktion des Nährbodens in dem einen oder anderen Sinne beeinflussen.

Ursprünglich saure Nährböden können durch alkalisch reagierende Stoffwechselprodukte neutralisiert und alkalisch gemacht werden, oder der Grad ihrer Azidität kann infolge der Säureproduktion des Pilzes noch steigen. Wer den Einfluß der Reaktion auf die Entwicklung der Pilze beobachten will, muß sich ständig über die Beeinflussung der Reaktion durch den Pilz informieren. Durch Einlegen schwer löslicher saurer Stoffe, wie Weinstein, kann man die Reaktion sauer erhalten; zum Neutralisieren dient z. B. Kalziumkarbonat.

Der Einfluß der Pilze auf die Reaktion des Nährbodens ist verschieden je nach der Spezies und der jeweiligen Ernährung. Zuckerernährung führt im allgemeinen zu Säurebildung, Ernährung mit Pepton zu Produktion von Ammoniak. Verbraucht ein Pilz bei Ernährung mit Ammonsalzen das Ammon, so kann es zu starker Ansäuerung des Kulturmediums kommen; anderseits kann bei Nitraternährung der Nährboden allmählich an Alkaleszenz gewinnen. Bleibt die Reaktion des Nährbodens sauer (durch Säureproduktion seitens des Pilzes oder durch künstlichen Zusatz von Säure), so wird die Bildung von Ammoniak gefördert; verzögert wird sie, wenn der Nährboden al-

---

1) Ich möchte in diesem Zusammenhang auch auf einige von BEYERINCK (Über die Absorptionserschein. bei d. Mikroben [Zbl. f. Bakt. II, 1911, **29**, 161]) veröffentlichte Betrachtungen aufmerksam machen. Daß die in einem Nährboden enthaltenen Nährstoffe von den Mikroorganismen restlos (oder nahezu restlos) aufgenommen werden können und das Wachstum der letzteren erst merklich später einsetzen kann, demonstriert der genannte Forscher z. B. durch Kultur von *Oidium lactis* auf glukosehaltigem, aber N-freiem Agar- oder Gelatinemedium. Wird irgendwo assimilierbarer N — z. B. einige Kristalle von Harnstoff oder eines Ammonsalzes — aufgetragen, so erfolgt zunächst Verbreitung der letzteren durch Diffusion; ist eine absorbierbare Verdünnung des Harnstoffes erreicht, so folgt eine „Absorptionsperiode, während welcher die Zellen zunächst speichern, vielleicht auch schon wachsen, was mit der Möglichkeit des Nachweises innerhalb der Zellen der nicht mehr frei diffundierenden Substanz einhergeht. Schließlich tritt die Periode des Hauptwachstums ein, wobei die Substanz schnell verschwindet." Mit der vorangehenden Absorption der Nährstoffe hängt es zusammen, daß das von kräftig wachsenden Organismen erfüllte Diffusionsfeld keine diffuse, sondern eine völlig scharfe Grenze hat — vorausgesetzt, daß die Organismen dicht genug in der Gallert ausgesät waren. So vermag die vorübergehende Absorption der Nährstoffe nach BEYERINCK Hexenringe zu erzeugen.

kalische Reaktion annimmt.[1]) Die Produktion von Alkali[2]) oder Säuren[3])
kann so stark werden, daß die Pilze an „Selbstvergiftung" zugrunde gehen.

Unter den Säuren spielt die namentlich von Schimmelpilzen gebildete
Oxalsäure eine besondere Rolle. Als leicht dissoziierbare Säure wirkt sie
selbst in geringen Mengen schon giftig auf viele Mikroorganismen; *Aspergillus niger*, welcher reichlich Oxalsäure bildet, verträgt nach NIKITINSKY[4])
bis 1,5% freie Säure. Die Bildung von Oxalsäure durch Pilze ist abhängig
von den Ernährungsverhältnissen; WEHMER[5]) hat die Bildung der Säure durch
Aspergillus in ihrer Abhängigkeit von der Ernährung erforscht: gebundene
Oxalsäure tritt in Zuckerkulturen bei N-Ernährung mit Kalium-, Natrium-,
Kalziumnitrat, Ammoniumphosphat oder -oxalat oder Pepton auf; Ernährung
mit Ammoniumnitrat führt zur Bildung freier Oxalsäure, während in Chlorammonium- und Ammoniumsulfatkulturen keine Oxalsäure entsteht. —
Zitronensäure bilden *Penicillium luteum, Citromyces Pfefferianus* u. a. (WEHMER). Milchsäure ist als Stoffwechselprodukt nur für *Rhizopus chinensis* bekannt.[6])

Über die Prüfung der Säureproduktion der Pilze mit Hilfe von Marmorplatten, die von den Hyphen korrodiert werden, vgl. KUNZE.[7])

Die von den Pilzen, insbesondere den Schimmelpilzen, gelieferten Fermente sind sehr mannigfaltig: diastatische, invertierende und proteolytische
sind die wichtigsten. Von den Fermenten der Hefen wird später zu sprechen
sein. Wichtig ist, daß die Produktion der Fermente z. B. der Diastase quantitativ von der Ernährung beeinflußt wird[8]); gewisse andere Fermente werden
überhaupt nur bei bestimmter Ernährung und manche sogar nur dann gebildet, wenn der Körper, der von ihnen gespalten werden soll, in dem Nährboden vorhanden ist.[9]) WENT hat den wichtigen Nachweis erbracht, daß die

---

1) Vgl. z. B. BUTKEWITSCH, W., Umwandlung der Eiweißstoffe durch die niederen
Pilze usw. (Jahrb. f. wiss. Bot. 1903, **38**, 147), MEDISCH, M., Beitr. z. Phys. d. *Hypocrea rufa*
(PERS.) (ibid. 1910, **48**, 591).

2) BOAS, Selbstvergiftung bei *Aspergillus niger* (Ber. d. D. Bot. Ges. 1919, **37**, 63).

3) WEHMER, Selbstvergiftung in *Penicillium*-Kulturen als Folge der N-Ernährung
(Ber. d. D. Bot. Ges. 1913, **31**, 210).

4) Üb. d. Beeinfl. d. Entwickl. einiger Schimmelpilze durch ihre Stoffwechselprodukte
(Jahrb. f. wiss. Bot. 1904, **40**, 1).

5) Entsteh. u. physiol. Bedeut. d. Oxals. im Stoffwechsel einiger Pilze (Bot. Ztg. 1891,
49, 233); daselbst weitere Literatur. ELFVING, Üb. d. Bildung organ. Säuren durch *Asp.
niger* (Finska Vetensk.-Soc. Förhandl. 1918/19, **61** Afd. A. No. 15).

6) SAITO, K., Ein Beispiel von Milchs.-Bildung durch Schimmelpilze (Zbl. f. Bakt. II,
1911, **29**, 289).

7) Üb. Säureausscheidungen bei Wurzeln u. Pilzhyphen und ihre Bedeutung (Jahrb.
f. wiss. Bot. 1906, **42**, 357).

8) KATZ, Regul. Bild. v. Diastase durch Pilze (ibid. 1895, **31**, 599). KYLIN, Üb.
Enzymbildung u. Enzymregulation bei einigen Schimmelpilzen (Jahrb. f. wiss. Bot. 1914,
53, 465). FRANCESCHELLI, Unters. üb. d. Enzyme usw. (Zbl. f. Bakt. II, 1915, **43**, 305).

9) WENT, Üb. d. Einfl. d. Nahrung auf d. Enzymbildung durch *Monilia sitophila*
(ibid. 1900, **36**, 611).

Fermentproduktion eines Pilzes in seinen verschiedenen Entwicklungsphasen verschieden sein kann.[1]) Über den Nachweis von Enzymen durch bestimmte Kulturmethoden s. o., über die Korrosion fester Stärke durch Pilze vgl. BILLINGS.[2]) Katalase entsteht in Pilzkulturen je nach Spezies und Kulturbedingungen in wechselnden Mengen, nicht selten außerordentlich reichlich.[3])

Eine eigenartige Wirkung freier Säuren auf *Aspergillus oryzae* u. a. äußert sich darin, daß in den Nährlösungen ein mit Jod sich bläuendes Kohlenhydrat nachweisbar wird.[4])

Eine dritte Gruppe von Stoffwechselprodukten sind die von vielen Pilzen ausgeschiedenen, meist gelben, grünen und roten Farbstoffe, deren Produktion quantitativ und qualitativ von den Kulturbedingungen abhängt[5]), insbesondere von der Reaktion des Nährbodens. Auffallende Bilder liefern die Kulturen, in welchen die Reaktion des Nährbodens an verschiedenen Stellen ungleich ist, z. B. die Kulturen derjenigen Pilze, die nur bei Berührung verschiedener Kolonien oder vorzugsweise bei Berührung mit artfremden Pilzkolonien Pigment erzeugen u. dgl. m. Nicht selten können von der nämlichen Pilzspezies mehrere Farbstoffe gebildet werden; je nach den Kulturbedingungen wird der eine oder der andere von ihnen besonders auffällig.

Ferner muß noch auf die wachstumhemmende und wachstumfördernde Wirkung gewisser Stoffwechselprodukte (vgl. S. 93) hingewiesen werden, die teils von Produkten der erwähnten Art, teils noch von besonderen, nicht

---

1) WENT, F. A. F. C., On the course of the formation of diastase by *Aspergillus niger* (Kon. Akad. Wetensch. Amsterdam 1918, **21**, 479); starke Diastaseproduktion nach der Keimung.

2) Üb. Stärke korrod. Pilze u. ihre Beziehungen zu *Amylotrogus* ROZE (Flora 1900 **87**, 288); daselbst weitere Literaturangaben.

3) DOX (The catalase of molds, Journ. americ. chem. soc. 1910, **32**, 1357) ermittelte die Quantität der von Pilzen gelieferten Katalase in der Weise, daß er 5 ccm Nährlösung, auf welcher die Pilze zwei Monate sich entwickelt hatten, mit 10 ccm Wasser verdünnte und 2 ccm Perhydrol zusetzte. Nach 3 Minuten hatten geliefert:

Nährlösung von *Penicillium Duclauxi* . . . . . . 25,3 ccm Sauerstoff
    ,,   ,, *Aspergillus glaucus* . . . . 21,1 ccm   ,,
    ,,   ,, *Pcn. luteum* . . . . 0,2 ccm   ,,
    ,,   ,, *Asp. niger* . . . . 0,0 ccm   ,,

4) BOAS, Jodbläuende stärke- u. zelluloseähnl. Kohlehydrate bei Schimmelpilzen als Folge d. Wirkung freier Säuren (Ber. d. D. Bot. Ges. 1916, **34**, 786). LAPPALAINEN, Biochem. Studien an *Asp. niger* (Finska Vetensk.-Soc. Förhandl. 1919—20, **62**, Afd. A, Nr. 1).

5) Einige Literatur bei MILBURN, Üb. Änderungen der Farben bei Pilzen u. Bakt. Dissertation (Halle 1904); BESSEY, Üb. d. Beding. d. Farbbildung bei *Fusarium* (ebenso; auch Flora 1904, **93**, 301). DÖBELT, H., Beitr. zur Kenntnis eines pigmentbildenden Penicilliums (Diss. Halle 1909); SELIBER, G., Sur le virage du pigment de deux champ. (C. R. Acad. Sc. Paris 1910, **150**, 1707); Mitt. üb. d. Farbst. von *Fusarium Heidelbergianum n. sp.* und *Cephalosporium subsessile n. sp.* MEDISCH, M., Beitr. z. Phys. d. *Hypocrea rufa* (PERS.) (Jahrb. f. wiss. Bot. 1910, **48**, 591). NAUMANN, K. W., Die Beding. f. d. Pigmentbildung durch *Epicoccum purpurascens* (EHRENB.). Berlin 1910 (vgl. Hedwigia **51**, 135). BRENNER, W., Farbstoffbildung bei *Penicillium purpurogenum* (Svensk bot. tidskr. 1918, **12**, 91); in zuckerhaltigen Lösungen bildet *Aspergillus niger* ein fluoreszierendes Pigment (vgl. KLÖCKER in Zbl. f. Bakt. II, 1916, **46**, 225).

näher bekannten und oft nur aus ihrer Wirkung auf das Wachstum erschlossenen Stoffen ausgeht.

Daß die von einem Pilze oder einem anderen Organismus gelieferten Stoffwechselprodukte nicht nur auf die nämliche Spezies, sondern auch auf andere Arten wachstumhemmend oder wachstumfördernd einwirken können, geht aus vielen gelegentlichen Beobachtungen hervor, bedarf aber noch näherer Erforschung: FALCK beobachtete z. B., daß *Coprinus* seine Nährböden für Schimmel- und Bakterieninfektion unzugänglich macht[1]); MOLLIARD gibt an, daß die Perithezien von *Ascobolus furfuraceus* in Reinkulturen später gebildet werden als in Kulturen, die mit Bakterien verunreinigt sind.[2]) SARTORY isolierte einen *Aspergillus*, der nur in Mischkulturen unter dem Einfluß des *Bac. mesentericus* Perithezien bildet[3]) u. a. m.

Wachsen zwei getrennte Myzelscheiben einander entgegen, so wird unter geeigneten Ernährungsbedingungen das Wachstum mancher Pilze bei einer bestimmten Annäherung der beiden Myzelspitzen rapid verlangsamt; die Stoffwechselprodukte eilen dabei durch Diffusion den wachsenden Myzelspitzen voraus[4]), und die beiden Myzelplatten halten sich zuweilen gegenseitig im Schach, so daß die zwischen ihnen liegenden Streifen des Nährsubstrates dauernd unbewachsen bleiben können. In anderen Fällen kommt es noch zur Berührung der beiden Myzelscheiben, deren Randhyphen dabei mancherlei formative Wirkungen der gegenseitigen Beeinflussung erkennbar werden lassen; in noch anderen Fällen wird einer der beiden Pilze von dem anderen überwachsen.[5])

NIKITINSKY[6]) stellte fest, daß durch die Produktion von Säuren (z. B. bei Darbietung anorganischer Ammonverbindungen, deren Ammoniak aufgenommen wird) oder durch Umschlagen der Reaktion ins Alkalische (Entstehung von Ammoniumkarbonat) die Nährböden für Pilze ungeeignet werden.[7]) Von der „Verbesserung", welche die Nährlösungen während der Ent-

---

1) Die Kultur d. Oidien u. ihre Rückführung in die höh. Fruchtform d. Basidiomyzeten (Beitr. z. Biol. d. Pfl. 1902, **8**, 307).

2) MOLLIARD, M., Rôle des bactéries dans la production des périthèces des *Ascobulus* (C. R. Acad. Sc. Paris 1903, **136**, 899). Vgl. auch NEGER, Keimunghemmende Stoffwechselprodukte (Naturwissensch. Wochenschr. 1918, **17**, 141).

3) SARTORY, De l'infl. d'une bactérie s. la production des périthèces chez un *A.* (C. R. Soc. Biol. 1916, **79**, 174).

4) Vgl. FULTON, K. F., Chemotropism of fungi (Bot. Gaz. 1906, **41**, 81). LIESEGANG, R. E., Gegenseitige Wachstumshemmung bei Pilzkulturen (Zbl. f. Bakt., II, 1920, **51**, 85).

5) Vgl. namentlich HARDER, R., Üb. d. Verhalten von Basidiomyz. u. Askomyz. in Mischkult. (Naturwiss. Zbl. f. Forst- u. Landwirtsch. 1911; auch Dissert. Kiel 1911).

6) Über d. Beeinfl. einiger Schimmelpilze durch ihre Stoffwechselprodukte (Jahrb. f. wiss. Bot. 1904, **40**, 1). Vgl. auch LUTZ, Üb. d. Einfl. gebraucht. Nährlös. auf Keimung u. Entwickl. einiger Schimmelpilze (Ann. Mycol. 1909, **7**, 91; auch Dissert. Halle 1909).

7) Man hat versucht, die Bildung der Stoffwechselprodukte auch vom teleologischen Standpunkt aus zu deuten: Pilze bilden Säuren und schließen dadurch im Kampf ums Dasein und ums Substrat andere Mikroben aus, die Hefe produziert Alkohol, den gewisse andere Organismen nicht vertragen — allerdings mehr als ihr selbst bekömmlich ist. Solchen Erklärungsversuchen gegenüber wird Skepsis angebracht sein.

wicklung der Pilze erfahren, und von der Keimung neuer Aussaaten auf gebrauchten Nährlösungen war schon oben (S. 94) die Rede.

WILDIERS machte die Beobachtung, daß Bierhefen, die in einer mit den notwendigen Mineralstoffen versehenen Zuckerlösung ausgesät werden, sich nur bei Aussaat größerer Mengen entwickeln[1]); er fand, daß Extrakt aus Hefezellen einen Stoff enthält, der auch geringen Aussaatmengen auf gezuckerten Mineralsalzlösungen üppiges Wachstum gestattet, und weiterhin, daß in Most u. dgl. der erforderliche Stoff von vornherein enthalten ist; WILDIERS nannte den Stoff, den wir vielleicht zu den wachstumanregenden Stoffwechselprodukten rechnen dürfen, „Bios".[2]) Nach DEVLOOS Untersuchungen handelt es sich um einen N-haltigen Stoff, der sich im Lezithin vorfindet. —

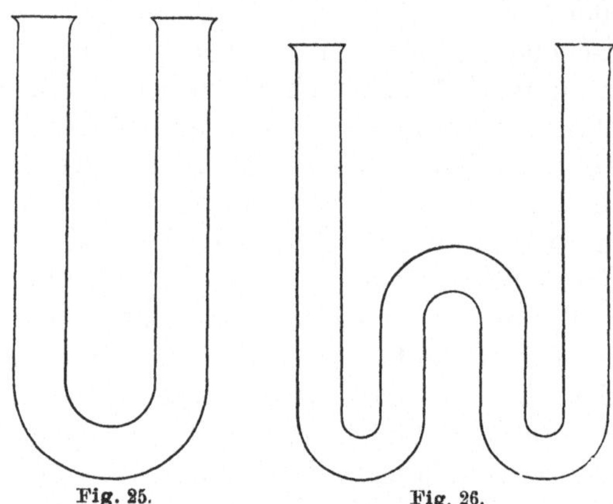

Fig. 25.   Fig. 26.

Die Pilze von den Stoffwechselprodukten, die sich in den Nährlösungen befinden, zu trennen, ist im allgemeinen nicht schwer. Sollte die Wirkung gebrauchter Lösungen auf neue Aussaaten geprüft werden, so leisteten mir U-förmig gekrümmte Eprouvetten gute Dienste (Fig. 25): in einem Schenkel wurde die Aussaat vorgenommen; der andere wurde erst besät, wenn hinreichende Mengen von Stoffwechselprodukten in der Lösung vermutet wurden; wenn Gefahr bestand, daß submerse Hyphen des zuerst ausgesäten Pilzes von dem einen Schenkel in den andern sich verbreiteten, wurde der Weg durch einen lockeren Pfropf Glaswolle verlegt; diese Form des Verschlusses genügt für sehr viele Fälle. Handelte es sich darum, den Einfluß gebrauchter Nährlösungen auf bereits entwickelte Pilze zu prüfen, so bediente ich mich W-förmiger Röhren (Fig. 26). Die Nährlösung steht in diesen nur so hoch, daß zwei getrennte Kulturräume verfügbar werden; beide werden mit verschiedenen Pilzspezies besät, und später läßt man durch geschicktes Neigen der gekoppelten Kulturen ein Quantum der einen Nährlösung zu der anderen überfließen.

---

1) Üb. BREFELDS Beobachtung s. o. S. 132, Anm. 4.

2) Die wichtigsten Arbeiten über die Biosfrage sind in La Cellule erschienen: WILDIERS, Nouv. subst. indispensable au devel. de la levure (1901, **18**, 311); AMAND, A., Le „bios" de W. ne joue pas le rôle d'un contrepoison (1903, **20**, 223), La disparition du bios de W. d. l. cultures de levure (1904, **21**, 327), DEVLOO, R., Purification du bios de W. (1906, **23**, 359), IDE, M., Über WILDIERS' Bios (Zbl. f. Bakt., II, 1907, **18**, 193). — Über die Förderung der Hefeentwicklung durch Gärungsprodukte vgl. THIBAUT, FR., Einfluß d. alkoholischen Gärungsprod. auf Hefe u. Gärverlauf (Zbl. f. Bakt. II, 1902, **9**, 743).

Sehr zweckmäßig fand ich es ferner bei Untersuchung der Keimung von Pilzsporen auf gebrauchten Nährmedien, die Myzelien in Petrischalen auf Agar sich entwickeln zu lassen, dann die Agarmassen umzudrehen und auf der Kehrseite die Neuaussaat vorzunehmen. Irrtümer und Verwechslungen, welche die den Agar durchwachsenden Hyphen des zuerst ausgesäten Pilzes veranlassen könnten, lassen sich bei mikroskopischer Kontrolle leicht ausschließen.

Rassenbildung. — Namentlich an den auf vegetativem Wege sich schnell vermehrenden Schimmelpilzen ist die Frage nach der Entstehung neuer Rassen oder Modifikationen und den Gründen ihrer Entstehung oft geprüft worden. Die chemische Zusammensetzung des Nährsubstrats, seine osmotischen Eigenschaften, Temperatur und Licht[1]) haben Einfluß auf die Entstehung neuer Formen. Unter diesen finden wir alle Übergänge von inkonstanten, d. h. schon bei der nächsten Generation zurückschlagenden und dauernd konstant bleibenden. — Über die Verwertung der Isoliermethoden im Dienst dieser Fragen vgl. SCHOUTEN.[2]) Die neuen Rassen unterscheiden sich von den Stammformen durch morphologische, durch Größen- und Farbenmerkmale, durch den Ausfall bestimmter Fähigkeiten (asporogene Hefen, s. u.) und chemisch-physiologische Leistungen besonderer Art.

Saccharomyzeten (Hefen). — Wegen ihrer großen Bedeutung für die Praxis sind die Hefen in den letzten Dezennien mehr als die Vertreter der meisten anderen Pilzgruppen kultiviert und auf dem Wege der künstlichen Kultur nach verschiedenen Gesichtspunkten hin gut erforscht worden. Material für Hefekulturen gewinnt der Anfänger besonders aus obergärigen Bieren oder aus der käuflichen Preßhefe; Hefen lassen sich ferner von süßen Früchten[3]) — auch getrockneten (Rosinen) — isolieren, von den Narben und Nektarien der Blüten abimpfen[4]) („Nektarhefen") und aus allerhand gärenden Flüssigkeiten (gärenden Gurken, Sauerkrautbrühe u. a.) gewinnen usw.; biologisch interessante Formen kommen im Schleimfluß der Bäume vor[5]); chromogene Arten (*Torula*-Hefen) lassen sich im Laboratorium aus der Luft auffangen, von Nektarien isolieren (HILKENBACH) usw.[6])

---

1) Vgl. z. B. BLOCHWITZ, Entstehung neuer Arten v. Schimmelpilzen durch starke Lichtreize (Ber. d. D. Bot. Ges. 1914, **32**, 100, s. auch 526); HAENICKE, Vererbungsphys. Unters. an Arten v. *Penicillium* u. *Aspergillus* (Ztschr. f. Bot. 1916, **8**, 225); dort zahlreiche Literaturangaben.

2) Reinkulturen aus einer unter d. Mikroskop isolierten Zelle (Ztschr. f. wiss. Mikr. 1905, **22**, 10).

3) Literatur z. B. bei LUDWIG, ROB. ED., Etude de quelques levures alpines. Thèse Genève 1918.

4) HILKENBACH, Nektarhefen. Neue Beitr. z. Kenntn. d. wilden Hefen in d. Natur. Diss. Kiel 1911. — Auch auf vegetativen Pflanzenorganen siedeln sich Hefen an, zumal in den Tropen (KRUYFF, E. DE, Unters. über auf Java einheim. Hefenarten, Zbl. f. Bakt. II, 1908, **21**, 20); über die N-assimilierende *Torula Wiesneri* vgl. ZIKES (s. u.).

5) Literatur z. B. bei ROSE, L., Beitr. z. Kenntnis der Organismen im Eichenschleimfluß (Dissertation, Berlin 1910).

6) PRINGSHEIM u. BILEWSKY, Üb. Rosahefe (Beitr. z. Biol. d. Pfl. **10**, 1). KAZNO, Rote Hefen (Chem.-Ztg. 1912, **35**, 1307); WILL. Beitr. z. Kenntn. d. sog. schwarzen H. (Zbl. f. Bakt. II, 1913, **39**, 1); GROSBÜSCH, Üb. eine farblose stark roten Farbstoff erzeug. *Torula* (ibid. 1915, **42**, 625).

Leicht kultivierbare Formen von Hefen finden sich ferner im Darm sehr vieler Insekten.[1])

Hefen wachsen auf festen wie auf flüssigen Nährböden. Auf festen Substraten bilden die Hefen polster- oder tropfen- oder krustenähnliche Kolonien; zuweilen entstehen — zumal auf besonders fester (16 %) Gelatine — koremiumartig (s. u. S. 158) in die Höhe strebende zapfenartige Gebilde.[2]) Die Hefen beanspruchen dabei außer den allgemein erforderlichen Mineralbestandteilen[3]) (darunter vielleicht auch Ca) Kohlenstoffnahrung in Form von Zuckern oder organischen Säuren (oder deren Salzen) und Stickstoffnahrung in Form von Ammoniumsalzen, Asparagin oder Pepton.[4]) Leicht herstellbare Nährlösungen sind z. B. verdünntes Malzextrakt, Mohrrüben- und Kartoffelextrakte, Hefewasser, Bouillonpeptonlösung oder die von LEBERLE-WILL empfohlene Flüssigkeit[5]):

$Ca\,H\,PO_4$ . . . . 0,5 g   Pepton . . . . 20 g

$K_2\,H\,PO_4$ . . . . 4,55 „   Wasser . . . . 1 l.

$Mg\,SO_4$ . . . . 2,1 „

Die Zuckerarten, welche von den Hefen (event. auch Invertierung) verarbeitet werden können, sind für die verschiedenen *Saccharomyces-Arten* verschieden; für die meisten kommen in erster Linie Glukose und Lävulose (letztere nach Invertierung) in Betracht[6]); auch den mehrwertigen Alkoholen gegenüber verhalten sich verschiedene Arten verschieden. BEYERINCK[7]) unterscheidet:

	es werden assimiliert	nicht assimiliert
1. Glukosehefen (*S. apiculatus* u. a.)	Glukose, Lävulose	Sacch., Lakt., Malt., Dextrin
2. Saccharosehefen (*S. fragrans* u. a.)	Gluk., Läv., Sacch.	Lakt., Malt., Dextrin
3. Maltosehefen (*S. cerevisiae, ellips.* u. a.)	Gluk., Läv., Malt. (z. T. auch Sacch.)	Lakt., Dextrin
4. Laktosehefen (*S. Kefyr, tyrocola* u. a.)	Gluk., Läv., Sacch., Laktose	Maltose, Dextrin
5. Polysaccharosehefen (*S. acetaethyl.*[8]), *Mycoderma sphaeromyces*)	Gluk., Läv., Sacch., Malt., Dextrin	Laktose

1) Genauere Untersuchung dieser biologisch interessanten Arten wäre sehr erwünscht. — Mit den in Rhynchoten („Pseudovitellus“) auftretenden Hefen („*Cicadomyces*“ u. a.) sind bisher nur wenige Kulturversuche angestellt worden; vgl. SULČ, K., „Pseudovitellus“ u. ähnl. Gewebe d. Homopteren sind Wohnstätten symbiotischer Saccharomyzeten (Sitzungsber. Ges. Wiss. Prag 1910); von späteren Arbeiten namentlich BUCHNER, P., Studien an intrazellularen Symbionten I (Arch. f. Protistenkde. 1912, **26**, 1).

2) ZIKES, Üb. abnorme Koloniebildungen bei Hefen u. Bakt. (Zbl. f. Bakt. II, 1916, **46**, 1).

3) Über die Bedeutung des Mg für die Pigmentbildung mancher Hefen s. o.

4) Vgl. auch ARTARI, a. a. O., 1909 (s. o. S. 112 Anm. 4), betrifft *Pichia membranaefaciens*.

5) WILL, Beitr. z. Kenntnis d. Gattung *Mycoderma* (Zbl. f. Bakt. II, 1910, **28**, 1).

6) Eingehende Untersuchungen bei LAURENT, Rech. physiol. s. l. levures (Ann. Soc.-belge de Microsc. 1890, **14**, 29); BEYERINCK, *Schizosacch, octosp.* eine achtsporige Alkoholhefe (Zbl. f. Bakt. 1894, **16**, 49); vgl. auch nächste Anm.

7) Üb. Nachweis u. Verbreitung d. Glukose usw. (Zbl. f. Bakt. II, 1895, **1**, 221). B. benutzt die Hefen zum auxanographischen Nachweis verschiedener Enzyme; in der zitierten Arbeit detaillierte Angaben über Herstellung der Auxanogramme.

8) Über die Kultur dieser Art vgl. auch 86 oben.

Hefewachstum ohne Gärung[1]) erhält man auf N-reichem Nährboden (z. B. 2,5 % Pepton + 0,4 Monokaliumphosphat), auf welchem die Hefen — auch ohne jede Verabfolgung von Zucker — sich gut entwickeln. Organische N-Verbindungen vermögen nicht den C-Bedarf der Hefen zu decken. BARTHELS Versuche[2]) über das Wachstum der Hefen u. a. in Erde haben mehr ökologisches Interesse als Bedeutung für die Züchtungsmethodik.

Der Aggregatzustand des Nährbodens ist von Einfluß auf die Art des Hefewachstums. Auf Flüssigkeiten bilden manche Arten schwimmende Häute, andere häufen in ihnen ein Sediment an; über das unterschiedliche Verhalten der als Bodensatz die „Untergärung" veranlassenden Unterhefen und der im Schaum der gärenden Flüssigkeit aufsteigenden, die „Obergärung" bedingenden Oberhefen vergleiche man die Handbücher der Gärungsphysiologie.[3]) Auf festen Nährböden entstehen charakteristische zusammenhängende Kolonien; solche, die nicht von einer Zelle, sondern von vielen sich ableiten (man trage einen Tropfen hefehaltiger Flüssigkeit auf Gelatine auf), erreichen eine ansehnliche Größe; nach LINDNER, der sie als Riesenkolonien bezeichnet, kann ihr zuweilen recht charakteristisches Aussehen bei der Bestimmung mancher Arten und Rassen unterstützen. Gelatine wird im allgemeinen von den Hefen nur sehr schwach verflüssigt. Eine Reihe von Hefen scheint auch auf N-freien Medien ihr Fortkommen zu finden. ZIKES[4]) kultivierte auf (gereinigtem) Agar + 2 % Glukose + 0,02 % KH_2PO_4 eine Reihe von Sproßpilzen (*Willia anomala, W. saturnus, Mycoderma*-Arten, *Pichia farinosa* und namentlich die auf *Laurus*blättern gefundene *Torula Wiesneri*). — Die Ansprüche der Hefen an Temperatur sind verschieden (Brennereihefen bei 24°, Brauereihefen bei 15°, die Erreger mancher Bierkrankheiten bei 5° optimal). Über einige Extreme vgl. CHABORSKI.[5]) — Sauerstoff. Die Bedürfnisse nach Sauerstoff sind bei verschiedenen Hefen ungleich. Gewisse Arten (*S. mycoderma*) sind obligat aërob, *S. cerevisiae* u. a. „temporär" anaërob[6]), indem sie wenigstens eine Zeitlang ohne freien Sauerstoff nicht nur leben, sondern auch sich vermehren können. Zur anaëroben Entwicklung bedürfen die Hefen aber eines vergärbaren Zuckers. Zuckerfreie Nährböden, die bei aërobem Leben die Entwicklung der Hefen zulassen, genügen nicht für anaërobe Existenz.[7]) Gute Durchlüftung der Kulturen fördert das Wachstum. — Konzentration. Die für Hefewachstum vorteilhafte Konzentration der Nährlösungen entspricht einem ca. 5 % Monosaccharidgehalt, doch sind auch höhere Konzentrationen nicht schädlich.[8]) WEHMER[9]) beschrieb eine aus Heringslake

1) IWANOWSKI, Üb. d. Entwickl. d. Hefe in Zuckerlösungen ohne Gärung (Zbl. f. Bakt. II, 1903, **10**, 151); PROKORNY, Hefenahrung u. Gärung. Gibt es eine Hefeentwickl. ohne Zuckervergärung (Zbl. f. Bakt. II, 1920, **50**, 23). Über den gestaltenden Einfluß der Temperatur auf Hefen vgl. z. B. LIKES (1915, s. o.).

2) BARTHEL, Kult. v. Gärungsorganismen in steril. Erde (Zbl. f. Bakt. II, 1918, **48**, 340).

3) z. B. LAFARS Handb. d. techn. Mykol., 2. Aufl., Jena 1904 u. ff. LINDNER, P., Mikroskop. Betriebskontrolle in den Gärungsgewerben, 5. Aufl., Berlin 1909.

4) ZIKES, H., Über eine den Luftstickstoff assim. Hefe: *Torula Wiesneri* (Sitzungsber. Akad. Wiss. Wien I, 1909, **108**).

5) CHABORSKI, Rech. s. l. levures thermophiles et cryophiles, Thèse Genève 1918.

6) z. B. BEYERINCK, Üb. d. Butylalkoholgärung u. d. Butylferment (Verh. Akad. Wetensch. Amsterdam 1893, 2. Sect., Deel 1).

7) Vgl. CHUDIAKOW, Unters. üb. alkoholische Gärung (Landw. Jahrb. 1894, **23**, 391, 489).

8) Literatur in LAFARS Handbuch 1906, **4**, 290 und ZIKES, Einfl. d. Konzentr. d. Würze auf die Biol. d. Hefe (Zbl. f. Bakt. II, 1919, **49**, 174).

9) Zur Bakteriologie u. Chemie der Heringslake I (Zbl. f. Bakt. II, 1897, **3**, 209).

gewonnene„ Salzhefe", die dem osmotischen Druck einer $24\,\%$ Na Cl-Lösung widersteht. — Licht hemmt die Entwicklung der Hefen.[1]) Rote Strahlen fördern die Sporenbildung mehr als blaue.[2])

Will man Hefekulturen lange aufbewahren, so ist dafür zu sorgen, daß das Austrocknen der Gelatine und ihrer Umwandlungsprodukte langsam vor sich gehe; WILL fand die Temperatur von 5—8° C und feuchte Luft als günstigste Bedingungen für das Leben der Kulturen.[3])

Sporenbildung willkürlich hervorzurufen, gelang E. CHR. HANSEN.[4]) Seine Versuche zeigen, daß die Hefen durch Nahrungsmangel[5]) zur Sporenbildung geführt werden, daß hohe Temperatur den Vorgang fördert, und kräftig vegetierendes Zellenmaterial besonders prompt reagiert. HANSEN kultiviert die Hefen bei Zimmertemperatur in Bierwürze, Most oder in Peptonzuckerlösungen von folgender Zusammensetzung:

Pepton . . . . 1 %			Pepton . . . . 1 %	
Dextrose . . . . 5 %	oder	Maltose . . . . 5 %	
Kaliumphosphat (prim.) 0,3 %		Kaliumphosphat (prim.) . 0,3 %	
Magnesiumsulfat . . . 0,2 %		Magnesiumsulfat . . . . 0,5 %.	

Man impft von den beiden letzteren Nährlösungen in Bierwürze oder dgl. über, läßt die neue Kultur 24 Stunden bei 25° stehen und sät hiernach das Zellenmaterial auf feuchte Gipsblöcke aus. **Bei Luftzutritt** und bei einer Temperatur von ca. 25° tritt alsdann Sporenbildung ein. Das Temperaturmaximum liegt für die Sporenbildung tiefer, das Minimum höher als für die Sprossung.[6]) Frisch keimende Sporen können durch Nahrungsentzug sogleich wieder zur Sporenbildung gebracht werden. Wegen technischer Einzelheiten über die Gipsblöcke, die HANSEN in der Form breiter Kegelstümpfe anfertigt, über die Tonwürfel, auf welchen ELION die Hefen zur Sporenbildung bringt, u. a. m. muß die Originalliteratur[7]) verglichen werden. — Nach GORODKOWA kann man *S. cerevisiae* auf zuckerarmem Agar leicht zur Sporenbildung bringen:

Agar . . . . . . 1 %
Pepton . . . . . 1 %
Fleischextrakt . . 1 %
Chlornatrium . . 0,5 %
Glukose . . . . 0,25 %.

Bei 28° erscheinen die Sporen nach 2—3 Tagen.[8])

---

1) BUCHTA, Einfl. d. Lichtes auf die Sprossung d. Hefe (Zbl. f. Bakt. II, 1914, **41**, 340).

2) PURVIS a. WARWICK, The infl. of spectral col. on the sporulation of *Saccharomyces* (Proc. Cambridge phil. soc. 1907, **14**, 30).

3) WILL, H., Beob. üb. d. Lebensdauer v. Hefen in Gelatinekult. (Zbl. f. Bakt. II, 1911, **31**, 436).

4) Rech. s. l. phys. et la morph. d. ferments alcooliques II. Les ascospores etc. (C. R. trav. labor. Carlsberg 1883, **2**); Neue Unters. üb. d. Sporenbild. bei d. Saccharom. (Zbl. f. Bakt. II, 1899, **5**, 1).

5) Vgl. die von KLEBS gegebene Analyse (Z. Phys. d. Fortpfl. einiger Pilze III. Allgem. Betracht. Jahrb. f. wiss. Bot. 1900, **35**, 15, 16; ferner Probl. d. Entwickl. Biol. Zbl. 1904, **24**, 449).

6) Vgl. HANSEN (C. R. Labor. Carlsberg 1902, **5**, 64).

7) z. B. ELION, H., Zücht. v. Askosp. auf Tonwürfeln (Zbl. f. Bakt. 1893, **13**, 749); WICHMANN, N., Üb. d. Askosporenzücht. auf Ton (ibid. 1893, **14**, 62); BOWHILL, Zur bakteriol. Technik (ibid. II, 1899, **5**, 287).

8) GORODKOWA, A. A., Über das Verfahren, rasch die Sporen von Hefenpilzen zu gewinnen (Bull. jard bot. St. Petersbourg 1909, **8**, 169).

Rassenbildung usw. — Das bekannteste, von E. CHR. HANSEN[1]) eingehend behandelte Beispiel für eine Mutation im Sinne DE VRIES'[2]) ist die Ober- und Unterhefe. Die beiden physiologisch wohl unterschiedenen Formen sind insofern nicht selbständig, als die eine aus der anderen sich entwickeln kann: in einer Reinkultur der Unterhefeform können sich Oberhefezellen, in einer Reinkultur der Oberhefeform Unterhefezellen bilden; beide Formen können in dem nämlichen Nährsubstrat nebeneinander fortleben und sich vermehren. Ob irgendwelche äußeren Faktoren bei der Entstehung der neuen Form ursächlich beteiligt sind, ist noch gänzlich unklar.

Eine andere Art der Rassenbildung liegt bei der Entstehung asporogener Formen vor, d. h. solcher Zellen, welche die Fähigkeit, Sporen zu bilden, verloren haben. Für die asporogenen Hefen konnte HANSEN zeigen, daß die konstant sporenlose Form allmählich aus der typischen hervorgeht, und daß sich an jeder beliebigen Zelle künstlich diese „Transformation" hervorrufen läßt, indem man sie bei hoher Temperatur (zwischen dem Maximum für Sporenbildung und dem für Sprossung) kultiviert.[3]) HANSEN erzielte Rassen, die schon seit ca. 17 Jahren asporogen fortgezüchtet werden und sich somit als konstant asporogen erwiesen haben. Die asporogenen Hefen unterscheiden sich von den sporulationsfähigen durch ihren Mangel an Glykogen, ihr Unvermögen, Gelatine zu verflüssigen u. a. m. Über asporogene Rassen von *Schizosaccharomyces octosporus* vgl. BEYERINCK.[4])

Wichtige Arten. — Als bekannteste Vertreter der Hefen sind zu nennen *S. cerevisiae* (Bierhefen, zahlreiche Rassen bekannt), den man aus obergärigen Bieren leicht gewinnen kann, *S. ellipsoideus* (Weinhefen), der in gärenden Obst- und Traubenweinen tätig ist, und *S. Pastorianus* mit wurstförmigen Zellen, der in „kranken" Bieren anzutreffen ist. Preßhefe ist überall käuflich zu erhalten. Die Institute für Gärungsgewerbe — z. B. das Berliner (Berlin N 65) — haben Bierhefen der verschiedensten Provenienz in Reinkulturen vorrätig.[5]) Als Bezugsquelle für Weinhefe (*S. ellipsoideus*) ist die staatl. Versuchsanstalt zu Geisenheim a. Rh. zu nennen[6]), in welcher die verschiedensten Formen für Trauben-, Obst- und Schaumweinbereitung vorrätig gehalten werden.

S. apiculatus.[7]) — Eine durch die Zitronenform der Zellen gekennzeichnete Hefeform, die auf Narben, Nektarien und auf reifen zuckerhaltigen Früchten häufig auftritt. Wächst auf den üblichen Hefenährböden allerdings nur langsam heran. Methoden zur Sporenerzeugung wurden bisher nicht gefunden. Gelatine wird ver-

---

1) Oberhefe und Unterhefe. Studien über Variation und Erblichkeit (Zbl. f. Bakt. II, 1906, **15**, 353).

2) Die Mutationstheorie, Leipzig 1901.

3) Compt. Rend. Laborat. Carlsberg **5**.

4) Weitere Beob. üb. d. Octosporushefe (Zbl. f. Bakt. II, 1897, **3**, 449).

5) Vgl. besonders LINDNER, P., 1909, a. a. O.

6) Vgl. BEHRENS, J., Die Reinhefe in der Weinbereitung. Ein historischer Rückblick (Zbl. f. Bakt. II, 1897, **3**, 354); daselbst zahlreiche Literaturangaben; WORTMANN, Bericht über die Tätigkeit der mit der pflanzenphysiologischen Versuchsstation verbundenen Hefereinzuchtstation (Berichte der Geisenheimer Versuchsanstalt 1898/99); Über einige in den Domänenkellereien zu Ebersbach im Herbst 1896 nach Verwendung von Reinhefe ausgeführte Gärversuche (Weinbau u. Weinhandel 1897, **15**).

7) MÜLLER-THURGAU, *Saccharomyces apiculatus* (LAFARS Handb. d. Technischen Mykologie **4**, 315); WILL, Vergleich. morphol. u. physiol. Unters. an vier Kulturen der Gattung *Pseudosaccharomyces* KLÖCKER (*Saccharomyces apic.*, REEN) (Zbl. f. Bakt. II, 1915, **44**, 225); dort weitere Literaturangaben.

flüssigt. — Eine merkwürdige Abart fand LINDNER in Schildläusen (*S. apiculatus var. parasiticus*).[1])

S. Mycoderma. — Die in dieser Sammelart vereinigten Hefeformen sind in Bier, Obstweinen usw. weit verbreitet. Man fördert ihre Entwicklung durch Luftzufuhr.[2]) Auf flüssigen Nährböden (Würze, Pflaumensaft, Obstweinen usw.) bilden die Mykodermahefen charakteristische Kahmhäute. Über das variable Aussehen der auf festen Böden heranwachsenden „Riesenkolonien" vergleiche man LINDNER und MEISSNER[3]); Näheres über die Kolonieform (auch über die „rhizoiden Anhänge", die in die Nährgelatine vordringen) ferner bei HUTCHINSON[4]); vielleicht sind die Mykodermahefen zum Studium der Rassenbildung u. dgl. besonders gut geeignet. — Betr. die Trennung von den Essigsäurebakterien siehe unter diesen.

S. Kefyr. — v. FREUDENREICH[5]) kultiviert ihn auf Milchserumgelatine, in Fleischbrühe, Milchzuckerbouillon, in Milch und auf Kartoffeln am besten bei 22⁰.

S. Ludwigii. — In Schleimflüssen der Bäume gefunden. Über seine Kultur vgl. E. CHR. HANSEN.[6])

S. (Torula) glutinis. — Als „Rosahefe" werden seit F. COHN[7]) eine Reihe von kleinzelligen, hefeähnlich sprossenden Organismen bezeichnet, die unter dem Sammelnamen *S. glutinis* zusammengefaßt sein mögen. Die Rosahefe tritt spontan auf Stärkekleister, Kartoffeln und vielen anderen Substraten auf. COHN kultivierte sie auf festen (Kartoffeln) und flüssigen Nährböden (weinsaurem Ammonium), sie wächst ebensogut auf den üblichen zuckerhaltigen Gelatinenährböden, oftmals bei Peptonernährung.[8]) Über die Riesenkolonien vgl. LINDNER a. a. O.

Schizosaccharomyces octosporus erhält man nach BEYERINCK[9]) aus Wasser, in welchem man Korinthen oder Feigen abgewaschen hat. Gelatine wird stark verflüssigt. *Sch. octosporus* sowie den interessanten *Sch. Pombe* erhält man nach BERGSTEN[10]) dadurch, daß man asiatische Korinthen mit 10 % Bierwürze + Milchsäure (8—11 % Normalsäure) übergießt und einige Tage bei 35⁰ C stehen läßt; sobald Gärung eintritt, gießt man Platten mit Würzeagar.

Mukorazeen. — Auf Pferdemist, der unter einer Glasglocke gehalten wird, auf feuchtem Weißbrot, das der Luftinfektion im Laboratorium ausgesetzt war, u. dgl. siedeln

---

1) LINDNER, P., Üb. eine in *Aspidiotus Nerii* paras. leb. A.-Hefe (Zbl. f. Bakt. II, 1895, **1**, 782).

2) WINOGRADSKY (Arb. d. Petersburger Naturf. Ges. 1884, **14**, 132) z. B. macht Angaben über den Einfluß der O-Zufuhr auf die Wuchsform der Hefen.

3) LINDNER a. a. O.; MEISSNER, Morph. u. Phys. d. Kahmhefen usw. (Landwirtsch. Jahrb. 1901, **30**, 497).

4) Über Form u. Bau der Kolonien niederer Pilze (Zbl. f. Bakt. II, 1906, **17**, 65).

5) Bakteriol. Unters. über den Kefir (Zbl. f. Bakt. II, **3**, 47); BEYERINCK, Sur le Kéfir (Arch. néerl. sc. exactes et natur. 1889, **23**, 428). „Kefyrkörner" liefern die Apotheken.

6) Über die im Schleimflusse lebender Bäume beobachteten Mikroorganismen (Zbl. f. Bakt. 1889, **5**, 632). Über die Organismen der Schleimflüsse vgl. besonders LUDWIGS Arbeiten (zusammenfassender Bericht im Zbl. f. Bakt. II, 1896, **2**, 337) und ROSES Dissertation (s. o.).

7) COHN, F., Unters. üb. Bakt. (Beitr. z. Biol. d. Pfl. 1872, **1**, Heft 2, 127, 187).

8) PRINGSHEIM, E., u. BILEWSKY, H., Über Rosahefe (Beitr. z. Biol. d. Pfl. 1910, **10**, 118).

9) Weitere Mitteilungen über die Octosporushefe a. a. O.

10) Wochenschr. f. Brauerei, **24**, Nr. 8.

sich stets Mukorazeen an *(Mucor mucedo, M. racemosus, M. stolonifer [= Rhizopus nigricans], Pilobolus crystallinus, Thamnidium elegans*, seltener *Syncephalis)*. Ihre künstliche Kultur auf sterilem Mist, auf Pflaumensaftnährböden usw. gelingt leicht. Bei Verwendung der Abfälle von Pferden, die vorzugsweise mit Heu ernährt worden sind, kann man auf besonders reichliche *Pilobolus*-Vegetation rechnen. Für *Sporodinia* u. a. empfiehlt BREFELD namentlich rohe, geschälte Bananen; der auf *Collybia* parasitierende *Mucor jusiger* wächst vortrefflich auf kalt gewonnenen Auszügen von *Collybia*-Fruchtkörpern. [1]) Kulturen von *Mucor* geben Gelegenheit zur Beobachtung interessanter Parasiten[2]) *(Chaetocladium, Parasitella, Piptocephalis)*; in *Pilobolus* findet man den parasitisch lebenden, kleine Gallen erzeugenden *Pleotrachelus*. Über *Mucor racemosus*, die Bedingungen seiner Fortpflanzung, seine anaërobe Entwicklung vgl. KLEBS[3]), über *M. stolonifer* SCHOSTAKOWITSCH[4]), über *Thamnidium* BACHMANN[5]), über *Sporodinia grandis*, welche auf modernden Hutschwämmen vorkommt, besonders KLEBS.[6]) Die letztgenannte Form wird dadurch interessant, daß man bei ihr jederzeit leicht Zygosporen erhalten kann; *Rhizopus nigricans* bildet nach BEZSSONOF[7]) auf 48 % Zuckerlösung reichlich Zygoten. Wegen der „heterothallischen" Mukorazeen, d. h. derjenigen, welche erst nach dem Zusammentreffen der Hyphenspitzen der zwei geschlechtlich verschieden veranlagten „Rassen" zur Zygosporenbildung schreiten, vgl. BLAKESLEE.[8]) — Der Größe seiner Fruchthyphen wegen wird *Phycomyces nitens* für allerhand physiologische Experimente benutzt und in vielen pflanzenbiologischen Laboratorien auf den üblichen Nährböden[9]) ständig auf Lager gehalten; in der Natur begegnet man ihm selten.

Entomophthorazeen. — *Empusa* wurde von BREFELD (s. u.) zuerst in Kultur genommen. SHELDON kultivierte sie auf Bouillonagar.[10]) RACIBORSKI[11]) sah *Empusa* auf Peptonagar wachsen, wenn neben der Aussaat eine sterilisierte Fliegenleiche lag.

----

1) BREFELD s. u. S. 50 Anm. 5 (Heft 14).

2) BURGEFF, Sexual. u. Paras. bei Mukorineen (Ber. d. D. B. Ges. 1920, **38**, 318).

3) Beding. d. Fortpfl. bei einigen Algen u. Pilzen, Jena 1896.

4) Einige Versuche über die Abhängigkeit d. *M. prol.* v. d. äuß. Beding. (Flora 1897, **84**, 88).

5) Einfl. d. äuß. Beding. auf die Sporenbildung v. *Thamnidium elegans* (Bot. Ztg. 1895, **53**, I, 107).

6) Zur Physiol. d. Fortpfl. einiger Pilze. I. *Sporodinia grandis* (Jahrb. f. wiss. Bot. 1898, **32**, 1).

7) S. o. p. 140. Anm.

8) Besonders: Sexual reproduction in the Mucorineae (Proc. Americ. Acad. of Arts and Sci. 1904, **40**, 205;) Zygospore formation a sexual process (Science N. S. 1904, **19**, 864), Zygospore germinations in the Muc. (Ann. mycol. 1906, **4**, 1), ORBAN, GR. Unters. üb. d. Sex. von *Phycomcyes nitens*. Diss. Bonn, vgl. Beih. z. Bot. Zbl. 1918, **36**, Abt. I. Über ringförmige Anordnung der Zygosporen, über eine durch Kultur erhaltene asporogene Rasse *(Zygorrhynchus Vuilleminii)*, über den Einfluß der Ernährung auf Zygosporenbildung u. a. vgl. NAMYSLOWSKI, B., Studien über Mukorazeen (Bull. intern. Acad. Sc. Cracovie, Cl. des sc. math. et nat., Ser. B., Sc. nat. 1910, 477).

9) Einige Ratschläge bei WEVRE, A. DE, Rech. expér. s. l. *Ph. nit.* KUNZE (Rec. inst. bot. Bruxelles 1908, **4**, 155); vgl. auch oben S. 140.

10) Cultures of *E.* (Journ. appl. Microsc. 1903, **6**, 2212).

11) Üb. Schrittwachst. d. Zelle (Bull. Acad. Sc. Cracovie 1907, 898). Über negative Ergebnisse mit *E. elegans* (auf *Portherio chrysorrhoea*) vgl. MAJMONE, Parasit. u. Vermehrungsformen v. *E. eleg.* n. sp. (Zbl. f. Bakt. II, 1914, **40**, 98).

Basidiobolus ranarum ist aus dem Darm der Frösche meist leicht zu isolieren. RACI-
BORSKI[1]) kultivierte den Pilz auf verschiedenen Substraten; seine Züchtung macht keinerlei
Schwierigkeiten. Besonders üppig ist das Wachstum in Peptonlösung; unter dem Einfluß bestimmter Substanzen (Zucker u. a.) sah RACIBORSKI ein auffälliges Palmellastadium
zustande kommen. Auch Zygosporen sind in künstlichen Kulturen oft anzutreffen.

Chytridiazeen. — Das in Tümpeln und Gräben weit verbreitete *Rhizophidium
pollinis* fängt man ein, indem man frischen oder getrockneten Pinuspollen auf das Wasser,
in dem man Zoosporen vermutet, aufstreut. 2—3 Tage nach dem Ausstreuen sind die Pollenkörner zum Untersuchen fertig. Auch *Rh. sphaerotheca* wächst gut auf demselben Substrat.[2])

Monoblepharideen. — Morphologisch interessante Wasserbewohner, die für selten
gelten, indessen doch ziemlich verbreitet zu sein scheinen.[3]) LAGERHEIM[4]) konnte verschiedene Formen aus Zweigstücken, die mit Flechten oder Pyrenomyzeten besetzt waren
und den Winter über in Wasser gelegen hatten, sich entwickeln sehen. WORONIN[5]) kultivierte sie, indem er Zweige von *Alnus* u. dgl., Koniferennadeln oder -zapfen in Schalen mit
Wasser brachte; binnen 3—8 Tagen entwickelten sich auf den genannten Objekten neben
anderen Pilzen auch Monoblepharideen.

Saprolegniazeen. — *Achlya*- und *Saprolegnia*-Arten sind fast immer leicht dadurch
zu erhalten, daß man in Leitungs- oder Sumpfwasser tote Fliegen, Stücke von Mehl-
würmern, Ameiseneier u. dgl. einlegt. Nimmt man unverletzte Fliegenleichen, so gelingt
es, die gleichzeitige Entwicklung von Bakterien einzuschränken. Auf die im Wasser vorhandenen Zoosporen wirken die genannten Objekte stark anziehend. Schon vor Ablauf
der ersten Woche sieht man an der Fliege usw. ein kräftiges Saprolegniazeenmyzel sich
entwickeln.[6]) Zum Zweck der Isolierung verfährt HORN) in der Weise, daß er ein Myzelstückchen auf Peptonagar (1 % Agar, 1 % Pepton) überträgt; auf diesem füllt das schnell
wachsende Myzel bald ansehnliche Flächen aus; die äußersten Enden des Myzels liegen
bakterienfrei vor, so daß man durch ihre Übertragung auf neue Nährböden reine
Kulturen gewinnen kann; besonders empfehlenswert ist Dekokt von gelben Erbsen (auf
20 ccm je 1 Erbse). Gegen Säuren sind Saprolegnien äußerst empfindlich (s. o.). Angaben

---

1) Üb. d. Einfl. äußerer Beding. auf die Wachstumsweise des *Basidiob. ranarum* (Flora
1896, **82**, 107).

2) ZOPF, Über einige niedere Algenpilze 1887; MÜLLER, FR., Unters. üb. d. chemo-
taktische Reizbarkeit der Zoosporen v. Chytridiazeen u. Saprolegniazeen (Jahrb. f. wiss.
Bot. 1911, **49**, 421).

3) CORNU, Monographie des Saprolegniées 1872; MINDEN, Über Saprolegniineen (Zbl.
f. Bakt. II, 1902, **8**, 805).

4) Mykol. Studien II, Untersuch. über die M. (Bih. till. K. Svenska Vet. Akad. Handl.
25, Afd. III, Nr. 8).

5) Beitr. z. Kenntn. d. M. (Mém. Acad. imp. Sc. St. Petersbourg 1904, Sér. VIII)
Cl. phys.-math. **16**, 1, vgl. Bot. Ztg. 1906, **64**, 81).

6) DE BARY, Spezies der Saprolegnieen (Bot. Ztg. 1888, **42**, 597); MAURIZIO, A.,
Studien über Saprolegnieen (Flora 1896, **82**, 14); SCHOUTEN, S. L., A pure culture of Sapro-
legniaceae (K. Akad. Wetensch. Amsterdam 1901, 601, auch Reinkulturen mit een onder
het mikroskoop geïsoleerde cell. Utrecht 1901); MINDEN, Üb. Saprolegniineen (Zbl. f. Bakt.
II, 1902, **8**, 805); CLAUSSEN, P., Üb. Eientwickl. u. Befrucht. bei *Saprolegnia monoica* (Ber.
d. D. Bot. Ges. 1908, **26**, 144); MÜCKE, M., Z. Kenntn. d. Eientw. u. Befr. von *Achlya polyandra* DE BARY (ibid. 1908, **26a**, 367).

7) Experimentelle Entwicklungsänderungen bei *Achlya polyandra* DE BARY (Diss.,
Halle 1904; auch Ann. Mycol. 1904, **2**, 207). S. auch OBEL, P., Res. on the condition of
the forming of oogonia in *Achlya* (Ann. Mycol. 1910, **8**, 421).

über den Einfluß äußerer Bedingungen auf die Form der Hyphen, Querwandbildung, die Fruktifikation usw. finden sich namentlich bei Klebs[1]) und Horn (a. a. O.). Ähnlich wie *Saprolegnia* läßt sich *Leptomitus* auf Gelatine (+ 0,1 % Pepton und 0,5 % Rohrzucker) kultivieren und rein gewinnen.[2]) Über *Aphanomyces* vgl. Rothert.[3])

Peronosporazeen. — *Phytophthora infestans* wächst nach Brefeld[4]) bei künstlicher Ernährung (kalt gewonnenes Extrakt aus getrockneten Scheiben junger Kartoffelknollen, event. + Bierwürze) „wie Unkraut, fast so üppig wie sie auf den Kartoffeln wächst". Matruchot und Molliard haben *Phytophthora* auf lebenden Kartoffelstücken und künstlichen Nährböden kultiviert[5]), Himmelbaur kultivierte *Ph. cactorum*, *Ph. fagi* und *Ph. suringae* — letztere sah er schöne Hexenringe entwickeln.[6])

Zahlreiche Beiträge zur Kenntnis der **höheren Pilze** (Askomyzeten, Basidiomyzeten einschl. Uredineen und Ustilagineen) verdanken wir Brefeld[7]), der Vertreter aller Gruppen auf künstlichem Substrat kultiviert hat, freilich insofern mit wechselndem Erfolg, als er bei vielen Pilzen nur die einfache Fruktifikationsform der Konidienbildung an den kultivierten Exemplaren eintreten sah und bei anderen nur steriles Myzel zu erzielen vermochte. Besonders zu betonen ist, daß Brefeld nicht nur Saprophyten, sondern auch typische Pflanzenparasiten auf künstlichen Substraten zu züchten vermochte.

Exoaszeen. — Brefeld (a. a. O. Heft 9, 142) erzog in künstlichen Nährlösungen aus Askosporenhefe weiteres Hefenmaterial, aber kein Myzel *(Taphrina rhizophora, Exoascus deformans)*.

Ascoidea rubescens, vgl. Brefeld a. a. O. 94. Klebs[8]) kultivierte den Pilz auf Pflaumensaft-Agar u. a. (Konidien- und Askusbildung).

Perisporieen.[9]) — *Penicillium* und *Aspergillus* sind artenreiche und weitverbreitete Gattungen der Perisporieen, die sich leicht kultivieren lassen und überdies als Verunreiniger der Pilzkulturen eine große Rolle spielen. *Penicillium glaucum*, eine sehr formenreiche

---

1) Zur Phys. d. Fortpfl. einiger Pilze II. *Saprolegnia mixta* (Jahrb. f. wiss. Bot. 1899, **33**, 513).

2) Trommsdorff, Üb. d. Wachstumsbeding. d. Altwasserpilze *L.* u. *Sphaerotilus* (Zbl. f. Bakt. II, 1918, **48**, 62; dort weitere Literatur).

3) Die Sporenentwicklung bei *A.* (Flora 1903, **92**, 293).

4) Botan. Unters. über Hefenpilze. Leipzig 1883, 5. Heft, 10; ferner 14. Heft desselben Werkes, 1908, 41.

5) Sur la culture pure du *Ph. infestans* de Bary, agent de la maladie de la pomme de terre (Bull. Soc. myc. France 1900, **16**, 209).

6) Über die Formen der *Ph. omnivora* de Bary (Verhandl. Zool.-bot. Ges. Wien 1912, **62** [192]).

7) Bot. Unters. über Schimmelpilze 2. Heft, Leipzig 1874 (behandelt *Penicillium*); 3. Heft, Leipzig 1877 (behandelt *Coprinus, Amanita, Agaricus*, Gasteromyzeten, Clavarieen, Tremellineen); 4. Heft, Leipzig 1881 (Verschiedene Phykomyzeten und Askomyzeten); 5. Heft, Leipzig 1883, Bot. Unters. über Hefenpilze (Ustilagineen); 6. Heft, Leipzig 1884, Bot. Unters. üb. Myxom. u. Entomophth. (Myxomyzeten, *Conidiobolus*); 7. Heft, Unters. aus d. Gesamtgebiet d. Mykol., Leipzig 1888 (Pilakreen, Aurikularieen, Tremellineen, Dakryomyzeten); 8. Heft, Leipzig 1889 (Tomentelleen, Thelephoreen, Hydneen, Agarizineen, Polyporeen); 9. Heft, Münster 1891 (Hemiasci, Exoasci); 10. Heft, Münster 1891 (Pyrenomyzeten, Hysteriazeen, Diskomyzeten); 11. u. 12. Heft, Münster 1895 (Ustilagineen); ferner 14. Heft, Münster 1908 (Kultur der Pilze).

8) Zur Physiologie d. Fortpflanz. einiger Pilze III (Jahrb. f. wiss. Bot. 1900, **35**, 92, 98).

9) Ausführliche Mitteilungen über die nachfolgend genannten Gattungen bei Wehmer in Lafars Handb. d. techn. Mykol., Jena 1906, **4**, 192ff.

Sammelspezies[1]), ist in der Laboratoriumsluft überall vorhanden und wächst auf feuchtem Weißbrot, Früchten und auf allerhand künstlichen Nährböden. Näheres über Morphologie und Entwicklung der Konidien und Perithezien bei BREFELD[2]); dieser erhielt solche nach Aussaat auf ungesäuertem grobem, allerdings nicht sterilisiertem Brot, das gut anschließend auf eine Glasplatte aufgelegt wurde: nach 6 Tagen bedeckt man die Kultur mit einer zweiten Glasplatte, an der alsbald die Fruchtkörper wahrnehmbar werden. BEZSSONOF[3]) beobachtete reichliche Perithezienbildung nach Kultur auf zuckerreichen Substraten (100 cc H_2O + 95 g Rohrzucker oder 42 % Zucker und Gelatine). Als *P. avellaneum* wird von THOM und TURESSON eine Art beschrieben, die auf den verschiedensten Nährboden leicht Perithezien entwickelt.[4]) Wie WÄCHTER gezeigt hat, sind manche Arten aus dem Formenkreise des *P. glaucum* befähigt, Koremien, d. h. bäumchenähnliche Gebilde mit weißlichem Stiel und grünem sporentragendem Kopf zu bilden[5]); Anwendung sehr verdünnter Nährlösungen und Kultur auf Äpfeln ist für ihre Bildung förderlich. SCHILBERSZKY empfiehlt Kultur auf Zitronen[6]), BOAS (*P. Schneggii*) Ausschluß der ultravioletten Strahlen.[7]) Ganz ähnliche Myzeldochte werden auch von anderen Pilzen gebildet.[8]) — Mit *P. glaucum* oft verwechselt wird das in Laboratorien ebenfalls weit verbreitete *P. luteum*, das auf denselben Substraten, auch auf Zitronenscheiben, Dattelextrakt usw. sehr häufig auftritt; der sterile Myzelrand fällt durch seine gelbe Färbung auf. Perithezien häufig; „Neigung" zur Koremienbildung. Andere *P.*-Arten treten auf faulenden Südfrüchten auf (*P. italicum, P. olivaceum*). Über Rassenbildung bei *P.* s. HAENICKE (1916, s. o.). Über *P. brevicaule* s. o. S. 97; über Kultur von *Penicillium* auf Holz (Produktion von Hadromase) vgl. CZAPEK.[9]) — *Aspergillus*-Arten[10]) lassen sich ebenfalls aus der Laboratoriumsluft auffangen und als verbreitete Saprophyten leicht auffinden. *A. glaucus* (*Eurotium herbariorum, E. repens*) findet sich auf allerhand modernden organischen Stoffen, auf Schwarzbrot, auf eingemachten Preißelbeeren u. a.; Konidien grün, die häufigen Perithezien goldgelb; sie entstehen[11]) z. B. auf Brot jederzeit, wenn man die

---

1) Vgl. THOMS, CH., Culture studies of species of *Penicillium* (Departm. of Agric. B. of Anim. Ind., Bull. No. 118, Washington 1910); WESTLING, Üb. d. grünen Spezies d. Gattung *P.* (Ark. f. Bot. 1912, **11**); WÖLTJE, Unterscheidung einiger *P.*-Spezies nach physiol. Merkmalen (Zbl. f. Bakt. II, 1918, **48**, 97).

2) Bot. Unters. über Schimmelpilze, 2. Heft, Münster 1874, 41. Ferner von demselben Werk 14. Heft, 1908, 60.

3) Üb. d. Wachst. d. Aspergillazeen u. a. Pilze auf zuckerhaltigen Nährböden (Ber. d. D. Bot. Ges. 1918, **36**, 646; s. auch ibid. 225).

4) Mycologia. 1915, **7**, 284.

5) WÄCHTER, W., Üb. d. Koremien des *Penic glaucum* (Jahrb. f. wiss. Bot. 1910, **48**, 521); vgl. auch FISCHER, H., Über *Coremium arbuscula* n. sp. (Ber. d. D. Bot. Ges. 1909, **27**, 502).

6) Vgl. Ref. Zbl. f. Bakt. II, 1915, **43**, 227.

7) BOAS, Üb. ein neues Cor.-bild. *P* (Mykol. Zbl. 1914, **5**, 73).

8) WEHMER, *Coremium silvaticum* n. sp., nebst Bemerk. z. System. d. Gattung *Penicillium* (Ber. d. D. Bot. Ges. 1914, **32**, 254).

9) Z. Biol. d. holzbewohn. Pilze (Ber. d. D. Bot. Ges. 1899, **17**, 166).

10) Systematische Analyse der zum Formenkreis des *A. glaucus* gehörigen Pilze bei MANGIN, L., Qu'est-ce que l'*Asp. gl.* etc.? (Ann. Sc. nat. Bot. II, sér. IX, **10**, 303); WEHMER, Monogr. d. Pilzgattung *Asp.*, Genf 1903; WATERMAN, D. Selekt. bei d. Nahrung v. *A. niger* (Fol. Microbiol. 1913, **2**, 135).

11) Vgl. KLEBS, G., Bedingung d. Fortpflanzung bei einigen Algen und Pilzen, Jena 1896, 477 ff.

Kulturen bei einer Temperatur von 28—29° hält. *A. niger* (verzweigte Sterigmen! = *Sterigmatocystis nigra*) ist zeitweilig in Laboratorien häufig; er bevorzugt saure Nährböden und hat ein hohes Temperaturoptimum (40°); man kann ihn gewöhnlich leicht erhalten, wenn man Galläpfelinfuse im Thermostaten hält. *A. flavus* und *A. fumigatus*, jener mit gelben, dieser mit grünen Konidiendecken, haben ebenfalls hohes Temperaturoptimum. Über den im Pansen des Rindes auftretenden *A. cellulosae* s. HOPFFE.[1]) Über Perithezienbildung auf Zuckerlösungen s. BEZSSONOF (s. o.). Über degenerierende, alte *A.*-Züchtungen, die sich morphologisch und physiologisch von normalen unterscheiden. s. SCHRAMM und WEHMER.[2]) — *Citromyces Pfefferianus* (Angaben über seine Morphologie bei WEHMER a. a. O.) siedelt sich auf sauren Böden wie Zitronensaft an; Zucker wird von ihm in freie Zitronensäure umgesetzt.

Tuberazeen. — Die Trüffelpilze sind insbesondere auf ihre Keimung hin schon wiederholt untersucht worden, doch leider oft in unzulänglicher und unwissenschaftlicher Art. Neuerdings beschäftigte sich MATRUCHOT mit *Tuber melanosporum* und *T. uncinatum* (Myzelkultur, Sklerotiumbildung auf Kartoffel + Nährlösung).[3])

Pezizazeen. — Viele Vertreter dieser Familie haben sich künstlicher Züchtung zugänglich gezeigt.[4]) *Sclerotinia sclerotiorum* ist seit DE BARY[5]) auf Mohrrüben, auf künstlichen Substraten (Pflaumensaftagar usw.) oft kultiviert worden: man infiziert mit einem Stückchen des Sklerotium die Nährböden, auf welchen nach 8—14 Tagen neue Sklerotien in Hexenringen zur Ausbildung kommen. Sklerotien in feuchten Sand gelegt bilden nach einigen Monaten Apothezien.

Pyronema confluens ist auf sterilisierter Erde leicht zu kultivieren: man streut auf der im Autoklaven (7 Atm.) behandelten Erde Sporen aus, bedeckt den Topf mit einem Glas und stellt ihn an einen warmen, hellen Platz. Nach 6—7 Tagen erscheinen die Fruchtkörper[6]). Auch auf Gelatine und Agar läßt sich *P.* leicht kultivieren. CLAUSSEN setzt in eine Petrischale ein kleines Glasgefäß, füllt dieses bis zum Rand mit Agar von folgender Zusammensetzung:

$$
\begin{array}{lr}
\text{Agar} & 2\ \% \\
\text{Inulin puriss.} & 2\ \% \\
KH_2PO_4 & 0{,}05\ \% \\
NH_4NO_3 & 0{,}05\ \% \\
MgSO_4 & 0{,}02\ \% \\
Fe_3(PO_4)_2 & 0{,}001\ \% \\
H_2O & 95\ \%
\end{array}
$$

und den freibleibenden Raum der Petrischale mit demselben, aber inulinfreiem Agar bis

---

1) HOPFFE, Üb. einen bisher unbek. in Zelluloselös. im Verdauungstraktus vorkomm. *Asp.* (Zbl. f. Bakt. I, Orig., 1919, **83**, 531).

2) SCHRAMM (Mykol. Zbl. 1915, **5**, 20) und WEHMER (Zbl. f. Bakt. II, 1907, **18**, 393 u. 1919, **49**, 145).

3) S. la culture artific. de la truffe (Bull. Soc. Mycol. **19**, 267).

4) Vgl. BREFELD, Untersuch. aus d. Gesamtgebiet d. Mykol. Heft 4, 9 u. 10.

5) Über einige Sklerotinien u. Sklerotienkrankheiten (Bot. Ztg. 1886, **40**, 377). Vgl. BREFELD a. a. O. 4. Heft, 112.

6) KOSAROFF, P., Beitr. z. Biol. von *Pyr. confl.* (Arb. Kaiserl. Biol. Anst. f. Land- u. Forstwirtsch. 1906, **5**, 126); CLAUSSEN, P., Zur Entwicklungsgeschichte der Askomyzeten *Pyr. confl.* (Ztschr. f. Bot. 1912, **4**, 1). Vgl. auch SCHMIDT, E. W., *Oedocephalum glomerulosum* HARZ, Nebenfruchtform zu *Pyronema omphalodes* (BULL.) FCKL. (Zbl. f. Bakt. 1910, II, **25**, 80).

zu gleicher Höhe. In der Mitte wird *P.* (Sporen oder Myzel) ausgesät; nach wenigen Tagen fruktifiziert er auf dem inulinfreien Teil des Substrats sehr reichlich.

Ascobolus findet man z. B. auf Pferdemist; er läßt sich auf den üblichen Pilznährböden kultivieren.[1]) Über *Ascophanus, Boudiera* und *Thelebolus* vgl. TERNETZ, CLAUSSEN, RAMLOW.[2]) — *Botrytis cinerea* wächst auf den üblichen Nährböden; wenn man Blätter von Kräutern oder Weinbeeren einige Tage unter der Glasglocke hält, kann man mit Bestimmtheit auf die Entwicklung des Pilzes rechnen. *B. Bassiana*, die Erregerin der Muskardine oder Kalksucht des Seidenspinners, kultivierte z. B. BEAUVERIE[3]).

Hysteriazeen. — *Lophodermium pinastri* (Schüttepilz) wächst auf verschiedenen Nährböden, auf Nährgelatine, auf sterilisierten Nadeln verschiedener Kieferarten (*Pinus silvestris, P. strobus*), zuweilen auf Brot mit Pflaumendekokt oder Kiefernholz.[4])

Sphaeriazeen. — Arten von *Sordaria* und *Chaetomium*[5]) sind auf Mist, auf faulenden Pflanzenteilen u. dgl. anzutreffen und zumeist auf den üblichen Nährböden leicht zu kultivieren (auf Mist, Mistdekokt, Viciastengeln mit Agar, auf Pflaumensaft usw.). Vgl. besonders BREFELD, 9. Heft, 31.

Xylaria hypoxylon sowie die in Gewächshäusern nicht seltene tropische *X. Cookei* kultivierte MOLISCH[6]) auf Pflaumensaft, auf Brot u. a.

Hypokreazeen. — Am eingehendsten auf dem Wege künstlicher Kultur erforscht ist *Nectria*, mit der sich BREFELD (a. a. O. 10. Heft) und WERNER[7]) beschäftigt haben. Letzterer kultivierte den Pilz erfolgreich auf flüssigen und festen Nährböden (Pflaumensaft, Agar, Kartoffeln, Brot, Kastanien usw.). Über *Polystigma rubrum* und die Keimung seiner Spermatien vgl. BREFELD (a. a. O. 9. Heft, 31). Derselbe Forscher brachte *Claviceps purpurea* auf künstlichen Nährböden zur kräftigen Myzel- und Konidienbildung (*Sphacelia*-Form); Sklerotien wurden niemals beobachtet (a. a. O. 8. Heft, 16).

Uredineen. — Alle Sporenformen lassen sich auf künstlichen Substraten zur Keimung bringen. Lebensfähige Kulturen sind jedoch noch nie erzielt worden.

Ustilagineen. — Besonders BREFELD (a. a. O. 5., 11., 12. Heft) hat gezeigt, daß die Sporen der Ustilagineen nicht nur in künstlichen Nährlösungen keimen, sondern daß sich in diesen die Zellen der Brandpilze in Form von Hefen unbeschränkt vermehren können. Malzextrakt, Pflaumensaft und ähnliche Lösungen eignen sich zur Kultur der

---

1) Über den Einfluß der Bakterien s. o. S. 147.

2) TERNETZ, CH., Protoplasmabewegung u. Fruchtkörperbildung bei *Ascophanus carneus* (Jahrb. f. wiss. Bot. 1900, **35**, 273); CLAUSSEN, Z. Entwicklungsgesch. d. Askomyzeten, *Boudiera* (Bot. Ztg. 1905, **63**, I, 1); RAMLOW, Z. Entwicklungsgesch. v. *Th. stercoreus* (ibid. 1906, **64**, I, 85); Beitr. z. Entwicklungsgesch. d. Askoboleen (Mykol. Zbl. 1914, **5**, 177).

3) Vgl. Rev. gén. de Bot. 1914, **26**, 81.

4) TUBEUF, |Kultur parasitischer Hysteriazeen (Naturwiss. Ztschr. f. Land- u. Forstwirtsch. 1910, **8**, 408).

5) ZOPF, W., Zur Entwicklungsgeschichte der Askomyzeten (*Chaetomium*) (Nova acta 1881, **42**, Nr. 5); OLTMANNS, Üb. d. Entwickl. d. Perithezien in der Gattung *Ch.* (Bot. Ztg. 1887, **45**, 193).

6) Leuchtende Pflanzen, 2. Aufl. Jena 1912, 43ff. Vgl. ferner HARDER, R., Beitr. z. Kenntn. v. *Xylaria hypoxylon* (Naturwiss. Zbl. f. Forst- u. Landw. 1909, **7**, No. 8); FREEMAN, D. L., Unters. ü. d. Stromabildung der *Xyl. hyp.* in künstl. Kult. (Ann. Mycol. 1910, **8**, 192). ; BRONSART, Vergleich. Unters. über 3 *Xyl.*-Arten (Zbl. f. Bakt. II, 1919, **49**, 51).

7) Die Beding. der Konidienbildung bei einigen Pilzen. Dissertation, Basel 1898.

Brandpilzhefe. *Ustilago Jensenii* geht in Kulturen zu normaler Myzelbildung über, wenn eine besonders sauerstoffreiche Atmosphäre ihm geboten wird und der Nährboden alkalische Reaktion hat.[1]) KNIEP säte die Sporen auf 5 % Malzextrakt + 10 % Gelatine aus; die Sporidien, die sich nach 2—3 Tagen bildeten, wurden durch Plattengießen isoliert.[2]) Sporenbildung konnte in künstlichen Kulturen bisher niemals mit Sicherheit beobachtet werden.

Tremellineen, Aurikularieen. — Einige Angaben bei BREFELD (a. a. O. 7. Heft). *Pilacre Petersii* wurde bis zur Fruchtbildung namentlich auf Buchenholzsägespänen und Bierwürze kultiviert (BREFELD, a. a. O. 14. Heft).

Exobasidieen. — BREFELD, kultivierte *E. Vaccinii* auf künstlicher Nährlösung bis zur Konidienbildung (a. a. O. 8. Heft).

Thelephoreen. — Von *Stereum* erhielt BREFELD (ibid.) auf künstlichen Nährböden nur steriles Myzel; *Coniophora cerebella* bildet auf festen Nährböden von der üblichen Zusammensetzung[3]), auf Holz u. a. reichliches Myzel; *Cyphella* wurde von MOLLIARD[4]) kultiviert.

Klavarieen. — Einige Angaben bei BREFELD (a. a. O. 3. Heft).

Hydneen. — BREFELD (a. a. O.) konnte nur einige von ihnen zur Keimung bringen, und auch von diesen nur steriles Myzel züchten. Bis zur Fruchtbildung kamen DUGGARS Kulturen (s. u.) von *Hydnum coralloides*.

Agarizeen. — BREFELD (a. a. O.) brachte die Angehörigen zahlreicher Gattungen auf seinen Nährlösungen zur Keimung, Myzel- und Oidienbildung, viele sogar zur Fruchtbildung. Besonders gut kultivierbar sind die mistbewohnenden *Coprinus*arten[5]): *C. ephemerus, ephemeroides, lagopus, plicatilis, stercorarius* u. a.), die auf sterilisiertem Pferdemist, Kuhfladen, Mistdekokt + Agar nach Aussaat von Sporen oder kleinen Myzelteilen sich schnell entwickeln. Sklerotien bringt man auf feuchtem Sand unter eine Glasglocke. *Agaricus melleus* (Hallimasch) kam in MOLISCH' Kulturen[6]) bis zur Fruchtkörperbildung; MOLISCH säte in Erlenmeyer-Kolben auf Brot aus und sah jedesmal Fruchtkörperbildung eintreten, wenn das Substrat nach üppiger Entwicklung der Rhizomorphen allmählich an Feuchtigkeitsgehalt verlor, ohne vollständig einzutrocknen. Parasitisch lebende Arten der Gattung *Nyctalis* kultivierte BREFELD auf kalt gewonnenem *Russula*-Extrakt und Bierwürze bis zur Anlage von Fruchtkörpern. — Speziell bei der Kultur von Agarizeen erzielten FERGUSON und DUGGAR gute Erfolge mit der „tissue culture method" (s. o. S. 139); DUGGAR züchtete verschiedene Agaricusarten (*A. campestris* u. a.), *Coprinus, Pleurotus* usw. bis zur Fruchtbildung.

---

1) HILS, E., Ursachen der Myzelbildung bei *Ustilago Jensenii* (ROSTR.) Dissertation, Tübingen 1912.

2) KNIEP, Unters. üb. d. Antherenbrand (*Ustilago violacea* PERS.) (Ztschr. f. Bot. 1919, 11, 257).

3) Vgl. z. B. HARDER a. a. O.; WEHMER, Hausschwammstudien (Mykol. Zbl. 1912, 1, 2). Hier wird auch über die Fähigkeit des Pilzes, die Wattestöpsel seiner Kulturen zu durchwachsen und durch die Stöpsel benachbarter fremder Kulturen in diese einzudringen, berichtet.

4) Observ. s. le *Cyphella ampla* LEV. obtenu en culture pure (Bull. Soc. myc. France 1903, 146).

5) Vgl. außer BREFELD noch HANSEN, E. CHR., Biol. Unters. üb. Mist bewohn. Pilze (Bot. Ztg. 1897, 55, 111); FALCK, Die Kultur d. Oidien u. ihre Rückführ. in die höhere Fruchtform b. d. Basidiom. (COHNS Beitr. z. Biol. d. Pfl. 1902, 8, 307).

6) Leuchtende Pflanzen, 2. Aufl. Jena 1912, 40.

Weitere Mitteilungen über Kultur von Angehörigen des *Pleurotus-*, *Tricholoma-*, *Collybia*-Kreises u. a. finden sich noch mehrfach in der Literatur.[1]) — Über die Anlage von Champignonkulturen im gärtnerischen Sinn und die Behandlung von Champignonbrut liegt reichliche Literatur vor.[2])

Polyporeen. — BREFELD (a. a. O.) brachte *Merulius-*, *Daedalea-*, *Trametes-*, *Polyporus*-Arten u. a. zur Keimung und Myzelbildung und beobachtete Oidien- und Chlamydosporenproduktion. Über die „Schnallenbildung" bei Hymeno- und Gasteromyzeten und die Bedingungen ihrer Entstehung vgl. KNIEP.[3]) *Fistulina hepatica* wächst (nach BREFELD, a. a. O., H. 14) vortrefflich auf Nährlösungen, die aus Fruchtkörpern der gleichen Spezies hergestellt sind. DUGGAR (a. a. O.) brachte *Daedalea* bis zur Fruchtbildung. Über die Heterothallie kultivierbarer Basidiomyzeten und die Abhängigkeit der Fruchtkörperbildung von dem Zusammenwirken mehrerer Myzelien haben neuerdings KNIEPs Arbeiten Aufschluß gebracht.[4]) Großes praktisches Interesse beanspruchen die Versuche, *Merulius lacrymans* (Hausschwamm) künstlich zu kultivieren. POLECK[5]) war der erste, der künstliche Kulturen von Hausschwamm (oder ähnlichen Holzbewohnern?) anlegte (Aussaat von Sporen auf Holzscheiben). Auf künstlichen Nährlösungen erzielte v. TUBEUF[6]) schöne Kulturen: zu 50 g folgender Lösung:

> 1000 g Wasser
> 10 „ Ammoniumnitrat
> 5 „ Kaliumphosphat
> 1 „ Magnesiumsulfat
> 2 „ Milchsäure

wurden 10 g Filtrierpapier gegeben; der Pilz verwertet die Zellulose des letzteren. Außerdem legte TUBEUF Kulturen mit

> 1000 g Wasser
> 25 „ Malzextrakt oder Fleischextrakt
> 10 „ Zitronensäure
> 60 „ Gelatine

---

1) Vgl. den Bericht der Kommission d. D. Bot. Ges. über die Hebung der Produktion v. Speisepilzen (Ber. d. D. Bot. Ges. 1919, **37**, 177); zahlreiche Beiträge seitens französischer Autoren, z. B. COSTANTIN u. MATRUCHOT, Cult. d'un champ. lignicole (C. R. Acad. Sc.) Paris 1894, **119**, 752; MATRUCHOT, Rech. biol. s. l. champ. (Rev. gén. de Bot. 1897, **9**, 81.) Ders. in Rev. gén. bot. 1914. **25** bis, 503, C. R. Acad. Sc. Paris 1914, **158**, 724 *(Tricholoma)* YOUNG in Bot. Gaz. 1914, **57**, 524 *(Clitocybe)* u. v. a.

2) Vgl. z. B. WENDISCH, Die Champignonkultur in ihrem ganzen Umfange. 3. Aufl., Berlin 1905; GRÜN, Der Champignon und seine Kultur, Erfurt 1899 u. a.; MATRUCHOT, S. l. cult. nouv. à partir de la spore de la lépiote élevée (*Lepiota procera* SCOP.) (C. R. Acad. Sc. Paris 1912, **155**, 226).

3) Üb. d. Beding. d. Schnallenbild. b. d. Basidiomyzeten. (Flora 1918 **111**, 380.)

4) KNIEP, Üb. morphol. u. physiol. Geschlechtsdifferenzierung (Verhandl. Phys.-med. Ges. Würzburg 1919).

5) Vgl. MÖLLERS Arbeit (s. Anm. 12).

6) Beitr. z. Kenntn. d. Hausschwamms *Merulius lacrymans* (Zbl. f. Bakt. II, 1902, **9**, 127); Über gelungene Kulturversuche des Hausschwammes (*M. lacrym.*) aus seinen Sporen (Hedwigia 1903, **42**, [6]). Weitere Literatur: MALENKOVIČ, B., Mit d. Sporenkeimung zusammenhängende Versuche mit Hausschwamm (Naturwiss. Ztschr. f. Land- u. Forstwirtsch. 1904, **2**, 100); MÖLLER, A., Hausschwammforschungen, Jena 1907—1912; MEZ, C., Der Hausschwamm. Dresden 1908; WEHMER, C., Hausschwammstudien (Mykol. Zbl. 1912, **1**, 2 ff.).

an. Wie alle holzzerstörenden Pilze, bevorzugt auch *Merulius* feste Nährböden. In den üblichen kleinen Kulturgefäßen bildet er keine Fruchtkörper[1]), wohl aber auf Holz, das man in großen feuchten Kammern zu halten hat. Mit *Boletus*-Arten und ähnlichen sind bisher noch keine positiven Kulturresultate zu gewinnen gewesen.

Gasteromyzeten. — Angaben über Nidulariazeen machte BREFELD (a. a. O. 3. Heft). *Cyathus striatus* und *Crucibulum vulgare* kultivierte EIDAM[2]) auf Pferdemistdekokt u. dgl. bis zur Myzelbildung, ersteren sogar bis zur Anlage der Fruchtkörper. Relativ leicht kultivierbar ist *Sphaerobolus stellatus*, der schon oft in Gewächshäusern an Orchideenkästen usw. beobachtet worden ist. ED. FISCHER[3]) kultivierte ihn auf ausgekochtem Sägemehl; ein mit diesem gefüllter Blumentopf wurde in Wasser gestellt, so daß das Substrat immer hinreichend feucht blieb. DUGGAR[4]) kultivierte ein *Lycoperdon* bis zur Fruchtkörperbildung.

Flechten. — Mit der Kultur der flechtenbildenden Pilze hat sich zuerst A. MÖLLER beschäftigt.[5]) Es gelang ihm, auf geeigneten Nährlösungen Flechtenpilze ohne Algen zur Entwicklung zu bringen und selbst Spermatien (*Collema*) keimen zu sehen. TOBLER kultivierte *Xanthoria parietina, Parmelia acetabulum, Pertusaria vulgaris* u. a. m. und arbeitete mit festen Kultursubstraten: Pappelborkeextrakt und Bierwürze (3 %)-Gelatine bzw. -Agar, Tontellerchen, die mit Erde eingerieben und sterilisiert worden waren, Blumenerde, die beim Sterilisieren eine das Flechtenwachstum begünstigende harte Oberflächenkruste bildete. TOBLER ging von Askosporen, Soredien und Thallusstücken aus; die biologische Synthese der Flechte gelang, wenn die Pilze auf Bierwürzegelatine oder -agar kultiviert und dann zugleich mit Algenmaterial auf Schiefer- oder Tonstückchen übertragen wurden.[6])

Fungi imperfecti. — Für die imperfekten Pilze muß an dieser Stelle noch mehr als bei den früheren Gruppen eine beschränkte Auswahl genügen. *Oidium lactis*, der „Milchschimmel", ist jederzeit auf saurer geronnener Milch leicht zu erhalten; auf feucht gehaltenen Klumpen von Preßhefe bildet er oft dichte Überzüge, außerdem treffen wir ihn in der Butter, auf sauren Gurken usw.[7]) Seine Kultur gelingt leicht[8]); er verschmäht übrigens als N-Quelle Nitrate und Nitrite und bevorzugt Ammonsalze und Harnstoff.

---

1) Über eine Ausnahme berichtet R. HARDER (Naturwiss. Ztschr. f. Land- u. Forstwirtsch. 1909, **7**, 428).

2) Die Keimung der Sporen u. die Entstehung d. Fruchtkörper bei den Nidularieen (COHNs Beitr. z. Biol. d. Pfl. 1877, **3**, 2. Heft, 221). LEININGER, Ber. d. D. B. G. **33**, 281.

3) Z. Entwicklungsgesch. d. Gasteromyzeten (Bot. Zeitg. 1884, **42**, 433).

4) The principles of mushroom growing and mushr. spawn making (Bur. Plant. Industr. Bull. Nr. 85, Washington 1905).

5) Kultur der flechtenbildenden Askomyzeten ohne Algen (Dissertation, Münster i. W. 1887); Über die sogen. Spermatien der Askomyzeten (Bot. Zeitg. 1888, **46**, 421). Von älteren s. BORNET, Rech. s. les gonidies des lichens (Ann. sc. nat., Bot. V sér., **17**, 1873) u. TREUB, M., Lichenenkultur (Bot. Ztg. 1873, **31**, 721).

6) TOBLER, F., Das physiol. Gleichgewicht v. Pilz u. Alge in d. Flechten (Ber. d. D. B. Ges. 1909, **27**, 421), Z. Ernährungsphys. d. Fl. (ibid. 1911, **29**, 3), Z. Biol. v. Fl. u. Flechtenpilzen I, II (Jahrb. f. wiss. Bot. 1911, **49**, 389).

7) Nähere Angaben z. B. bei LINDNER, P., 1909, a. a. O.

8) Vgl. z. B. FALCK, Die Kultur d. Oidien u. ihre Rückführung in die höhere Fruchtform bei d. Basidiomyzeten (Beitr. z. Biol. d. Pfl. 1902, **8**, 307); über die Form der Kulturen siehe HUTCHINSON a. a. O.

Rohrzucker, Maltose und Milchzucker sind als C-Quelle untauglich, brauchbar sind Glukose, Lävulose, Azetate, Propionate, Butyrate.[1])

Fusarium und andere Pilze kultivierten APPEL und WOLLENWEBER auf gekochten Vegetabilien bis zur höheren Fruktifikationsform. *Fusarium* entwickelte seine Sporen besonders gut auf Stengeln von Kartoffel, Lupine, Pferdebohne usf.; die Farbstoffe, besonders die der plektenchymatischen Myzele traten auf Knollen besonders deutlich hervor.[2])

Fusarium aquaeductuum, der an seinem Moschusgeruch und seinen mondsichelähnlichen Konidien („Selenosporium"!) kenntliche „Moschuspilz", wurde von KITASATO u. a.[3]) kultiviert. Der Pilz wächst auf Heuinfus, Bouillon, Gelatine, Agar, Kartoffeln, Reis, Brot usw. usw. Auf den letztgenannten stärkehaltigen Böden bildet er ein rötliches Myzel, das nach KITASATO binnen kurzer Zeit ziegelrot wird. Besonders rein ist der Moschusgeruch in Bouillon und in Getreideinfusen (Weizen, Hafer, Roggen).

Mykorrhiza. — Isolierung und Kultur der Mykorrhizapilze sind in der neuesten Zeit von verschiedenen Autoren erfolgreich in Angriff genommen worden. Wurzelbewohnende Pilze gewann TERNETZ[4]) von *Vaccinium oxycoccus*; der „Oxycoccuspilz" soll sich in N-freien Nährlösungen wie

$$2\text{--}10\,\% \quad \text{Dextrose}$$
$$0{,}1\,\% \quad KH_2PO_4$$
$$0{,}02\,\% \quad MgSO_4$$
$$4\text{--}0{,}1\,\% \quad CaCO_3$$
$$\text{Spuren} \begin{cases} NaCl \\ FeSO_4 \end{cases}$$

kultivieren lassen (s. o.). PEKLO kultivierte Mykorrhizapilze der Fichte, sowie den in den *Alnus*-Wurzelknollen vegetierenden *Actinomyces* (Würze + Kaliumkarbonat u. Dikaliumphosphat.[5])

Die in den Wurzeln der Orchideen lebenden Pilze gewann BURGEFF[6]) in der Weise, daß er aus sorgfältig gereinigten Wurzelstücken mit einer sterilisierten Kapillare ein dünnes Zylinderstück herausstach und mit einem in der Kapillare verschiebbaren Glasfaden das ausgestochene Stückchen aus der Röhre herausbeförderte, nachdem diese samt ihrem In-

---

1) Nach BEYERINCK, M. W., Über die Absorptionserscheinung bei den Mikroben (Zbl. f. Bakt. II, 1911, **29**, 161).

2) APPEL, O., u. WOLLENWEBER, H. W., Die Kultur als Grundlage zur besseren Unterscheidung systematisch schwieriger Hyphomyz. (Ber. d. D. Bot. Ges. 1910, **28**, 435); Grundlage einer Monogr. d. Gattung *F.* (Arb. Biol. Anst. 1910, 8, 1—207).

3) KITASATO, S., Über den Moschuspilz (Zbl. f. Bakt. 1889, **5**, 365); LAGERHEIM, G. v., Zur Kenntnis des Moschuspilzes *Fusarium aquaeductuum* LAGERH. usw. (ibid. 1891, **9**, 655) u. a.

4) Assimil. d. atmosphär. Stickstoffs durch einen torfbewohn. Pilz (Ber. d. D. Bot. Ges. 1904, **22**, 267). — Den Wurzelpilz der Erikazeen — einen zwingenden Beweis dafür, daß der gewonnene Pilz tatsächlich der gesuchte Mykorrhizabildner sei, konnte Verf. allerdings nicht erbringen — kultivierte CH. TERNETZ (Üb. d. Assim. des atmosph. N durch Pilze, Jahrb. f. wiss. Bot. 1907, **44**, 353) in der Weise, daß 2—4 mm lange Stückchen der Erikazeenwurzeln in 1% HCl und dann in sterilisiertem H_2O gewaschen und hierauf auf den Nährboden gelegt wurden (Rhododendronblätter oder Torfdekokt und 2% Agar).

5) PEKLO, Die pflanzl. Aktinomykosen (Zbl. f. Bakt. II, 1910, **27**, 451), Beitr. z. Lös. d. Myk.-Problems (Ber. d. Bot. Ges. 1909, **27**, 239) üb. symb. Bakt. d. Aphiden (ibid. 1912, **30**, 416).

6) BURGEFF, H., Die Wurzelpilze der Orchideen, ihre Kultur und ihr Leben in der Pflanze. Jena 1909.

halt tief in den Nährboden hineingestoßen worden war. Die besten Resultate erhielt Verf. mit gewöhnlichem Agar und Regenwasser, dem eine Spur Stärke zugesetzt war; zu stark saure Reaktion der Nährböden ist sorgfältig zu vermeiden.

Die „Rußtaupilze", welche Blätter der verschiedensten Pflanzen mit einem schwarzen Belag überziehen (*Fumago, Hormodendron, Cladosporium, Pleospora, Dematium, Coniothecium*), stellen der Kultur auf Pflaumensaft u. a. keine Schwierigkeiten entgegen.[1] Einige von ihnen sind als Kulturverunreiniger häufig anzutreffen (*Cladosporium, Dematium*).[2]

Actinomyces odorifer (*Cladothrix odorifera*) hat sein Interesse durch die Fähigkeit, den charakteristischen Erdgeruch zu erzeugen. Nach RULLMANN[3] ist der Mikroorganismus aus Erde zu isolieren; er läßt sich auf den verschiedensten Substraten, Semmel, Erbsenbrei, Bouillon mit Milchzucker (1%), auf Gelatinenährböden usw. usw. leicht kultivieren. SALZMANN[4] stellte fest, inwiefern die Produktion des spezifischen Duftstoffes in künstlichen Kulturen durch die Ernährung beeinflußt wird; Mitteilungen über heubewohnende, thermophile *A.*-Arten bei MIEHE.[5]

Streptothrix-Arten, welche an den Wurzeln vieler höherer Pflanzen vorkommen, isolierte BEYERINCK.[6] *Str. chromogena*, die nur sehr geringes N-Bedürfnis hat, wächst z. B. in

$$0,05 \% \ KH_2PO_4$$
$$0,05 \% \ MgSO_4$$
$$1 \quad \% \ Glukose,$$

jedoch auch in Fleischbouillon oder Malzwürze. Von ihren Stoffwechselprodukten war oben (S. 142) schon die Rede.

Achorion, ein nagel- und haarbewohnender Pilz, wächst auf den üblichen bakteriologischen Nährböden (s. u.).

Über die Aërophilie bzw. Aërophobie der einzelnen Arten[7] liegen noch keine ausreichenden physiologischen Untersuchungen vor.

Kultur parasitischer Pilze auf lebenden Pflanzen. Die große Schar von Pilzen, welche als Pflanzenparasiten in der Natur vorkommen, sind, wie aus BREFELDs Beobachtungen hervorgeht, mit ihrer Entwicklung, ja nicht einmal mit ihrer Vermehrung an ihr spezifisches lebendiges Substrat gebunden, das in der Natur als „Wirtspflanzen" sie aufnimmt; allerdings ist es bisher bei den meisten Formen noch niemals gelungen,

---

1) SCHOSTAKOWITSCH, Üb. d. Beding. d. Konidienbild. bei Rußtaupilzen, Diss.. Basel 1895 (auch Flora 1895, Ergänzungsband). NEGER, Experim. Unters. üb. Rußtaupilze (Flora 1917, **10**, 67).

2) Über letzteres vgl. auch LINDAU in LAFARS Handbuch d. techn. Mykol. 1906, **4**, 274). *Cladosporium* ist nach LAURENT (s. o.) typischer Nitratorganismus.

3) Chemisch-bakteriol. Unters. v. Zwischendeckenfüllungen mit besond. Berücksicht. von *Cl. odorifera* (Dissertation, München 1895); Weitere Mitteil. üb. *Cl. odorifera* (Zbl. f. Bakt. II, 1896, **2**, 116); Weitere Mitteil. üb. *Cl. dichotoma* u. *Cl. odorifera* (ibid. 701).

4) Chem.-physiol. Unters. üb. d. Lebensbeding. v. zwei Arten denitrifiz. Bakt. üb. d. *Streptothrix odorifera* (Dissertation, Königsberg 1902); während des Druckes erscheint LIESKE, Morphol. u. Biol. d. Strahlenpilze (Actinomyzeten) Berlin 1921,

5) Über die Selbsterhitzung des Heus. Jena 1906.

6) Über Chinonbildung durch *Streptothrix chromogena* u. Lebensweise dieses Mikrobens (Zbl. f. Bakt. II, 1900, **6**, 2).

7) NEEBE and UNNA, Die bisher bekannten neuen Favusarten (Zbl. f. Bakt. 1893, **13**, 1) u. a.

bei Ernährung mit den üblichen Saprophytensubstraten ihren ganzen Entwicklungsgang zu beobachten. Die als Pflanzenparasiten lebenden Pilze verhalten sich in dieser Beziehung ebenso, wie es für viele Saprophyten festgestellt und oben bereits erwähnt worden ist: verschiedene Gestaltungsprozesse der nämlichen Pflanze setzen verschiedene Ernährungs- und Kulturbedingungen voraus; die Bedingungen, unter welchen *Claviceps* Konidien bildet, konnte BREFELD in künstlichen Kulturen dem Pilze bieten, die Bedingungen aber, unter welchen er Sklerotien bildet, ließen sich bisher bei künstlicher Züchtung noch nicht realisieren. Es spricht aber nichts gegen die Annahme, daß es später gelingen wird, auch diese Bedingungen noch zu finden und dem Pilze bei Züchtung auf künstlichem Substrat zu bieten. So wie bei *Claviceps* liegen die Verhältnisse auch bei verschiedenen anderen Pflanzenparasiten. Wollen wir sie kultivieren und besonders mit dem „typischen" Verlauf ihrer Phasenfolge, so bleibt uns vorläufig nichts anderes übrig, als sie auf ihrem spezifischen lebenden Substrat zu züchten. Als eine Methode der künstlichen Kultur kann das Verfahren freilich nicht mehr angesprochen werden. Es darf aber hier nicht völlig übergangen werden, um so weniger, als gerade diese Art der Kultur auf viele wichtige Fragen der Pilzkunde und Pflanzenpathologie Antwort zu geben vermag: einmal lassen uns Kulturversuche mit lebendigen Pflanzen den Entwicklungsgang der heterözischen Pilze erkennen, und anderseits kann oft nur durch künstliche Infektionen von Fall zu Fall entschieden werden, ob ein auf Pflanzen gefundener Pilz pathogen ist oder sich erst sekundär auf den durch andere Faktoren getöteten Pflanzenteilen eingefunden und als Saprophyt breit gemacht hat.

Die Infektion der Versuchspflanzen wird erreicht, indem man Sporen, Keimlinge oder Myzel des fraglichen Pilzes auf jene überträgt. Das Aussaatmaterial wird entweder trocken oder mit Wasser aufgetragen oder auch mit organischen Nährlösungen, wenn man dem Pilz zunächst eine Phase saprophytischer Ernährung möglich machen will. Als allgemeine Regel hat zu gelten, daß man die Versuchspflanzen vor der Infektion auf etwaige Besiedlung durch irgendwelche fremde Pilze zu prüfen und nur solche Exemplare zum Versuch heranzuziehen hat, die keinerlei Anzeichen einer spontanen Infizierung erkennen lassen. Zweitens hat man nach der Infektion dafür zu sorgen, daß die Pflanzen nicht noch spontan anderweitige Infektion außer der beabsichtigten erfahren. Man stellt daher die Pflanzen unter Glocken und samt diesen in geeignete Gewächshäuser — damit ist schon gesagt, daß die Versuchspflanzen in Töpfe zu setzen sind; für fast alle Fälle dürften Topfexemplare ausreichen. Man hat verschiedene Hilfsmittel ersonnen, welche das infizierte Pflanzenmaterial vor weiteren Pilzbesiedlungen bewahren helfen, und ich verweise auf TUBEUFS Schilderung der in Dahlem (bei Berlin) eingerichteten Versuchshäuser (s. u.). Einfache Kulturkästen, in welchen die geimpften Pflanzen untergebracht werden können, hat z. B. MARSHALL WARD[1]) bei Schilderung seiner Uredineenversuche beschrieben. Ist die Benutzung von Freilandpflanzen unerläßlich, so muß man die geimpfte Stelle durch einen geeigneten Glaszylinder schützen oder wenigstens mit einer wasserdichten Pergamentpapierdüte einbinden. —

Diejenigen Pilze, welche ihre Wirtspflanzen durch Schwärmsporen infizieren, bedürfen natürlich einer nassen Aussaat. Chytridiazeen (z. B. *Synchytrium taraxaci*) behandelt LÜDI[2]) folgendermaßen. Die frischen, von *Synchytrium* befallenen Blätter werden

---

1) MARSHALL WARD, On pure culture of a Uredinee (*Puccinia dispersa* ERIKSS.) (Zbl. f. Bakt. II, 1903, **9**, 161).

2) Beiträge zur Kenntnis der Chytridiazeen. Dissertation, Bern 1901 (Hedwigia, 1901, **40**, 1). Daselbst Hinweise auf die ältere Literatur und beachtenswerte technische Details.

in frisches Wasser gelegt; nach einigen Stunden treten zahlreiche Schwärmer aus, die das Wasser rötlich färben und eine Art roten Niederschlags bilden. Mit dem zoosporenhaltigen Wasser werden die Versuchspflanzen besprüht, oder sie werden stundenlang in das Wasser eingetaucht.

Wenn man mit Peronosporazeen infizieren will, ist die Versuchspflanze mit Wasser zu übersprühen; dann werden die Konidien, welche bei manchen Gattungen Zoosporen produzieren, bei anderen direkt keimen, übertragen und die geimpften Pflanzen unter Glasglocken gestellt. Über Keimung und Keimlinge vgl. DE BARY.[1]

Mit Exoaskazeen sind ebenfalls schon erfolgreiche Impfungen ausgeführt worden. SADEBECK[2] rief auf Erlen durch Infektion mit *Exoascus epiphyllus* Hexenbesen hervor; die Sporen werden in die Knospen eingeschoben. Über die Pfropfung von Hexenbesenreisern auf gesunde Unterlage vgl. namentlich HEINRICHER.[3]

Die Meltaupilze oder Erysipheen wurden von NEGER[4] ausführlich studiert. Man übersprüht die Versuchspflanzen oder zerreißt über ihnen die meltautragenden Pflanzenstücke. Die Konidien schweben in dichten Wolken herab und lassen sich auf die benetzten Pflanzenteile nieder. Bei allzu dichter Aussaat der Sporen kommen oft *Botrytis* oder *Acrostalagmus cinnabarinus* auf, welche die Meltaurasen vernichten. Die Keimfähigkeit der Konidien prüft man im hängenden Tropfen.

Über die Infektion mit Uredineen findet man näheres besonders bei TUBEUF, ED. FISCHER, KLEBAHN u. a.[5] Die Teleutosporen werden im Herbst gesammelt, in aufgehängten Gazesäckchen oder auf ähnliche Weise im Freien überwintert und später vor der Infektion der Versuchspflanzen zur Bildung der Sporidien angeregt. Letztere erhält man im allgemeinen binnen eines Tages, wenn man die teleutosporentragenden Blätter usw. benetzt und im feuchten Raum unterbringt oder die Teleutosporen direkt in einem Tropfen Wasser auf die Versuchspflanze legt. Im ersten Fall muß man die Sporidien auf die benetzte Oberfläche der Versuchspflanze übertragen. Für Infektion der Lärchen mit *Melampsora* gibt KLEBAHN (a. a. O. 87) eine Vorrichtung an, bei deren Anwendung die Sporidien von selbst auf das zur Infektion bestimmte Organ auffallen. — Äzidiosporen trägt man auf die benetzte Unterseite der Blätter auf, da die Keimschläuche durch die Spaltöffnungen ins Blattgewebe vordringen. Will man sich erst von der Keimfähigkeit der Sporen überzeugen, so bringt man sie zunächst in Wasser zur Keimung. Uredosporen überträgt man durch Abreiben oder Abdrücken des Ausgangsmaterials auf das zur Infektion

---

1) Rech. s. le développ. de quelqu. champignons parasites (Ann. Sc. nat. Bot. Ser. IV, 1863, 5); ferner EBERHARDT, A., Contrib. à l'étude de *Cystopus candidus* (Zbl. f. Bakt. II, 1904, **12**, 621).

2) Kritische Unters. üb. die durch Taphrinaarten hervorgebrachten Baumkrankheiten (Jahrb. d. wissensch. Anstalten zu Hamburg 1890, **8**).

3) HEINRICHER, E., *Exoascus cerasi* (FUCK.) SADEB. als günstiger Repräsentant hexenbesenbild. Pilze usw. (Naturw. Ztschr. f. Land- u. Forstw. 1905, **3**, 344).

4) Beiträge zur Biol. der Erysipheen, II. Mitteilung (Flora 1902, **90**, 221).

5) v. TUBEUF, Pflanzenkrankheiten durch kryptogame Parasiten verursacht, Berlin 1895; Beschreibung des Infektionshauses und der übrigen Infektionseinrichtungen auf dem Versuchsfelde der Biologischen Abteilung in Dahlem (Arb. der Biol. Anst. d. K. Gesundheitsamtes 1901, **2**, 161); weitere Einrichtungen auf dem Versuchsfelde der Biol. Abt. in Dahlem (ibid. 364); ED. FISCHER, Entwicklungsgeschichtliche Untersuchungen über Rostpilze (Beitr. z. Kryptogamenflora d. Schweiz, Bern 1898, **1**) u. a. Arbeiten dess. Autors; KLEBAHN, Die wirtswechselnden Rostpilze, Berlin 1904, 84ff.; daselbst weitere Literaturangaben; MARSHALL WARD, s. o.

bestimmte Pflanzenorgan. BREFELD fängt Sporidien, Uredo- und Äzidiosporen in sehr stark verdünnter Bierwürze auf und verstäubt die Flüssigkeit mit dem Pulverisator über den Wirtspflanzen.

Ustilagineen. — BREFELD[1]) gelang es, auf verschiedene Weise mit Sporen sowie mit Ustilagohefen, die in künstlichen Nährlösungen herangezogen worden waren, seine Versuchspflanzen zu infizieren. Es wurden Keimlinge entweder mit Hefe enthaltender Flüssigkeit besprüht, oder es wurden gekeimte oder ungekeimte Körner in die mit Hefen vermischte Erde eingelegt. Später berichtete BREFELD über die erfolgreich durchgeführte Blüteninfektion[2]): die Sporen werden auf Narbe und Fruchtknoten von Blüten aufgetragen, die sich zu öffnen im Begriff sind. Nach BREFELD können die Ustilagineen nur junges, noch weiches Wirtsgewebe infizieren, während die Infektion durch Uredo- oder Äzidiosporen der Uredineen meist an entwickelten Pflanzenorganen erfolgt.

Myzelinfektion führt man beim Arbeiten mit den baumzerstörenden Askomyzeten und Basidiomyzeten so aus, daß man Rinden- oder Holzteilchen auf die zur Infektion bestimmten Pflanzen überträgt. Man okuliert sozusagen ein Stückchen der kranken Rinde auf oder schneidet einen schmalen Holzkeil aus der erkrankten Stelle zurecht und führt ihn nach Aufspaltung eines gesunden Astes in diesen ein (TUBEUF).

Kultur von Pilzen auf Tierkörpern. — *Empusa muscae* kultivierte BREFELD[3]) auf lebenden Fliegen, *Entomophthora radicans* auf lebenden Kohlraupen.[4]) Über die Kultur der zu *Cordyceps* gehörigen *Isaria*konidienform vgl. z. B. GIARD[5]); die Konidien wachsen auch auf künstlichen Substraten.

6. Bakterien.

Bei der Allgegenwärtigkeit der Bakterien hat der Anfänger mit dem Beschaffen seines Übungsmaterials keine Schwierigkeiten. Wir fangen Bakterien aus der Luft auf, indem wir geeignete Nährböden kurze Zeit unbedeckt lassen. Wir gewinnen Bakterien aus Sumpf- oder Leitungswasser, aus Schlamm, Gartenerde oder dgl. und stellen mit ihnen unsere ersten Versuche an. Die KRÁLsche Bakteriensammlung, aus welcher Bakterien aller Art in frischen Kulturen bezogen werden können, befindet sich (unter Leitung des Prof. PŘIBRAM) im sero-therapeutischen Institut zu Wien (IX, 2, Zimmermanngasse 3).[6])

Aschenbestandteile. — Die Frage, was für Aschenbestandteile für die Entwicklung der Bakterien unerläßlich sind, hat großes theoretisches Interesse, aber geringe praktische Bedeutung, da die bescheidenen Mengen erforderlicher Aschenbestandteile bei der üblichen groben Arbeitsweise durch Glas, Wasser und unreine Chemikalien reichlich genug in die Nährlösung kommen. BENECKE[7]) stellte fest, daß K, Mg, S und P unerläßlich

---

1) Unters. aus d. Gesamtgebiet der Mykol., 11. Heft, 1895, 18ff.

2) Dass., 13. u. 14. Heft.

3) Unters. üb. d. Entwickl. der *Empusa muscae* und *E. radicans* (Abh. naturforsch. Ges., Halle 1871, **12**).

4) Über die Entomophthoreen u. ihre Verwandten (Bot. Zeitg. 1877, **35**, 345).

5) L'*Isaria densa* (LINK) FRIES, champignon parasite du hanneton commun (Bull. scientif. France et Belgique, 1895, **24**).

6) Katalog, erschien in Wien 1919.

7) Unters. über d. Bedarf d. Bakt. an Mineralstoffen (Botan. Zeitg. I, 1907, **65**, 1).

sind. Ob Fe zu den unentbehrlichen Elementen gehört oder nicht, steht noch
dahin. Bei der Herstellung von Nährlösung aus reinen Chemikalien sorge
man für einen Gehalt von etwa 0,1 % K_2HPO_4 und 0,02 % $MgSO_4$. Über
die spezifische Rolle der einzelnen Elemente ist noch nicht viel bekannt;
CACHES Untersuchungen zeigen, daß die Gasproduktion des *Bacterium coli
commune* abhängig ist von der Gegenwart des Mg oder Ca [1]); Mg fördert
nach den übereinstimmenden Untersuchungen verschiedener Autoren die
Pigmentbildung (s. u.), Ca den Stoffwechsel verschiedener Bodenbewohner
u. dgl. m.

In der Praxis bedient man sich meist Lösungen, welche neben den unerläßlichen Aschenbestandteilen auch noch andere, insbesondere NaCl, enthalten. A. MEYER [2]) empfiehlt z. B.

$$
\begin{aligned}
&1000 \quad \text{g Wasser} \\
&\quad 1 \quad \text{„ } KH_2PO_4 \\
&\quad 0{,}1 \quad \text{„ } CaCl_2 \\
&\quad 0{,}3 \quad \text{„ } MgSO_4 + 7\,H_2O \\
&\quad 0{,}1 \quad \text{„ } NaCl \\
&\quad 0{,}01 \quad \text{„ } Fe_2Cl_6 .
\end{aligned}
$$

Kohlenstoffnahrung. — Den Bakterien kommt hinsichtlich ihrer
C-Ernährung eine besondere Vielseitigkeit zu. Kohlensäure wird von den
nitrifizierenden Bakterien verarbeitet, sowie von gewissen marinen Schwefelbakterien. Für die nitritbildenden Mikroben kommen kohlensaure Salze als
C-Quelle in Betracht. KASERER [3]) und SÖHNGEN [4]) machten mit Bodenbakterien bekannt, welche Methan als Kohlenstoffquelle verwerten. Bakterien, welche amorphe Kohle als einzige Kohlenstoffquelle verwerten sollen,
fand POTTER. [5])

Die Vertreter der übrigen Bakteriengruppen beanspruchen als C-Quelle
dieselben organischen Verbindungen, die oben bei Behandlung der C-Ernährung der Pilze zu nennen waren; vor allem sind die Kohlehydrate und
neben ihnen die mehrwertigen Alkohole auch für die Bakterien außerordentlich wertvoll; immerhin gibt es nicht wenig Formen, welche als streng
„saccharophobe" besser mit Säuren ernährt werden. [6]) Die Ansprüche der
Bakterien an die Quantität der ihnen gebotenen Kohlehydrate sind außerordentlich verschieden: saccharophil nennt CZAPEK [7]) diejenigen Bakterien,

---

1) CACHE, Rolle der $MgNH_4PO_4$ bei der Zuber. v. Nährb. (Zbl. f. Bakt. I, 1906, **40**, 255).

2) Praktikum der botan. Bakterienkunde. Jena 1903, 15.

3) Üb. d. Oxyd. des Wasserstoffs u. d. Methans durch Mikroorg. (Zeitschr. f. landwirtsch. Versuchswesen Österr. 1905, **8**, 789).

4) Üb. Bakt., welche Methan als Kohlenstoffnahrung u. Energiequelle gebrauchen
(Zbl. f. Bakt. II, 1905, **15**, 513).

5) POTTER, C., Bact. as agents in the oxyd. of amorphous carbon (Proc. Roy. Soc. B.
1908, **80**, 239; vgl. auch Zbl. f. Bakt. II, 1908, **21**, 647).

6) Vgl. z. B. KOHN, E., Zur Biol. d. Wasserbakt. (ibid. II, 1905, **15**, 722).

7) CZAPEK, F., Z. Kenntn. d. Stoffwechselanspr. b. Bakt. usw. (Chiari-Festschr.
1908, 157).

die noch in Nährlösungen mit mehr als 15 % Glukose gut wachsen, saccharophob diejenigen, die nach vorangegangener Kultur in stark verdünnter Lösung ($^4/_{1000}$ Glukose) schon bei einem 12 % übersteigenden Glukosegehalt in ihrem Wachstum gehemmt werden. — *Micrococcus aquatilis* wächst noch in 2 : 10 000 000 000 % Glukose (CZAPEK). Besonders wichtig werden die Zuckerarten für die Anaëroben (s. u.) als reduzierbare, O liefernde Substanzen, sowie als Verbindungen, deren Spaltung ihnen Energie liefert.

Gute Nährstoffe für Bakterien überhaupt fand MAASSEN[1]) in folgenden Säuren: Apfelsäure, Zitronensäure, Fumarsäure, Glyzerinsäure, Bernsteinsäure, Milchsäure, Schleimsäure, Weinsäure, Essigsäure usw. — in absteigender Reihenfolge ihres Nährwertes aufgezählt. Manche Bakterien greifen Säuren erst an, wenn ihnen gleichzeitig andere C-Verbindungen (z. B. Glyzerin) geboten werden.

Daß Paraffin auch von Bakterien angegriffen und assimiliert werden kann (vgl. oben S. 129), haben die Untersuchungen von GREIG-SMITH dargetan.[2])

Als Benzolbakterien hat man diejenigen Bakterien bezeichnet, die auf Benzolderivaten gedeihen und sie als Nährstoffe verwerten.[3])

Stickstoffnahrung. — Auch hier bewährt sich die ernährungsphysiologische Vielseitigkeit der Bakterien. Die Leguminosenknöllchen und verschiedene andere Bodenbewohner fixieren den elementaren Stickstoff der Atmosphäre. Andere Mikroben verarbeiten Nitrite, Nitrate, anorganische oder organische Ammoniumsalze, Amidoverbindungen oder Pepton. Wie bei Besprechung der Pilze sind auch hier die Amidoverbindungen und Pepton als besonders wertvolle Nährstoffe zu nennen.

Einzelheiten müssen auf die Besprechung der verschiedenen Bakteriengruppen verspart bleiben.

Reaktion. — Die alte Regel, daß Bakterien auf alkalisch reagierendem Nährboden zu züchten sind, besteht im allgemeinen durchaus zu recht, darf aber nicht dahin verstanden werden, daß saure Nährböden ein für allemal Bakterienvegetation ausschlössen. Die Essigsäurebakterien sind neben anderen säurezehrenden Bakterien bekannte Beispiele für besonders säureliebende Organismen.

Nährböden, welche nicht von vornherein alkalisch reagieren, alkalisiert man mit Sodalösung oder Na OH. Auf 100 ccm neutralisierter Traubenzuckergelatine setzt man mit WÜRKER[4]) 1 ccm n — $Na_2 CO_3$. Man prüfe mit blauem Lakmuspapier, das bei Benetzung keine Rötung mehr zeigen darf. Ist beim Alkalisieren die Alkaleszenz zu stark geworden, so setzt man Phosphor-, Milch- oder Salzsäure zu.

<hr>

1) Beitr. z. Ernährungsphysiol. d. Spaltpilze. Die organ. Säuren als Nährstoffe u. ihre Zersetzbarkeit durch d. Bakt. (Arb. k. Gesundheitsamt 1896, **12**, 340).

2) GREIG-SMITH, Destruction of Paraffin by *Bac. prodig.* and soil-organisms (Proc. Linn-Soc., New South Wales, 1914, **3**. 538, vgl. Journ. R. Micr. Soc. 1915, 173).

3) WAGNER, Üb. Benzolbakt. (Ztschr. f. Gärungsindustrie **4**, 289).

4) WÜRKER, Sitzungsber. phys.-med. Sozietät Erlangen, **41**, 248.

Der Grad der Alkaleszenz, welcher den verschiedenen Bakterienarten optimales Wachstum gestattet, ist sehr verschieden; besonders dann, wenn man z. B. bei wasseranalytischen Untersuchungen auf einer Kulturplatte Mikroben der verschiedensten Art züchten will, ist die Frage nach der Alkalisation des Nährbodens nicht leicht zu beantworten; um vergleichbare Resultate zu erhalten, muß man vor allem den Nährböden stets den gleichen Grad der Alkaleszenz geben.[1] PRALL stellt den Neutralitätspunkt mit Lakmus fest und gibt noch 0,15 % kristallisiertes Soda zu. Andere Bakteriologen neutralisieren unter Benutzung von Phenolphtaleïn.

Die Anaëroben scheinen einen starken Grad von Alkaleszenz zu vertragen.[2]

Die Reaktion der Nährböden bleibt während der Entwicklung der Bakterien durchaus nicht die gleiche. Vor allem spielt bei sehr vielen Formen die Produktion von Säure (Essigsäure, Milchsäure, Oxalsäure u. a.) eine wichtige Rolle. Die Milchsäure hat deswegen besondere Bedeutung, weil sie bei Ernährung mit Zucker oder mehrwertigen Alkoholen von sehr vielen Bakterien und auch von solchen gebildet wird, welche gegen Säuren sehr empfindlich sind (s. u.); vgl. auch das später unter „Stoffwechselprodukten" Gesagte. — Entwicklungsfähig auch auf sauren Nährböden sind außer den Säuregärungserregern z. B. *Bac. botulinus*, *Bac. prodigiosus*, der Tuberkelbazillus u. a.).[3]

Konzentration. — Über die optimalen Konzentrationen der Nährsubstrate geben die oben zusammengestellten Rezepte Auskunft. Gleich den Pilzen können sich auch Bakterien an hohe Konzentrationen anpassen. A. FISCHER[4] fand für den Heubazillus die Grenzkonzentration für das Wachstum bei 8 % NH_4Cl, 12 % $NaCl$, 14 % KCl, 21 % KNO_3; LEWANDOWSKY[5] kultivierte *Bacillus mesentericus* bei 30 % $NaCl$. Über den Einfluß der Konzentration auf die Bewegung der Bakterien macht FISCHER (a. a. O.) Mitteilungen; den Einfluß der Konzentration auf die Ernährung der Mikroben behandelt RUBNER[6]; über die Permeabilität des Bakterienplasmas für osmotisch wirksame Stoffe stellte FISCHER (a. a. O.) Untersuchungen an: Plasmolyse in 15 % Rohrzucker geht nach 10 Minuten zurück.

---

1) Vgl. PRALL, Beitr. z. Kenntn. d. Nährb. f. d. Bestimm. d. Keimzahl im Wasser (Arb. k. Gesundheitsamt 1902, **18**, 436); DEELMAN, M., D. Einfl. der Reakt. d. Nährb. auf d. Bakterienwachst. (ibid. 1897, **13**, 374); HESSE, W., Üb. d. Einfl. d. Alkaleszenz des Nährb. auf d. Wachst. d. Bakt. (Ztschr. f. Hyg. 1893, **15**, 183).

2) Nach MATZUSCHITA (Zur Physiol. d. Sporenbildung d. Bazillen usw., Dissertation, Halle a. S. 1902) hört ihr Wachstum erst bei 10—15% Soda auf.

3) Vgl. z. B. SCHLÜTER, Wachst. d. Bakt. auf saur. Nährb. (Zbl. f. Bakt. 1892, **11**, 589); PROSKAUER u. BECK, Beitr. z. Ernährungsphys. d. Tuberkelbaz. (Ztschr. f. Hyg. 1894, **18**, S. 128) u. a.

4) Unters. üb. Bakt. (Jahrb. f. wiss. Bot. 1895, **27**, 1), dort weitere Literatur.

5) Üb. d. Wachst. v. Bakt. in Salzlös. v. hoh. Konzentr. (Arch. f. Hyg. 1904, **49**, 47).

6) Bez. zw. Bakterienwachst. u. Konzentr. d. Nährl. (N- und S-Umsatz) (Arch. f. Hyg. 1906, **57**, 161).

Was den Wassergehalt gelatinöser Nährmedien betrifft, so gilt, daß bei 35 % Trockensubstanz starkes Wachstum aufhört, bei 57—60 % das Wachstum überhaupt sistiert wird.

Empfehlenswerte Nährböden. — Bakterien werden in Nährlösungen und auf festen Substraten kultiviert, insbesondere auf Gelatine, Agar und Gelatine-Agarmischung. Solange kein Grund vorliegt, bei einem Bakterium besondere Ernährungsansprüche zu vermuten, wird man seine Züchtung mit Hilfe eines der „üblichen" beginnen. Einige der erprobten, seit vielen Jahren gebräuchlichen Nährböden nenne ich im folgenden.

Eine einfache Nährlösung von bekannter Zusammensetzung gab 1858 PASTEUR[1]) an.

100 g destilliertes Wasser,
10 „ reinster Kandiszucker,
1 „ weinsaures Ammonium,
Asche von 1 Teil Hefe;

später empfahl F. COHN[2]) eine „normale Bakterien-Nährflüssigkeit" die von organischen Verbindungen nur weinsaures Ammonium als N- und C-Quelle enthielt:

20 ccm Wasser,
0,1 g phosphorsaures Kalium,
0,1 „ schwefelsaure Magnesia,
0,01 „ dreibasisch phosphorsaurer Kalk,
0,2 „ weinsaures Ammoniak.

Die USCHINSKYsche Flüssigkeit[3]) enthält:

Wasser	1000	g
Glyzerin	30—40	„
Chlornatrium	5—7	„
Chlorkalzium	0,1	„
Magnesiumsulfat	0,2—0,4	„
Dikaliumphosphat	2—2,5	„
Ammonium lacticum	6—7	„
Natrium asparaginicum	3,4	„

C. FRÄNKEL[4]) gibt folgende Modifikation an:

Wasser	1000	g
Kochsalz	5	„
Kaliumbiphosphat	7	„
Ammonium lacticum	6	„
Asparagin	4	„

verdünnte Natronlauge bis zu deutlich alkalischer Reaktion.

1) Vgl. C. R. Acad. Sc. Paris 1861, **52**, 346; auch MAYER, A., Unters. üb. d. alkohol. Gärung 1870 u. a.
2) COHN, Unters. üb. Bakt. (Beitr. z. Biol. d. Pfl. 1872, **1**, 127, 195).
3) Über eine eiweißfreie Nährl. f. pathogene Bakt. usw. (Zbl. f. Bakt. 1893, **14**, 316).
4) Beitr. z. Kenntn. d. Bakterienwachst. auf eiweißfr. Nährlös. (Hyg. Rundsch. 1894, 770, 772).

Weitere Modifikationen finden sich bei A. Meyer[1]), der auch folgende Nährlösungen anführt:

Zu einer mineralischen Nährlösung (s. o. S. 16 ff.) werden pro 100 ccm

$$1 \text{ g Asparagin oder} \left\{ \begin{matrix} 1 \text{ g Asparagin oder} \\ 3 \text{ „ Dextrose} \end{matrix} \right\} \text{ oder} \left\{ \begin{matrix} 1 \text{ g Asparagin} \\ 1 \text{ „ Glyzerin und} \\ 0,5 \text{ g Rohrzucker} \end{matrix} \right.$$

zugesetzt.

Durch ihre Einfachheit überrascht eine der eiweißfreien Nährlösungen Löwensteins[2]):

Ammoniumphosphat . . . 0,6 %

Glyzerin . . . . 4 %

Sogenanntes Peptonwasser enthält in 1 l Wasser 10 g Pepton und 10 g Kochsalz.

Unentbehrliche Hilfsmittel des Bakteriologen sind seit langer Zeit organische Produkte meist animalischer Provenienz, die in Form von Lösungen Verwendung finden oder mit Gelatine oder Agar zu „festen" Nährböden verarbeitet werden. Hinsichtlich der Konzentration, in welcher die Gallerten herzustellen sind, gilt das im Allgemeinen Teil Gesagte; aus Wolfs Untersuchungen wissen wir, daß Bakterien erst auf Nährböden, die etwa 60 % Trockensubstanz enthalten, ihr Wachstum einstellen.[3])

Zu den beliebtesten Nährmedien gehört Kochs Nährgelatine:

in Fleischwasser (s. o. 25)

10 % Gelatine

1 % Pepton (z. B. Witte)

0,5 % Kochsalz.

Statt 10 % Gelatine kann man hier wie bei den später angegebenen Gelatinerezepten auch ca. 1,5 % Agar nehmen („Nähragar"). Ähnliches leistet Liebig-Peptongelatine:

10 % Gelatine

1 % Pepton

1 % Liebigs Fleischextrakt

0,5 % Kochsalz.

Neben Liebigs Extrakt leisten auch Maggis Präparate gute Dienste. Der „Ragitagar" (nach Marx)[4]) enthält Agarpulver, Pepton und „ge-

---

1) Praktikum der botan. Bakterienkunde. Jena 1906, 24.

2) Löwenstein (Zbl. f. Bakt. I, Orig., 1913, **68**, 591), Lockemann, Welche Nährst. sind f. d. Wachstum d. Tuberkelbazillen unbedingt notwendig? (ibid. 1919, **83**, 420).

3) Wolf, L., Üb. d. Einfl. d. Wassergehaltes d. Nährb. auf d. Wachst. d. Bakt. (Dissert. Würzburg 1899). Weigert, R., Üb. d. Bakterienwachstum auf wasserarmen Nährböden (Zbl. f. Bakt. I Orig., 1904, **36**, 112). — Kufferath, Action de la gélatine à div. concentrations s. l. bactéries et l. levures (Zbl. f. Bakt. II, 1915, **42**, 557). — Bakterien, die sich nicht auf, sondern in Gelatine entwickeln, verhalten sich ganz ähnlich; vgl. Jorns, A., Üb. d. Wachst. d. Bakt. in und auf Nährböden höherer Konzentr. (Arch. f. Hyg. 1907, **63**, 123).

4) Marx, Z. Vereinf. d. Nährbodendarst. mittels Ragitpulver (M. med. Wochenschr., 1910, Nr. 7); die Präparate liefert Merck-Darmstadt.

körnte Bouillon" von MAGGI, „Ragitbouillon" nur die beiden letzten Bestandteile.

HEYDEN-Nährstoff, Nutrose, Tropon, Somatose und ähnliche Eiweißpräparate verwendet man in 0,5—1 % Lösung.

Traubenzucker-Nährgelatine oder Milchzucker-Nährgelatine enthalten außer Pepton und Fleischwasserstoffen noch 0,3—0,5 % Trauben- oder Milchzucker. Bei reichlicherem Zusatz von Zucker werden von den Bakterien oft allzu große Mengen Säure gebildet, welche die Entwicklung der Kultur hemmen können.

Glyzerinagar enthält außer den Substanzen des Fleischwasseragars 4—6 % Glyzerin.

Milch und Blut werden nach Sterilisation bzw. steriler Entnahme aus dem Tierkörper als Nährlösungen verwendet. Molken stellt man sich her, indem man zu 1 l Milch ca. ½ Eßlöffel Labessenz zusetzt und nach Ausfallen des Käses die Masse aufkocht; hiernach wird die klare Masse durch ein Tuch abgeseiht. Blut[1]) wird ferner zu Blutagar verarbeitet, indem man es mit Agar vermischt oder auf erstarrtem Agar aufträgt. Auf wichtige Gesichtspunkte, welchen bei Verwendung des Blutes als Nährboden Rechnung zu tragen ist, hat BASS aufmerksam gemacht (s. o. S. 105, Züchtung der Malariaplasmodien). Vom Serum war schon oben die Rede (vgl. S. 40).

Namentlich für pathogene Bakterien hat man sich weiterhin menschlicher oder tierischer Organe und Organbreie usf. — Leber-, Gehirn-, Placentabreie usw., Ascitesflüssigkeit — als Kulturmedien bedient. CANTANI[2]) konserviert allerhand eiweißreiche Medien (Eiter, Urin, Sperma usw.) in Glyzerin (zu gleichen Teilen mit jenen gemischt); auch wenn die ersteren keimhaltig sind, werden sie im Glyzerin allmählich steril. Hiernach werden die „Glyzerolate" den Nährmedien zugesetzt (0,5—0,75 ccm auf ein Reagenzglas). Wie sich von selbst versteht, sind solche Beimengungen nur bei Kultur von Bakterien zulässig, welche Glyzerin vertragen. Von weiteren Nährböden, die nur bei Kultur bestimmter Mikrobengruppen Anwendung finden, wird später zu sprechen sein.

Isolierung, Anreicherung, elektive Kultur. — Am vielseitigsten in ihrer Anwendbarkeit ist die alte KOCHsche Methode des Plattengießens, die freilich nicht für ein Universalmittel gelten darf, da es nicht an Mikroben fehlt, die auf Gelatine nicht wachsen oder der unerläßlichen hohen Temperatur eines verflüssigten Gallertsubstrats nicht widerstehen.

Wenn auf einer Platte außer den zur Untersuchung vorliegenden Mikroben noch andere Organismen sich entwickeln — Pilze oder Bakterien,

---

1) SZASZ, Billiger Nährboden (Bouillon) aus Blutkuchen (Zbl. f. Bakt. I, Orig., 1915, **75**, 489; s. auch 1916, **77**).

2) CANTANI, A., Üb. eine praktisch sehr gut verwendb. Methode, albuminhaltige Nährböden f. Bakt. zu bereiten (Zbl. f. Bakt. I Orig., 1910, **53**, 471). POPPE, K., Üb. Glyzerolatnährb. (ibid. 1911, **58**, 474).

— so kann man die fremden Eindringlinge durch Betupfen mit Silbernitrat (Höllenstein) beseitigen, vorausgesetzt, daß der Nährboden Chlornatrium enthält, welches an der behandelten Stelle unlösliches Chlorsilber entstehen läßt. Andernfalls verbreitet sich das Silbernitrat durch Diffusion in der Gelatineplatte und wird auch den Kolonien, welche erhalten bleiben sollen, gefährlich.[1])

Geht man von einem Bakteriengemisch aus, in welchem die gesuchte Spezies nachweislich oder vermutlich nur spärlich enthalten ist, so schickt man der Isolierung zweckmäßigerweise eine „Anreicherung“ voraus, d. h. man bringt das Bakteriengemisch unter Bedingungen, die gerade der gewünschten Spezies günstig sind. Beim Nachweis des Choleravibrios z. B. tun Anreicherungsmethoden gute Dienste: Proben von dem vibrionenhaltigen Material bringt man in Peptonwasser; im Thermostaten (37°) bilden die Chclerabakterien an der Oberfläche der Flüssigkeit bald ein Häutchen, aus dem sie dann mit großer Sicherheit als Reinkulturen gewonnen werden können. Handelt es sich um Bakterien, die ernährungsphysiologisch besondere Eigentümlichkeiten aufweisen, und welche optimal unter Bedingungen gedeihen, welche andern Mikroben überhaupt keine Entwicklung gestatten, so kann Anreicherung an sich schon zu Reinkulturen führen. Diese Methode der sog. elektiven Kultur kann dann, wenn es sich um weitverbreitete Formen handelt, gleichzeitig zum Einfangen und Fortzüchten der gewünschten Organismen dienen. Impft man mehrmals über, so bleiben etwaige Verunreinigungen mit fremden Organismen mehr und mehr zurück.

Die Widerstandsfähigkeit der Sporen gegen hohe Temperaturen ist seit ROBERTS[2]) oft zum Isolieren bestimmter Bakterienarten benutzt worden; vgl. das unten über Heubazillen und Buttersäurebakterien Gesagte.

Die Bewegungsfähigkeit der Bakterien hat man unter Verwendung eines leicht passierbaren Filters zur Isolierung lebhafter von trägen Arten verwertet: in kommunizierende Röhren wird 10—20 cm hoch Sand und Nährflüssigkeit eingefüllt; einer der beiden Schenkel wird beimpft, in dem anderen werden die Ankömmlinge nach Passage des Filters abgehoben; die schnellsten Formen gehen natürlich zuerst durchs Ziel.[3])

Man hat ferner Bakteriengemische im Filterpapier aufsteigen lassen und beobachtet, daß verschiedene Arten ungleich hoch steigen und sich durch ein der Kapillaranalyse ähnliches Verfahren voneinander trennen lassen. Trägt man auf ein Filtrierpapier einen Tropfen Typhus und Koli enthaltende Nährlösung auf, so findet sich dieser im Zentrum, jener an der Peripherie

---

1) HILTNER u. STÖRMER, Stud. üb. d. Bakterienflora d. Ackerbodens usw. (Arb. biolog. Abt. d. k. Gesundheitsamtes 1903, **3**, 445).

2) Philos. Transact. R. Soc. 1874.

3) CARNOT & GARNIER, De l'emploi des tubes de sable comme méthode génerale de l'étude d'isolement etc. (C. R. Soc. Biol. 1902, 860; vgl. auch CARNOT & WEILL HALLÉ in C. R. Acad. Sc. Paris 1915, No. 4).

besonders reichlich.[1]) Ebenso wie hier handelt es sich auch bei der Fällung der Bakterien durch wasserunlösliche Mittel (Kaolin, Tierkohle usw.) um Adsorptionswirkungen[2]), nach EISENBERG[3]) werden grampositive Bakterien wesentlich stärker adsorbiert als gramnegative.

CONRADIS Öltupferverfahren dient zur Isolierung von Diphtheriebazillen. Mikroben mit lipoidreicher Hülle lassen sich durch Kohlenwasserstoffe ausschütteln.[4]) Für die Untersuchung der Diphtherieabstriche macht man diese Erfahrung in der Weise nutzbar, daß man jene in NaCl-Lösung abspült (37°) und mit einigen cc Petroläther (Pentan + Hexan) ausschüttelt. Nach Entmischung der Flüssigkeit befinden sich die Diphtheriebakterien im Petroläther bzw. an der Grenzschicht beider Medien. Mit einem mit Olivenöl benetzten Impfinstrument werden sie herausgeholt — die in der wässerigen Salzlösung suspendierten Keime gleiten an der Ölschicht ab.[5])

Impfung. — Das Impfen macht bei den Bakterien im wesentlichen dieselben Manipulationen nötig, wie bei allen anderen Mikroorganismen. Man streicht die bakterienführende Impfplatinnadel auf dem Nährboden zur Strichkultur ab oder sticht mit der Nadel in den Nährboden hinein (Stichkultur). Letztere Methode ist besonders nützlich, wenn man das Verhalten der Mikroben in tieferen Schichten und an der Oberfläche des Substrats vergleichen will. Man darf nicht mit zu geringen Aussaatmengen eine Stichkultur anlegen, damit auch in die Tiefe noch Individuen in ausreichender Menge eingeführt werden. Will man im Innern eines Nährbodens (im Reagenzglas) die Mikroben annähernd gleichmäßig verteilen, so schüttelt man die noch flüssige Gelatine (oder Agar) gut durch und läßt dann erstarren.

Form der Kolonien. — An den Kolonien, welche die Bakterien auf geeigneten Nährböden bilden, lassen sich allerhand unterschiedliche Eigentümlichkeiten wahrnehmen, die in hohem Maße von den jeweils gebotenen Bedingungen, der Art des Nährbodens usw. abhängen, zum Teil aber auch als charakteristisch für die betreffenden Spezies betrachtet werden dürfen. — Kolonien, welche innerhalb der Agarmasse sich entwickeln, fallen durch

1) FRIEDBERGER, E., Eine neue Methode (Kapillarsteigmethode) z. Trennung v. Typhus u. Koli usw. (M. Med. Wochenschr. 1919, Nr. 48, S. 1372).

2) SALUS (Biochem. Ztschr. 1917, 84); MICHAELIS (Berl. klin. Wochenschr. 1918, Nr. 30, 710) u. a.

3) EISENBERG, Üb. spezif. Adsorption v. Bakt. (Zbl. f. Bakt. I, Orig., 1918 81, 72); PUTTER, Unters. üb. d. kapillare Steigvermögen d. Bakt. in Filtrierpapier (Ztschr. f. Hyg. 1920, 89, 71).

4) LANGE & NITSCHE, Eine neue Methode d. Tuberkelbazillennachweises (D. med. W. 1909, 35, 435; s. auch Ztschr. f. Hyg. 1910, 67, 151).

5) CONRADI, Üb. ein neues Prinzip d. elektiven Züchtung u. s. Anwend. bei Diphtherie (M. Med. Wochenschr. 1913, 60, 1073). RHODOVI, Über Conradis elektive Ausschüttelung d. Diphth.-bakt. (Zbl. f. Bakt. I, Orig., 1913, 71, 233). Bedenken gegen die Zuverlässigkeit der Methode für klinische Zwecke sind von verschiedenen Seiten geäußert worden.

ihre linsenförmige Gestalt auf: der spröde Agar spaltet sich an der Stelle, an welcher Bakterien sich entwickeln, und diese füllen den Spalt.[1]

Welche Faktoren die Richtung des Spaltes bedingen — die Richtung des stärksten Wachstums der Organismen, die Spaltbarkeit des Geles, der mechanische Widerstand, den die festen Wände des Kulturgefäßes dem Agar etc. entgegensetzen —, bedarf noch näherer Untersuchung. Auf alle Fälle wird die Form der im Gel wachsenden Kolonien bestimmt durch die physikalischen Bedingungen, die in jenem verwirklicht sind; das geht schon aus der Ähnlichkeit der linsen- oder wetzsteinförmigen Luftblasen, die in gallertigen Me-dien sich bil-den, mit den Tiefenkolonien hervor.[2] Lang-sam wachsende Kolonien ver-harren nach Orsós in der

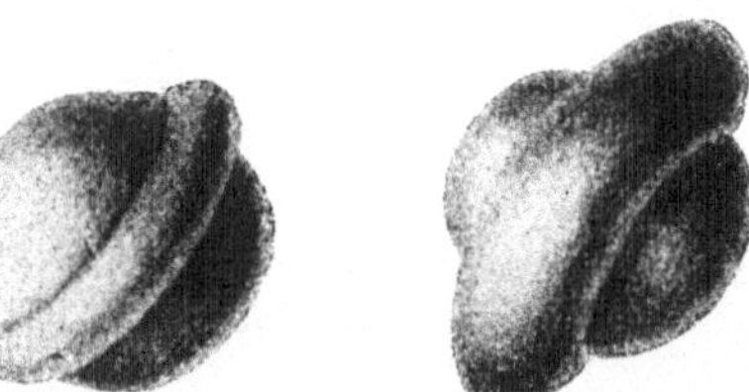

Fig. 27. Saturnförmige Kolonien (*Bact. typhi*) (nach Orsós).

primären Kugelform; schneller wachsende gehen allmählich zur Ellipsoid- oder „Saturnusform" über (vgl. Fig. 27): die Äquatorebene der letzten ent-spricht der Spaltungsebene im Gel. Treten zwei Spaltungen auf, so ent-steht nach Orsós eine „Triphyllos"- oder Dreiblattform (Fig. 28), kompliziertere Formen kommen bei noch zahl-reicheren Spaltungen zustande. Oberflächlich wachsende Kolonien breiten sich als Häutchen, Scheiben, oblaten-artige Gebilde, als Knöpfchen, kleine Polster usw. aus, oder sie gleichen reichverzweigten Dendriten, bilden lange Ausläufer, lockenähnliche Formen usw. Bei den kegel- oder hügelähnlich auf der Oberfläche des Substrats liegenden gibt das Profil Unterscheidungsmerkmale ab, die von Trawiński[3] näher untersucht worden sind: es lassen sich Kolonieformen mit gewünschter Profillinie, vertieftem Zentrum, mehr oder minder breitem Randsaum, konzentrischen Abstufungen usw. usw.

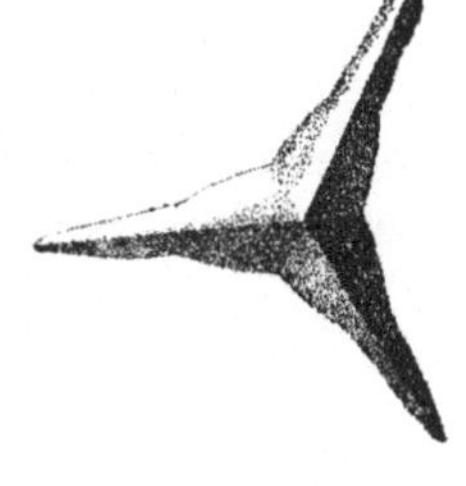

Fig. 28. Triphyllos Kulturen (nach Orsós).

---

1) Vgl. Hutchinson, Über Form und Bau der Kolonien niederer Pilze (Zbl. f. Bakt. II, 1906, **17**, 65); vgl. ferner Dunham, E. K., Üb. d. Einfl. physik. Beding. auf. d. Charakter von Kolonien auf Gelatineplatten (ibid. II, 1903, **10**, 382); Almagia, Einfl. d. Nährb. auf d. Morph. d. Kol. usw. (Arch. f. Hyg. 1906, **59**, 159) und besonders Orsos, Fr., Die Form der tiefliegend. Bakt.- u. Hefekol. (Zbl. f. Bakt. I, Orig., 1910, **54**, 289).

2) Vgl. S. 186.

3) Felsenreich u. Trawiński, Üb. d. Bedeut. d. Kolonietypus f. d. Bestimm. u. Differenz. d. Bakt.-Arten der Coli-Typhusgruppe (Öst. Sanitätswesen, 1916, auch Wien, Alfr. Gölden, 1916). — Trawiński, Üb. d. Vorkomm. v. Bakt. der Typhus-Koligruppe im Darminhalt gesunder Schweine usw. (Ztschr. f. Hyg. 1917, **83**, 117). Russ u. Trawiński, Üb. d. Vorkomm. v. Bakt. der Koli-Typhusgruppe im Pferdemist (ibid. 1918, **85**, 33, 78ff.). — Gyorgy, P., Beitr. z. Systematik der *Paracoli*-Bazillen (Zbl. f. Bakt. I., **84**, 1920, 321).

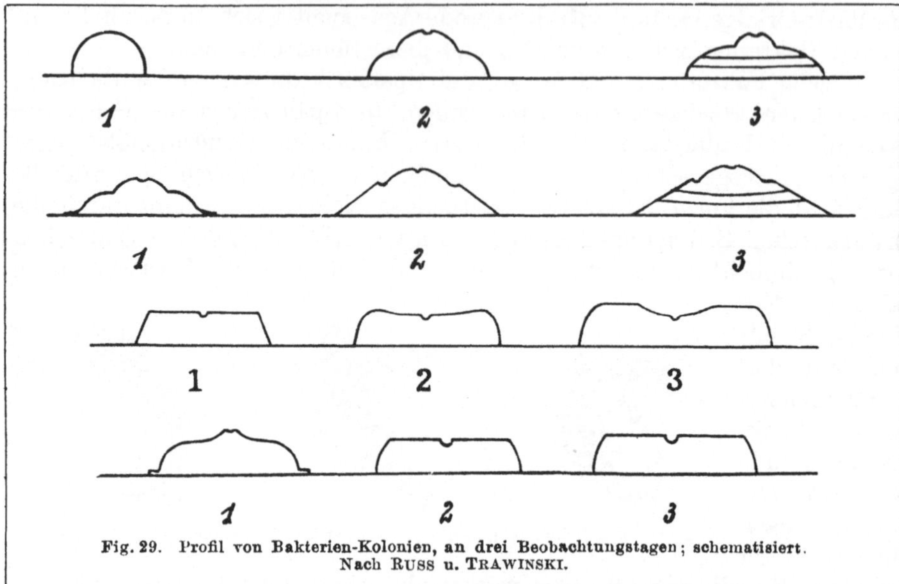

Fig. 29. Profil von Bakterien-Kolonien, an drei Beobachtungstagen; schematisiert.
Nach Russ u. Trawinski.

unterscheiden (Fig. 29). Über das Zustandekommen einer geschichteten, oberflächlich wachsenden Bakterienkolonie veranschaulichen die in Fig. 30 dargestellten frühesten Entwicklungsphasen einer Einzellkultur: man beachte
das Zerbrechen der jungen Bakterienkette (Fig. 30 d) und das Dickenwachs-
tum der Kolonie.[1]) Welche Faktoren die spezifischen Unterschiede verschiedener Bakterienkolonien zustande kommen lassen, ist erst sehr unvollkommen geklärt. Die Ober-
fläche einer scheibenförmi-
gen Bakterienkolonie ist entweder ganz gleichmäßig und
mehr oder minder glänzend
oder matt, gestreift oder ge-
körnt, der Rand glatt, fein
stachelig oder haarig u. dgl. m.
Von „Nagelkulturen" spricht
man, wenn den ganzen
Impfstich entlang sich Organismen entwickeln und an
der Oberfläche in besonders
kräftiger Vegetation ein
nagelkopfähnliches Polster
zustande kommt. —

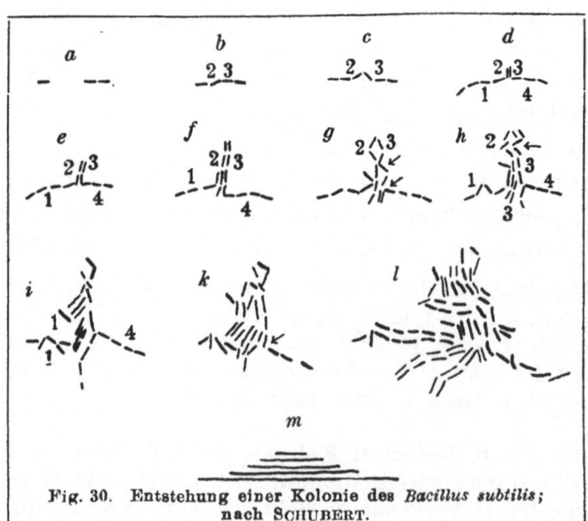

Fig. 30. Entstehung einer Kolonie des *Bacillus subtilis;*
nach Schubert.

1) Schubert, Üb. Koloniebildung der Bakt. (Zbl. f. Bakt. I, Orig., 1920, **84,** 1).

Von allergrößter Bedeutung bei Bestimmung einer Bakterienspezies und Beurteilung ihrer physiologischen Eigentümlichkeiten ist die Frage, ob Gelatine verflüssigt wird oder nicht. Bleibt die Verbreitung der Bakterien und die Verflüssigung der Gelatine auf enge Zonen beschränkt, so entstehen Löcher und Gruben in der Gallerte. Bei kräftiger Verflüssigung werden die Bakterien über die ganze Oberfläche der Gelatine verschleppt. Die Kolonien gewisser verflüssigender Fäulnisbakterien, welche in dünner Gelatine sich vorwärts bewegen können, bilden auf der Oberfläche der Gelatine verflüssigende Ausläufer („schwärmende Inseln") und dringen ins Innere des Nährbodens mit schraubig gewundenen Bakterienmassen vor („Spirulinen"). GÜNTHER[1]) macht darauf aufmerksam, daß von den Kolonien beweglicher Mikroben dann, wenn die Gelatine vorübergehend (z. B. durch Besonnung) weich oder flüssig wird, einzelne Individuen sich entfernen können; wird die Gelatine wieder fest, so bleiben jene Individuen an ihren Ort gebannt und entwickeln kleine „sekundäre" Kolonien. BEYERINCK kultivierte Leuchtbakterien, welche nur bei oberflächlichem Wachstum verflüssigen, in der Tiefe der Gelatine diese aber unter der Einwirkung des O-Mangels unverflüssigt lassen.[2])

Sehr merkwürdig wirken die Spannungen der Gelatinenährböden. Auf diesen beruht die von JACOBSEN[3]) u. a. studierte „Elastikotropie" des *Bacterium Zopfii*, das sich bei seiner Verbreitung im festen Nährboden von den Druck- und Zugspannungsverhältnissen in letzterem leiten läßt. Solche Spannungen kommen in Gelatine beim Erstarren, beim Eintrocknen und bei künstlichen Deformationen der erstarrten Masse zustande. Fig. 31 veranschaulicht ein von JACOBSEN angestelltes Experiment und die Wirkung des Eingriffs auf die Wachstumfiguren des *Bact. Zopfii*.

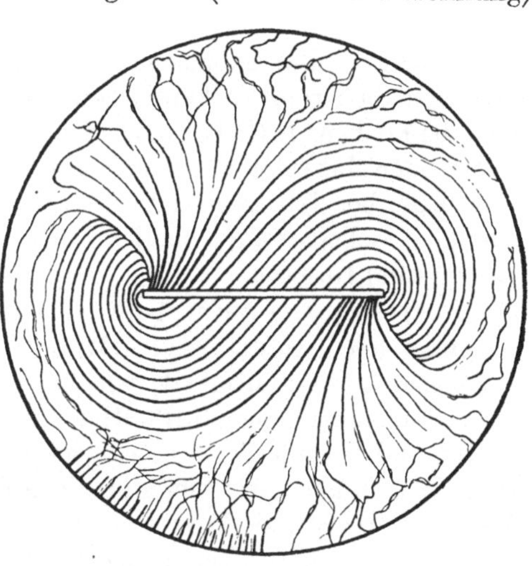

Fig. 31. Kultur von *B. Zopfii* in verdünnter Gelatine, welche durch Drehen eines am Deckel befestigten Objektträgers in Spannung gebracht ist. Am Rand der Schale ist links unten die radiale Stellung angegeben, welche der Bazillus beim Eintrocknen der Gelatine einnimmt.

Kultur in Kollodiumsäckchen. — Bei manchen pathogenen Organismen, die der Kultur auf gewöhnlichen Nährböden besonders schwer

---

1) Einführ. in d. Stud. d. Bakt., 6. Aufl. 1906, 226.

2) BEYERINCK, S. Leuchtbakt. d. Nordsee usw. (Fol. microbiol. 1916, **4**, 15).

3) Über einen richtenden Einfl. beim Wachstum gewisser Bakterien in Gelatine (Zbl. f. Bakt. 1906, **17**, 53); SERGENT, E., Des tropismes du *Bact. Z.* KURTH (Ann. Inst. Pasteur 1907, **21**, 842).

zugänglich sind, hat man sich mit dem Kollodiumsäckchenverfahren geholfen, das der Schule des Institut PASTEUR entstammt. Es werden kleine Kollodiumsäckchen (s. o. S. 94) mit Nährflüssigkeit gefüllt, im Autoklaven sterilisiert, geimpft und verschlossen; dann werden sie in die Leibeshöhle des Versuchstieres eingelegt. Bei verschiedenen Bakterien hat man mit Hilfe dieser Methode überraschende Kulturresultate erzielen können.[1])

Ultramikroorganismen. — Die untere Grenze der mikroskopisch wahrnehmbaren Teilchen liegt nach ABBE bei 0,21 μ. Es gibt Organismen, welche hart an dieser Grenze liegen, und es liegt daher die Vermutung nahe, daß noch kleinere Lebewesen existieren könnten[2]), deren Gegenwart höchstens bei Untersuchung mit dem Ultramikroskop nachgewiesen werden kann. Die Möglichkeit ist zuzugeben; doch sind bisher „ultravisible" oder „Ultramikroorganismen", die nur unter dem Ultramikroskop sichtbar und bei der gewöhnlichen mikroskopischen Untersuchung nicht wahrnehmbar wären, nicht mit Sicherheit bekannt geworden: manche Autoren rechnen die Erreger der Pocken, des Scharlachs, des Pappataccifiebers, der Maul- und Klauenseuche, der Masern u. a. zu den ultravisiblen Organismen. Kulturversuche sind bisher bei den hypothetischen Erregern der Peripneumonie an Rindern gelungen, vielleicht auch bei den Pocken u. a.[3]) Vgl. das oben S. 51 (filtrierbares Virus) Gesagte.

Beziehungen zum Sauerstoff, Atmung und Gärung. — Die Vorgänge der Atmung und Gärung erreichen bei keiner Pflanzengruppe eine solche Mannigfaltigkeit, wie bei den Bakterien; da ihre Ansprüche an freien Sauerstoff, sauerstoffhaltige oder vergärbare Stoffe beim Anlegen der Kultur und bei der Wahl eines geeigneten Nährbodens von größter Bedeutung sind, müssen wir hier auf die Atmungs- und Gärungsphysiologie der Bakterien wenigstens kurz eingehen.

Viele Bakterien beanspruchen freien Sauerstoff, wir bezeichnen sie als obligat aërob; die Herstellung der Kulturen macht — was die über ihnen liegende Atmosphäre betrifft — keine besonderen Umstände. Der Sauerstoff wird zur Oxydation von Kohlehydraten verwendet, zur Oxydation von schwefliger Säure zu Schwefel- und Schwefelsäure (Schwefelbakterien s. u.), zur Oxydation von Eisenoxydul zu Eisenoxyd (Eisenbakterien s. u.), zur Verbrennung von Wasserstoffgas zu Wasser. Als Beispiele obligat aërober

---

1) METCHNIKOFF, ROUX et SALIMBENI, Toxine et antitoxinè cholérique (Ann. Inst. Pasteur 1896, **10**, 257); NOCARD et ROUX, Le microbe de la péripneumonie (ibid. 1898, **12**, 240); LEVADITI, Cult. du spirille de la fièvre récurr. afric. de l'homme (C. R. Acad. Sc. Paris 1906, 142); LEVADITI u. MC INTOSH, Contrib. à l'étude de la cult. de *Treponema pallidum* (Ann. Inst. Pasteur 1907, **21**, 784).

2) Betrachtungen über die Dimensionen kleinster Lebewesen bei ERRERA, S. la limite de petitesse des organismes (Rec. Inst. bot. Univ. Bruxelles 1903, **6**, 73).

3) Vgl. den zusammenfassenden Bericht bei UNGERMANN, Filtrierbare Krankheitserreger (Jahresk. f. ärztl. Fortbildung 1915). MOLISCH, H., Üb. Ultramikroorganismen (Bot. Ztg. 1908, **66**, I, 131) bezweifelt die Existenz der Ultravisiblen.

Bakterien mögen die Essigbakterien, der Heubazillus, *Sarcina lutea* u. a. gelten.

Anaërobe Bakterien sind diejenigen, welche ohne freien Sauerstoff sich entwickeln. Wie man den Sauerstoff der Luft von Kulturen fernhalten kann, wurde oben auseinandergesetzt (S. 67 ff.). Jede anaërobe Entwicklung setzt die Gegenwart gewisser Verbindungen im Nährsubstrat voraus, die entweder von den Mikroben reduziert werden oder ohne Sauerstoffentzug von diesen gespaltet werden können. Die ersteren geben ihren Sauerstoff an die Organismen ab, die anderen werden bei ihrer Spaltung zur Quelle der erforderlichen Energie für die Mikroben. Als reduzierbare Substanzen kommen anorganische und organische Verbindungen in Betracht. Als anorganische sind die Sulfate zu nennen; von organischen O-Quellen sind die Zuckerarten weitaus die wichtigsten und nächst ihnen die Salze organischer Säuren (Weinsäure, Milchsäure, ameisensaure Salze). Es entstehen bei der Reduktion organischer Verbindungen Säuren, welche die Reaktion des Nährbodens wesentlich verändern können (s. o.).

Zweitens gewinnen anaërobe Mikroben ihre Energie durch Spaltung bestimmter Verbindungen. Spaltung anorganischer Stoffe liegt bei der Tätigkeit salpeterspaltender Organismen (s. u.) vor. Die Hauptrolle unter den spaltbaren organischen Stoffen spielen wiederum die Zuckerarten: bei Alkohol- und Milchsäuregärung entstehen aus diesen Endprodukte, die in ihrer Summe ebensoviel Sauerstoff enthalten wie das Ausgangsmaterial.

Die Mikroben, welche anaërob sich entwickeln können, zeigen untereinander verglichen alle möglichen Abstufungen in ihrem Verhalten zum Sauerstoff; das Ende der Reihe bilden die sog. obligaten Anaëroben, deren Entwicklung durch Zutritt von freiem O sofort unterbrochen wird (vgl. jedoch auch das oben S. 74 Gesagte), während bei den fakultativen Anaëroben Entwicklung bei O-Zutritt und O-Abschluß möglich ist. —

Für die Beurteilung mancher an Bakterienkulturen auftretenden Erscheinungen ist die Kenntnis der BEYERINCKschen Atmungsfiguren[1] wichtig: die Bakterien suchen stets diejenigen Orte auf, an welchen die ihnen günstigste Sauerstoffspannung anzutreffen ist; da aber die Ansprüche verschiedener Bakterienformen ungleich sind, tritt eine Sonderung ein, so daß es sogar gelingt, bestimmte Arten rein oder nahezu rein wegzufangen. Das letztere gelang BEYERINCK[2] mit Spirillen. — Eine besondere Art der Atmungsfiguren sind nach demselben Autor die Emulsions- und Sedimentfiguren[3]; in dünnen Schichten der Nährlösungen bilden die meisten beweglichen Bakterien merkwürdige Ansammlungen: entweder es entstehen säulen- oder leistenartige Gruppen, welche die Flüssigkeitsschicht in ihrer ganzen

---

1) BEYERINCK, Üb. Atmungsfig. bewegl. Bakt. (Zbl. f. Bakt. I, 1893, **14**, 827). Die Leuchtbakt. d. Nordsee usw. (Fol. microbiol. 1916, **4**, 15).

2) Not. üb. d. Nachw. v. Protozoen u. Spirillen in Trinkwasser (ibid. 1894, **15**, 1).

3) BEYERINCK, Emulsions- und Sedimentfiguren bei bewegl. Bakt. (ibid. II, 1897, **3**, 1).

Dicke in Anspruch nehmen, oder plattenförmige, die auf dem Boden liegen. Aus den ersteren, den Emulsionsfiguren, gehen übrigens durch Absetzen die anderen hervor.[1] —

Daß Sauerstoffzufuhr einen besonderen formativen Effekt haben kann, wies MATZUSCHITA (a. a. O.) für die Anaëroben nach: sowohl fakultative wie obligate Anaëroben bilden nach Kultur im O-freien Raum bei nachträglichem Luftzutritt Sporen.

Genauen Bericht über die Atmungsphysiologie der Bakterien hat neuerdings BENECKE erstattet, auf dessen Werk hier verwiesen sei.[2]

Temperatur. — Die aus Luft oder Wasser aufgefangenen Mikroben können bei Zimmertemperatur kultiviert werden; die pathogenen Formen, die in Warmblütern parasitisch leben, haben ihr Wachstumsoptimum bei 37°. Eine Reihe von Mikroben macht noch höhere Temperaturansprüche und gedeiht erst bei 40, 50 und 60° optimal; viele haben ein niedrigeres Optimum, wachsen aber auch bei jenen hohen Temperaturgraden noch gut. Für die Kultur derjenigen Organismen, deren Optimum höher liegt, als Zimmertemperatur beträgt, bedarf es eines Brutschrankes oder Thermostaten (S. 77).

„Thermophile“ Bakterien erhält man nicht nur aus heißen Quellen, sondern besonders leicht auch aus Mist, Heu u. a.: frisch gemähtes Gras wird im Laboratorium etwa 50 cm hoch geschichtet; nach 6 Tagen lassen sich aus ihm zahlreiche thermophile Pilze und Bakterien gewinnen; ähnliche Erfolge gewährleistet dürres Heu, das man nach Befeuchtung in den Thermostaten (45°) bringt.[3] KOCH und HOFFMANN haben für eine Reihe thermophiler Lebewesen gezeigt, daß ihre Abhängigkeit von hohen Temperaturen nur eine bedingte ist, insofern, als sie bei Kultur auf den üblichen Nährmedien zwar solche verlangen, in der freien Natur aber auch bei erheblich bescheideneren Wärmegraden gedeihen.[4]

---

1) Über diese und ähnliche Erscheinungen, z. B. Schicht- oder Niveaubildungen in hoch geschichteten Nährböden vergleiche z. B. noch JEGUNOW, Bakteriengesellschaften (Zbl. f. Bakt. II, 1896, **2**, 11, 441, 739); JEGUNOW, Lois du mouvement de la foule microbienne (ibid. II, 1907, **18**, 1; daselbst weitere Literatur); LEHMANN, K. B., und CURCHOD, H., Beiträge zur Kenntnis des Bakterienniveaus von BEYERINCK und der Bakteriengesellschaften von JEGUNOW (ibid. 1904, **14**, 449); EISENBERG, Üb. Niveaubildung bei aërophilen Sporenbildnern u. denitrif. Bakt. (ibid. 1918, **82**, 209) u. die dort zitierte Literatur. — Abweichende Erklärung gibt BORGGARDT, Üb. d. Bakterienplatten, Diss. Bern 1912 (vgl. Kolloid-Ztschr. 1917, **20**, 282).

2) BENECKE, W., Bau u. Leben d. Bakt. Leipzig u. Berlin 1912.

3) MIEHE, Selbsterhitzung des Heus. Jena 1906, dort weitere Literaturangaben; GEORGEVITCH, P., *Bac. thermophilus Jivoini n. sp.* usw. (Zbl. f. Bakt. II, 1910, **27**, 150); J. BEHRENS in LAFARS Handb. d. techn. Myk. 1907, **1**, 601; NÈGRE, L., Les bact. thermophiles (Bull. Inst. Pasteur 1912, **10**, 385), NOACK, Beitr. z. Biol. d. thermoph. Organismen (Jahrb. f. wiss. Bot. 1912, **51**, 593).

4) KOCH, A. u. HOFFMANN, C., Üb. d. Verschiedenheit der Temperaturansprüche thermophiler Bakt. im Boden u. in künstl. Nährsubstr. (Zbl. f. Bakt. II, 1911, **31**, 433).

Die Bakterien passen sich leicht an Temperaturen an, die ihrem ursprünglichen Optimum — nach unten oder oben — recht fern liegen[1]); allerdings verlieren die Mikroben bei Kultur unter abnormen Temperaturverhältnissen oder nach vorübergehender Einwirkung hoher Temperaturgrade (z. B. 50—55⁰) zuweilen die eine oder die andere ihrer Eigenschaften wie die Fähigkeit, Pigment oder Trimethylamin zu bilden; pathogene Mikroben können ihre Virulenz einbüßen.

Die maximale Temperatur, die von Bakterien ertragen wird, wechselt selbst bei der nämlichen Spezies insbesondere mit dem morphologischen Zustand und dem Alter der Kulturen: Kolikulturen von 5—6 Stunden Alter gehen bei Erhitzung auf 53⁰ nach 25 Minuten bereits zugrunde, 8—9 Stunden alte sind widerstandsfähiger.[2]) Genaue Angaben über die Bestimmung der Tötungszeit von Sporen oder vegetativen Zellen bei A. Meyer.[3]) Einige für die Technik der Sterilisation wichtige Angaben wurden oben (S. 45 ff.) bereits zusammengestellt. Schut jr. erbrachte den Nachweis, daß beim Kochen unter erniedrigtem Druck Bakterien schon innerhalb der physiologischen Temperaturgrenzen zugrunde gehen[4]); die zellenzerstörende Wirkung des Kochens beruht vielleicht darauf, daß bei hohen Temperaturen sich Wasserdampfblasen im Innern der Zelle bilden.

Licht und andere strahlende Energieformen. — Nicht nur direkte Besonnung, sondern auch zerstreutes Tageslicht wirken entwicklunghemmend und tötend auf Bakterien, auch dann, wenn die Wärmestrahlen durch Vorschalten eines Alaunkristalls oder einer Wasserschicht oder Ferrophosphatlösung[5]) ferngehalten werden. Namentlich ultraviolettes Licht (vgl. oben S. 49) ist wirksam.[6]) Die desinfizierende Wirkung des Lichtes ist vielleicht insofern nur eine indirekte, als das eigentlich wirksame Agens das bei Belichtung gebildete Wasserstoffsuperoxyd ist.[7]) Der entwicklunghemmende Einfluß des Lichtes wird erhöht, wenn man dem Nährboden sehr geringe Mengen sensibilisierender Farbstoffe (z. B. Eosin s. o. S. 81) zusetzt (nach Mettler[8]), z. B. 1 : 10000); derselbe Autor

<hr>

1) Dieudonné, Beitr. z. Kenntn. d. Anpassungsfähigkeit d. Bakt. an ursprünglich ungünst. Temperaturverh. (Arb. Kais. Gesundheitsamt, 1894, **9**).

2) Schultz, J. H. u. Ritz, H., D. Thermoresistenz junger u. alter Koli-Baz. (Zbl. f. Bakt. I, Orig., 1910, **54**, 283).

3) Prakt. d. bot. Bakterienkde., Jena 1903, 127 ff.; vgl. auch oben S. 79 (Erzielung konstanter Temperaturen über 100⁰).

4) Üb. d. Absterben d. Bakt. beim Kochen unter erniedr. Druck (Ztschr. f. Hyg. 1903, **44**, 323).

5) Vgl. Zsigmondi in Wiedemanns Annalen **49**, 531.

6) Thiele, H. und Wolf, K., Üb. d. Abtötung d. Bakt. durch Licht (Arch. f. Hyg. 1906, **57**, 29 und 1907, **60**, 29). Ayers a. Johnson, Destruct. of bact. in milk by ultraviolet rays (Zbl. f. Bakt. II 1914, **40**, 109).

7) Vgl. Dieudonné a. a. O.

8) Experimentelles üb. d. bakterizide Wirkung d. Lichtes auf mit Eosin, Erythrosin und Fluoreszeïn gefärbte Nährböden (Arch. f. Hyg. 1905, **53**, 80).

stellte Untersuchungen über den hemmenden Einfluß der Belichtung der Nährböden vor der Infektion an. —

Röntgenstrahlen haben auf Bakterienkultur nur geringen oder gar keinen Einfluß; Kathodenstrahlen dagegen wirken sehr stark auf sie: 100 Entladungen bringen *Bact. coli* mit Sicherheit zum Absterben.[1]

Sporenbildung. — Sporenbildung tritt nicht ein, wenn die Bedingungen dem Wachstum der Bakterien anhaltend günstig bleiben; plötzliche Hemmung des Wachstums nach vorausgegangener guter Ernährung veranlaßt jederzeit vollständige Sporenbildung. Solche wachstumshemmende Stoffe, welche die Sporenbildung fördern, fand O. Schreiber[2] in kohlensaurem Natrium, Magnesiumsulfat, Chlornatrium und destilliertem Wasser. „Erschöpfte" Nährböden, auf welchen Sporenbildung eintritt, sind wohl weniger solche, in welchen alle Nährstoffe verbraucht sind, als diejenigen, welche durch wachstumhemmende Stoffwechselprodukte untauglich geworden sind.

Involutionsformen. — Übermäßig vergrößerte, blasig aufgetriebene, verschnörkelte und verkrüppelte Bakterienzellen bezeichnet man seit Nägeli als Involutionsformen. Sie treten in alten Kulturen auf, und auch bei ihrer Entstehung spielen die Stoffwechselprodukte zweifellos eine große Rolle. — Allgemein bekannt sind die voluminösen Involutionsformen der Essigbakterien, die bei allzu hoher Temperatur oder in übermäßig saurem Substrat gebildet werden.

Stoffwechselprodukte. — Wegen der Stoffwechselprodukte der Bakterien ist vor allem auf das im „Allgemeinen Teil" Mitgeteilte zu verweisen. Von den vielen, z. T. für die Erkenntnis ihrer Physiologie und die Interessen der angewandten Biologie höchst bedeutungsvollen Stoffwechselprodukten der Bakterien sind hier nur diejenigen zu nennen, deren Nachweis oder deren Wirkungen in irgendwelchem Zusammenhang mit den Kulturmethoden stehen.

Alkali- und besonders Säurebildung in Bakterienkulturen sind ganz alltägliche Erscheinungen. Wird Zucker in einem Nährsubstrat geboten oder ein mehrwertiger Alkohol wie Glyzerin, Mannit oder dgl., so entstehen fast allgemein durch die Tätigkeit der Mikroben Säuren, über deren Nachweis und deren Bindung das früher Gesagte gilt. Schon 1 % Traubenzucker, ja selbst noch geringere Dosen führen bei vielen Bakterien zu einer so starken Säuerung des Substrats, daß diese zugrunde gehen[3]), während

---

1) Gröber u. Pauli, Unters. üb. d. biol. Wirkung der Kathodenstrahlen (Deutsche mediz. Wochenschr. 1919, Bd. 45 Nr. 31, S. 841). Vgl. ferner Kuznitzky, Üb. biolog. Strahlenwirkung, bes. der α-Strahlen (Ztschr. f. Hyg. 1919, 88, 261).

2) Üb. die phys. Beding. d. endog. Sporenbild. usw. Diss. Basel 1896; Buchner, H., Üb. d. phys. Beding. d. Sporenbild. b. Milzbrandbazillus (Zbl. f. Bakt. I, 1896, 20, 806); Matzuschita, Z. Phys. d. Sporenbild. d. Baz. usw. (Diss. Halle a. S. 1902).

3) Vgl. Petruschky, J., Bakterio-chemische Untersuch. (Zbl. f. Bakt. 1889, 6, 625, 657; 1890, 7, 1, 49). Ferner Smith, Th., Üb. d. Bedeut. d. Zuckers in Kulturmedien f. Bakt. (Zbl. f. Bakt. I, 1895, 18, 1).

andere Organismen, wie bekannt, selbst starke Azidität vertragen können. Auf die Säurebildung folgt später vielfach Umschlagen der Reaktion ins Alkalische. Ammoniakbildung bzw. Produktion von Ammoniumkarbonat spielt in Bakterienkulturen eine um so größere Rolle, je kräftigere Eiweißzersetzung in ihnen vor sich geht. Besonders reichlich bilden die Harnstoffbakterien kohlensaures Ammoniak. Mitteilungen über den Einfluß der Reaktion auf das Aussehen der Kultur werden bei Besprechung der differentialdiagnostischen Nährböden zu geben sein.

Von weiteren Zersetzungsprodukten, die sich vom Eiweiß ableiten, ist vor allem das Indol zu nennen. Zu seinem Nachweis bedient man sich meist der SALKOWSKI-KITASATOschen Nitrosoreaktion: MORRIS[1]) empfiehlt, in 5%iger Peptonnährbouillon die zur Prüfung vorliegenden Mikroben beim Temperaturoptimum wachsen zu lassen; man setzt alsdann zu je 10 ccm Nährlösung je 1 ccm 0,02%ige wässerige Kaliumnitritlösung und dann einige Tropfen konzentrierte Schwefelsäure zu[2]); bei Agarkulturen gießt man zuerst die Nitritlösung auf, gießt diese nach einigen Minuten wieder ab und setzt dann H_2SO_4 zu. Ist Indol vorhanden, so tritt Rotfärbung ein (Bildung von Nitrosoindol). — Die von MORELLI vorgeschlagene Methode des Indolnachweises zeichnet sich vor allem dadurch aus, daß die Kulturen durch ihre Anwendung nicht zerstört werden. Oxalsäure wird heiß bis zur Sättigung in H_2O gelöst, Filtrierpapier damit getränkt, und ein Streifchen von diesem in die Atmosphäre der Kultur gehängt: ist Indol vorhanden, so färbt sich das Papier rot.[3]) Die sehr empfindliche EHRLICH-BÖHMEsche Paradimethylamidobenzaldehydreaktion[4]) arbeitet mit einer Mischung des genannten Aldehyds (4 cc) + 96% Alkohol (380 cc) und konz. HCl 80 cc. Von dieser werden 5 cc zu 10 cc der Nährlösung zugefügt, hiernach 5 cc gesättigter wässeriger Kaliumpersulfatlösung ($K_2S_2O_8$): bei Indolgegenwart Rotfärbung binnen 5 Minuten. — Die Indolprobe läßt sich auch zur Diagnose verschiedener Mikroben verwenden: manche bilden erst später Indol, andere schon nach wenigen Tagen u. dgl. m.

Über reduzierende Wirkung, die nach OBERSTADT[5]) auf die Tätigkeit der von Bakterien ausgeschiedenen Stoffwechselprodukte zurückzuführen sind, vgl. oben S. 88.

1) MORRIS, M., Stud. üb. d. Prod. v. Schwefelwasserstoff, Indol u. Merkaptan bei d. Bakt. (Arch. f. Hyg. 1897, **30**, 304, 309).

2) KITASATO, Die negat. Indolreakt. d. Typhusbaz. usw. (Ztschr. f. Hyg. 1889, **7**, 515, 518); STEENSMA, F. A., Üb. d. Nachw. v. Indol u. d. Bild. v. Indol vortäusch. Stoffen in Bakterienkult. (Zbl. f. Bakt. I, Orig., 1906, **41**, 295); TELLE, H. u. HUBER, E., Krit. Betracht. üb. d. Meth. d. Indolnachw. usw. (ibid. 1911, **58**, 70).

3) MORELLI, G., Üb. ein neues Verfahren z. Nachweis v. Indol auf Nährsubstraten (Zbl. f. Bakt. I, Orig., 1909, **50**, 413).

4) BÖHME (Zbl. f. Bakt. I, Orig., 1906, **40**, 129). PRINGSHEIM, Zur Verbilligung u. Verschärfung der Indolreaktion (ibid. 1918, **82**, 318).

5) OBERSTADT, Beitr. z. Kenntn. d. reduz. Wirkungen d. Bakt. (Ztschr. f. Hyg. 1913, **75**, 1).

Über farbige Stoffwechselprodukte — Pigmente — vgl. das S. 146 Gesagte.

Das von ERDMANN und WINTERNITZ)[1] studierte Proteïnochromogen gibt mit Chlor oder Brom eine rotviolette Färbung (Proteïnochrom); Bakterienkulturen, die auf 5 % Peptonnährbouillon erwachsen sind, werden mit Chlorwasser auf diese Substanz geprüft.

Viele Bakterien produzieren reichliche Mengen verschiedener Gase, unter welchen CO_2, H, H_2S, CH_4 und N die wichtigsten sind. Zur Prüfung auf etwaige Gasentwicklung bedient man sich eines Gärungskölbchens. Kultiviert man Bakterien in Gelen, so entstehen bei reichlicher Gasbildung im Nährboden deutlich sichtbare Luftblasen (z. B. in zuckerhaltigen Kulturen des *Bact. coli* und anderer Gärungserreger); diese sind niemals kugelig, sondern deutlich glatt-linsenförmig infolge irgendwelcher minimaler Spannungsunterschiede, die im Innern des Gels herrschen.[2] Schwefelwasserstoff wird namentlich bei Peptonernährung reichlich gebildet.[3] — CUNNINGHAM kultiviert Gasbildner in einem U-förmigen, einseitig kapillar ausgezogenen Kulturgefäß, um die in dem Kapillarrohr sich sammelnde Gasmasse quantitativ schätzen zu können.[4] — Anleitung zur Analyse des von Bakterien gelieferten Gases gibt A. MEYER.[5] Feste Nährböden werden, wenn in ihnen gasbildende Mikroben sich entwickeln, von den Gasblasen zerrissen.

Von den Fermenten, deren Wirkung auf das Aussehen einer Bakterienkultur den größten Einfluß hat, sind die proteolytischen, gelatineverflüssigenden am weitesten verbreitet. Seltener sind Bakterien, welche Agar verflüssigen, wie der marine *Bac. gelaticus.*[6] Auch Serum kann verflüssigt werden.[7]

Ausführlich ist über Fermente und ihren Nachweis durch bestimmte Kulturmethoden schon im „Allgemeinen Teil" berichtet worden.

1) Üb. d. Proteïnochrom, eine klin. u. bakt. bish. nicht verwert. Farbenreakt. (M. med. Woch. 1903, 982).

2) Vgl. HATSCHEK, E., Gestalt u. Orientierung von Gasblasen in Gelen (Koll.-Ztschr. 1914, **15**, 226).

3) Über den Nachweis mit MOHRschem Salz ($SO_4FeSO_4(NH_4)_2$) vgl. BEYERINCK, Üb. *Spirillum desulfuricans* als Urs. v. Sulfatredukt. (Zbl. f. Bakt. II, 1895, **1**, 1); STAGNITTA-BALISTRERI (Verbreitung der Schwefelwasserstoffbildung unter den Bakt., Arch. f. Hyg. 1893, **16**, 10) nimmt Eisensaccharat; MORRIS (Stud. üb. d. Produkt. v. Schwefelwasserstoff, Indol u. Merkaptan bei Bakt., Arch. f. Hyg. 1897, **30**, 304) gibt auf 1 l Nährlösung 1 g Bleizucker (Bleiazetat).

4) Ind. Journ. Med. Res. 1914, **50**, 735.

5) Praktikum der botan. Bakterienkunde, Jena 1903, 110.

6) GRAN, H. H., Hydrol. des Agars durch ein Enzym (Bergens Mus. Aarbog 1902, No. 2). Vgl. auch PANEK, K., Bakt. u. and. Stud. üb. die Barszcz genannte Gärung der roten Rüben (Bull. Acad. Sc. Cracorie, 1905, janv.; betrifft *Bact. betae viscosum*) und BIERNACKI, *Bact. Nenckii*, BIERN., ein neuer, den Agar verflüss. Mikroorg. (Zbl. f. Bakt. II, 1911, **29**, 166).

7) Vgl. REMLINGER, P., S. un bac. liquéfiant rapidement le sérum coagulé (C. R. Soc. Biol. 1911, **70**, 168).

Stoffwechselprodukte, welche wachstumhemmend oder wachstumfördernd wirken, und deren chemischer Charakter noch unbekannt ist, kommen bei den Bakterien unzweifelhaft in der gleichen Verbreitung vor wie bei den Pilzen, sind aber noch für beide Organismengruppen gleich schlecht erforscht. Die Beobachtungen, die an alternden Bakterienkulturen wahrgenommen werden, sind wohl nicht zum geringsten Teil auf die Vergiftung des Nährbodens durch Stoffwechselprodukte zurückzuführen. Selbst frisch angelegte Bakterienkulturen verhalten sich verschieden — je nachdem, ob das Saatmaterial einer alten oder jungen Stammkultur entnommen wurde: je älter diese ist, um so langsamer wächst zuweilen die Neukultur.[1]

Rahn[2] stellt für einige Organismen fest, daß Nährlösung, welche die Stoffwechselprodukte des betreffenden Bakteriums enthält, bei erneuter Aussaat sein Wachstum besser fördert als frische Nährlösung. Der fragliche Stoff wird durch Kochen nicht zerstört und geht nicht durchs Tonfilter; neben diesen wachstumfördernden Stoffen kommen noch andere Stoffwechselprodukte zustande, welche gerade im entgegengesetzten Sinn wirken. Sie werden durch Erhitzen ($60-100°$), sowie durch Belichtung zerstört, so daß man alte Nährlösungen durch Kochen wieder brauchbar machen kann. Auch Eijkman beobachtete, daß die Bakterien thermolabile, wachstumhemmende Stoffe produzieren.[3]

Diese wenig erforschten Substanzen haben nicht nur große theoretische Bedeutung, sondern werden zweifellos auch für die Praxis der Mikroorganismenkultur die größte Bedeutung gewinnen. Bei der Aussaat von Bakterien in neu angelegte Kulturen überträgt man nicht nur Organismen, sondern auch ein Pröbchen von den wachstumfördernden Substanzen; vielleicht hängt es damit zusammen, daß bei reichlicher Aussaat die Kulturen — ceteris paribus — oft besser angehen als bei spärlicher.

Die bekannte Erscheinung, daß Ausstriche auf schräg erstarrtem Nährboden auch dann an dem unteren Ende zu üppigeren Vegetationen führen als an dem oberen, wenn an letzterem reichlicheres Aussaatmaterial abgestreift worden ist, wird auf die Wirkung wachstumhemmender Stoffe zurückzuführen sein, die oben, wo der Nährboden nur in dünner Schicht vorhanden ist, ihn schneller vergiften als unten.[4] Die Beziehungen zwischen Mikroben-

---

1) Vgl. z. B. Lockemann, G., Beitr. z. Biol. der Tuberkelbazillen (D. med. Woch. 1918, Nr. 26, S. 712; Nr. 36, S. 992).

2) Über thermolabile Stoffwechselprodukte als Ursache der natürlichen Wachstumshemmung der Mikroorganismen (Zbl. f. Bakt. I, Orig., 1904, **37**, 436); Über natürliche Wachstumshemmung der Bakterien (ibid. I, Orig., 1906, **41**, 367); daselbst weitere Literaturangaben.

3) Üb. d. Einfluß der Stoffwechselprodukte auf d. Wachstum der Bakt. (Zbl. f. Bakt. II, 1906, **16**, 417).

4) Betrachtungen und experimentelle Mitteilungen über die Schnelligkeit, mit der sich Bakterien vermehren, z. B. bei A. Godoy (Üb. d. Vermehrung der Bakt. in d. Kulturen. Mem. Inst. Oswaldo Cruz 1909, **1**, 87; cf. Bull. Inst. Pasteur 1910, **8**, 782).

masse und der des Nährsubstrats macht sich auch in anderer Weise bemerkbar (unterschiedliches Verhalten bei Kultur in kleinen und in geräumigen Behältern usf.).[1])

Die problematischen Stoffe wirken aber nicht nur auf diejenigen Organismen, welche sie produziert haben, sondern auch auf andere hemmend oder fördernd (EIJKMAN u. a.), ja, es scheint, als ob die Produkte des einen den andern zur Produktion besonderer Stoffe anregen könnten (NENCKI). Bleiben für die Zukunft gerade auf diesem Gebiete noch viele an Reinkulturen beobachtete Erscheinungen zu erforschen, so ist die Zahl der Aufgaben, welche uns die „Mischkulturen" stellen, womöglich noch größer. NENCKI[2]) beobachtete, daß bei gleichzeitiger Aussaat von zwei Mikroben Stoffwechselprodukte entstehen, die in beiderlei Reinkulturen nicht gebildet werden[3]), daß manche Zersetzungsvorgänge schneller vor sich gehen, in anderen Fällen die Organismen sich gegenseitig hemmen. LODE[4]) isolierte einen „antagonistisch" wirkenden Mikrokokkus, der die verschiedensten neben ihm ausgesäten Mikroben selbst in einer Entfernung von 3 und mehr Zentimeter noch zu hemmen vermochte; der „antagonistisch" wirkende Stoff ist nach LODE dialysierbar. CANTANI, NEISSER u. a. beobachteten[5]), daß man das Wachstum gewisser Bakterien durch Zusatz anderer Mikroben fördern kann: Influenza wächst nach NEISSER in den Kolonien des Xerosebazillus, seiner „Amme", üppig heran. PRINGSHEIM[6]) sah, daß Influenzabazillen durch *Bac. mesentericus* gefördert, bei starker Entwicklung des letzteren durch seine Stoffwechselprodukte stark geschädigt, ja, getötet werden.

Den Einfluß wachstumhemmender Stoffe auf die Sporenbildung demonstriert deutlich ein Versuch DE JAGERS; dieser Autor beobachtete, daß Bakteriensporen in derselben Nährlösung, in der sie gebildet werden, wieder keimen können, wenn man die Lösung kocht. Offenbar handelt es sich um giftige, thermolabile Stoffwechselprodukte, welche die Bildung von Sporen veranlassen, und nach deren Zerstörung die Nährlösung für das Wachstum der Bakterien wieder geeignet wird.[7])

Daß manche Stoffwechselprodukte selbst nach energischer Erhitzung

---

1) LOCKEMANN a. a. O., 1918.

2) Üb. Mischkulturen (Zbl. f. Bakt. 1892, **11**, 225).

3) Oben (S. 145) war zu erwähnen, daß gewisse Pilze bei verschiedener Ernährung ganz ungleichartige Fermente produzieren.

4) Experiment. Untersuch. üb. Bakterienantagonismus I (Zbl. f. Bakt. I Orig., 1903, **33**, 196).

5) Vgl. z. B. CANTANI, A., Über die Verwertung von Bakt. als Nährbodenzusatz (Zbl. f. Bakt. 1900, **28**, 743; auch Zeitschr. f. Hyg. 1901, **36**, 37). — NEISSER, M., Über d. Symbiose d. Influenzabaz. (Deutsche mediz. Wochenschr. 1903, 463).

6) PRINGSHEIM, E. G., Üb. d. gegenseitige Schädigung und Förderung v. Bakt. (Zbl. f. Bakt. II 1920, **51**, 72), üb. Symbiose bei Bakt. (Naturwiss. 1919, **8**). Vgl. auch WOLF in Zbl. f. Bakt. I, Orig., 1920, **84**, No. 4).

7) DE JAGER, Over nieming van Bacillensporen in dezelfde vloeistoff waarin ze zijn outstaan (Nederl. tijdschr. voor Geneesk, 1907, ser. II).

(120°) auf die Wachstumform der Mikroben (*Bac. mycoides*) großen Einfluß haben können, haben NADSON und ADAMOVIC gezeigt.[1]

Giftwirkungen. — Daß Bakterien im allgemeinen gegen Säuren sehr empfindlich sind (Giftwirkung der H-Ionen), wurde schon (S. 170)[2] hervorgehoben. Laugen (OH-Ionen) sind sehr viel weniger giftig; es gibt Bakterien, welche über 0,1% KOH noch vertragen.[3] Die [hemmende und tötende Wirkung der Schwermetallverbindungen, die in der Lehre von der Desinfektion (Sublimat-Kupfersalzlösungen)[4] eine hervorragende Rolle spielt, äußert sich auch bei Verwendung reiner Metalle; daß sie sich besonders anschaulich auf auxanographischem Wege erweisen läßt (Auflegen von Metall auf die Gelatineplatte), wurde bereits von verschiedenen Autoren geschildert.[5] Nach BAIL[6] sind grampositive Bakterien den von Metallen (Ag, Ng, Cu usw.) ausgehenden oligodynamischen Wirkungen gegenüber weniger widerstandsfähig als die gramnegativen. Über Metalle als desinfizierendes Mittel hat SAXL[7] berichtet; über die Verwendbarkeit seiner Befunde für die mikrobiologische Technik liegen noch keine Erfahrungen vor. Ob sehr verdünnte Lösungen auch auf Bakterien wachstumfördernde Wirkung haben können, bedarf noch weiterer Erforschung. Über die Wirkung des Eosins vgl. NOGUCHI.[8] Daß sich Bakterien an Gifte gewöhnen können, zeigte z. B. EFFRONT.[9]

Der Umstand, daß viele Substanzen nur bestimmte Bakterien in ihrer Entwicklung hemmen, für andere Arten ungiftig sind, ist für die Herstellung diagnostischer Nährböden (s. u.) wertvoll.

Diagnostische Nährböden. — Diese geben dem Forscher ein be-

---

1) NADSON, G. A. u. ADAMOVIC, S. M., Über die Beeinflussung der Entwicklung des *Bacillus mycoides*. FLÜGGE durch seine Stoffwechselprodukte (Bull. jard. imp. bot. St. Pétersbourg 1910, **10**, 154; vgl. Zbl. f. Bakt. II, 1911, **31**, 287).

2) Vgl. besonders LINGELSHEIM, Beitr. z. Ätiol. des Milzbrandes (Ztschr. f. Hyg. 1890, **8**, 201).

3) Literatur oben S. 171; ferner z. B. KITASATO, Üb. d. Verhalten d. Typhus- und Cholerabaz. zu säure- und alkalihaltig. Nährb. (ibid. 1888, **3**, 404).

4) v. LINDEN, Die entwicklunghemmende Wirkung v. Kupfersalzen auf Krankheit erregende Bakt. (Zbl. f. Bakt. I, **85**, 1920, 136).

5) Einige Literatur stellte CZAPEK zusammen (Biochemie d. Pfln. 1905, **2**, 909, Vgl. auch MESSERSCHMIDT in Ztschr. f. Hyg. 1918, **82**).

6) BAIL, Verhalten grampos. u. gramneg. Bakt. zu oligodyn. Wirkungen (Wien. Klin. Wochenschr. 1919, Nr. 29).

7) SAXL, Üb. d. Verwend. der keimtötenden Fernwirkung des Silbers f. d. Trinkwassersterilisation (Wien. Klin. Wochenschr. 1917, 965).

8) NOGUCHI, H., On the inhibitory infl. of eosin upon sporulation (Journ. exp. med. 1908, **10**, 30).

9) Infl. des comp. du fluor s. l. levures de bières (C. R. Acad. Sc. Paris 1894, **118**, 1420; auch **119**, 169); KOHN E., Weitere Beob. über saccharophobe Bakt. (Zbl. f. Bakt. II, 1906, **17**, 446; stellte die Anpassungsfähigkeit der saccharophoben Bakterien an Zucker fest). ELJKMAN, C., Unters. üb. d. Reaktionsgeschwindigkeit d. Mikroorganismen (Fol. Microbiologica 1912, **1**).

quemes Mittel an die Hand, auch ohne Zuhilfenahme des Mikroskops bestimmte Bakterienspezies an ihrem Verhalten den Nährböden gegenüber zu erkennen. Namentlich für die Untersuchung und Unterscheidung der Typhus- und Kolibakterien haben sich diese Nährböden gut bewährt.[1]

Nachdem PIORKOWSKI[2] Typhus und Koli durch Kultur auf Harnagar + Hämatoxylin (BÖHMER) differenziert hat, sind gefärbte Nährböden vielfach verwendet worden. Für DRIGALSKI-CONRADIS Lakmusagar[3] kommen zu 1000 g Fleischwasser

> 10 g Pepton WITTE
> 10 „ Nutrose
> 5 „ Kochsalz
> 30 „ Agar
> 130 ccm KUBEL-TIEMANNsche Lakmuslösung, ferner
> 15 g Milchzucker
> 10 ccm Kristallviolettlösung (0,1 %, frisch bereitet).

Die Alkaleszenz soll der einer 0,04%igen Sodalösung gleichkommen. Nutrose fördert das Wachstum der Typhusbakterien; Kristallviolett hemmt die Entwicklung der Luftkeime. Die Kolikolonien werden auf diesem Nährboden nach 14—16 Stunden (37°) rot und undurchsichtig, die Typhuskolonien blau, tautropfenartig. Auch Koli kann blaue Kolonien bilden, wenn die von ihm gebildete Säure zur Neutralisierung des Nährbodens nicht ausreicht.[4]

ENDOS Fuchsinagar[5] erhält man durch Zusatz von

> 1　% Milchzucker
> 0,5 % alkohol. Fuchsinlösung
> 2,5 % Natriumsulfitlösung (10 %)
> 1　% Sodalösung (10 %).

zu 3%igem Nähragar. Durch das Natriumsulfit wird das Fuchsin reduziert und entfärbt. Typhuskolonien wachsen auf ENDOSCHEM Boden farblos, Kolikolonien schön rot.[6]

ROTHBERGER[7] benutzte die entfärbende Wirkung des *Bact. coli* auf

---

1) Zusammenfassender Bericht z. B. bei KATHE u. BLASIUS. Vgl. Unters. üb. d. Leistungsfähigkeit älterer u. neuerer Typhusnährböden (Zbl. f. Bakt. I, Orig., 1909, **52**, 586).

2) Üb. die Differenz v. Koli- u. Typhusbaz. auf Harnnährsubst. (Zbl. f. Bakt. I, 1896, **29**, 686; vgl. auch I, 1917, **79**, 257).

3) v. DRIGALSKI-CONRADI, Über ein Verfahren z. Nachweis der Typhusbazillen (Ztschr. f. Hyg. 1902, **39**, 283). Vgl. GÜNTHER, Einführung, 6. Aufl., 532.

4) WOLLIN, Üb. d. Wachst. v. *B. coli* auf Lakmusmannitagar (Zbl. f. Bakt. 1918, **81**, 497).

5) Üb. ein Verfahren z. Nachweis des Typhusbazillus (Zbl. f. Bakt. I, 1904, **35**, 109); MARSCHALL, F., Die Bedeutung des ENDOschen Nährbod. f. d. bakteriol. Typhusdiagnose (ibid. 1905, **38**, 347) u. v. a.

6) MERCK bringt „ENDO-Tabletten“ in den Handel (Soda, Natriumsulfit u. Fuchsin): auf je 100 cc neutralen Agar eine Tablette.

7) Differential-diagnostische Untersuch. m. gefärbten Nährböden (ibid. I, 1898, **24**, 513).

Safranin und besonders Neutralrot. Zu 10 ccm Agar werden 3—4 Tropfen einer wässerigen konzentrierten Neutralrotlösung zugesetzt; unter dem Einfluß der Kolibakterien stellt sich kräftige Fluoreszenz des Nährbodens ein. Der ROTHBERGER-SCHEFFLERsche Nährboden enthält[1])

0,3 % Traubenzucker
1 ccm konzentrierte Neutralrotlösung
100 „ Nähragar.

Der Glukosezusatz beschleunigt den Eintritt der Reaktion beträchtlich. HELLER[2]) nimmt Gelatine. — Die Wirkung der Kolikulturen auf Neutralrotböden beruht auf Reduktion und gleichzeitiger Ammoniakbildung.[3])

Malachitgrün wurde zur Differentialdiagnose zuerst von LÖFFLER, dann von LENTZ und TIETZ, sowie von PADLEWSKI u. a. verwendet. Der vom letztgenannten Autor[4]) empfohlene Nährboden wird folgendermaßen hergestellt: zu 3 %igem Nähragar (Fleisch oder Liebig) kommen 2 % Pepton, 3 % Ochsengalle und 1 % chemisch reiner Milchzucker; in Kölbchen wird der Nährboden fraktioniert sterilisiert, und zu je 100 ccm werden bei 60—65° zugesetzt

.1 % ige wässerige Malachitgrünlösung (Höchst) . . . . . 0,5 ccm
Galle . . . . 0,5 „
10 % ige wässerige Lösung von schwefelsaurem Natrium
    (pur. pro anal.) . . . . 0,75—1,00 ccm

Ohne Sterilisation wird der Agar in Petrischalen gegossen. Nach dem Erstarren nimmt er ein durchsichtig gelbes Aussehen an. Der Gallegehalt fördert das Wachstum der Typhusbakterien, deren Kolonien zuerst farblos bleiben, dann goldgelb und durchscheinend aussehen, während die Säurebildner grün wachsen.

Metachromgelb IIRD (A.-G. für Anilinfabrikation Berlin) hemmt bei saurer Reaktion des Nährbodens kokken- und sporenbildende Bakterien sehr stark oder vollständig. Ruhr, Typhus und Koli bleiben von ihm unbeeinflußt.[5])

Auch Chinablau, Kongorot u. a. Farbstoffe sind zu diagnostischen Nähr-

---

1) SCHEFFLER, W., Das Neutralrot als Hilfsmittel z. Diagnose des *Bact. coli* (ibid. 1, 1900, **28**, 199); OLDEKOP, A., Eine Modifik. des R.-SCH.schen Neutralrotbodens (ibid. I, 1904, **35**, 120) u. v. a.

2) Die ROTHBERGERSCHE Neutralrotreaktion auf Gelatine bei 37° (Zbl. f. Bakt. I, 1905, **38**, 117).

3) Vgl. GUERBET, M., Etude de la réaction du rouge neutre au point de vue chimique (C. R. Soc. Biol. 1911, **70**, 514).

4) PADLEWSKI, L., Eine neue Anwendungsmethode des Malachitgrünagars zum Nachw. v. Baz. d. Typhusgruppe (Zbl. f. Bakt. I, Orig., 1908, **47**, 540; vgl. auch MEGELE, ibid. 1909, **52**, 616). KNORR, Z. Praxis u. Theorie des Malachitgrünnährbodenverfahrens f. d. Nachw. d. Typhus- u. Paratyphusbakt. im Stahl (ibid. 1917, **79**, 114).

5) GASSNER, Metachromgelb als Hemmungsmittel f. Kokken- u. Sporenbildner usw. (Zbl. f. Bakt. I, Orig., 1917, **80**, 120; s. auch 219, 253 und 1918, **81**, 477).

substraten verarbeitet worden. — Über die Regeneration (s. o. S. 39) farb-
stoffhaltiger Nährböden vgl. z. B. ZIPFEL.[1])

Weitere diagnostische Nährböden enthalten Gifte, welche von verschiedenen Mikroorganismen den minder widerstandsfähigen in seiner Entwicklung hemmen, den andern zum Wachstum kommen lassen. ROTH[2]) z. B.
gibt zu Fleischwasser ca. ½% Koffeïn, das nur den Typhusbazillus zur Anreicherung kommen läßt und nicht die Kolibakterien. Petroläther tötet bei
15 stündiger Einwirkung die Kolibakterien[3]), ohne Typhus und Paratyphus
zu schädigen.

Methylviolett wird durch Koli, nicht durch Typhus reduziert.[4])

Noch zahlreiche andere Substanzen hat man zu diagnostischen Nährböden verwendet, so z. B. auch die aus Pflanzen (*Salix, Populus, Citrus,
Arbutus*) gewonnenen Glykoside.[5])

Die Anfertigung kompliziert zusammengesetzter diagnostischer Nährböden erleichtern die BRAM-Tabletten (s. o. S. 40, 41).

Variabilität, Rassenbildung. — Werden Bakterien mehr oder
minder lange Zeit unter Bedingungen gehalten, welche ihrer Entwicklung
nicht günstig sind, so tritt degenerative Veränderung ein: bei allzu langem
Aufenthalt auf künstlichen Nährböden, nach Zusatz von Giften u. a. verlieren z. B. pathogene Mikroben den natürlichen Grad ihrer Virulenz, den
sie aber unter optimalen Lebensbedingungen, d. h. bei Passage durch einen
geeigneten Tierkörper, wieder erwerben. Um degenerative Veränderungen
handelt es sich wohl auch, wenn Bakterien z. B. ihre Fähigkeit, Gelatine zu
verflüssigen, verlieren, oder wenn *Bac. prodigiosus* infolge fortgesetzter
Kultur auf Agar kein Pigment mehr bildet; nach Überimpfen auf Kartoffel
werden seine Kulturen wieder farbig.[6]) Auch allzu hohe Temperatur macht
denselben Mikroorganismus farblos; bei niedrigerer Temperatur kehrt sein
normales Aussehen wieder zurück.[7])

Versuche mit *Bacillus prodigiosus, Staphylococcus pyogenes* und *Myxococcus sp.* haben gezeigt, daß unter dem Einfluß verschiedenartig variierter
Kulturbedingungen (Zusatz von Cu-, Co-, Cd-, Cr-Salzen u. a. m.) nicht nur

---

1) Wiedergewinnung v. gebrauchten, gefärbten Agarnährböden auf kaltem Wege
ohne Filtration (Zbl. f. Bakt. I, Orig., 1918, **80**, 472).

2) Vers. üb. d. Einwirk. d. Trimethylxanthins auf d. *Bact. typhi* u. *coli* (Arch. f.
Hyg. 1904, **49**, 199); vgl. auch GAEHTGENS, N., Über die Erhöhung der Leistungsfähigkeit des ENDOschen Fuchsinagars durch d. Zusatz v. Koffeïn (Zbl. f. Bakt. I, 1905,
39, 634).

3) BIERAST, Üb. elekt. Beeinfl. des *Bact. coli* (Zbl. f. Bakt. I, Orig., 1914, **74**, 348;
s. auch Berl. Klin. Wochenschr. 1916, Nr. 20).

4) BOTEZ, Nouv. faits rél. à l'emploi du violet de methyle comme moyen de diff. etc.
(C. R. Soc. Biol. 1916, **79**, 888).

5) MASSI, V., Modo di vegetare del bact. coli su alcuni terreni di cultura con glucosidi
(Riv. di ig. e di san. pubbl. 1911, **22**, 101; vgl. Bull. Inst. Pasteur 1911, **9**, 971).

6) MIGULA, System d. Bakt., **1**, 226.

7) Theoretisches bei DETTO, Theorie d. direkten Anpassung, Jena 1904, 97.

„Modifikationen", d. h. nicht vererbbare Abweichungen vom ursprünglichen Typ, sondern auch konstant bleibende Mutationen erzielt werden können.[1]

Die Kultur eines in den Formenkreis des *Bact. coli* gehörigen Organismus auf ENDO-Agar führte zu der Beobachtung, daß neben den farblosen Kolonien der zur Laktosevergärung nicht befähigten Mikroben rote Anhäufungen von Bakterien heranwachsen, also Organismen, welche Laktose vergären. Die Bakterien, welche die roten knopfähnlichen Sekundärkolonien bilden, behalten ihr neu erworbenes Gärvermögen auch dann, wenn sie auf laktosefreiem Medium weiterkultiviert werden. Die Frage, ob bei derartigen Erscheinungen von „Mutation" im Sinne DE VRIES' oder von Klonumbildungen zu sprechen ist, kann hier nicht diskutiert werden.[2]

Bei wiederholtem Überimpfen von einer Gelatinekultur auf die andere erleiden viele Bakterien eine deutliche Veränderung, deren auffälligstes Symptom in ihrer Asporogenität liegt. Asporogene Rassen, d. h. solche, welche keine Sporen mehr bilden, sind besonders beim Milzbrandbazillus (*Bacillus anthracis*) beobachtet worden.[3] Zusatz von Giften (Kaliumbichromat[4]), Phenol)[5] beschleunigt ihr Erscheinen. — Daß bei wiederholtem Überimpfen ganz allgemein das Vermögen zu reichlicher Sporenbildung verloren geht, beruht nach BEYERINCK[6] darauf, „daß man ohne bestimmte Fürsorge stets mehr vegetative Stäbchen wie Sporen überimpft und viele dieser Stäbchen das Vermögen zur Sporenbildung vollständig verlieren. Wird das übergeimpfte Material zuvor pasteurisiert, so daß nur Sporen zur Aussaat kommen, so bleibt die Sporenbildung und deshalb die übergeimpfte Kultur völlig konstant".

Ob die asporogenen Rassen der Bakterien ohne weiteres mit den der Hefen gleichzusetzen sind, scheint fraglich. Bei jenen liegt vielleicht doch nur eine „Abschwächung" vor, die für die sporenlosen Hefen in Anbetracht

---

1) WOLF, FR., Üb. Modifikationen u. exper. ausgelöste Mutationen v. *Bac. prodig.* u. and. Schizophyten (Ztschr. f. ind. Abstammungs- u. Vererbungslehre 1909, **2**, 90).

2) Literaturnachweise und Kritik z. B. bei BURRI, R., Üb. scheinbar plötzliche Neuerwerbung eines bestimmten Gärvermögens durch Bakt. der Koligruppe (Zbl. f. Bakt. II. 1910, **28**, 321), PRINGSHEIM, H., Variab. nied. Organismen. Berlin 1910; BENECKE, Bau u. Leben d. Bakt. Berlin u. Leipzig 1912, 214ff. LEHMANN, E., Bakterienmutationen, Allogonie. Klonumbildungen (Zbl. f. Bakt., Abt. I, Orig., 1916, **77**, 289); vgl. ferner bes. BAERTHLEIN, Über bakterielle Kausalität (Zbl. f. Bakt. 1918, **81**, 369). — Über die Entstehung nicht säurefester Tuberkelbazillen in der Kultur vgl. DOSTAL u. WEINBACH (Wien. Med. Wochenschr. 1920, Nr. 23,24).

3) Vgl. z. B. BEHRING, Beitr. z. Ätiol. d. Milzbrandes (Ztschr. f. Hyg. 1889, **7**, 174); FISCHER, A., Vorlesungen über Bakterien. 2. Aufl., S. 50, Jena 1903.

4) CHAMBERLAND u. ROUX, Atténuation de la virule de la bact. charb. etc. (C. R. Acad. Sc. Paris 1883, **96**, 1088, 1090).

5) ROUX, Bactéridie charbonneuse asporogene (Ann. Inst. Pasteur 1890, **4**, 25).

6) Anhäufungsversuche mit Ureumbakterien (Zbl. f. Bakt. II, 1901, **7**, 45).

ihres von HANSEN konstatierten, schon 17jährigen üppigen Wachstums sich kaum annehmen läßt.[1])

Myxobakterien.[2]) Ihre Verbreitung ist offenbar auch in Deutschland viel größer, als bisher gewöhnlich angenommen wurde. QUEHL, der die Umgegend von Berlin nach ihnen durchforschte, spricht von dem großen Reichtum des Kaninchenmistes an Myxobakterien. THAXTER nennt für Nordamerika *Myxococcus rubescens, Chondromyces aurantiacus* und *M. virescens* als häufigste Formen, QUEHL für Deutschland nächst *M. rubescens Polyangium fuscum, M. virescens* und *M. coralloides.*

Wie BAUR und QUEHL feststellten, liegt das Temperaturminimum für Myxobakterien bei 17—20 ⁰ C, das Temperaturoptimum ziemlich hoch — etwa bei 35 ⁰ C. Hält man Kaninchenmist u. dgl. gut benetzt im Thermostaten bei 35 ⁰ C, so werden die anderen Organismen, deren Keime der Mist birgt, in der Entwicklung gehemmt, und die Myxobakterien gewinnen die Oberhand. Sie können dann isoliert und auf andere Nährböden übergeimpft werden.

Als künstliche Nährböden sind Mist, Mistagar, Peptonagar und besonders Kartoffelextraktagar (THAXTER) geeignet; Mist darf nach VAHLE[3]) nur im Dampftopf sterilisiert werden. Die Früchte stehen zuweilen in Hexenringanordnung.

Heubazillen. Unter den aus Heu isolierbaren Bakterien[4]) ist *Bacillus subtilis* der bekannteste. Dank der Resistenz seiner Sporen leicht rein zu gewinnen durch Kochen eines Heuinfuses: Optimum 36⁰, aërob, verflüssigt Gelatine. Auf flüssigen Nährböden Kahmhaut. Nach Erschöpfung des Substrats Bildung von Sporen, deren Keimung gut zu beobachten ist Wächst auf den üblichen Nährböden wie Kartoffel, Gelatine, Agar.[5])

Kartoffelbazillen begegnen dem Bakteriologen sehr häufig auf mangelhaft sterilisierten Kartoffeln: die Sporen der Kartoffelbazillen sind gegen Hitze sehr resistent. Am häufigsten ist *Bacillus mesentericus vulgatus*, der auf Kartoffeln schleimige weiße Kolonien bildet; *B. mesentericus fuscus* ist ihm ähnlich, bildet aber gelbe oder braune Kolonien.[6]) Aërob, verflüssigt Gelatine.

Wasserbakterien, eine bunte Schar von Mikroben, die namentlich als Bewohner und Verunreiniger des Trinkwassers eine große praktische Bedeutung haben. Bei seiner Untersuchung handelt es sich in erster Linie um Züchtung der in der Volumeneinheit des Wassers vorhandenen Keime. Man fängt Proben des Wassers in trocken sterilisierten Gefäßen

---

1) Für die asporogene Rasse des Gasphlegmonenbazillus zeigte PASSINI (Üb. fäulniserregende anaërobe Bakt. etc., Ztschr. f. Hyg. 1905, **49**, 135, 144), daß beim Überimpfen von Zuckeragar auf Eiweißnährböden die Asporogenität ihr Ende findet. Vgl. auch GRASSBERGER (a. a. O.).

2) THAXTER, On the Myxobacteriaceae, a new order of Schizomycetes (Botan. Gaz. 1892, 389); Further observations on the M. (ibid. 1897, 395); Notes on the M. (ibid. 1904, 405); BAUR, E., Myxobakterienstudien (Arch. f. Protistenkde. 1904, **5**, 92); QUEHL, A., Untersuch. üb. die Myxobakterien (Zbl. f. Bakt. II, 1906, **16**, 9).

3) VAHLE, C., Vergleich. Unters. üb. d. Myxobakt. u. Bakteriaceen (Zbl. f. Bakt. II. 1909, **25**, 178); genaue Angaben über Herstellung der Nährböden.

4) Über die Bakterienflora des Heus vgl. MIEHE, Die Selbsterhitzung des Heus, Jena 1906.

5) Literatur bei ZOPF, Die Spaltpilze, 3. Aufl. 1885, 74; BREFELD, Bot. Unters. üb. Schimmelpilze, 4. Heft, Leipzig 1881.

6) Weiteres über Kartoffelbazillen z. B. bei FLÜGGE, Mikroorganismen, 2. Aufl. 1886, 321.

auf und entnimmt den Wasserproben sobald wie möglich das Material zum Plattengießen. Da Bakterien der verschiedensten Art auf einer Platte nebeneinander zur Entwicklung gebracht werden sollen, müssen Bedingungen angestrebt werden, welche möglichst vielen Arten die Entwicklung ermöglichen; bei vergleichenden Untersuchungen muß namentlich der Grad der Alkaleszenz stets derselbe sein; vgl. z. B. das oben (S. 171) gegebene Rezept. HESSE und NIEDNER[1]) benutzen HEYDEN-Agar von folgender Zusammensetzung:

1000 ccm destill. Wasser

12,5 g Agar

7,5 „ HEYDEN-Nährstoff.

Bodenbakterien werden in Bodenextrakt gezüchtet (Boden mit gleichem Vol. Wasser ½ Std. zu kochen); auf 1 l Extrakt kommen ca. 12 g Agar. LIPMAN und BROWN kultivierten auf

Wasser	1000 cc
Agar	20 g
Pepton	0,05 „
Dextrose	10 „
$MgSO_4$	0,2 „
K_2HPO_4	0,5 „

JOEL CONN auf einem ähnlichen $1^0/_{00}$ asparaginsaures Natrium enthaltenden Agar.[2])

Über die Wasservibrionen (Anreicherung, Isolierung) vgl. KOCH.[3]) Unter den Wasserbakterien befinden sich verschiedene, die auch bei der folgenden Gruppe einzureihen sind.

Pigmentbakterien lassen sich ebenso leicht aus der Luft auffangen (*Sarcina lutea*, seltener *S. aurantiaca*), wie aus Wasser isolieren („fluoreszierende" Bakterien); der bekannteste Vertreter der Gruppe ist der *Bac. prodigiosus*, der Pilz der „blutenden Hostie", der auf Gebäck, Kartoffeln u. a. gelegentlich auftritt. Wächst aërob, besonders auf Kartoffeln mit prächtiger Färbung. Auf diesem Substrat bildet *B. prodigiosus* reichlich Trimethylamin; auf eiweißhaltigen festen Nährböden bleibt die Bildung des letzteren aus.[4]) Über die Bedeutung bestimmter Nährstoffe, des Lichtes und anderer Faktoren[5]) für die Pigmentbildung haben verschiedene Autoren sich geäußert. Mg spielt nach ihren übereinstimmenden Angaben eine besondere Rolle[6]): nach BENECKES Untersuchungen (s. o.) sind bescheidene Dosen von Mg für das Wachstum der Bakterien unerläßlich, Pigmentbildung aber setzt größere Mengen von Mg voraus als Wachstum. THUMM gibt an (a. a. O.), daß *Bacillus syncyaneus*, der die Erscheinung der blauen Milch hervorruft, bei Ernährung mit zitronensaurem Ammoniak nur Synzyanin, in Asparaginlösung nur Fluoreszin, in milchsaurem Ammonium beides bildet. Weiterhin haben einige Autoren

---

1) Die Methodik der bakteriolog. Wasserdiagnostik (Ztschr. f. Hyg. 1898, **39**, 454).

2) LIPMAN a. BROWN, Media for the quantit. estimation of soil bact. (Zbl. f. Bakt. II, 1910, **25**, 447), JOEL CONN, Cult. media for use in the plate meth. of counting soil bact. (ibid. 1916, **44**, 719).

3) KOCH, R., Üb. d. augenblickl. Stand der bakt. Choleradiagnose (Ztschr. f. Hyg. 1893, **14**, 319, 338).

4) ACKERMANN, D. u. SCHÜTZE, H., Üb. Art u. Herkunft d. flücht. Basen v. Kulturen des *Bact. prod.* (Arch. f. Hyg. **73**, 145).

5) Vgl. z. B. KRUSE, Allgem. Mikrobiologie 1910.

6) Vgl. z. B. THUMM, Beiträge z. Kenntn. d. fluoresz. Bakt. (Arb. bakteriol. Inst. Karlsruhe 1895, **1**).

auf die Bedeutung von S und P aufmerksam gemacht (0,001 % Magnesiumsulfat oder 0,001 Natriumphosphat nach JORDAN).[1]) Vgl. ferner LEPIERRE, BOEKHOUT und OTT DE VRIES[2]) u. a.

Die grünen Kristalle, die *Bacillus chlororaphis* im Nährsubstrat ausfallen läßt („Chlororaphin"), entstehen am reichlichsten bei Kultur auf folgendem Medium[3]):

Wasser	100	g
Asparagin	0,7	„
Glyzerin	2,5	„
Kaliumphosphat	0,1	„
Magnesiumsulfat	0,5	„
Chlorkalzium	0,04	„
Eisensulfat	0,01	„

Über farblose Rassen, insbesondere des Prodigiosus, s. o. Die Farbstoffe der Pigmentbakterien verhalten sich auf den Nährböden verschieden: das „Bakteriofluoreszin" ist wasserlöslich und verbreitet sich im Nährboden durch Diffusion, „Prodigiosin" ist unlöslich in Wasser. Näheres über die Biologie der Pigmentbakterien bei BEYERINCK, NICOLLE[4]), BENECKE (a. a. O. 1912) u. a.

Fäulnisbakterien, eine außerordentlich reichhaltige Gruppe von Organismen, welche Proteïnstoffe tierischer oder pflanzlicher Provenienz zersetzen. Wir verschaffen uns solche aus Fleischsaft, aus rohem Eiweiß oder aus Wasser, in welchem reife gelbe Erbsen gewässert worden sind. Die Flüssigkeiten werden der Luftinfektion ausgesetzt und aërob oder anaërob der weiteren Entwicklung überlassen. Zum Isolieren und Kultivieren isolierter Formen sind Fleischgelatine, Würzegelatine usw. geeignet, Gelatine wird verflüssigt; manche Fäulnisbakterien können nur Albumosen und Pepton verarbeiten, keine Albumine. Übrigens kommen zahlreiche Fäulnisbakterien auch mit Amidoverbindungen aus. Die häufigste Form ist *Proteus vulgaris.*[5]) *Bac. botulinus*, der Verderber animalischer Lebensmittel, wächst auch auf sauren Böden (nicht-neutralisierter Nähragar $+ 0,1^0/_{00}$ Essigsäure); saure Gelatine ist für Kultur nicht geeignet.[6]) Über „schwärmende Inseln" und „Spirulinen" der Proteuskulturen s. o. S. 179. Über *Zoogloea ramigera* s. BLÖCH.[7])

---

1) The production of fluorescent pigment by bacteria (Botan. Gaz. 1899, **27**, 19), daselbst weitere Literaturangaben. Vgl. auch NIEDERKORN, Vergleich. Unters. üb. die verschied. Varietäten des *Bac. pyocyaneus* und des *B. fluorescens liquefaciens* (Dissertation, Freiburg i. S. 1898).

2) LEPIERRE, Fonction fluorescigène des microbes (Ann. Inst. Pasteur 1895, **9**, 643); bestreitet den Einfluß der Phosphate, den GESSARD [a. a. O. 1892, **6**, 801] betont hatte; BOEKHOUT u. OTT DE VRIES, Üb. einen neuen chromog. Bac. (ibid. II, 1898, **6**, 497); *Bac. fuchsinus* entwickelt seinen charakteristischen Metallglanz am besten auf 1 % Pepton und 0,5 % Natriumtartrat.

3) LASSEUR, PH., Le *Bac. chlororaphis*. — Infl. du fer sur la production de la chlororaphine (C. R. Soc. Biol. 1911, **70**, 154). Vgl. auch S. 208, Anm.

4) BEYERINCK, Die Lebensgeschichte einer Pigmentbakterie (Bot. Zeitg. 1891, **49**, 750); MARSHALL WARD, A violet bacillus (Ann. of Bot. 1898, **12**, 59); NICOLLE, Grundz. d. allg. Mikrobiolog. 1901, 83; HEFFERAN, M. Compar. a. exper. study of bacilli produc. red pigment (Zbl. f. Bakt. II, 1904, **11**, 311).

5) HANSEN, G., Üb. Fäulnisbakt. u. deren Beziehungen z. Septicaemie. Leipzig 1885. Spätere Literatur bei SALUS, G., Z. Biol. d. Fäulnis (Arch. f. Hyg. 1904, **51**, 97).

6) RITTER, L., Üb. Botulismus (D. Med. Wochenschr. 1919, Nr. 47, S. 1300).

7) BLÖCH, Beitr. z. Unters. üb. d. *Zoogl. ramig.* (Zbl. f. Bakt. II, 1918, **48**, 44).

Fettspaltende Bakterien. — Söhngen nahm zur Anreicherung fettspaltender Organismen einen Nährboden von folgender Zusammensetzung:

$$
\begin{array}{lr}
\text{Leitungswasser} & 100 \text{ ccm} \\
\text{fein verteiltes Fett} & 0{,}5 \text{ g} \\
CaCO_3 & 0{,}5 \text{ „} \\
K_2HPO_4 & 0{,}5 \text{ „} \\
MgNH_4PO_4 & 0{,}1 \text{ „}
\end{array}
$$

Als Fett bewährte sich namentlich der (bei 55⁰ schmelzende) Rückstand der Margarine-bereitung (*suif pressé*).[1]) Fettspaltende Mikroben fand Söhngen sehr reichlich in Humus (10 000 Bakterien auf 1 g) oder Milch (180—20 000 auf 1 ccm). Bei 18—25 ⁰ C entwickelten sich bei Aussaat von Erde fettspaltende Mikrokokken, Fluoreszenz - Bakterien und *B. punctatum* aërob, bei 30—37 ⁰ C *Bact. lipolyticum* α, β, γ und δ. Im Anschluß an Eijkmans Lipasennachweis (s. o. S. 93) kleidet Söhngen[2]) Reagenzgläser innen mit dünner Schicht sterilen Fettes aus und füllt sie mit einer den Fettspaltern zuträglichen Lösung, in der sie keine Säure bilden; nach 2—3 Tagen Verseifung des Fettes.

Fäcesbakterien. — Aus menschlichen Fäces leicht zu isolieren ist das in ihnen stets vorhandene *Bacterium coli commune*. Man verteilt eine Probe des Stuhls in Nährgelatine und gießt Platten. Wächst auf Kartoffeln, in Nährbouillon usw., bringt Milch zum Gerinnen, gedeiht noch bei 46⁰.[3]) Auf zuckerreichen Nährböden geht — wegen zu starker Säuerung des Substrats (s. o.) — *B. coli* bald zugrunde; Trauben- und Milchzucker werden unter Gasbildung (CO_2 und H) vergoren. Gelatine wird nicht verflüssigt; auf peptonreichen Böden Indolentwicklung. Über das Verhalten auf „diagnostischen" Nährböden und die Unterscheidung von Typhus s. o. S. 189.

Essigbakterien. — Hauptfundgrube sind die Hobelspäne, welche in Essigfabriken das Essiggut überrieselt; vorzugsweise reichlich tritt auf ihnen *Bacterium aceti* auf (Beyerincks Schnellessigbakterien).[4]) Läßt man alkoholhaltige Flüssigkeiten wie Bier an der Luft stehen, so bildet sich auf ihnen (besonders im Thermostaten bei 30—35 ⁰) eine aus *Bact. rancens* bestehende Kahmhaut (Bieressigbakterien). Alle Arten sind aërob. Auf Bier lassen sich Essigbakterien leicht kultivieren; bei gleichzeitiger Aussaat von *B. aceti* und *B. rancens* gewinnt letzteres den Vorsprung. Umgekehrt entwickelt sich *B. aceti* üppig auf folgender Nährlösung, die Beyerinck aus

$$
\begin{array}{ll}
100 \text{ g} & \text{Leitungswasser} \\
3 \text{ „} & \text{Alkohol} \\
0{,}05 \text{ „} & \text{Ammonphosphat und} \\
0{,}01 \text{ „} & \text{Chlorkalium}
\end{array}
$$

herstellt. Die im Leitungswasser enthaltenen Stoffe sind für das Gedeihen der Bakterien von großer Bedeutung, so daß jenes nicht ohne weiteres durch destilliertes Wasser ersetzt werden darf. *B. rancens* entwickelt sich auf dieser Nährlösung nicht. — Über die Ansprüche der Bakterien auf N- und C-Versorgung vgl. besonders Hoyer.

---

1) Söhngen, N. L., Fat-splitting by bact. (Kon. Akad. Wet. Amsterdam 1910, 667).

2) Söhngen, Üb. fettspalt. Mikroben usw. (Folia microlioe. 1912, **1**, 199). — Weiteres üb. Physiologie und Methodik bei Rahn, Die Zersetz. d. Fette (Zbl. f. Bakt. II, 1906, **15**, 53, 422).

3) Vgl. z. B. Neumann, G., Nachweis des *B. c.* in d. Außenwelt unter Zuhilfen. d. Eijkmanschen Meth. (Arch. f. Hyg. 1906, **59**, 174).

4) Über die Arten d. Essigbakt. (Zbl. f. Bakt. II, 1898, **4**, 209).

HENNEBERG[1]) nennt neben anderen auch Hefewasser (7 Teile Hefe in 100 Teilen Wasser ausgekocht), verschiedene zuckerhaltige Medien (Bierwürze, Bierwürzegelatine, Traubenzuckergelatine) usw. JANKE fand eine Nährlösung von folgender Zusammensetzung zusagend[2]):

$$
\begin{array}{ll}
\text{Wasser} & 100 \;\;\text{c} \\
\text{K}_2\text{HPO}_4 & 0{,}04 \;\;\text{g} \\
(\text{NH}_4)_2\text{HPO}_4 & 0{,}1 \;\;\text{„} \\
\text{MgSO}_4\,(+\,7\,{}^0\!/_{0\,2}\text{O}) & 0{,}04 \;\;\text{„} \\
\text{Glyzerin} & 0{,}5 \;\;\text{cc} \\
\text{Bernsteinsäure} & 0{,}1 \;\;\text{g}
\end{array}
$$

Auf zuckerhaltigen Lösungen (Rohrzucker, Traubenzucker), welchen Pepton oder Asparagin als N-Quelle beigegeben ist, produzieren verschiedene Essigbakterien sehr reichlich Schleim und Zellulose. Besonders *Bact. xylinum*, welches ebenfalls in Essigfabriken anzutreffen ist, zeichnet sich durch Bildung kräftiger. Zellulosedecken aus.°) Über *Bacterium Pasteurianum*, welches BEYERINCK auf Biergelatine kultivierte, und an dessen Kolonien er „Ausläufer" entstehen sah, deren Individuen mit Jod nicht die für die Spezies charakteristische Blaufärbung gaben, vgl. die zitierte Abhandlung. — Die Involutionsformen der Essigbakterien zeichnen sich durch ihre Größe und Formenmannigfaltigkeit aus. Infolge der Kultur auf künstlichen Nährböden geht das Säuerungsvermögen der Essigbakterien zurück.

Zur Trennung der Essigbakterien von den Mykodermahefen benutzt BERGSTEN[4]) folgendes Verfahren. 6 sterile Gläschen werden mit 100 cm des Bieres beschickt, das zur Gewinnung der Mikroorganismen vorliegt; es werden zu den Bierproben

$$
\begin{array}{ccccccc}
0, & 5, & 10, & 15, & 20, & 25\,\% & \text{Normalessigsäure zugesetzt} \\
\mid & \mid & \mid & \mid & \mid & \mid & \text{und} \\
\text{bei } 40, & 35, & 30, & 25, & 20, & 15\,{}^0\text{C} & \text{gehalten.}
\end{array}
$$

In den schwach gesäuerten Proben entwickeln sich besonders die Essigsäurebakterien, während die gegen hohe Temperaturen empfindlichen Hefen in den stark gesäuerten zur Entwicklung kommen.

Einen farbstoffbildenden Biermikroben der Essigbakteriengruppe fand BEYERINCK in Bier und auf Eichenlohe (*Acetobacter melanogenum*).[5])

Milchsäurebakterien. — Sind in der Brennereimaische zu finden (*Bac. acidificans longissimus*), in der Milch (*Bact. lactis acidi* und *Bacillus acidi lactici*)[6]), im Yoghurt (*Bacte-*

---

1) Weitere Unters. üb. Essigbakt. (ibid. 14). Vgl. außerdem HANSEN, E. CHR., Rech. s. l. bact. acétifiantes (Ann. de Microgr. 1894, Trav. labor. Carlsberg **3** u. **5**); HOYER, D. P., Bijdrage tot de Kennis van de Azijnbakterien (Proefschrift Leiden 1898; Zbl. f. Bakt. II, 1898, **4**, 867); Etudes s. l. bact. acétif. (Arch. Néerl. **2**, 1898).

2) JANKE, Stud. üb. d. Essigsäurebakt.-Flora v. Lagerbieren des Wiener Handels (Zbl. f. Bakt. II, 1916, **45**, 1).

3) Über einen eigenartigen Vertreter des *Xylinum*-Formenkreises („*Medusomyces*") vgl. LINDAU u. LINDNER (Ber. d. D. Bot. Ges., 1913, **31**, 243, 364).

4) Methode z. Trennung des Mycoderma v. d. Essigbakt. im Bier durch Anhäufung (Wochenschr. f. Brauerei, **33**).

5) BEYERINCK, M. W., Üb. Pigmentbild. b. Essigbakt. (Zbl. f. Bakt. II, 1911, **29**, 169). SÖHNGEN, Umwandl. v. Mn-Verbind. unter d. Einfl. mikrobiol. Prozesse (ibid. II, **1914**, **40**, 545, 549).

6) Zusammenfassender Bericht über Milchbakterien z. B. bei H. WEIGMANN in LAFARS Handb. d. techn. Mykol. 1905, **2**, 48ff. — ORLA-JENSEN. The lactic acid bacteria (Mém. acad. Sc. et Lettres Copenhague, Sect. Sc., 8. sér. T. **5**, Nr. 2, 1919).

rium caucasicum liefert chem. Laborat. Dr. E. Klebs, München). Fakultativ anaërob, verflüssigen Gelatine im allgemeinen nicht. Zur Reinkultur geht man von spontan sauer gewordener Kuhmilch aus und gießt Platten mit Gelatine, welche gärfähigen Zucker enthält (Traubenzucker, Milchzucker). BEYERINCK kocht 20 g Hefe in 100 ccm Leitungswasser und stellt mit 5—10 % Traubenzucker und 8 % Gelatine den Nährboden her[1]); wird gleichzeitig Schlemmkreide beigegeben, so machen sich die säurebildenden Kolonien der Milchsäurebakterien durch Aufhellung der Kreidemischung auffällig (s. o. S. 55). Andere brauchbare Nährböden stellt man sich aus Milch her, z. B.

> 100 g Molke (s. o.)
> ½ „ NaCl
> 1 „ Pepton (WITTE)
> 10 „ Gelatine.

Über die Ansprüche, welche verschiedene Milchsäurebakterien an die Temperatur stellen, vgl. BEYERINCK. *Bacillus aromaticus* wird von diesem Autor durch Aussaat von Bäckerhefe in Malz (anaërob bei 15—18 ^{0}) und Überimpfung in sterilisierte Milch (25—30 ^{0}) gewonnen. Azidität 3—5 ccm Normalsäure auf 100 ccm Milch.[2])

· **Buttersäurebakterien,** weit verbreitete Organismen, welche aus Kohlehydraten Buttersäure oder andere Verbindungen der Butylreihe bilden.[3]) Anaërob. *Bacillus butyricus* (*Clostridium butyricum, Granulobacter saccharobutyricus*) läßt sich aus Erde, Mist, Milch und Käse u. a. gewinnen. Sporen nach dem Clostridiumtypus.

Eine „normale Buttersäuregärung" richten wir uns mit BEYERINCK[4]) folgendermaßen ein. Man bringt in ein Kochkölbchen destilliertes Wasser mit 5 % Glukose und 5 % fein gemahlenem Fibrin, läßt den Brei sich absetzen und kocht kräftig, bis alle Luft entfernt ist. Während des Kochens infiziert man mit Gartenerde und stellt noch heiß das Kölbchen in den Thermostaten (35º). Durch das Erhitzen werden alle Keime außer den Sporen des *Granulobacter saccharobutyricus* und einigen anderen (Heubacillus usw.) abgetötet. Das Buttersäurebakterium drängt bald alle anderen zurück. Will man die Clostridiumform erhalten, so verfährt man nach BEYERINCK ebenso mit folgender Lösung:

> 5 % Glukose oder Rohrzucker,
> 3 % präzipitiertes Kalziumkarbonat,
> 0,05 % Natriumphosphat,
> 0,05 % Magnesiumsulfat,
> 0,05 % Chlorkalium.

Es entwickeln sich Klostridien mit reichlich Granulose.

Zur Isolierung verfährt BEYERINCK nach folgender Methode: Man löst 5 % Rohrzucker und 5 % Gelatine in Leitungswasser und impft ein Reagenzglas mit einer Spur der Gärungsmasse, — falls Sporen in dieser vorhanden sind, kann man die heiße Gelatine

---

1) Verfahr. z. Nachw. d. Säureabsond. bei Mikrobien (Zbl. f. Bakt. 1891, **9**, 782). Vgl. auch KALISCHER, O., Z. Biol. d. pepton. Milchbakt. (Arch. f. Hyg. 1900, **37**, 30); BOEKHOUT u. DE VRIES, Üb. ein d. Gelatine verflüss. Milchsäurebakt. (Zbl. f. Bakt. II, 1904, **12**, 587).

2) BEYERINCK, M. W., Fermentation lactique dans le lait (Arch. néerl. sc. exactes et nat. 2 sér. 1908, **13**).

3) Vgl. BEYERINCK, Über die Butylalkoholgärung u. d. Butylferment (Verhandl. akad. Wiss. Amsterdam, 2. Sekt., 1. deel, 1893); SCHATTENFROH u. GRASSBERGER, Üb. Buttersäuregärung (Arch. f. Hyg. 1900, **37**, 54 und folgende Bände).

4) Üb. d. Einricht. einer norm. Buttersäuregär. (Zbl. f. Bakt. II, 1896, **2**, 699).

impfen; außerdem impft man mit einem sauerstoffbedürftigen Organismus, der keine Säure erzeugt (Heubacillus oder dgl.); — letzterer entwickelt sich an der Oberfläche, *Granulobacter* in den tieferen Schichten.

Zu den Buttersäurebakterien gehört auch das N-fixierende *Clostridium Pasteurianum*; s. nächsten Abschnitt.

Stickstoffbindende Bakterien. --- Im Boden sind bereits verschiedene Bakterien gefunden worden, die als Stickstoffbinder erkannt worden sind; wir beschränken uns auf die Behandlung der am weitesten verbreiteten und am besten erforschten Arten.

In jedem fruchtbaren Boden des Festlandes wie im Meere zu finden ist das aërobe großzellige *Azotobacter*.

A. chroococcum[1]) erhält BEYERINCK dadurch, daß er von

$$100 \quad \text{g Leitungswasser,}$$
$$2 \quad \text{„ Mannit,}$$
$$0{,}02 \text{ „ } K_2HPO_4$$

eine dünne Schicht in einen Erlenmeyer bringt, mit 0,1—0,2 Gartenerde infiziert und bei 27—30° C. stehen läßt. Es ist empfehlenswert, das alkalische K_2HPO_4 zu nehmen. *Azotobacter* gehört zu BEYERINCKS oligonitrophilen Organismen; 10 mg KNO_3 pro l der Nährlösung hemmen seine Anreicherung bereits. In Reinkulturen zeigt sich, daß Mengen wie 0,1 % KNO_3 gut von ihm assimiliert werden. Solche erhielt BEYERINCK z. B. durch Überimpfen von den Bakterienhäuten aus der Gartenerdekultur auf einen Nährboden, der neben den genannten Stoffen 2 % Agar enthält.

Von manchen fremden Bakterien, in deren Gesellschaft *Azotobacter* aufzutreten pflegt, läßt sich dieses oft schwer trennen. Anderseits erleichtern die „symbiotischen" Beziehungen des *Azotobacter* zu makroskopischen Organismen unter Umständen seine Gewinnung: H. FISCHER[2]) übergießt Oszillarienrasen mit Mannit, BENECKE und KEUTNER[3]) fanden ihn an Meeresalgen haften.

Auf Reinkulturen der oben geschilderten Art erweist sich das Stickstoffbindevermögen des A. als sehr gering; will man kräftig N-assimilierende Kulturen erzielen, so bedarf es eines Zusatzes von Humus — in Form von Bodenextrakt, als freie Säure oder in Form von K-, Na- oder Ca-salzen. KRZEMINIEWSKI[4]) kultiviert z. B. auf

Mannit . . . . 1,5 %
K_2HPO_4 . . . . 0,05 %

1) Über oligonitrophile Mikroben (Zbl. f. Bakt. II, 1901, **7**, 561).

2) Über Stickstoffbakterien (Verh. naturhist. Vereins Rheinlande usw. 1905/06, **62**, 135); Über Symbiose v. A. m. Oszillarien (Zbl. f. Bakt. II, 1904, **12**, 267).

3) Über stickstoffbindende Bakt. aus d. Ostsee (Ber. d. D. Botan. Ges. 1903, **21**, 333).

4) KRZEMINIEWSKI, S., Unters. über *Azotob. chrooc.* BEIJ. (Bull. Acad. sc. Cracovie 1908, 929); vgl. ferner KOCH, A. u. SEYDEL, S., Versuche üb. d. Verlauf d. Stickstoffbindung durch *Azotobacter* (Zbl. f. Bakt. II, 1911, **31**, 570), KASERERS Mitteilungen (Z. Kenntn. d. Mineralbedarfs v. *Azot.*, Ber. d. D. Bot. Ges. 1910, **28**, 208 und Ztschr. landwirtsch. Versuchsw. Österreich 1911, **14**, 97), der den höchsten N-Gewinn auf folgende Weise erzielte: 2 g Aluminiumsulfat und 0,5 g Eisenchlorid werden in Wasser gelöst, mit Na_2HPO_4 gefällt und abgesaugt; mit Wasser wird die Masse (ohne Auswaschen) aufgeschwemmt, und durch Zusatz von 3 g Kaliumsilikat (in Wasser gelöst) zur Lösung gebracht; Dämpfung bei 2 Atm. und Auffüllung auf 1 l. Zu je 50 cc der Lösung kommen 50 cc mit: Dextrose 1 g, Gips 0,1 g, $MgSO_4$ 0,01 g, $MnSO_4$ 0,01 g. KRZEMINIEWSKI, H., Der Einfl. d. Mineralbestandt. d. Nährlös. auf d. Entwickl. d. A. (Bull. Acad. sc. Cracovie 1908, 376). MOLÉR, T., Ein Beitr. z. Kenntn. d. Entbind. der durch *A.* fix. Stickst. (Bot. Gaz. 1915, 163; vgl. Bot. Zbl. 1916, **131**, 24).

und setzt zu je 150 cc der Nährlösung 5 cc eines heiß gewonnenen, wässerigen Erdextraktes (3 g Erde) — oder z. B. auf

Glukose . . . . 1,5 %
K$_2$HPO$_4$ . . . . 0,05 %

und fügt zu 150 cc Nährlösung ca. 0,1 g Na- oder Ca-Humat. Die Fähigkeit zur Pigment-bildung kommt nach OMELIANSKI und SSEWEROWA[1]) verschiedenen Rassen des A. in verschieden hohem Maße zu. Reichliche Pigmentproduktion (braun) erfolgt auf Dextrin-nährböden (s. o.). Benachbarte Kolonien bilden auf den einander abgewandten Seiten stärker Pigment als auf den benachbarten.[2])

Den kosmopolitischen, namentlich in Kulturboden verbreiteten *Bacillus astero-sporus* kultiviert BREDEMANN auf MEYERS D-Gelatine[3])

Wasser . . . . 500 cc
Pepton (WITTE) . . . . . 6 g
Fleischextrakt . . . . . . 4 g
Kochsalz . . . . 1 g
Dextrose . . . . 5 g
Gelatine . . . . 50 g.

Das N-Bindungsvermögen des *B. asterosporus* wird, wenn es ihm bei der Kultur ver-lorengegangen ist, durch Bodenpassage regeneriert, d. h. er wird auf feuchtem Boden ausgesät; auf diesem bildet er Sporen und diese bleiben wochenlang auf dem austrocknen-den Material. — In den Formenkreis des *B. asterosporus* gehört nach BREDEMANN auch das von WINOGRADSKY kultivierte *Clostridium Pasteurianum*.[4])

Die viel besprochenen Wurzelknöllchen der Leguminosen beherbergen Stickstoff assimilierende Bakterien, die anscheinend zwei verschiedenen Arten angehören, dem *Rhi-zobium Beijerinckii* (Knöllchen der Lupinen und Sojabohne) und *Rh. radicicola* (Erbsen, Wicken, Bohnen, *Lotus* u. a. m.). Beide lassen sich auf künstlichen Nährböden kultivieren; das erstere wächst nur auf Agar, das andere auch auf Gelatine. BEYERINCK[5]) wäscht die Knöllchen, brennt ihre Oberfläche ab und zerreibt sie. Zur Isolierung des *Rh. radicicola* dient das KOCHsche Plattenverfahren. Als Nährboden empfiehlt sich nach BEYERINCK ein Absud von Papilionazeenblättern, Erbsenstengeln oder Fabastengeln, dem 7 % Gela-tine zugesetzt werden. Außerdem kann man 1/4 % Asparagin und 1/2 % Rohrzucker zugeben, ersteres ist besonders bei Kultur auf Agar vorteilhaft. Schwach saure Reaktion (ca. 0,6 ccm normale Apfelsäure auf 100 ccm Nährlösung) ist erforderlich. LÖHNIS arbeitet mit Bodenextraktagar, der 0,05 % K$_2$HPO$_4$ und 1 % Mannit enthält.[6]) Weitere Mit-teilungen über Kultur und geeignete Nährböden bei MAZÉ[7]) u. a.

1) OMELIANSKY, W. L. u. SSEWEROWA, O. P., Die Pigmentbildung in Kulturen des A. chrooc. (Zbl. f. Bakt. II, 1911, **29**, 643).

2) KRZEMINIEWSKI a. a. O.

3) BREDEMANN, G., Unters. üb. d. Variation u. d. Stickstoffbindungsvermögen des B. a. A. M. usw. (Zbl. f. Bakt. II, 1908, **22**, 44).

4) WINOGRADSKY, Rech. s. l'assimil. de l'azote libre de l'atmosph. par les microbes (Arch. sc. biol., St. Petersbourg 1895, **3**, No. 4, 297); *Cl. Pasteurianum*, seine Morph. u. seine Eigenschaften als Buttersäureferment (Zbl. f. Bakt. II, 1902, **9**, 43).

5) Die Bakt. d. Papilionazeenknöllchen (Botan. Zeitg. 1888, **46**, 763).

6) LÖHNIS, Landwirtsch.-bakt. Prakt. 1911.

7) MAZÉ, Fixation de l'azote libre par le bacille des nodosités des Légumineuses (Ann. Inst. Pasteur 1897, **11**, 44); weiße Bohnen werden 1/2 Stunde lang gekocht, aber so,

Über die künstliche Erzeugung von Bakteroiden in den Kulturen der Leguminosen äußern sich besonders ausführlich HILTNER und STÖRMER; Zusatz von Traubenzucker (1%) oder anderen Zuckerarten, Bernsteinsäure und verschiedenen anderen organischen Säuren usw. (siehe auch NEUMANN a. a. O.) führen zur Bakteroidenbildung. Dabei reagieren die Bakterien aus den Knöllchen verschiedener Leguminosen auf Zugabe verschiedener Zuckerarten nicht völlig gleich: Bakterien aus *Robinia* sind besonders Rohrzucker gegenüber empfindlich, die der Sojabohne gegenüber Lävulose.[1])

Nitrifikationsbakterien. — Die Nitrifikationsmikroben, welche einerseits Ammoniak in Nitrit (Nitritbildner *Nitrosococcus* und *Nitrosomonas*), anderseits Nitrit in Nitrat (Nitratbakterien *Bacillus nitrobacter*) oxydieren, sind im Boden weit verbreitet. Ihr Stoffwechsel kennzeichnet sie als besondere Gruppe: sie verarbeiten die Kohlensäure der Luft als C-Quelle, schöpfen N aus Ammoniak bzw. Nitriten und bedürfen außerdem nur noch der Mineralsalze zu ihrer Ernährung. Über die Wirkung organischer Verbindungen (Kohlehydrate, Albuminosen, Amidokörper usw.) gehen die Meinungen auseinander: WINOGRADSKY und OMELIANSKI[2]) nahmen an, daß schon geringe Mengen (0,1 % Dextrose usw.) das Wachstum hemmen, während BEYERINCK[3]) findet, daß die Nitratbakterien organische Nahrung gut vertragen, aber durch sie ihres Nitrifikationsvermögens verlustig gehen und zu scheinbar gewöhnlichen Saprophyten werden.

Den Nitritbildner gewinnt man, indem man eine Lösung folgender Zusammensetzung mit einer Bodenprobe infiziert:

Destill. Wasser	1000 g
Ammon. sulf.	2 „
Natr. chlor.	2 „
Kal. phosph.	1 „
Magn. sulf.	0,5 „
Ferr. sulf.	0,4 „

und wiederholt in gleiche Lösungen überimpft. Zu je 50 ccm der Lösung werden ca. 0,5 g Magnesiumkarbonat zugesetzt. Um die Bakterien zu lebhafter Entwicklung anzuregen, kann man, sobald die Lösungen keine Ammoniakreaktion mehr geben, zu je 50 ccm Nährlösung noch 1 ccm 10%iger Ammoniumsulfatlösung zusetzen. Die 3. oder 4. Umsaat ist gewöhnlich so rein, daß man sie als Ausgangsmaterial zu einer Reinkultur benutzen kann.

---

daß die einzelnen Samen nicht platzen und das Stärkemehl nicht in den Dekokt kommt. Dieses enthält 5 ‰ N; zugefügt werden ca. 2 % Saccharose, 1 ‰ NaCl, Spuren doppeltkohlensaures Natrium. S. auch MAZÉ, Les microbes des nodosités des lég. (ibid. 1898, **12,** 1); DE ROSSI, G., Üb. d. Mikroorganismen, welche die Wurzelknöllchen d. Legum. erzeugen (Zbl. f. Bakt. II, 1907, **18,** 289); ZIPFEL, H., Beitr. z. Morph. u. Biol. d. Knöllchenbakt. d. Leg. (Zbl. f. Bakt. II, 1911, **32,** 97; 2 % Sanatogen oder dgl., 1 % Glukose mit Apfelsäure angesäuert).

1) HILTNER u. STÖRMER, Neue Unters. üb. d. Wurzelknöllchen d. Leguminosen u. deren Erreger (Arb. biolog. Abteil. d. K. Gesundheitsamtes 1903, **3,** 151).

2) WINOGRADSKY, S., Contrib. à la morph. d. org. de la nitrific. (Arch. sc. biol. 1892, 1). WINOGRADSKY, S. u. OMELIANSKI, V., Üb. d. Einfl. d. org. Subst. auf d. Arbeit d. nitrifiz. Mikroben (Zbl. f. Bakt. II, 1899, **5,** 132) und OMELIANSKI, Üb. d. Isol. d. Nitrifikationsmikr. aus d. Erdboden (ibid. 537). MEYERHOF, Unters. üb. d. Atmungsvorgang nitrifiz. Bakt. (Arch. ges. Phys. 1916, **164,** 353; **165,** 229; **166,** 2, 40).

3) BEYERINCK, Üb. d. Nitratferment u. üb. phys. Artbildung (Fol. microbiol. 1914, **3,** 91).

Winogradsky führte die Methode der Kieselsäuregallertkulturen ein[1]); über die Herstellung des Sols s. o. S. 32. Winogradsky und Omelianski halten sich folgende Lösungen vorrätig:

1. Kal. phosphor . . . . 1 g
   Ammon. sulf. . . . . 3 „
   Magnes. sulf. . . . . 0,5 „
   Destill. Wasser . . . . . . 1000 „
2. Ferrum sulf. . . . . 2 %
3. Gesättigte Kochsalzlösung,
4. „Magnesiamilch", d. h. Aufschwemmung von allerfeinster kohlensaurer Magnesia in Wasser.

Zu 50 ccm des Sols kommen 2,5 ccm der ersten und 1 ccm der zweiten Lösung. Von der NaCl-Lösung kommt auf jede zu gießende Platte oder in jedes Reagenzglas eine Platinöse oder ein kleiner Tropfen, von der Magnesiamilch so viel, daß die Gallerte ein milchiges Aussehen annimmt. Die Magnesia kann man durch 0,1 %ige Sodalösung ersetzen, doch scheinen dann die Nitritbildner schlechter zu wachsen. Entweder setzt man nun bei der Impfung eine Öse aus der Kultur dem Kieselsäuresol zu und gießt die Flüssigkeit in die Petrischale aus — oder man trägt einen bakterienhaltigen Tropfen auf die erstarrte Platte auf; benutzt man zum Verteilen einen stumpf gebogenen Glasstab, so wird ein Aufreißen der Gallerte verhindert.

Durch folgendes Verfahren gelingt es nach Omelianski, sehr stattliche Kolonien heranzuzüchten. Man schneidet an zwei gegenüberliegenden Stellen des Schaleninhalts zwei kleine Segmente heraus und füllt die Löcher wiederholt mit (immer 2 Tropfen) 10 % Ammoniumsulfatlösung; die von der Magnesiamilch getrübte Masse wird dabei klar. Die makroskopisch sichtbaren Kolonien erleichtern dann das Überimpfen; wiederholte Überimpfung ist durchaus erforderlich, wenn man zu völlig reinen Kulturen gelangen will. — Die Nitritbildner lassen sich auch in Reagenzgläsern (auf schräg erstarrter Oberfläche) kultivieren.

Beyerinck[2]) berichtet über die Kultur der Nitrifikationsbakterien auf Agar und gibt auch eine besondere Salzlösung an, die Omelianski (a. a. O.) für wenig vorteilhaft hält. Jedenfalls ist das Wachstum der Bakterien auf Kieselgallerte sehr viel besser als auf Agarplatten.

Vorzüglich hingegen wachsen die Nitritbakterien auf Omelianskis Magnesiagipsplatten. [3]) Aus Gips und kohlensaurer Magnesia (99 : 1) rührt Omelianski mit Wasser eine teigige Masse an, die vor dem Festwerden in Streifen und Kreisplatten — für Reagenzgläser und Petrischalen — zerlegt wird. Mit Nährlösung (s. o. erstes Rezept) werden die Gipsplatten sterilisiert und geimpft. Damit die Impffläche ganz glatt ausfällt, gieße man den Gips auf eine Spiegelscheibe aus. Derselbe Forscher benutzte außerdem dicke Papierscheiben[4]) — also einen vorzugsweise aus Zellulose bestehenden Nährboden — zur Kultur

---

1) Winogradsky, S., Rech. s. l. organism. de la nitrific. IV u. V. (Ann. Inst. Pasteur 1891, 5, 92, 577). Beyerinck u. v. Delden, Üb. eine farbl. Bakt., deren Kohlenstoffnahrung aus d. atmosph. Luft herrührt (Zbl. f. Bakt. II, 1903, 10, 33, 38). Beyerinck, Üb. d, Nitratferment usw. (Fol. microbiol. 1914, 3, 91; Herstellung d. Kieselgallertplatten aus dem käuflichen pulverisierten Na-Silikat).

2) Kulturvers. m. Amöben auf fest. Substr. (Zbl. f. Bakt. 1896, 19, 257/58).

3) Magnesiagipsplatten als neues festes Substrat für die Kultur der Nitrifikationsorganismen (Zbl. f. Bakt. II, 1899, 5, 652).

4) Kleinere Mitteilungen über Nitrifikationsmikroben, I. Die Kultur des Nitritbildners auf Papierscheiben (ibid. 1902, 8, 785).

der Nitritbildner: dicke Paketchen von Filtrierpapier werden zusammengenäht und in Petrischalen mit der üblichen Nährlösung benetzt; kleine Kolonien werden 10—15 Tage nach der Impfung sichtbar. Die Flüssigkeit soll in der Schale bis zu halber Höhe des Papierpäckchens stehen; ist alles Ammoniak in ihr geschwunden, so setzt man einige Tropfen Ammoniumsulfatlösung (10 %) zu. — Reine Magnesiaplatten fertigte sich PEROTTI an.[1]

MAKRINOFF schließlich versuchte, Nährboden mit geringem Gehalt an organischen Substanzen zu verwenden, und teilt mit, daß das Wachstum der Nitritbildner durch diese wesentlich gefördert werde. Folgende Lösung wurde hergestellt[2]:

$$NaCl \dots \dots \dots 2 \text{ g}$$
$$K_2HPO_4 \dots \dots \dots 1 \text{ „}$$
$$MgSO_4 \dots \dots \dots 0{,}5 \text{ „}$$
$$FeSO_4 \dots \dots \dots 0{,}4 \text{ „}$$
trockene Blätter . . . . 2,0 „
(oder trockener Boden . 160—250 g)
Dest. Wasser . . . . . . 1000 cc.

Mit dieser Lösung werden

Gips . . . . 300 g
$$MgCO_3 \dots \dots \dots 30 \text{ „}$$
$$MgNH_4PO_4 \dots \dots \dots 3 \text{ „}$$

durchmischt und aus dem Brei Platten gegossen. Nach MAKRINOFF üben die organischen Substanzen seiner Materialien, in flüssigen Medien angewandt, hemmenden Einfluß aus, auf festem Substrat wirken sie fördernd.

Die von WINOGRADSKY stammende Methode der „negativen Platten" (s. o. S. 63) lieferte bei der Isolierung der Nitritbakterien keine befriedigenden Resultate.[3] —

Die Nitratbakterien sind leichter zu erhalten. Zuerst muß man auch für sie eine Reihe Überimpfungen ausführen in folgender Lösung:

Destill. Wasser . . . . . 1000 g
Natr. nitros. (MERCK) . . 1 „
Natr. carbon. (ustum) . . 1 „
Kal. phosphor. . . . . . 0,5 „
Natr. chlor. . . . . . . 0,5 „
Ferrum sulf. . . . . . . 0,4 „
Magnes. sulf. . . . . . . 0,3 „[4]

Die Kultur auf Kieselgallerte gibt gute Resultate, es genügt aber folgender, von WINOGRADSKY[5] empfohlener Nähragar:

Leitungswasser . . . . . 1000 g
Agar . . . . 15 „
Natr. nitros. . . . . . . 2 „
Natr. carbon. (ustum) 1 „
Kal. phosphor. . . . . . Spuren.

1) PEROTTI, R., Di una modif. al metodo d'isolamento dei microorg. della nitrificazione (Atti R. Accad. Lincei 1905, **14**, 228).

2) MAKRINOFF, J., Magnesia-Gipsplatten u. Magnesiaplatten mit org. Subst. usw. (Zbl. f. Bakt. II, 1909, **24**, 415).

3) Hierüber wie über FRANKLANDS Verdünnungsmethode s. OMELIANSKI a. a. O.

4) WINOGRADSKY, S., Über den Einfluß der organischen Substanzen auf die Arbeit der nitrifizierenden Mikrobien (Zbl. f. Bakt. II, 1899, **5**, 329, 333).

5) Z. Mikrobiol. d. Nitrifikationsprozesses (Zbl. f. Bakt. II, 1896, **2**, 415).

Sobald die Reaktion auf salpetrige Säure nicht mehr eintritt, kann man Natriumnitrit zusetzen, die Kolonien wachsen dann stattlich heran.

Beim Wachstum im Boden sind die nitratbildenden gegen gelöste organische Substanzen erheblich weniger empfindlich als in Flüssigkeiten; vielmehr kann organische Nahrung, wie die Humusstoffe, in Sand oder Boden ihre Entwicklung sogar fördern.[1]

Über die in Gesellschaft der Nitratbakterien regelmäßig auftretenden Mikroben vgl. BERSTEYN.[2]

Denitrifikationsbakterien. — Daß Nitrate von Mikroben reduziert werden, ist eine verbreitete Erscheinung; das Produkt kann dabei sehr verschieden ausfallen: viele Bakterien liefern Nitrite, selten (*Azotobacter* nach BEYERINCK und VAN DELDEN) entstehen Ammoniumverbindungen; unter Denitrifikation versteht man die Reduktion von Nitraten mit Bildung freien Stickstoffs. Denitrifizierende Bakterien sind in Mist, auf Pflanzenteilen, im Meerwasser usw. anscheinend allgemein verbreitet. Am einfachsten ist es, sie aus Boden zu gewinnen.

Geeignete C-Quellen sind nach BEYERINCK[3] Bouillon, die Salze der organischen Säuren (K, Na, NH_3; Zitronen-, Wein-, Apfelsäure); mit 5 $^0/_0$ Kalium-Natriumtartrat und 2 % KNO_3 erhielt BEYERINCK sehr formenreiche Denitrifikatorenflora, darunter *Bac. pyocyaneus*, dessen Anreicherung auch durch Harnsäure und Asparagin gelingt, sowie nach Gartenerdeaussaat auf

Leitungswasser	100 Teile
Äthylalkohol	0,5 „
KNO_3	1 „
K_2HPO_4	0,05 „

bei 37^0 und bei Luftabschluß.

Weiterhin erwähnt BEYERINCK seine Kulturen bodenbewohnender Denitrifikatoren in

Mannit	2	% (oder Glyzerin)
KNO_3	1	%
K_2HPO_4	0,05	% — bei 37^0

und mehrere andere Rezepte.

ITERSON[4] beobachtete ferner, daß die denitrifizierenden Bakterien sich gut mit Zellulose (Filtrierpapier) ernähren lassen:

Leitungswasser	100 Teile
Papier	2 „
KNO_3	0,25 „
K_2HPO_4	0,05 „ ;

geimpft wird mit einigen ccm Kanalwasser und Moder; Optimum der Entwicklung bei 35^0 (etwa binnen 12 Tagen). — Die GILTAYsche Nährlösung[5] schließlich enthält:

1) BAZAREWSKI, Beitr. z. Kenntn. d. Nitrifikation u. Denitr. im Boden. Göttingen, Dissertation, 1906. COLEMAN, Unters. üb. Nitrifikation (Zbl. f. Bakt. II, 1908, **20**, 401).

2) Üb. einige in d. Kult. z. Reinzüchtung d. Nitratbildner regelmäßig auftretende Bakterienarten (Arb. bakter. Inst. techn. Hochsch. Karlsruhe **3**, H. 1).

3) BEYERINCK, M. W. u. MINKMAN, D. C. J., Bildung u. Verbrauch v. Stickoxydul durch Bakt. (ibid. II, 1910, **25**, 30); vgl. auch ITERSON, Anhäufungsversuche mit dinitrifiz. Bakt. (Zbl. f. Bakt. II, 1904, **12**, 106).

4) ITERSON, Zersetzg. v. Zellulose d. aërobe Mikroorg. (Zbl. f. Bakt. II, 1904, **11**, 689).

5) GILTAY u. ABERSON, Rech. s. un mode de dénitrif. (Arch. néerl. sc. nat. 1892, **25**).

1000 g Wasser,
   2 „ Kali- oder Natronsalpeter,
   5 „ Zitronensäure,
   2 „ Magnesiumsulfat,
   2 „ Monokaliumphosphat,
 0,2 „ Chlorkalzium.
Spur Eisenchlorid.

Über denitrifizierende Bakterien des Meeres gibt z. B. BAUR[1]) einige Daten. 1 kg frisch gesammelte (daher noch glykogenhaltige) Miesmuscheln werden in 1—2 l Seewasser gekocht und der filtrierten Flüssigkeit 2 % Pepton und 0,25 % Kalziumnitrit zugesetzt. Dieses ist dem Kaliumnitrit vorzuziehen, weil bei Verwendung des letzteren durch das entstehende Kaliumkarbonat die Flüssigkeit stark alkalisch wird. Nach Infektion mit Wasser- oder Schlickproben gibt sich die Gegenwart denitrifizierender Mikroben durch Schaumbildung zu erkennen. Aus der Muschelbouillon kann man Gelatine und Agar — die erstere ist zu neutralisieren — herstellen. Die Kolonien denitrifizierender Bakterien umgeben sich mit einem Hof von Kalziumkarbonat und mit feinen Gasbläschen.

In der freien Natur verhalten sich übrigens die denitrifizierenden Mikroben offenbar ganz anders als auf den üblichen Nährmedien. Während sie bei Kultur in Flüssigkeiten fast den gesamten disponiblen N frei werden lassen, verwenden sie ihn im Boden — falls dieser nicht zu naß ist — fast ausschließlich zur Eiweißsynthese.[2])

Sulfatreduzierende Bakterien. — Bakterien, welche schwefelsaure und schwefligsaure Salze reduzieren und Schwefelwasserstoff frei werden lassen (Desulfuration), finden sich im Schlamm süßer und mariner Gewässer, auch in sulfathaltigen Mineralwässern. v. DELDEN isoliert solche durch Überimpfen von Schlamm in folgender Lösung:

Leitungswasser . . . . . 100 g
K_2HPO_4 . . . . 0,05 „
Natriumlaktat . . . . . . 0,5 „
Asparagin . . . . 0,1 „
Gips oder $MgSO_4 + 7 H_2O$. 0,1 „
Ferrosulfat . . . . Spur

und beschreibt die Methoden der Reinkultur.[3])

Harnstoffbakterien können aus der Laboratoriumsluft leicht aufgefangen werden. Man kultiviert sie aërob auf den üblichen Nährböden, z. B. auf Peptongelatine, der man nach MIQUEL[4]) 2—5 % Harnstoff zugefügt hat. BEYERINCK[5]) nimmt

1000 g Leitungswasser,
  50 „ Harnstoff,
  10 „ Natriumazetat,
 0,25 „ KH_2PO_4.

---

1) Über zwei denitrifizierende Bakterien aus der Ostsee (Wissenschaftl. Meeresunters. N. F. Kiel 1902, **6**, 9). — Daselbst sind auch noch weitere Nährböden angegeben.

2) KOCH, A., u. PETTIT, H., Üb. d. verschied. Verlauf d. Denitrifikation im Boden u. in Flüssigkeiten (Zbl. f. Bakt. II, 1910, **26**, 335).

3) BEYERINCK, Üb. *Spirillum desulfuricans* als Ursache v. Sulfatreduktionen (Zbl. f. Bakt. II, 1895, **1**, 1, 1900, **6**, 648); VAN DELDEN, Beitr. z. Kenntn. d. Sulfatreduktion durch Bakt. (ibid. II, 1903, **11**, 81, 113).

4) LAFARS Handb. d. techn. Mykol. 1904, **3**, 71.

5) Anhäufungsversuche mit Ureumbakt. (Zbl. f. Bakt. II, 1901, **7**, 45). Ferner VIEHOEVER, Bot. Unters. harnstoffspaltender Bakt. usw. (Zbl. f. Bakt. II, 1913, **39**, 209).

Durch die Tätigkeit der Bakterien wird Harnstoff in Kohlensäure und Ammoniak zersetzt; dabei fallen in der Nähe der Harnstoffbakterienkolonien eine Menge Kristalle (Kalziumkarbonat und -phosphat) aus. Beyerinck kultiviert die Bakterien ferner auf einer Gelatine, die mit einem Dekokt von Preßhefe (20 g in 100 ccm Wasser) und 2—3 % Harnstoff hergestellt ist. Wo sich harnstoffspaltende Mikroben entwickeln, entsteht an der Oberfläche des Nährsubstrats ein irisierendes Häutchen aus amorphem Niederschlag von Kalziumphosphat[1]) (Newtons Farbenringe, „Iriserscheinung").

Schwefelbakterien. — Bakterien, welche H_2S zu Schwefel und diesen zu H_2SO_4 oder doch wenigstens Thiosulfate zu Tetrathionsäure und Schwefelsäure oxydieren können, finden sich wohl in allen natürlichen Gewässern, die H_2S enthalten, und lassen sich aus diesen leicht gewinnen. Die Bildung dieses Gases fördert man, indem man der Wasserprobe gleichzeitig mit dem bakterienhaltigen Schlamm etwas Kalziumsulfat zusetzt. Sobald durch die Wirkung reduzierender Organismen des Schlammes die Bildung von H_2S aus Gips vor sich geht, entwickeln sich binnen wenigen Wochen die Schwefelbakterien — die beweglichen *Beggiatoa*formen, die festsitzenden *Thiotrix* und Purpurbakterien (s. u.) — zu üppigen Vegetationen. Über die Lebensbedingungen der ersten Formengruppen ist noch nicht viel bekannt, da es noch nicht gelungen ist, sie auf künstlichen Medien rein zu züchten. Zu beachten ist, daß die oxydierenden S-Bakterien natürlich ausgesprochenes Sauerstoffbedürfnis haben, und daß sie höchstwahrscheinlich organische Nahrung verschmähen. Reines *Beggiatoa*material ist wohl nur in Schwefelquellen anzutreffen. Winogradsky beschreibt eine Einrichtung, mit welcher es gelingt, durch ständigen Wasserzufluß zur Bakterienkultur und Durchleitung von Schwefelwasserstoff eine Art „künstliche Schwefelquelle" zu konstruieren, in der sich die Beggiatoen gut halten.[2]) — Eine besondere Gruppe von Schwefelbakterien wurde in neuerer Zeit von Nathansohn[3]), Beyerinck[4]) und Jacobsen[5]) näher erforscht. Es handelt sich bei dieser um Bakterien, die im Meeresschlamm (Neapel, holländische Küste) und Süßwasser offenbar weit verbreitet sind und Thiosulfate oxydieren können (Thio-, Thionsäurebakterien). Nathansohn kultivierte sie in einer 0,1—1 %igen Lösung von Natriumthiosulfat ($Na_2S_2O_3$) in Meereswasser, sowie in folgender Lösung:

$$3 \quad \% \ NaCl,$$
$$0{,}25 \ \% \ MgCl_2,$$
$$0{,}1 \ \% \ KNO_3,$$
$$0{,}5 \ \% \ Na_2HPO_4$$

nebst Zusatz von Magnesiumkarbonat. Die Bakterien wachsen auf Agar; sie bedürfen zu ihrer Entwicklung der CO_2 der Luft oder Karbonate; organische C-Verbindungen können

---

1) Vgl. Söhngen, N. L., Ureumspaltung bei Nichtvorhandensein v. Eiweiß (Zbl. f. Bakt. II, 1909, **23**, 91).

2) Nähere Angaben bei Winogradsky, S., Über Schwefelbakterien (Bot. Ztg. 1887, **45**, 493, besonders 537). Von demselben Autor: Beitr. z. Morph. und Physiol. der Bakterien (1888, Heft 1). Über Rohkulturen auch Molisch, Zwei neue Purpurbakterien mit Schwebekörperchen (Bot. Ztg. 1906, **64**, 223) und Neue farblose Schwefelbakt. (Zbl. f. Bakt. II, 1912, **33**, 55).

3) Eine neue Gruppe von Schwefelbakterien (Mitt. zool. Stat. Neapel 1902, **15**, 655).

4) Üb. d. Bakt., welche sich im Dunkeln mit Kohlens. als Kohlenstoffquelle ernähren können (Zbl. f. Bakt. II, 1904, **11**, 593).

5) Jacobsen, D. Oxyd v. elementarem Schwefel durch Bakt. (Folia microbiol. 1912, **1**, 487).

sie offenbar nicht ausnutzen. — BEYERINCK erhielt ähnliche Bakterien in reichlicher Menge, wenn er folgende Mischung:

$$0{,}5 \;\% \;\; Na_2S_2O_3 + 5\,H_2O,$$
$$0{,}1 \;\% \;\; NaHCO_3,$$
$$0{,}02 \;\% \;\; K_2HPO_4,$$
$$0{,}01 \;\% \;\; NH_4Cl,$$
$$0{,}01 \;\% \;\; MgCl_2$$

mit Grabenwasser oder Schlamm impfte.

Die Oxydation des Schwefelwasserstoffs demonstriert JACOBSEN durch Kultur in

$$0{,}05\,\% \;\; K_2HPO_4,$$
$$0{,}05\,\% \;\; NH_4Cl,$$
$$0{,}02\,\% \;\; MgCl_2,$$
$$2 \;\;\% \;\; CaCO_3 \;(MgCO_3),$$
$$(3 \;\;\% \;\; NaCl),$$
$$Spur \;\;\; FeCl_3$$

und Zufügung von H_2S (1—2 mg auf 100 ccm); 50 mg auf 1 l töten die meisten Thiobakterien. Vgl. auch den nächsten Abschnitt.

Purpurbakterien. — Wie MOLISCH[1]) gezeigt hat, sind südwasserbewohnende wie marine Purpurbakterien leicht zu erhalten, wenn man Fluß- oder Meerwasser mit organischen Stoffen versieht, wie Heu, gekochten Hühnereiern, frischen Rinderknochen, Schnecken, Regenwürmern oder faulendem Seegras, toten Seesternen, Muscheln, Seefischen usw. Die Purpurbakterien entwickeln sich nicht sonderlich schnell, lieben kräftige Belichtung und haben nur geringes Sauerstoffbedürfnis; viele bedürfen des freien Sauerstoffs vielleicht überhaupt nicht. Hieraus wird verständlich, warum die Purpurbakterien in ausgegossenen Platten nicht wachsen. Hat man eine an Purpurbakterien reiche Rohkultur gewonnen, so impft man von der roten Flüssigkeit in flüssigen Agar oder Gelatine (Reagenzgläser) von folgender Zusammensetzung:

$$1000 \;\; g \;\; Wasser,$$
$$0{,}5 \;„\;\; MgSO_4,$$
$$0{,}5 \;„\;\; K_2HPO_4,$$
$$10 \;\;\;„\;\; Pepton,$$
$$18 \;\;\;„\;\; Agar,$$
$$Spur \;\; FeSO_4$$

oder besser noch in

$$1000\,g \;\; Flußwasser,$$
$$18 \;„\; Agar,$$
$$(oder \;\; 100 \;„\; Gelatine),$$
$$5 \;„\; Pepton,$$
$$5 \;„\; Dextrin \; oder \; Glyzerin.$$

Man schüttelt die Kulturen gut durch, impft event. zur Verdünnung in andere Gläschen über und überläßt sie an sehr hellen Plätzen des Laboratoriums der weiteren Entwicklung. Nachdem Kulturen in der Gallerte sichtbar geworden sind, zertrümmert man die Gläschen zum Freilegen und Überimpfen der roten Kolonien. Außerdem kultiviert

---

1) Die Purpurbakterien nach neuen Untersuchungen, Jena 1907. — Über die Kultur „grüner" Bakterien (*Chlorobium limicola*) vgl. NADSON (Ref. Zbl. f. Bakt. II, 1915, **42**, 76); s. auch o. S. 196.

MOLISCH die Purpurbakterien auf Objektträgern, indem er aus einem Pepton-Dextrin-Agarröhrchen nach gehöriger Verdünnung des Bakterienmaterials 1—3 Tropfen auf einen sterilisierten Objektträger ausgießt, sie mit einem sterilisierten großen Deckglas (3 : 4 cm) bedeckt und das Präparat mit Terpentinharz verschließt.

Eisenbakterien sind solche, welche in ihren Membranen Eisenoxydhydrat speichern. Letzteres gewinnen sie wahrscheinlich durch Oxydation des Eisenoxyduls. Das ockergelbe Eisenoxydhydrat macht sie zumeist leicht wahrnehmbar. NAUMANN gewinnt sie durch Auslegen reiner Glasplatten in die Gewässer.[1]) Aërob. Verschiedenartige Eisenbakterien, darunter die weit verbreitete *Leptothrix ochracea*, lassen sich nach WINOGRADSKY[2]) leicht vorrätig halten und reichlich vermehren, wenn man auf Pflanzenteile, die in Zersetzung begriffen sind — etwa ausgekochtes Heu, alte Baumblätter usw. —, Brunnenwasser aufgießt und etwas (frisch gefälltes) Eisenoxydhydrat zusetzt. Nach 8—10 Tagen bilden sich umfangreiche Flocken und Rasen verschiedener Eisenbakterien.

BÜSGEN[3]) kultivierte *Cladothrix dichotoma*, indem er Büschel von Bakterienmaterial in sehr verdünnte Fleischextraktlösung übertrug; auch Reinkulturen auf Fleischextraktgelatine gelangen ihm. HÖFLICH nahm zu demselben Zweck Fleischextraktgelatine. Die Reinkultur von *Leptothrix* (*Chlamydothrix*) *ochracea* erreichte MOLISCH[4]) in der Weise, daß er zu Leitungswasser (Moldau bei Prag) 0,05 % Manganpepton zufügte; dieses (MERCK, DE HAËN-Seelze bei Hannover) enthält außer 4 % Mn Pepton, Zucker und etwas Alkalien; 3—4 Tage nach der Impfung zeigen sich (im Dunkeln wie bei diffusem Licht) braune Flöckchen aus *L. ochracea, Antophysa, Cladothrix* u. a. Impft man mit verunreinigtem *Leptothrix*material 2 % Peptonlösung, so entstehen nach 1—3 Tagen zahlreiche Schwärmer, die man auf

Leitungswasser . . . . 1000 g
Manganpepton . . . . . 0,5 „
Agar . . . . 10 „

aussäen kann. Auf diesem Wege gelangte MOLISCH zu Reinkulturen. Steht kein geeignetes Leitungswasser zur Verfügung, so bedient man sich nach MOLISCH einer Abkochung von Torf (in destill. H_2O); hierzu pro l 0,25 g Manganpepton und 100 g Gelatine. Temperaturoptimum 23—25° C. LIESKE[5]) empfiehlt ferner folgenden einfachen Nährboden:

Destill. Wasser . . . . 1000 cm
Agar . . . . 10 g
Manganazetat 0,1

1) NAUMANN, Eine einf. Meth. z. Nachw. bzw. Einsammeln d. Eisenbakt. (Ber. d. D. Bot. Ges. 1919, **37**, 76).

2) Über Eisenbakterien (Bot. Ztg. 1888, **46**, 261); daselbst Hinweise auf die ältere Literatur.

3) BÜSGEN, M., Kulturversuche mit *Cladothrix dichotoma* (Ber. d. D. Bot. Ges. 1894, **12**, 147); HÖFLICH, K., Kultur u. Entwicklungsgesch. der *Cl. dich.* COHN (Österr. Monatsschrift f. Tierheilkunde 1901, **25**, 4); LINDE, Z. Kenntn. v. *Cladothrix dichot.* (Zbl. f. Bakt. II, 1913, **39**, 369); ZIKES, Vergleich. Unters. üb. *Sphaerotilus natans* u. *Cladothrix dichot.* usw. (ibid. 1915, **43**, 529); *Sphaerotilus* gedeiht auf denselben Böden wie *Cladothrix*.

4) MOLISCH, H., Die Eisenbakterien. Jena 1910. 28ff. Dort zahlreiche weitere Literaturangaben; BRUSSOFF, Üb. eine stäbchenförm., kalkspeichernde Eisenbakterie usw. (Zbl. f. Bakt. II, 1918, **48**, 193).

5) LIESKE, Z. Ernährungsphys. d. Eisenbakt. (Zbl. f. Bakt. II, 1919, **49**, 413).

und stellt fest, daß der Organismus auch auf rein anorganischen Substraten wächst;

Manganbikarbonat, gesättigte Lösung auf das 10 fache verdünnt,
Natriumbikarbonat . . 0,001 %,
Ammoniumsulfat . . . . 0,001 %,
Kaliumphosphat . . . . Spur,
Magnesiumsuifat . . . . Spur.

Welche Umstände die Herstellung von Reinkulturen (auch auf organischem Substrat) so auffallend erschweren, ist unklar.

Zur Kultur des *Spirophyllum ferrugineum* füllt Lieske[1]) Erlenmeyer-Kolben etwa 2 cm hoch mit

H_2O destill. . . . . . . 1000　g
$(NH_4)_2SO_4$ . . . . . .　　1,5　„
KCl . . . .　　0,05　„
$MgSO_4$ . . . .　　0,05　„
K_2HPO_4 . . . .　　0,05　„
$Ca(NO_3)_2$ . . . .　　0,01　„

Die Kolben werden sterilisiert, bleiben mindestens 3 Tage an der atmosphärischen Luft stehen, damit die Lösung genügende Mengen O und CO_2 aufnehmen kann; dann gibt man im sterilen Raum zu jeder Kultur ca. 0,05 g grober Eisenfejlspäne, die separat sterilisiert worden sind (1 Stunde ca. 160⁰). Dann wird mit Roh- oder Reinkulturmaterial geimpft. Aufenthalt der Kulturen in einer Atmosphäre mit 1 % CO_2 ist vorteilhaft. Temperaturoptimum 6⁰. Licht entbehrlich. Aërob. Organische Ernährung wirkt wachstumhemmend.

Methanbakterien. — Sie vermögen CH_4 zu oxydieren und mit ihm als einziger C-Quelle auszukommen. Um den *Bacillus methanicus* zu gewinnen, impft Söhngen[2]) eine rein mineralische Nährlösung

Wasser . . . . 100　g
$CaSO_4$ . . . .　　0,01　„
NH_4Cl . . . .　　0,10　„
$MgNH_4PO_4$ . . . . . .　　0,05　„
K_2HPO_4 . . . .　　0,05　„

mit Kanalwasser, Kloakenschlamm oder dergl. und läßt über der Nährlösung ein Gemisch von $^1/_3$ Methan und $^2/_3$ gewöhnlicher Atmosphäre bei 30⁰ stehen. Von der Rohkultur kommt man nach Aussaaten auf Agar zu Reinkulturen.

Wasserstoffbakterien. — Impft man eine mineralische Nährlösung — z. B. nach Kaserers Rezept[3])

$NaHCO_3$ . . . . 0,1　%
KH_2PO_4 . . . . 0,05 %
NH_4Cl . . . . 0,1　%
$MgSO_4$ . . . . 0,02 %
$FeCl_3$ . . . . 0,00001 % —

mit Erde und läßt über der Lösung Knallgas stehen, so entwickeln sich in der Kultur

---

1) Lieske, R., Beitr. z. Kenntn. d. Phys. v. *Spir. ferr.*, einem typischen Eisenbakterium (Jahrb. f. wiss. Bot. 1911, **49**, 91).

2) Söhngen 1906 a. a. O.; s. auch Giglioli, J. u. Masoni, G., Nuove osservazioni sull' assorbimento biologico del metano etc. (Staz. sperim. agr. 1909, **42**, 589).

3) Vgl. Kaserer, Üb. d. Oxyd. des H und des CH_4 durch Mikroorganismen (Zeitschr. landwirtsch. Versuchswesen Österreich 1905, **8**, 789), Oxyd. des H durch Mikroorg. (Zbl. f. Bakt. II, 1906, **16**, 681).

Bakterien, welche H und O zu H_2O zu kondensieren imstande sind. Wasserstoffbakterien sind von verschiedenen Autoren beobachtet worden, doch gehen die Meinungen über die Zusammensetzung dieser Flora noch weit auseinander.[1])

Leuchtbakterien. — *Bacterium phosphoreum*, welches das Leuchten des Schlachtviehfleisches und toter Seefische hervorruft, ist namentlich von letzteren leicht zu gewinnen.[2]) Schlachtviehfleisch bringt MOLISCH dadurch zum Leuchten, daß er ein Stück davon bis etwa zur halben Höhe mit 3 % Kochsalzlösung übergießt und unter einer Glasglocke bei 9—12⁰ C stehen läßt; nach 1—3 Tagen tritt Leuchten ein. Als künstliches Nährsubstrat benutzt man mit BEYERINCK Seefischdekokt + 0,5 % Asparagin, 1 % Glyzerin, 1 % Pepton und 8 % Gelatine oder mit MOLISCH Fleischsaftgelatine, welche 10 % Gelatine, 1 % Pepton, 3 % NaCl und event. noch 0,5 % Glyzerin enthält. Der Zusatz des Chlornatriums ist seiner osmotischen Wirkung wegen wichtig; nach MOLISCH rufen auch Kalisalpeter und Chlorkalium starkes Leuchten hervor. Erhebliche Steigerung zeigt das Leuchten unter dem Einfluß von Schimmelpilzen (*Aspergillus, Rhizopus, Penicillium*).[3]) — Die einheimischen Leuchtbakterien sind an niedere Temperaturen angepaßt, *B. phosphoreum* geht schon bei 30⁰ zugrunde. — Über die Empfindlichkeit der Leuchtbakterien gegenüber Sauerstoff, dessen Gegenwart für die Lichtproduktion unerläßlich ist, hat besonders BEYERINCK Versuche angestellt.

Zellulosezerstörende Organismen. — Die Organismen der Zellulosegärung studierte zuerst OMELIANSKI.[4]) Sie lassen sich z. B. aus Pferdemist, Boden und Schlamm jederzeit leicht gewinnen und anaërob in folgender Lösung kultivieren:

Destill. Wasser . . . . 1000 g
Kaliphosph. . . . .   1 „
Magn. sulf. . . . .   0,5 „
Ammon. sulf. (oder Ammon. phosph.)   1 „
Natr. chlor. . . . . Spuren.

Die Zellulose wird in Form von Filtrierpapierstreifchen verabfolgt. Die der Gärung der Zellulose vorausgehende „Inkubationszeit“ beträgt nie weniger als eine Woche und zuweilen mehr als einen Monat. Die Papierstreifen werden zunächst welk und fleckig und zerfallen allmählich. Von aërob lebenden Zellulosezerstörern war oben S. 205 (ITERSON) die Rede.

---

1) Vgl. namentlich auch NIKLEWSKI, M., Beitr. z. Kenntn. d. H-Oxyd. Mikroorg. (Bull. Acad. Sc. Cracovie, 1906, 911), Üb. d. H-Oxyd. durch Mikroorg. (Jahrb. f. wiss. Bot. 1910, **48**, 113) und LEBEDEFF, A. J., Üb. d. Assim. des C bei H-Oxyd. Bakt. (Ber. d. D. Bot. Ges. 1909, **27**, 598).

2) Über diesen und die nachfolgend erwähnten Punkte vgl. bes. MOLISCH, H., Leuchtende Pfl., 2. Aufl., Jena 1912, und Photogene Bakt. (LAFARS Handb. d. techn. Mykol. 1907, **1**, 623; daselbst weitere Literaturzitate). Von anderen Autoren besonders hervorzuheben BEYERINCK, Photobacteria as a reactive in the investigation of the chlorophyll function (Kon. Akad. van Wetensch., Amsterdam 1901), Die Leuchtbakt. d. Nordsee im August u. Sept. (Fol. microbiol. 1916, **4**, 15). — GERRETSEN, Üb. d. Ursachen d. Leuchtens d. Leuchtbakt. (Zbl. f. Bakt. II, 1920, **52**, 953; Einfl. d. NaCl u. Peptons).

3) FRIEDBERGER, E. u. DOEPNER, H., Üb. d. Einfl. v. Schimmelpilzen auf d. Lichtintens. in Leuchtbakterienkult. (Zbl. f. Bakt. I Orig., 1906, **43**, 1); Über Fortdauer des Leuchtens in Mischkulturen vgl. NADSON, Z. Phys. d. Leuchtbakt. (Bull. jard. bot. St. Petersb., 1908, **8**, 144).

4) Über die Gärung der Zellulose (Zbl. f. Bakt. II, 1902, **8**, 193); KELLERMAN a. Mc BETH, Fermentation of cellulose (Zbl. f. Bakt. II, 1912, **34**, 485; s. auch 1913, **39**, 502); LÖHNIS a. LOCHHEAD, Üb. Zellul.-Zersetzung (ibid. 1913, **37**, 490).

— Söhngen (s. o. S. 87, Anm. 1) tränkt Filtrierpapierscheiben mit Mangansulfat- und Kaliumpermanganatlösung; nach dem Trocknen werden die braunen Papiere mit steriler Lösung anorganischer Salze betupft und beimpft: das Manganoxyd wird zu oxysaurem Mn-Salz verwandelt, was an der Bildung heller Höfe erkannt wird.

Präzipitierte Zellulose, die den Nährböden beigemischt wird, erhält Scales[1]) durch Lösung von 5 g Filtrierpapier in 100 cm konz. H_2SO_4 + 60 cm Wasser (nach Abkühlung der Mischung auf 60—65°); nach Lösung der Zellulose wird sie durch schnelles Einschütten kalten Wassers gefällt.

Zwei aërobe, auf Filtrierpapier kultivierbare Zellulosezerstörer isolierte Merker von *Helodea* (*Micrococcus cytophagus* und *M. melanocyclus*, der letztere bildet auf Filtrierpapier schwarze konzentrische Ringe.)[2])

Pektinzerstörende Organismen. — Winogradsky[3]) kultivierte sie auf sterilisierten Flachsstengeln, die mit nicht sterilisierten infiziert wurden. Reinkultur auf Kartoffeln, auf peptonhaltigen Zuckerlösungen, Dekokten von Flachs, Rüben usw., welch letzteren die Organismen ihren Pektingehalt entziehen.

Chitinspaltende Bakterien. — Benecke[4]) gewinnt reines Chitin aus den Panzern der Nordseekrabbe (*Crangon vulgaris*), die kurze Zeit mit kalter verdünnter Salzsäure, ca. 1 Tag mit 20 %iger Natronlauge, dann mit heißem Wasser, Alkohol und Äther behandelt werden. Um fein verteiltes Chitin zu gewinnen, löst man es in bei 0° gesättigter HCl und fällt es mit Wasser aus. Die elektiven Rohkulturen, von welchen Benecke ausging, wurden mit 0,03 % Dikaliumphosphat und 0,03 % Magnesiumsulfat in 1,5 %iger NaCl-Lösung auf ungefälltem Chitin angesetzt und mit einer Öse Plankton geimpft. Die Reinkulturen enthielten in 1½ % Gelose (s. o. S. 39) dieselben Salze und außerdem pulverförmiges Chitin. Den von ihm isolierten chitinzerstörenden Spaltpilz nennt Benecke *Bacillus chitinovorus*.

Pathogene Bakterien. — Bei der großen praktischen Bedeutung der pathogenen Bakterien haben diese seit vielen Jahren das Interesse der Bakteriologen ganz besonders in Anspruch genommen. Von den vielen Methoden, die für ihre Kultur in Anwendung kommen, und der Literatur, die sich mit ihnen befaßt, soll hier keine auch noch so summarische Übersicht gegeben werden, um so weniger, als gerade dieses Kapitel der Mikrobiologie fortwährend neue Bearbeitungen in der medizinischen Lehrbuchliteratur erfährt. Im folgenden will ich nur einige besonders wichtige pathogene Arten erwähnen und solche, die als geeignete Studienobjekte für physiologische u. a. Fragen sich erwiesen haben, und verweise für alle Einzelheiten auf die medizinisch-bakteriologischen Nachschlagewerke.[5])

Fast für alle Arten pathogener Bakterien sind bereits Methoden der künstlichen Züchtung gefunden worden. Im allgemeinen sind Nährgelatine, Nähragar sowie Serum gute Nährböden für die kultivierbaren pathogenen Mikroben; ihr Wachstumsoptimum liegt

1) Scales, New meth. of precipitating cellulose for cellul. agar (Zbl. f. Bakt. II, 1916, **44**, 661).

2) Merker, E., Parasitische Bakterien auf Blättern v. *Elodea* (Zbl. f. Bakt. II, 1911, **31**, 578).

3) Sur le rouissage du lin et son agent microbien (C. R. Acad. Sc. Paris 1895, **121**, 742).

4) Üb. *Bac. chitinovorus*, ein. chitinzersetz. Spaltp. (Bot. Ztg. 1905, I, **63**, 227).

5) Die neuesten Darstellungen des Stoffes bei Kolle u. Wassermann, Handbuch der pathog. Mikroorganismen, 2. Aufl. Jena 1912—13, **1—6** und Lehmann-Neumann, Atlas u. Grundriß der Bakteriologie 1919/20. 6. Aufl.

im allgemeinen bei Bruttemperatur (37 ^{0}). Über die Kultur pathogener Bakterien in Düngerstoffen vgl. ALMQUIST.[1])

In hygienischen Instituten werden meist zahlreiche pathogene Bakterien in künstlichen Kulturen vorrätig gehalten.

Milzbrand (*Bac. anthracis*) gewinnt man aus Milz, Leber oder Herz der an Milzbrand verstorbenen Tiere (Schafe, Rinder, Pferde). Die Ermittlung seiner Kulturbedingungen gehört zu den Taten R. KOCHS.[2]) Milzbrand wächst auf üblicher Nährgelatine und -Agar und auf Kartoffeln in Form langer Fäden. Aërob, verflüssigt Gelatine; Optimum bei Bruttemperatur. Auf erschöpftem Nährboden Sporenbildung; über asporogene Rassen s. o. S. 193.

Rauschbrand (*Bac. Chauvoei*). Befällt Rinder. Anaërob leicht kultivierbar auf den üblichen Medien. Gasbildung. Verflüssigung der Gelatine. Optimum bei Bruttemperatur.

Eitermikrokokken (insbesondere *Staphylococcus pyogenes aureus, St. p. albus*) wachsen auf den üblichen Nährböden, besonders schnell bei Bruttemperatur. Farbstoffproduktion.

Cholera (*Vibrio cholerae*). Wächst auf dem üblichen Nährboden, in Peptonlösung (1 %), auf Kartoffeln. Bei der Choleradiagnose spielt DIEUDONNÉs Blutalkaliagar eine große Rolle.[3]) Mischt man defibriniertes Rinderblut zu gleichen Teilen mit n-KOH, so entsteht eine lackfarbige Blutalkalilösung. Nach Sterilisation werden 30 Teile von dieser mit 70 Teilen gewöhnlichem neutralen (Lakmus-)Nähragar gemischt. Impfung (wegen der wachstumhemmenden Wirkung des NH$_3$) nach 24 Stunden. Choleravibrionen wachsen auf diesem Nährboden trotz seiner starken Alkaleszenz (0,6 % freies Alkali) sehr gut, die Entwicklung der gewöhnlichen Darmbakterien wird gehemmt. Herstellung chlorophyllhaltiger (Solutio spirituosa Merck) Nährböden nach SEIFFERT u. BAMBERGER.[4])

Influenza (*Bac. influenzae*). Aërob bei Bruttemperatur auf Blutagar, d. h. solchem, dessen Oberfläche mit frischem Blut (von Menschen, Kaninchen oder besonders von Tauben) bestrichen ist. Über den Einfluß fremder Bakterien auf das Wachstum des Influenzabazillus s. o. S. 188.

Tuberkulose (*Bac. tuberculosis*); seine Isolierung und Kultur auf künstlichen Nährböden (KOCH) gehört zu den schwierigeren Aufgaben des Bakteriologen. Man isoliert aus Sputum oder tuberkulösen Organen auf Serum oder Glyzerinserum; zum Überimpfen aus Reinkulturen genügen 6—8 % Glyzerin enthaltender Nähragar, Nährbouillon, Kartoffelnährbouillon[5]) u. a. — Die Tuberkelbazillen wachsen auf Serum sehr langsam, auf Gehirnnährböden schneller; aërob. Optimum 37 ^{0}.

Typhus (*Bac. typhi*); zu gewinnen aus Milz, Lymphdrüsen usw. frischer Typhusleichen, schwieriger (Begleitung des *Bact. coli*) aus Fäces. Wächst aërob und anaërob bei Zimmertemperatur und besser bei 37 ^{0} selbst bei schwachsaurer Reaktion des Nährbodens

---

1) Kult. v. path. Bakt. in Düngerstoffen (Zeitschr. f. Hyg. 1906, **52**, 179).

2) KOCH, R., Ätiologie d. Milzbrandkrankheit usw. (COHNs Beitr. z. Biol. d. Pfl., 1876, **2**).

3) DIEUDONNÉ, A., Blutalkaliagar, ein Elektivnährboden für Choleravibrionen (Zbl. f. Bakt. I, Orig., 1909, **50**, 107); ESCH (D. med. Wochenschr. 1910, 559).

4) SEIFFERT u. BAMBERGER, Der Chemismus elektiver Choleranährböden (Arch. f. Hyg.. 1916, **85**, 265); s. auch ZEISS, Beitr. z. biol. Wirk. d. Chlorophylls auf Mikroorganismen (Zbl. f. Bakt. I, 1920, **85**, 291).

5) JUREWITSCH, W., Kartoffelnährbouillon z. Züchtung d. Tuberkelbaz. (Zbl. f. **Bakt. I, Orig., 1908, 47**, 664).

auf Kartoffel. Nähragar, Nährgelatine usw., letztere wird nicht verflüssigt. Über Anreicherung der Ty.bakterien u. a. durch Bolus[1]) vgl. KUHN, über differentialdiagnostische Nährböden s. o. S. 189ff.

Diphtherie (*Bac. diphtheriae*); die Bakterien werden mit sterilem Wattebausch von der verdächtigen Stelle abgehoben und zunächst auf LÖFFLERschem Blutserum (3 Teile Rinder- oder Hammelserum, 1 Teil neutralisierte Kalbfleischbouillon, 1 % Pepton, 1 % Traubenzucker, 0,5 % NaCl) kultiviert. Das Serum wird bei 100⁰ sterilisiert. Zum Weiterkultivieren des gewonnenen reinen Materials dienen besonders Nähragar und Glyzerinagar.

Gonorrhoe (*Micrococcus gonorrhoeae*). Trippereiter wird in flüssigem Serum wiederholt verdünnt, die endgültige Verdünnung auf 40⁰ erwärmt und mit flüssigem, sterilem Agar gleicher Temperatur vermischt. Auf solchen Blutserumagarplatten entwickeln sich die Kolonien des Gonorrhoekokkus nach ca. 24 Stunden (WERTHEIMsche Methode). Optimum 37⁰.

Spirochäten, Syphilis. — Mit den schwer kultivierbaren Spirochäten hat zuerst MÜHLENS[2]) positive Erfolge erzielt: *Sp. dentium* kann auf einem Pferdeserumagar (2 Teile Agar, 1 Teil Pferdeserum, bei 50⁰ zusammenzugießen und schnell zum Erstarren zu bringen) rein kultiviert werden. SCHERESCHEWSKY züchtete *Sp. pallida* auf erstarrtem Pferdeserum, indem er kleine Stückchen syphilitischer Gewebe in dieses brachte; allerdings wurden auf diesem Wege nur Mischkulturen gewonnen.[3]) MÜHLENS[4]) gelang die Trennung, indem er ein kleines Quantum spirochätenhaltiger Flüssigkeit in einem Reagenzglas bei 50⁰ in noch flüssiges Pferdeserumagar übertrug und kräftig schüttelte; neben Mischkolonien bildeten sich auch reine Spirochätenkolonien, von welchen die Abimpfung gelang. NOGUCHI kultivierte Spirochäten und infizierte Affen mit seinem Kulturmaterial.

---

1) KUHN, Weitere Mitteil. üb. d. Nachweis v. T., Ruhr u. Cholera durch d. Bolusverfahren (Med. Klinik 1916, 941).

2) MÜHLENS, Üb. Züchtung v. Zahnspirochäten u. fusif. Baz. auf künstl. (festen) Nährb. (D. med. Wochenschr. 1906, No. 20).

3) SCHERESCHEWSKY, J., Züchtung der *Sp. pallida;* SCHAUDINN (D. med. Wochenschrift 1909, No. 19; auch No. 29).

4) MÜHLENS, Klin. Jahrb. 1910, **23**.

Anhang.

Wir haben uns in den vorhergehenden Abschnitten mit den Protozoën und denjenigen Organismengruppen, welche der Botaniker als Thallophyten bezeichnet, beschäftigt. Wenn wir uns auf diese beschränkt haben, so trugen wir dem Sprachgebrauch Rechnung, der im allgemeinen nur Vertreter jener Gruppen als Mikroorganismen gelten läßt. Wir dürfen aber nicht unerwähnt lassen, daß dieselben Methoden, von welchen oben die Rede war, auch außerhalb des bisher behandelten Organismenkreises anwendbar sind oder doch vielleicht anwendbar werden können: die Archegoniaten z. B. (Moose, Farne) liefern uns mit ihren Sporen isolierte Zellen, welche zur künstlichen Kultur nach Mikroorganismenart ohne weiteres geeignet sind. Auf diese und ähnliche Objekte und einige der einschlägigen Fragen will ich im folgenden noch ganz kurz eingehen.

1. **Sporen der Archegoniaten** (Bryophyten, Pteridophyten). — Sporen von Moosen, Filizineen und Equisetazeen lassen sich nicht nur auf Lehm, Torf u. dgl., sondern auch auf künstlichen anorganischen und organischen Nährlösungen, auf Agarmischungen u. dgl. leicht zur Keimung bringen; Laubmoose liefern in Gelatine- oder Agarkulturen stattliche beblätterte Pflänzchen.[1]

2. **Pollenkörner.** — Die Mikrosporen der Phanerogamen verhalten sich den soeben genannten Gebilden ähnlich: auch sie keimen leicht auf künstlichen Nährsubstraten. Bei manchen Pflanzen genügt Wasserzufuhr, um die Pollenkörner zur Keimung zu bringen; andere platzen in reinem Wasser und bleiben nur in den Lösungen osmotisch wirksamer Stoffe entwicklungsfähig. Noch andere (Gramineen) keimen nur, wenn die Wasserzufuhr eine ganz geringe ist, und werden am besten auf ein angefeuchtetes Deckglas aufgetragen und in der feuchten Kammer beobachtet. Als empfehlenswertes Kultursubstrat nennt JOST[2] Agar mit ungefähr 1 % Rohrzucker. Wenn auf Zuckerlösungen oder Agarboden kein Wachstum zu erzielen ist, so verreibe man auf einem Deckglas etwas Narbenschleim und säe auf diesem die Pollenkörner aus. RENNER[3] verfuhr in der Weise, daß er neben die Aussaatstelle etwas H_2O auftrug und das Deckglas auf hohlgeschliffenen

---

1) Literatur zitiert LAAGE, A., Beding. d. Keimung von Farn- und Moossporen (Beih. z. Bot. Zbl. 1907, I, **21**, 76). Vgl. auch MIYOSHI, M., Üb. d. Kultur der *Schistostega osmundacea SCHIMP.* (Botan. Magaz. 1912, **26**, 304). Über die physiologischen Ansprüche der Moospflanzen berichtet namentlich SERVETTAZ, Rech. expér. s. la dével. et la nutrition des mousses en milieux stérilisés (Ann. sc. nat., bot., 1913, 9. sér., **17**, 111).

2) JOST, Zur Phys. des Pollens (Ber. d. D. Bot. Ges. 1905, **33**, 504); Über die Selbststerilität einiger Blüten (Bot. Ztg. 1907, **65**, 77).

3) RENNER, Z. Biol. u. Morph. d. männl. Haplonten einiger Oenotheren (Ztschr. f. Bot. 1919, **11**, S. 305).

Objektträger brachte (Versuche mit *Oenothera*). Um das Platzen der Körner oder Schläuche zu verzögern, stellte sich Renner „gelinde Exsikkatoren" her, indem er 10—20 °/₀ Rohrzuckerlösung statt des Wassers neben seine Kultur auftrug.

Richtend auf das Wachstum der Pollenschläuche wirken Kohlehydrate (Miyoshi[1]) und Diastase (Lidforss).[2]

3. Isolierte Zellen höherer Pflanzen und Tiere. — Bei vielen Thallophyten stellt der spontane Zerfall eines vielzelligen Pflanzenkörpers in seine einzelnen Zellen einen einfachen Vermehrungsmodus dar, der bei höheren Gewächsen gänzlich fehlt. Bei Moosen gelingt es wohl noch, sehr kleine Stückchen eines Thallus (Marchantiazeen) oder die Blättchen, Stammstückchen, Kapseln zur Bildung eines Protonema anzuregen. Bei den Phanerogamen bedarf es stets größerer Abschnitte, wenn Regeneration eintreten soll; einzelne Zellen sind unter günstigen Lebensbedingungen nur zu bescheidenem Wachstum befähigt.[3]

Daß es künftigen Forschungen gelingen wird, Kulturbedingungen ausfindig zu machen, welche isolierten Pflanzenzellen die Wirkungen, die normalerweise von ihrer Nachbarschaft ausgehen, ersetzen und ihnen den Fortgang ihrer normalen Entwicklung möglich machen, ist nicht zu bezweifeln.

Für die Zellen der Tiere scheint dieses Problem der Lösung schon näher zu sein.

Maximow gelang es, auf diesem schwer zugänglichen Forschungsgebiet Resultate zu erzielen. Entzündliche Neubildungen des Bindegewebes ließ er in Fremdkörper einwachsen, welche zur Isolierung der Zellen von ihrem Mutterboden führten und gleichzeitig eine Untersuchung auf dem heizbaren Objekttisch gestatteten — und ferner führte er Fremdkörper in das Versuchstier ein, die geradezu als Nährboden für die Zellen des Bindegewebes wirkten. Versuche der ersten Art wurden mit deckglasähnlichen oder mit dickeren Glasplättchen angestellt, die in geeigneter Weise paarweise miteinander verbunden wurden und zwischen sich einen feinen Spalt für Einwanderung und Verbreitung der Bindegewebszellen frei ließen. Neben den „Glaskammern" kamen „Zelloidinkammern" zur Verwendung, kleine, aus dem käuflichen, knorpeligen Zelloidin geschnittene Blöckchen von 8 : 4 : 2 (oder 3) mm, die ½ Stunde in physiologischer Kochsalzlösung gekocht wurden; mit dem Rasiermesser wurden parallel zur größten Fläche der Stückchen zwei nicht völlig durchgehende Schnitte gemacht; in diese Spalte traten später die Bindegewebszellen ein. Außerdem fertigte Maximow Zelloidinröhrchen von ca. 7 mm Länge an, indem er eine Stahlnadel oder dgl. wiederholt in Zelloidinlösung eintauchte und das Zelloidin an ihr trocknen ließ. Diese Röhrchen

---

1) Üb. Reizbeweg. d. Pollenschläuche (Flora 1894, **78**, 76).

2) Üb. d. Chemotropismus d. Pollenschläuche (Ber. d. D. Bot. Ges. 1899, **17**, 236).

3) Haberlandt, Kulturversuche mit isol. Pflanzenzellen (Sitzungsber. Akad. Wiss. Wien 1902, I, **111**, 69).

wurden bei einigen Versuchen (durch Eintauchen) mit geschmolzenem Fleischpeptonagar gefüllt. In solchen Zelloidinkammern sah MAXIMOW manchmal „echte Reinkulturen von gewissen Zellarten" sich bilden. „Selbstverständlich sind die Veränderungen, welche die verschiedenen, als isolierte selbständige Elemente in den Fremdkörper einwandernden Zellen durchmachen, nicht identisch mit denjenigen, welche sie im Gewebe selbst bei der Entzündung und Narbenbildung erleiden. Im Innern des Fremdkörpers sind die Elemente frei geworden von den ihre Entwicklung beeinflussenden und oft hemmenden Wirkungen der Nachbarzellen; sie entfalten hier, wo sie, wie z. B. in den Agarkammern, von reichlichem Nährmaterial umgeben sind, ungestört die ihnen innewohnenden Fähigkeiten zur progressiven Entwicklung, hypertrophieren, erreichen manchmal ganz außerordentliche Größen und können sich sogar vermehren"[1]) (a. a. O. S. 242).

Nachdem es schon HARRISON gelungen war, Gewebe des Froschembryos in Lymphe zu züchten[2]), haben neuerdings BURROWS, CARREL und deren Mitarbeiter[3]) sich eingehend mit der Kultur tierischer und menschlicher Gewebe beschäftigt: als Kulturmedien dienen Blutplasma der betreffenden Tierspezies — rein oder mit Zusatz von 0,1 % oxalsaurem Natrium, verdünntes Plasma (1: 2 Wasser), Plasmaagar, RINGERsche Lösung[4]); normale und pathologische Gewebe wurden bereits in vitro zum Wachsen gebracht. Über die Kultur farbloser Blutzellen (Leukozyten) hat HABERLANDT[5]) berichtet: 10 % Gelatine mit RINGERscher Lösung. Glas wirkt giftig auf Blutzellen.[6])

Von besonderem Interesse ist die Frage, ob auch isolierte, d. s. vom andern Geschlecht dauernd getrennte Sexualzellen „kultiviert", d. h. am Leben erhalten und zur Teilung gebracht werden können. Über die Befähi-

---

1) Experimentelle Unters. üb. d. entzündliche Neubildung von Bindegewebe (5. Supplementheft d. Beitr. z. pathol. Anat. usw., Jena 1902).

2) HARRISON, R. GR., Outgrowth of the nerve fiber as a mode of protoplasmie mouvement (Journ. exp. zool. 1910, 9).

3) Vgl. z. B. CARREL, A., Die Kultur der Gewebe außerhalb des Organismus (Berl. Klin. Wochenschr. 1911, 1364); CARREL, A. u. BURROWS, M. T., Cultiv. of tissues in vitro and its technique (Journ. exp. med. 1911, 13, No. 3); INGEBRITSEN, R., Infl. of heat on different sera as culture media for growing tissues (ibid. 1912, 15, 397); CARREL, A., On the permanent life of tissues outside of the organism (ibid. 1912, 15, 516); WEIL, G. C., Some observ. on the cultivation of tissues in vitro (Journ. med. research 1912, 26, 159) u. v. a. Die jüngste Behandlung des Themas bei CARREL, Neue Meth. z. Stud. des Weiterlebens v. Gew. in vitro (ABDERHALDEN's Handb. d. biochem. Meth. 1912, 6, 519).

4) Diese ist nach folgendem Rezept herzustellen:

$$
\begin{array}{lr}
H_2O & 100 \text{ g} \\
NaCl & 0,6 \text{ „} \\
NaHCO_3 & 0,01 \text{ „} \\
CaCl_2 & 0,01 \text{ „} \\
KCl & 0,0075 \text{ „}
\end{array}
$$

5) HABERLANDT, L., Kulturversuche an Froschleukozyten (Ztschr. f. Biol. 1918, 69, 275).

6) DEETJEN im Arch. f. Anat. u. Phys. (Phys. Abt.), 1906, S. 401.

gung der Eier vieler Tiere, unter bestimmten Kulturbedingungen zu Embryonen sich entwickeln zu können („künstliche Parthenogenese"), existiert bereits eine umfangreiche Literatur, deren Inhalt schon wiederholt zusammenfassend dargestellt worden ist; die Samenzellen haben bisher einer ähnlichen „Kultur" unüberwindliche Schwierigkeiten entgegengestellt. Vielleicht bedeuten die von Loeb und Bancroft erzielten Erfolge[1]) einen ersten Schritt zur Lösung dieser Frage: die genannten Forscher übertrugen lebende Spermatozoën von Vögeln in Eigelb, Eiweiß, Hühnerserum oder Ringersche Lösung ($1/_6$- bis $1/_{10}$-Normal) und sahen namentlich an dem Kopf der Spermatozoën auffallende Veränderungen sich abspielen.

4. **Höhere Pflanzen und Tiere** als intakte Individuen in vitro zu kultivieren, gelang verschiedenen Autoren. Hannig[2]) arbeitete mit herauspräparierten Embryonen von Kruziferen, die er in mit Embryosacksaft gefüllten Glasröhrchen heranwachsen ließ; auch Lösungen von bekannter Zusammensetzung (Asparagin, Leuzin, Zucker usw.) erwiesen sich als geeignet. Als fester Nährboden diente z. B.

Gelatine . . . . . . 10 %
Rohrzucker . . . . 10 %
Asparagin . . . . . 0,01 %,

hierzu Mineralsalze.

Daß es gelingen könnte, isolierte Ovula höherer Pflanzen in geeigneten Nährlösungen am Leben zu erhalten und gleichzeitig ausgesäte Pollenkörner unter dem Mikroskop keimen und die Schläuche mit den Samenanlagen in Beziehung treten zu lassen, erscheint keineswegs ausgeschlossen. Nach van Tieghems Angaben sind ihm solche Versuche tatsächlich bereits gelungen; neuere Untersuchungen hierüber liegen leider nicht vor.[3])

Keimlinge und Pflanzen in vorgerückten Stadien der Entwicklung kultivierte z. B. Molliard.[4]) Schmidt bediente sich hierzu der Gasglühlichtzylinder als Kulturgefäße: an einer Seite werden die Röhren mit einer Kollodiumschicht geschlossen (Aufgießen über Hg); dann werden sie mit Sand gefüllt und in ein ebenso gefülltes Becherglas eingestellt. Nach Sterilisation und Beimpfung werden die Röhren mit Watte verschlossen. Das Aufgießen von neuer Nährlösung erfolgt durch das Becherglas; die Kollodiumschicht dient als Bakterienfilter.[5])

---

1) Loeb, J. u. Bancroft, F. W. (Journ. exp. zool. 1912, **12**, 381).

2) Hannig, E., Zur Phys. pflanzl. Embr. (Bot. Ztg. 1904, 45).

3) van Tieghem, Ann. sc. nat. Bot. sér. V 1869, **12**, 323; vgl. hierzu Strasburger, Über Befruchtung und Zellteilung, Jena 1877, 53, 54.

4) Molliard, M., Action morphog. de quelques subst. organ. etc. (Rev. gén. de Bot., 1907, **19**, 241).

5) Schmidt, E. W., Zur Methodik v. Infektionsversuchen an höheren Pfl. (Zbl. f. Bakt. II, 1910, **25**, 426); ebendort ein Verfahren, höhere Pflanzen auf Knop-Agar steril zu erziehen. Vgl. ferner Petri, L., Nodositätenbildung auf d. Rebenwurzeln durch die Reblaus in sterilis. Mittel (ibid. 1909, **24**, 146).

Kleine lebende Pflanzen sterilisierten Mamelli und Pollacci[1]) mit H_2O_2 (2,4% 5—15 Minuten). Tubeuf sterilisierte Samen von *Cuscuta* durch Schütteln in 1%iger Sublimatlösung oder 96%igem Alkohol und nachfolgendes Abwaschen mit sterilisiertem Wasser (1912 a. a. O.).

Das lebende Substrat, auf das in der Natur die Parasiten Anspruch machen, läßt sich im Versuch durch totes Material ersetzen. Molliard kultivierte *Cuscuta monogyna* monatelang auf organischen Nährmedien. Die Samen wurden auf feuchter Watte zum Keimen gebracht und dann in mineralischer Nährlösung + 5 —10% Glukose weiterkultiviert. Bei Kultur in 5% Glukose + 1% Pepton (oder Asparagin) erschienen sogar (ohne Kontaktreiz) Haustorien.[2]) Versuche mit *Cuscuta glomerata* stellte Tubeuf an.[3]) Derselbe Forscher kultivierte *Viscum album* und *V. cruciatum* mehrere Jahre hindurch auf Agarböden und andern Medien. Einen zusammenfassenden Bericht über die Sterilisation lebender Pflanzen hat Grafe[4]) unlängst gegeben. Samen von Orchideen brachte Burgeff[5]) auf Agar (mineralische Nährlösung + 0,33% Rohrzucker) zum Keimen, die jungen Pflänzchen nach Zufügung des erforderlichen Pilzes (s. o. p. 164) zu freudigem, viele Monate anhaltendem Wachstum.

Daß auch Metazoën als intakte Organismen nach Art der Mikroben sich kultivieren lassen, lehrt das Wachstum der Aelchen auf Nährlösungen[6]) und Agar.[7]) „Kultur" von Arthropoden *(Tyroglyphus longior)* auf Fleischwasser-Peptonagar beobachtete Lénárd[8]): Die Milben verzehrten die auf dem Agar sich entwickelnden Bakterien.

Die Kultur der Hydatinen (*Hydatina senta*), Polypen (*Hydra* u. a.), wie sie zu tierphysiologischen Zwecken betrieben wird, steht der Aquariumtechnik wohl näher als den Züchtungsverfahren des Mikrobiologen.

---

1) Mamelli, E. e Pollacci, G., Metodo di sterilisazione di piante vive per esperienze di patologia e di fisiologia (Rendic. Accad. Lincei 1910, **19**, 569).

2) Cultures saprophytiques de *Cuscuta monogyna* (C. R. Acad. Sc. Paris 1908, **147**, 685).

3) v. Tubeuf, Versuche mit Mistelreinkulturen in Erlenmeyerkölbchen (Naturwiss. Ztschr. f. Forst- u. Landwirtsch. 1912, **10**, 138).

4) Grafe, V., Das Sterilis. lebender Pfl. (Abderhalden's Handb. d. biochem. Arbeitsmeth. 1912, **6**, 139).

5) Burgeff, H., Die Wurzelpilze der Orchideen usw. Jena 1909, 62 ff.

6) Potts, Notes on the free-living Nematodes I (Quart. Journ. micr. Sci. 1910, **55**); Krüger, Fortpfl. u. Keimzellbindung v. *Rhabditis aberrans* n. sp. (Ztschr. f. wiss. Zool. 1913, **105**).

7) Küster, Anleitung usw., 2. Aufl., S. 205; Berliner u. Bosch (Üb. d. Züchtung des Rübennematoden *(Heterodera Schachtii)* Schmidt auf Agar. Biol. Zbl. 1914, **34**, 349) säten Samen von *Beta, Avena* usw. zugleich mit Nematoden auf Agar aus und beobachteten die Vorgänge der Infektion. Hilgermann u. Weissenberg, Nematodenzüchtung auf Agarplatten (Zbl. f. Bakt., Abt. I, Orig., **80**, 467; 10 g alkal. Nährbouillon, 90 g Leitungswasser, 1,5 g Agar). — Über Mikrofilarienkultur vgl. Wellman u. Johns, Artif. cult. of filariae embryos (Journ. americ. med. assoc., 1912, **59**, No. 17) und Bach, Üb. d. Mikrofilarienkulturen usw. (Zbl. f. Bakt. I, Orig., 1913, **70**, 50).

8) Lénárd, Eine Agar-Agar fressende Milbe (Zbl. f. Bakt., Abt. I 1920, **84**, S. 539).

Bakterien, Adsorption 50, 175

Das Mikroskop, seine wissenschaftlichen Grundlagen und seine Anwendung. Von Dr. A. Ehringhaus. Mit 76 Abb. im Text. (ANuG Bd. 678.) Kart. M. 2.80, geb. M. 3.50

Einführung in die Mikrotechnik. Von Dr. V. Franz und Dr. H. Schneider. (ANuG Bd. 765.) Kart. M. 2.80, geb. M. 3.50

Wirkungsweise und Gebrauch des Mikroskops und seiner Hilfsapparate. Von Prof. Dr. W. Scheffer. Mit 89 Abb. Geh. M. 3.20, geb. M. 5.60

Handbuch der naturgeschichtlichen Technik für Lehrer und Studierende der Naturwissenschaften unter Mitwirkung von zahlreichen Fachgelehrten herausgegeben von Prof. Dr. B. Schmid. Mit 381 Abb. Geh. M. 15.—, geb. M. 19.40

Lehrbuch der Physik für Mediziner, Biologen und Psychologen. Von Hofrat Prof. Dr. E. Lecher. 3. Aufl. Mit 501 Figuren. Geh. M. 10.—, geb. M. 13.60

Grundriß der Chemie für Studierende der Medizin und Biologie. Von Prof. Dr. H. G. Kaufmann. [In Vorb. 1921.]

Bau und Leben der Bakterien. Von Prof. Dr. W. Benecke. Mit 105 Abbildungen. Geb. M. 15.—

Die niederen Organismen. Ihre Reizphysiologie u. Psychologie. Von Prof. H. S. Jennings. Autorisierte deutsche Übers. von Prof. Dr. E. Mangold. Mit 144 Figuren. Geh. M. 12.—, geb. M. 15.—

Physiologie der Einzelligen. Von Dr. S. v. Prowazek. Mit 31 Abbildungen. Geb. M. 6.—

Lebensweise und Organisation. Einführung in die Biologie der wirbellosen Tiere. Von Prof. Dr. P. Deegener. Mit 154 Abb. Geh. M. 5.—, geb. M. 6.—

Allgemeine Biologie. Redaktion: Geh. Hofrat Prof. Dr. C. Chun und Prof. Dr. W. Johannsen. Unter Mitwirkung von Dr. A. Günthart. (Die Kultur der Gegenwart. Hrsg. von Prof. P. Hinneberg. Teil III, Abt. IV, 1.) Mit 115 Abbildungen. Geh. M. 28.—, geb. M. 38.—

Einführung in die allgemeine Biologie. Von W. T. Sedgwick und E. B. Wilson. 2. Aufl. Dtsch. v. Dr. R. Thesing. Mit 126 Abb. M. 6.—, geb. M. 7.—

Einführung in die Biologie. Von Prof. Dr. Karl Kraepelin. 5., verb. Aufl. bearb. v. Prof. Dr. C. Schäffer. Gr. Ausgabe. Mit zahlr. Textabb. 1 schw. Taf. sowie 4 Taf. u. 2 Karten in Buntdr. [U. d. Pr. 1921.] Kl. Ausgabe. Mit 333 Textbild., 1 schw. Taf. sowie 4 Taf. u. 2 Karten in Buntdruck. Geb. M. 7.20

Zellen- u. Gewebelehre, Morphologie u. Entwicklungsgeschichte. (Die Kultur der Gegenwart. Hrsg. v. Prof. P. Hinneberg. Teil III, Abt. IV, 2.) 1. Botan. Teil. Unt. Redakt. v. Geh. Reg.-Rat Prof. Dr. E. Strasburger. Mit 135 Abbildungen. Geh. M. 14.—, geb. M. 18.80
2. Zoologischer Teil. Unter Redaktion von Geh. Med.-Rat Prof. Dr. O. Hertwig. Mit 413 Abbildungen. Geh. M. 20.—, geb. M. 28.—

Abstammungslehre, Systematik, Paläontologie, Biogeographie. (Die Kultur der Gegenwart. Hrsg. v. Prof. P. Hinneberg. Teil III, Abt. IV, 5.) U. Red. v. Geh. Med.-Rat Prof. Dr. R. Hertwig u. Hofrat Prof. Dr. R. v. Wettstein. Mit 112 Abbildungen. Geh. M. 22.—, geb. M. 30.—

Auf sämtl. Preise Teuerungszuschl. des Verlags 120% (Abänder. vorb.) u. teilw. d. Buchhandlungen

Verlag von B. G. Teubner in Leipzig und Berlin

Mendels Vererbungstheorien. Von W. Bateson. Übersetzt von A. Winckler. Mit einem Begleitwort von R. v. Wettstein sowie 41 Abb. im Text, 6 Tafeln u. 3 Porträts von Mendel. Geh. M. 17.60, geb. M. 20.—

Der gegenwärt. Stand der Abstammungslehre. Von Prof. Dr. L. Plate. Ein populärwissenschaftlicher Vortrag und zugleich ein Wort gegen Joh. Reinke. Mit 14 Figuren. Geh. M. 1.60

Zoologisches Wörterbuch. Von Dr. Th. Knottnerus-Meyer. (Teubners kleine Fachwörterbücher. Bd. 2.) Geb. M. 8.—

Tierbau und Tierleben in ihrem Zusammenhang betrachtet. I.: Der Tierkörper als selbständiger Organismus. Von Prof. Dr. R. Hesse. II.: Das Tier als Glied des Naturganzen. Von Prof. Dr. F. Doflein. Mit 1220 Abbildungen und 35 Tafeln in Schwarz-, Bunt- und Lichtdruck nach Originalen erster Künstler. In Halblein. geb. je M. 38.—, in Halbleder bzw. Kunstl. je M. 45.—

Grundriß der Zoologie für Studierende der Naturwissenschaften und Medizin. Zum Gebrauch bei Vorlesungen und praktischen Übungen. Von Dr. C. W. Schmidt. Mit 308 Abbildungen. Kart. M. 7.—

Experimentelle Zoologie. Von Prof. Th. Hunt Morgan. Deutsche, vom Verf. autorisierte, verm. u. verb. Ausg., übersetzt von Helene Rhumbler. Mit zahlreichen Abb. und 1 farbigen Tafel. Geh. M. 11.—, geb. M. 12.—

Lehrbuch der Paläozoologie. Von Prof. Dr. E. Stromer von Reichenbach. 2 Teile. I. Teil: Wirbellose Tiere. Mit 398 Abbildungen. II. Teil: Wirbeltiere. Mit 234 Abbildungen. Geb. je M. 10.—

Leitfaden der Planktonkunde. Von Prof. Dr. A. Steuer. Mit 270 Abb. im Text und 1 Tafel. Geh. M. 7.—, geb. M. 8.—

Botanisches Wörterbuch. Von Dr. O. Gerke. (Teubners kleine Fachwörterbücher Bd. 1.) Geb. M. 8.—

Lehrbuch der Botanik. Von Prof. Dr. K. Giesenhagen. 8. Aufl. Mit 560 Textfiguren. Geh. M. 18.—, geb. M 20.—

Pflanzenanatomie. Von Prof. W. J. Palladin. Nach der 5. russ. Aufl. übersetzt u. bearb. v. Privatdoz. Dr. S. Tschulok. Mit 174 Abb. Geh. M. 6.—, geb. M. 10.-

Einleitung in die experimentelle Morphologie der Pflanzen. Von Geh. Hofrat Prof. Dr. K. von Goebel. Mit 135 Abb. Geb. M. 8.—

Physiologie und Ökologie. (Die Kultur der Gegenwart. Hrsg. v. Prof. P. Hinneberg. Teil III, Abt. IV, 3.) I. Botanischer Teil. Unt. Red. von Geh. Rat Prof. Dr. G. Haberlandt. Mit 119 Abbildungen. Geh. M. 14.—, geb. M. 18.80

Die Pflanzen Deutschlands. Eine Anleitung zu ihrer Kenntnis. Die höheren Pflanzen. Von Prof. Dr. O. Wünsche. 10., neubearb. Aufl., hrsg. v. Prof. Dr. J. Abromeit. Mit 1 Bildnis O. Wünsches. Geb. M. 8.—

Auf sämtl. Preise Teuerungszuschl. des Verlags 120% (Abänder. vorb.) u. teilw. d. Buchhandlungen

Verlag von B. G. Teubner in Leipzig und Berlin

Aus Natur und Geisteswelt

Jeder Band kart. M. 2.80 **Jeder Band geb. M. 3.50**

Hierzu Teuerungszuschlag des Verlags 120% (Abänderung vorbehalten)

Zur Biologie, Botanik und Zoologie sind bisher erschienen:

Einführung in die Biologie.

Allgemeine Biologie. Einführung in die Hauptprobleme der org. nischen Natur. Von Prof. Dr. H. Miehe. 3. verb. Aufl. Mit 44 Abb. (Bd. 130.)

Experimentelle Biologie. Von Dr. C. Thesing. Mit 1 Tafel und 69 Textabb. (Bd. 337.)

Entwicklungsgeschichte des Menschen. Vier Vorlesungen. Von Dr. A. Heilborn. 2. Aufl. Mit 61 Abb. nach Photograph. u. Zeichn. (Bd. 388.)

Die Beziehungen der Tiere und Pflanzen zueinander. Von Prof. Dr. K. Kraepelin. 2. Aufl. I. Bd. Die Beziehungen der Tiere zueinander. Mit 64 Abb. (Bd. 426.) II. Bd. Die Beziehungen der Pflanzen zueinander und zu den Tieren. Mit 68 Abb. (Bd. 427.)

Lebensbedingungen u. Verbreitung d. Tiere. Von Prof. Dr. O. Maas. Mit 11 Kart. u. Abb. (139.)

Die Schädlinge im Tier- und Pflanzenreich und ihre Bekämpfung. Von Geh. Reg.-Rat Prof. Dr. K. Eckstein. 3. Aufl. Mit 36 Fig. i. Text. (Bd 18.)

Die Welt der Organismen. Von Oberstudienrat Prof. Dr. K. Lampert. Mit 52 Abb. (Bd. 236.)

Einführung in die Biochemie in elementarer Darstellung. Von Prof. Dr. W. Löb. 2. Aufl. von Prof. Dr. H. Friedenthal. Mit 12 Fig. (Bd. 352.)

Abstammungs= und Vererbungslehre, vergl. Anatomie.

Experimentelle Abstammungs- und Vererbungslehre. Von Prof. Dr. C. Lehmann. 2. Aufl. Mit 27 Abb. (Bd. 379.)

Abstammungslehre und Darwinismus. Von Prof. Dr. R. Hesse. 5. Aufl. Mit 40 Textabb. (39.)

Die Tiere der Vorwelt. Von Professor Dr. O. Abel. Mit 31 Abb. (Bd. 399.)

Die Stammesgeschichte unf. Haustiere. Von Prof. Dr. C. Keller. 2 Aufl. Mit 29 Abb. i. T. (252.)

Vergleichende Anatomie der Sinnesorgane der Wirbeltiere. Von Prof. Dr. W. Lubosch. Mit 107 Abb. (Bd. 282.)

Fortpflanzung.

Befruchtung u. Vererbung. Von Dr. E. Teichmann. 3. Aufl. Mit 13 Textabb. (Bd. 70.)

Fortpflanzung u. Geschlechtsunterschiede d. Menschen. Eine Einführ. in d. Sexualbiol. V. Prof. Dr. H. Boruttau. 2. Aufl. Mit 39 Abb. (540.)

Die Fortpflanzung der Tiere. Von Prof. Dr. R. Goldschmidt. Mit 77 Abb. (Bd. 253.)

Zwiegestalt der Geschlechter in der Tierwelt. (Dimorphismus.) V. Dr. F. Knauer. 37 Fig (148.)

Mikroorganismen.

Die Bakterien im Haushalt der Natur und des Menschen. Von Prof. Dr. E. Gutzeit. 2. Aufl. Mit 13 Abb. (Bd. 242.)

Die krankheiterregenden Bakterien. Grundtatsachen der Entstehung, Heilung u Verhütung der bakteriellen Infektionskrankheiten d. Menschen. V. Prof. Dr. M. Löhlein. 2. Afl. M. 33 Abb. (307.)

Die Urtiere. Von Prof. Dr. R. Goldschmidt. 2. Aufl. Mit 44 Abb. (Bd. 160.)

Das Süßwasser-Plankton. Von Prof. Dr. O Zacharias. 2. Aufl. Mit 57 Abb. (Bd. 156.)

Das Meer, seine Erforschung und sein Leben. V. Prof. Dr. O. Janson. 3. Aufl. Mit 40 Fig. (30.)

Einführung in die Mikrotechnik. Von Dr. V. Franz und Dr. H. Schneider. (Bd. 765.)

Botanik (insbesondere angewandte).

Pflanzenphysiologie. V. Prof. Dr. H. Molisch. Mit 63 Fig. (Bd. 569.)

Botanik des praktischen Lebens. Von Prof. Dr. P. Gisevius. Mit 24 Abb. (Bd. 173.)

Die Pilze. Von Dr. A. Eichinger. Mit 64 Abb. (Bd. 334.)

Pilze und Flechten. Von Dr. W. Nienburg. (Bd. 675.)

Die fleischfressenden Pflanzen. Von Prof. Dr. A. Wagner. Mit 82 Abb. (Bd. 344.)

Unsere Blumen und Pflanzen im Zimmer. Von Prof. Dr. U. Dammer. Mit 65 Abb. (Bd. 359.)

Unsere Blumen und Pflanzen im Garten. Von Prof. Dr. U. Dammer. Mit 69 Abb. (Bd. 360.)

Der deutsche Wald. Von Prof. Dr. H. Hausrath. 2. Aufl. Mit 1 Bilderanh. u. 2 Kart. (Bd. 153.)

Der Kleingarten. Von J. Schneider, Fachlehrer für Gartenbau und Kleintierzucht. 2., verb. u. verm. Aufl. Mit 80 Abb. (Bd. 498.)

Ursprung, Werdegang und Züchtungsgrundlagen der landwirtschaftlich. Kulturpflanzen. Von Prof. Dr. A. Zade. (Bd. 766.)

Weinbau und Weinbereitung. Von Dr. F. Schmitthenner. Mit 34 Abb. (Bd. 332.)

Kolonialbotanik. Von Prof. Dr. F. Tobler. Mit 21 Abb. (Bd. 184.)

Der Tabak. Anbau, Handel und Verarbeitung. Von Jac. Wolf. 2. Aufl. Mit 17 Abb. (Bd. 416.)

Botanisches Wörterbuch. Von Dr. O. Gerke. (Teubners kl. Fachwörterbücher Bd. 1.) Geb. M. 8.—

Zoologie (insbesondere angewandte).

Tierzüchtung. Von Dr. G. Wilsdorf. 2. Aufl. Mit 23 Abb. auf 12 Tafeln und 2 Fig. i. T. (Bd. 369.)

Die Kleintierzucht. Von J. Schneider, Fachlehrer für Gartenbau und Kleintierzucht. Mit 59 Fig. im Text und auf 6 Tafeln. (Bd. 604.)

Deutsches Vogelleben. Exkursionsbuch f. Vogelfreunde. Von Prof. Dr. A. Voigt. 2. Aufl. (Bd. 221.)

Vogelzug und Vogelschutz. Von Dr. W. R. Eckardt. Mit 6 Abb. (Bd. 218.)

Bienen und Bienenzucht. Von Prof. Dr. E. Zander. Mit 42 Abb. (Bd. 705.)

Das Aquarium. Von E. W. Schmidt. Mit 15 Fig. (Bd. 335.)

Korallen und andere gesteinbildende Tiere. Von Prof. Dr. W. May. Mit 45 Abb. (Bd. 231.)

Zoologisches Wörterbuch. Von Dr. Th. Knottnerus-Meyer. (Teubners kleine Fachwörterbücher Bd. 2.) Geb. M. 8.—

Verlag von B. G. Teubner in Leipzig und Berlin